教育部研究生工作办公室推荐研究生教学用书

研究生系列教材
化 学

高聚物的力学性能

MECHANICAL PROPERTIES OF POLYMERS

第3版

何平笙　编著

U0190109

中国科学技术大学出版社

内 容 简 介

本书是高分子物理专业的专业课教材,着重讲授高聚物材料的黏弹性和高弹性,并以相当篇幅介绍高聚物材料在大形变时的屈服行为、断裂现象以及高聚物熔体的流变力学行为.本书可作为高分子化学以及塑料、橡胶和合成纤维类专业的研究生教材,也可作为从事高聚物材料合成、加工、使用的有关工程技术人员的参考书.

图书在版编目(CIP)数据

高聚物的力学性能/何平笙编著. —3 版. —合肥:中国科学技术大学出版社,2021.11
(中国科学技术大学一流规划教材)
ISBN 978-7-312-05285-9

Ⅰ. 高… Ⅱ. 何… Ⅲ. 高聚物—力学性能—高等学校—教材 Ⅳ. TB324

中国版本图书馆 CIP 数据核字(2021)第 197706 号

高聚物的力学性能
GAOJUWU DE LIXUE XINGNENG

出版	中国科学技术大学出版社
	安徽省合肥市金寨路 96 号,230026
	http://www.press.ustc.edu.cn
	https://zgkxjsdxcbs.tmall.com
印刷	合肥市宏基印刷有限公司
发行	中国科学技术大学出版社
经销	全国新华书店
开本	787 mm×1092 mm 1/16
印张	20
字数	512 千
版次	1996 年 8 月第 1 版 2021 年 11 月第 3 版
印次	2021 年 11 月第 3 次印刷
定价	65.00 元

第 3 版前言

《高聚物的力学性能》(第 2 版)业已售罄,乘重印之机,修订写了第 3 版.

全国研究生推荐教材《高聚物的力学性能》自 2008 年出版第 2 版以来已过去了十多年,其间高分子科学取得了长足的进步,但能添加到本书中成为教材的高聚物力学性能的内容并不很多.

一些介绍高聚物力学性能基本知识的章节(如第 1 章、第 2 章及其他有关章节)没有做什么修订.第 3 章"高聚物黏弹性的力学模型"添加了一节较新的"分数阶导数黏弹性力学模型",引入了新的力学元件——弹壶;第 5 章"高聚物力学性能的温度依赖性"添加了对 WLF 方程中 C_1 和 C_2 两系数的求解方法及其物理意义的讨论.较多的内容添加在第 6 章"高聚物的转变"中,主要是更深入地讨论了高聚物的自由体积,有关高聚物玻璃化转变的理论论述,以及像"光对含偶氮苯特殊结构的高聚物玻璃化温度影响"的新实验事实介绍.第 7 章"橡胶高弹性力学"对高弹性统计理论进行了深入浅出的论述,增添了对橡胶储能函数的新认识.第 10 章"高聚物熔体的流变力学行为"对高聚物熔体的弹性现象作了更为详细的介绍,目的是让课程内容更贴合高聚物的加工、生产与实践等等.

鉴于当前网上搜索引擎功能高度发达,本版删除了各章有关阅读资料的内容,有意深入学习的研究生(或其他读者)可自行上网查询阅读.

希望《高聚物的力学性能》(第 3 版)能继续受到全国高分子学科研究生的青睐.

何平笙

2021 年 9 月

于中国科学技术大学

第 2 版前言

《高聚物的力学性能》第 1 版出版后,在中国科学技术大学高分子科学与工程系使用了多年,学生反映良好,2000 年被评为校优秀教材一等奖,2004 年被国务院学位委员会学科评议组审定推荐为全国研究生教学用书提名,经过认真修订,2005 年被教育部正式遴选为 2004～2005 年度"研究生教学用书".

除了对第 1 版中的印刷错误进行更正外,第 2 版加进了一些新内容(如高聚物宏观单晶体和单链单晶体没有玻璃化转变;可能的二维橡胶态;高聚物表面的玻璃化温度较本体来得低;高聚物断裂的 Andrews 普适断裂力学理论),也对一些问题有了进一步的认识(如对 WLF 方程的新认识;高聚物力学模型的电学类比),增加了有关内容的实验方法介绍,如蠕变实验,动态力学中的扭摆、扭辫、振簧和黏弹谱仪实验,参考文献也增加了近年来出版的资料.有关"电磁场作用下塑料的全新加工方法——高聚物电磁动态塑化挤出方法"更是我国科学家近年对高聚物加工方法的新贡献.此外,在每一章都补充了思考题等.在一般的"高分子化学"和"高分子物理"本科课程后,本书作为研究生教材使用,教学可控制在 50～60 学时.

在长期高分子物理教学中,我们深深体会到"教学是需要研究的".近年来,我们在《化学通报》和《高分子通报》上发表了近 30 篇教学研究论文,对高分子物理的教学计划、教学主线、教学内容,以及高分子物理实验内容进行了全面研究.我们还编写出版了《高分子物理实验》(中国科学技术大学出版社,2002),以及作为国家级精品课程教材的《高聚物的结构与性能》,教学内容可查阅 http://202.38.70.145/0-03.希望这些都能对"高聚物的力学性能"课程的学习有所帮助.

何平笙

2008 年 4 月

于中国科学技术大学

前　言

　　"高聚物的力学性能"是继"高聚物的结构与性能"课程后为高分子物理专业学生开设的专业课.它着重讲授高聚物材料的黏弹性和高弹性,并以相当篇幅介绍高聚物材料在大形变时的屈服行为、断裂现象以及高聚物熔体的流变力学行为.对高分子化学以及塑料、橡胶和合成纤维类专业学生,本书可作为研究生教材使用.由于在第1章中适当介绍了有关的力学基础知识,数学公式均有一定的推导,本书也适合从事高聚物材料合成、加工、使用的有关工程技术人员阅读.

　　作为材料来使用的高聚物,其力学性能是诸多物理性能中最为重要的.由于大分子特殊的长链结构,高聚物具有其特定的力学状态——高弹态.高弹性是高聚物特有的由熵变引起的弹性,与由能量变化引起的普弹性有本质的区别.此外,有别于金属和无机材料,高聚物的力学性能与温度和作用力时间关系极大,具有明显的黏弹性.温度和时间是研究高聚物材料力学性能时需要特别考虑的两个重要参数.本书第1章是专为化学系学生写的有关应力、应变及其相互关系的力学基础知识.从第2章开始以3章的篇幅着重介绍高聚物力学性能的时间依赖性;第5、6章介绍高聚物力学性能的温度依赖性和各种力学转变现象;对高聚物材料特有的高弹性,则辟有专门的章节(第7章)详加讨论.考虑到高聚物材料越来越多地作为结构材料应用于机械、建筑乃至高新技术领域中,第8、9章对有关高聚物材料使用中的屈服、破坏和断裂现象作了较多介绍.最后一章则是介绍高聚物熔体加工成形过程中的流变力学行为,希望能为把学生对"化学结构与材料性能"关系的认识提高到"凝聚态结构与制品性能"关系的认识提供一个初步的引介.

　　由于著者水平有限,书中难免存在错误和缺点,敬请读者指正.

　　在这里我要特别感谢我校力学系杨报昌教授,他在百忙中审阅了全书并提出了许多宝贵意见.同时要感谢高分子物理教研室李春娥老师,是她在计算机上录入了大部分书稿.

何平笙

1996 年 4 月

于中国科学技术大学

目 录

第1章 概 论

1.1 引 言

作为一种新型的结构材料,高聚物在我国的工农业生产、日常生活乃至高新科技领域中得到广泛的应用,主要是基于它们一系列优异的物理性能.在这些性能中,尤以力学性能最为重要.力学性能是决定高聚物材料合理应用的主导因素.高聚物力学性能的最大特点是它的高弹性和黏弹性.

高聚物是由成千上万个小分子单体以化学键的方式结合而成的大分子化合物,分子量极大,达 $10^4 \sim 10^7$ 数量级.由于组成高聚物分子主链的 C—C 单键(C—O 单键、Si—O 单键、C—N 单键等)有内旋转自由度(图 1.1(a)),第二个 C—C 键对相邻的第一个 C—C 键来说有反式、左式、右式 3 种可能的相对稳定的能谷位置,即有 3 种可能的构象.一个分子量还不算太高的大分子,例如在链中有 1 000 个 C—C 键,这个分子链就有 $3^{1\,000} \approx 1.3 \times 10^{477}$ 个可能的链构象(图 1.1(b)).在自由内旋转的理想情况下,细长的分子卷曲成一个乱线团(无规线团,图 1.1(c)),高聚物分子的构象数可以达天文数字之多,它的熵值(构象熵)极大.

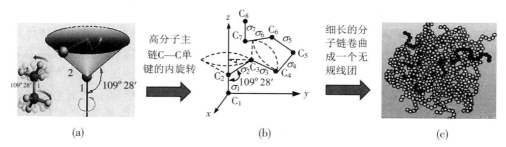

图 1.1 高聚物分子主链的 C—C 单键的内旋转,导致细长的分子链卷曲成一个无规线团

量变引起了质变,极大的分子量加之 C—C 单键的内旋转,使得高分子链出现了一般小分子化合物所不具有的结构特点,即由于高分子链的构象改变所导致的"柔性".结构决定性能,新结构的产生一定伴随一些特异的性能出现,高分子链的柔性在力学性能上的反映,就是高聚物独有的高弹性.橡胶在室温下就呈现出高弹性.在室温下是塑料的高聚物,在高于其玻璃化温度 T_g 时也会呈现出高弹性.它和一般材料普弹性的根本区别就在于高聚物的高弹性主要是起因于它们构象熵的改变.在外力作用下,卷曲的高分子链通过 C—C 单键内旋转而改变自己的构象,如果高分子链在外力作用下逐渐被拉直,构象熵减小;去除外力,构象熵重趋极大,高分子链又会卷曲成无规线团.在这个过程中,键长和键角的改变,也就是能量的改变,是不重要的,而这种能量的改变正是引起普弹性的根本原因.

同样,由于高分子链的柔性,同一个高分子链也会表现出大小不同的运动单元(包括主链所带的侧链、侧基),使高聚物表现出明显的黏弹性.加之它的分子量的多分散性,即使是处在通常的温度和外力作用时间,同一种高聚物可以具有三种不同的力学状态:玻璃态、橡胶态和流动态,出现范围涵盖好几个数量级的转变区域.高聚物的黏弹性是兼有固体弹性和液体黏性的一种特殊的力学行为.

高聚物的力学行为依赖于外力作用的时间.这个时间依赖关系不是由于材料性能的改变引起的,而是由于这样一个事实,即它们分子对外力的响应达不到平衡,是一个速率过程.再有,高聚物的力学行为有很大的温度依赖性.时间和温度是研究高聚物力学性能中特别需要加以考虑的两个重要参数.加上高聚物材料的应力-应变关系是非线性的,塑性行为中又有许多特殊之处,使得高聚物材料的力学性能确比金属材料复杂得多.

研究高聚物力学性能有两个相互联系的目的:一个是求得高聚物各种力学性能的宏观描述和测试合理化,以作为高聚物材料使用和高聚物制品设计的依据.另一个是寻究高聚物的宏观力学性能与它们内部结构的各个层次——原子、分子、分子量及其分布、支化、立体规整度、结晶、取向、交联、共聚物组成、序列分布、超分子结构、显微结构等结构因素之间的联系,建立"多层结构-多种分子运动-多种性能"三者的相互关系,以便运用结构与性能之间的客观规律来指导具有特定性能的高聚物材料的制备,以及高聚物的加工成形①.

1.2 形变的类型

在实际使用高聚物材料时,我们首先关心的是它们在外载下的形变.流动是物体形变的特殊情况,亦即它的形变随时间而连续地变化.工程上最为关心的强度也是指固体高聚物对断裂和对高弹形变的抗力,以及高聚物在高温时对塑性流动的抗力.由于高聚物材料的形变既有很大的时间依赖性,又有很强的温度依赖性,经典的弹性理论一般不适宜用来描述高聚物材料的形变问题,但是在小形变时,即形变相对于它原来尺寸来说很小时,弹性理论中的一些假定和定理还是能近似用来讨论高聚物材料的形变的.由于弹性理论定义的应力、应变和弹性系数(模量或柔量、泊松比)等在高聚物材料科学中仍然被沿袭使用,并且弹性理论也是进一步讨论黏弹性理论的基础知识,因此有必要简略介绍一下有关材料弹性理论的一些基本知识,主要是形变的类型、应力、应变及它们之间的关系——胡克定律.同理,也要介绍一下有关液体流动的基本规律——牛顿流动定律等有关知识.

从物理的观点来看,基本的形变是简单剪切和本体压缩(或本体膨胀).简单剪切时,物

---

① 一般都讲"加工成型",但"型"是指类型、模式,而高聚物的加工是成一定的"形状","形"才是指形状.作者认为这里叫"加工成形"更为合理.

体只发生形状的改变而体积保持不变,本体压缩(或本体膨胀)则是物体的形状不变,只发生体积的改变.这两种简单的形变类型使我们能较容易地与形变时物体内部的分子运动相联系,但是本体压缩实际上不容易实现和测量,因此常常应用的是简单剪切.需要特别指出的是,高聚物分子的各种运动单元对剪切力的作用是很敏感的,因此简单剪切不论从物理观点,还是从应用观点来说都是研究高聚物力学行为的重要形变类型.其他类型的形变,如单向拉伸、单向压缩、弯曲等由于较易实现和测量,在高聚物力学性能的研究中也常常被采用.

1.2.1 简单剪切

如图 1.2 所示的矩形块,在其上下两面(面积为 A)分别作用有大小相同、方向相反的外力 P,这个矩形块就会像一叠扑克牌层状摊开那样,发生如图所示的形变,这就是简单剪切.显然剪切应力 $\tau = P/A$,剪切应变 γ 定义为矩形块形变倾斜角 θ 的正切值,即 $\gamma = \tan\theta$.

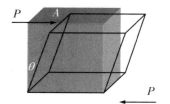

图 1.2 简单剪切

在小形变时,即 θ 角很小时,θ 与 $\tan\theta$ 的值相差甚微,因此

$$\gamma = \tan\theta \approx \theta \tag{1.1}$$

剪切模量 G 定义为剪切应力对剪切应变之比:

$$G = \frac{P/A}{\tan\theta} = \frac{\tau}{\gamma} \tag{1.2}$$

如果物体在剪切力作用下全然不改变自己的形状,则 $\theta = \tan\theta \to 0$,$G \to \infty$.因此,剪切模量是物体刚性的度量,$G$ 越大,材料越刚硬,形状改变就越不容易.

柔量定义为模量的倒数,剪切模量 G 的倒数叫做剪切柔量,记作 J,即

$$J = \frac{1}{G} = \frac{\gamma}{\tau} \tag{1.3}$$

简单剪切的特点是:① 在剪切时只有物体形状发生变化,而体积保持不变.② 对分子运动特别敏感.③ 通过简单剪切实验可以容易地把高聚物宏观力学性能与它们内部分子运动相联系,容易引入一些简化的假定,建立高聚物力学行为的分子理论.④ 简单剪切的实验能很好地区分固体、液体及介于它们之间的任何中间状态的物体(黏弹体),因此应用甚广.⑤ 容易实现.剪切形变可由多种方式来实现.如两对大小相等正交的拉应力或压应力相当于两对剪切应力的作用(图 1.3(a));空心圆筒的扭转也产生剪切形变(图 1.3(b));如果是

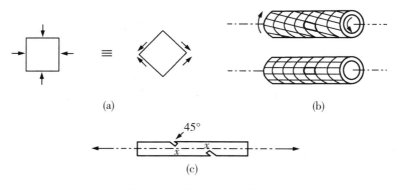

(a) (b)

(c)

图 1.3 简单剪切的 3 种形式

较薄的层状材料,可以做开缝剪切实验,试样拉伸时截面 *x-x* 受到剪切力的作用(图 1.3(c)).

1.2.2 本体压缩

如图 1.4 所示的单位立方块,各面都受同样大小的正向压应力作用(譬如把立方块浸入水中,只要立方块的体积足够小,它的六个面都受到同样大小的静水压力),则压缩应力各处大小均为 P,本体压缩应变是体积的相对缩小,则本体模量 K 定义为

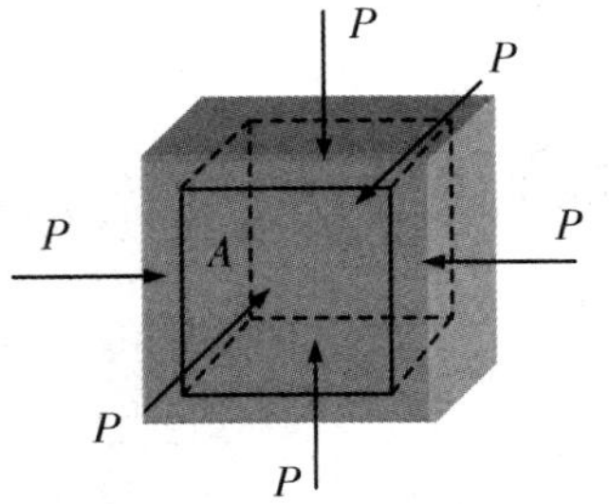

$$K = \frac{P}{-\Delta V/V} = -\frac{PV}{\Delta V} \tag{1.4}$$

K 是物体可压缩性的度量,即刚度.K 越大,物体越不易被压缩.本体模量 K 的倒数叫做本体柔量或可压缩度 B,$B = 1/K$.

图 1.4　单位立方体的本体压缩

本体压缩的特点是:① 只有体积发生变化,而物体形状保持不变.② 在各向等压应力下,无论固体、液体或黏弹体,它们的力学行为都差异甚小,即用本体压缩实验很难分辨物体的力学状态.③ 加上各面都要受同样大小的正向压应力作用并不容易,本体压缩的实验不好做,因此尽管本体压缩是一种基本形变类型,但在高聚物力学性能的研究中,只在橡胶溶胀、测定交联度等少数几个实验中有所应用,其他工作还很少见有报道.

1.2.3 单向拉伸

如图 1.5 所示的长方棒,在它的两个端头 A 上受到两个大小相等、方向相反的正向拉力 P,则拉伸应力 $\sigma = P/A$.如果力 P 把棒从原长 l_0 拉长到了 l,则拉伸应变为

$$\varepsilon_1 = \frac{l - l_0}{l_0} = \frac{\Delta l}{l_0}$$

拉伸应力与拉伸应变之比就是杨氏模量 E,即

$$E = \frac{\sigma}{\varepsilon_1} \tag{1.5}$$

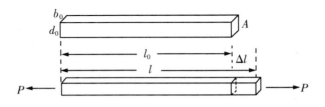

图 1.5　单向拉伸

单向拉伸时,不仅在拉伸方向有外形尺寸的变化,并且在垂直于拉力 P 的方向上也伴有尺寸的变化,棒被拉长了,横向一定会发生收缩.如果横向尺寸分别由 b_0,d_0 缩成了 b,d,则横向应变为

$$\varepsilon_2 = \frac{b - b_0}{b_0} \quad 和 \quad \varepsilon_3 = \frac{d - d_0}{d_0}$$

泊松比 μ 是将这些外形尺寸的变化相互联系起来的参数,它定义为横向收缩对纵向拉伸之比:

$$\mu = -\frac{\varepsilon_2}{\varepsilon_1} = -\frac{\varepsilon_3}{\varepsilon_1} \tag{1.6}$$

单向拉伸的特点是:① 材料受拉时,在外形尺寸改变的同时它的体积也发生了变化.一般来说,当材料处于拉应力作用下时其体积是增加的,此时泊松比 $\mu < 0.5$.可以证明,如果拉伸时材料体积不变,则泊松比 $\mu = 0.5$.橡胶和流体的泊松比接近 0.5,即它们拉伸时体积几乎不变.② 实验表明,对于大多数高聚物,在拉伸时的体积变化相对于其形状改变来说是很小的.在 $\mu \to 0.5$ 时,剪切模量 G 和杨氏模量 E 有以下的近似关系:

$$E \approx 3G \tag{1.7}$$

因此,由单向拉伸实验得到的资料可以与简单剪切实验得到的资料相比较.③ 加上拉伸实验是很容易实现的,从高聚物材料的拉伸图上可以得到很多有用的信息,是一种应用很广的形变类型.不管是在实验室还是在工厂,最常见的力学实验装置就是拉力实验机.事实上,高聚物的黏弹性理论大多是在与简单剪切有关的研究中发展起来的,但在实验和数据积累方面,发展又主要集中在拉伸实验.

1.2.4　单向压缩

如果在如图 1.5 所示的长方棒上施加的是两个大小相等、方向相反的压力,则压缩应力和压缩应变的定义与拉伸时的完全一样,只是由于材料被压缩,压缩应力和压缩应变都应取负值.这样,在单向压缩时有关的力学量是

$$\sigma = -\frac{P}{A}$$

$$\varepsilon_1 = \frac{l - l_0}{l_0} \quad （负值）$$

$$\varepsilon_2 = \frac{b - b_0}{b_0} \quad 和 \quad \varepsilon_3 = \frac{d - d_0}{d_0} \quad （正值）$$

$$E = \frac{\sigma}{\varepsilon_1}$$

$$\mu = -\frac{\varepsilon_2}{\varepsilon_1} = -\frac{\varepsilon_3}{\varepsilon_1}$$

与单向拉伸不同的是:① 单向压缩更难使材料变形,俗话说"立柱顶千斤"就是这个道理.② 单向压缩时的泊松比数据也比较复杂.③ 单向压缩时,材料对加载时间的敏感程度也不如单向拉伸和简单剪切.因此,单向压缩实验一般也应用不多,只在橡胶高弹性研究中有所使用,如溶胀压缩实验等.

1.2.5　弯曲

如果一长度为 l_0 的梁或杆两端被支起,中间受力 P 的作用(简支梁),或一端固定,另一

端受力 P 的作用(悬臂梁),则梁将发生弯曲(见表 1.1 中的图).弯曲的特点是其上部(或下部)受压,下部(或上部)受拉,中间有一中性层,长度保持不变.弯曲形变可用梁的中心轴线离水平下降的距离 Y 来表示.测定弯曲形变能得到材料的杨氏模量 E.动态振簧法是应用弯曲形变类型的实例.各种类型的简支梁和悬臂梁的杨氏模量 E 列于表 1.1.

表 1.1　各种形状的简支梁和悬臂梁的杨氏模量

	梁	位移	尺寸	杨氏模量
悬臂梁 矩形截面		Y	长 l_0,宽 C,厚 D	$E = \dfrac{4Pl_0^3}{CD^3Y}$
悬臂梁 圆形截面		Y	长 l_0,半径 r	$E = \dfrac{4Pl_0^3}{3\pi r^4 Y}$
简支梁 矩形截面		Y	长 l_0,宽 C,厚 D	$E = \dfrac{4Pl_0^3}{3CD^3Y}$
简支梁 圆形截面		Y	长 l_0,半径 r	$E = \dfrac{Pl_0^3}{12\pi r^4 Y}$

1.3　应 力 分 析

应力分析是讨论在外力作用下,处于平衡状态的任意形状的物体内任一点处的应力状态.在上节讨论的基本形变中,应力状态比较简单,如在单向拉伸、压缩时,其横截面上的应力是均匀分布的,每点的应力状态相同;在弯曲、扭转时,横截面上的应力分布尽管不均匀,但仍有一定规律性(图 1.6).如果一个弹性体受力复杂,则各点的应力均不相同,并无一定规律,这时就必须研究一点的应力状态.

一点的应力定义为作用在通过该点的微平面中单位面积上的力,显然这一点的应力与所考虑的平面的方向有关.因为过一点的截面有无数个,只有过该点的任意截面上的应力状态均已知,才能说是知道了这点的应力状态.一般是在这点附近挖一个立方体积元(图 1.7(a)),求出这个立方体积元 6 个面上的应力后,就可推出过该点任意截面上的应力.因此,一点的应力状态就可由包含该点的立方体积元的 6 个截面上的应力来表示.

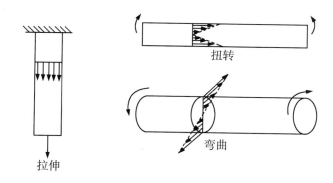

图 1.6　拉伸、弯曲、扭转的应力分布

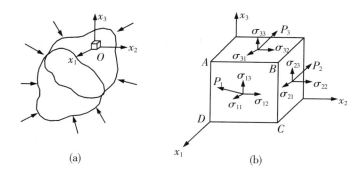

图 1.7　立方体积元的应力状态

　　现在我们来考察 O 点的应力状态,在 O 点选取这样的直角坐标系 x_1, x_2, x_3, O 为坐标原点,3 个坐标平面为分别平行包含 O 点的立方体积元的各个面(图 1.7(b)),则在立方体积元的这 6 个面上都作用有应力. 譬如在面 $ABCD$ 上(它的法线方向为 x_1),有应力 P_1,显然 P_1 总可以分为垂直于这个平面的和平行于这个平面的两类分量:垂直于这个平面的应力分量叫做正应力,平行于这个平面的应力叫做剪应力. 前面已经说过,一点的应力除了应力本身的作用方向外,还与所考虑的平面方向有关,因此要用双下标的形式 $\sigma_{\alpha\beta}$ 来标记应力的分量. 这里 α 表示应力分量作用平面的法线方向,β 表示应力分量本身的作用方向. 因此,在平面 $ABCD$ 上的应力 P_1 可分为正应力 σ_{11} 和剪应力 σ_{12}, σ_{13},余者类同.

　　显然,所有正应力的两个下标都是同号的. 如果这个立方体积元挖得非常之小,以致从立方体积元的一边到另一边的应力并没有什么变化,那么由于立方体积元是处在平衡状态的,相对两面上正应力大小是相等的,6 个面上的正应力就只表示为 3 个,即 σ_{11}, σ_{22}, σ_{33},为简单起见,正应力还可简记作 σ_1, σ_2, σ_3.

　　再考虑剪应力分量,所有剪应力分量均已画在图 1.7 上. 首先在 $ABCD$ 面上有剪应力 σ_{12},在与之相反的面上就有一个大小相同、方向相反的 σ_{12} 相互平衡,这样 12 个剪应力中独立的还有 6 个. 其次,考虑转动平衡,譬如考虑绕 x_3 轴的转动平衡,若记反时针转动矩为正,在转动矩平衡方程中,因 σ_1, σ_2, σ_{31} 和 σ_{32} 在相对面上的方向正好相反,故转动矩正好自相平衡,剩下的 σ_{12} 和 σ_{21} 的平衡为

$$(\sigma_{12}\mathrm{d}x_2\mathrm{d}x_3)\mathrm{d}x_1 - (\sigma_{21}\mathrm{d}x_1\mathrm{d}x_3)\mathrm{d}x_2 = 0$$

得

$$\sigma_{12} = \sigma_{21} \tag{1.8}$$

同理可推得

$$\sigma_{23} = \sigma_{32}$$

$$\sigma_{31} = \sigma_{13}$$

这就是剪应力互等定律, 即作用在两个互相垂直面上的并且垂直于两面交线的剪应力大小相等. 因此, 6 个剪应力就减少为 3 个. 加上 3 个面上的正应力, 6 个截面上只有 6 个应力分量是独立的 (图 1.8). 即 3 个正应力 $\sigma_1, \sigma_2, \sigma_3$ 和 3 个剪应力 $\sigma_{12}, \sigma_{23}, \sigma_{31}$. 知道了这 6 个应力分量就知道了该体积元的应力状态. 下面我们可从这 6 个截面上的应力推知过 O 点的任何截面上的应力, 从而也就知道了 O 点的应力状态.

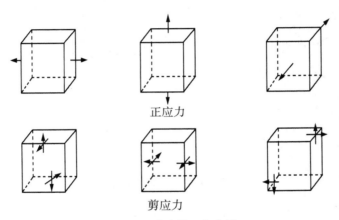

正应力

剪应力

图 1.8　应力的 6 个分量

现在考虑立方体积元中任一斜截面 ABC 上的应力 (图 1.9). 如果斜面 ABC 的法线方向是 n, 它与轴 x_1, x_2, x_3 的夹角余弦, 即方向余弦分别为 l, m, n, 则有

$$l^2 + m^2 + n^2 = 1 \tag{1.9}$$

和

$$\begin{cases} \dfrac{OBC\ \text{面积}}{ABC\ \text{面积}} = \dfrac{\delta S_{OBC}}{\delta S_{ABC}} = l \\[2mm] \dfrac{\delta S_{OAC}}{\delta S_{ABC}} = m \\[2mm] \dfrac{\delta S_{OAB}}{\delta S_{ABC}} = n \end{cases} \tag{1.10}$$

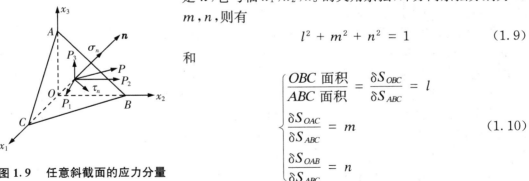

图 1.9　任意斜截面的应力分量

在斜面上有应力 P, 它可以分解为沿 x_1, x_2, x_3 轴方向的 3 个分量 P_1, P_2, P_3, 也可以分解为斜面的正应力 σ_n 和剪应力 τ_n (在工程上, 正应力常记作 σ, 剪应力记作 τ). 则有

$$P^2 = P_1^2 + P_2^2 + P_3^2$$

和

$$P^2 = \sigma_n^2 + \tau_n^2$$

因为物体是处在平衡状态的，由 $\sum x_1 = 0$ 可得

$$P_1 \delta S_{ABC} = \sigma_1 \delta S_{OBC} + \sigma_{21} \delta S_{OAC} + \sigma_{31} \delta S_{OAB}$$

即

$$P_1 = \sigma_1 l + \sigma_{21} m + \sigma_{31} n \tag{1.11a}$$

同理得

$$P_2 = \sigma_{12} l + \sigma_2 m + \sigma_{32} n \tag{1.11b}$$

$$P_3 = \sigma_{13} l + \sigma_{23} m + \sigma_3 n \tag{1.11c}$$

则斜面 ABC 上的正应力为

$$\sigma_n = P_1 l + P_2 m + P_3 n \tag{1.12}$$

或写为

$$\sigma_n = \sigma_1 l^2 + \sigma_2 m^2 + \sigma_3 n^2 + 2\sigma_{12} lm + 2\sigma_{23} mn + 2\sigma_{31} nl \tag{1.13}$$

剪应力为

$$\tau_n = \sqrt{P_1^2 + P_2^2 + P_3^2 - \sigma_n^2} \tag{1.14}$$

这两个式子就是立方体积元 6 个应力分量与任一斜截面上应力分量之间的关系. 因此只要 6 个应力分量为已知，就能求出任一斜截面上的应力分量.

由于应力分量的值取决于所取的平面，因此总可以选取这样的平面，使在这平面上的剪应力为零，只有 3 个正应力，最为简单. 这样的平面叫做主平面. 垂直于主平面的坐标轴叫做应力主轴，该正应力叫做主应力，分别用 $\sigma_1, \sigma_2, \sigma_3$ 表示，且要求 $\sigma_1 \geqslant \sigma_2 \geqslant \sigma_3$.

可以证明主应力为 $\sigma_1, \sigma_2, \sigma_3$ 的下列 3 个组合：

$$\begin{cases} I_1 = \sigma_1 + \sigma_2 + \sigma_3 \\ I_2 = \sigma_1\sigma_2 + \sigma_2\sigma_3 + \sigma_3\sigma_1 \\ I_3 = \sigma_1\sigma_2\sigma_3 \end{cases} \tag{1.15}$$

是不随所选的坐标系而改变的，叫做应力不变量. 下面试以第一不变量 I_1 为例证明之. 若有另一新的坐标系 a, b, c，它们与原来的坐标 x_1, x_2, x_3 的方向余弦分别为 l, m, n, l', m', n' 和 l'', m'', n''. 则根据方程 (1.13)，3 个新的正应力分量变为

$$\sigma_{aa} = \sigma_{11} l^2 + \sigma_{22} m^2 + \sigma_{33} n^2 + 2\sigma_{12} lm + 2\sigma_{23} mn + 2\sigma_{31} nl$$

$$\sigma_{bb} = \sigma_{11} l'^2 + \sigma_{22} m'^2 + \sigma_{33} n'^2 + 2\sigma_{12} l'm' + 2\sigma_{23} m'n' + 2\sigma_{31} n'l'$$

$$\sigma_{cc} = \sigma_{11} l''^2 + \sigma_{22} n''^2 + \sigma_{33} n''^2 + 2\sigma_{12} l''m'' + 2\sigma_{23} m''n'' + 2\sigma_{31} n''l''$$

则

$$\begin{aligned} I_1 &= \sigma_{aa} + \sigma_{bb} + \sigma_{cc} \\ &= \sigma_{11}(l^2 + l'^2 + l''^2) + \sigma_{22}(m^2 + m'^2 + m''^2) \\ &\quad + \sigma_{33}(n^2 + n'^2 + n''^2) + 2\sigma_{12}(lm + l'm' + l''m'') \\ &\quad + 2\sigma_{23}(mn + m'n' + m''n'') + 2\sigma_{31}(nl + n'l' + n''l'') \end{aligned}$$

l, l', l'' 是 a, b, c 对 x_1 的方向余弦，反过来也可以说是 x_1 对 a, b, c 的方向余弦，如是，则有

$$l^2 + l'^2 + l''^2 = 1$$

以此类推. 同理也可认为 $lm, l'm', l''m''$ 分别是 x_1, x_2 对 a, b, c 的方向余弦，而 x_1 是垂直于

x_2 的，因此

$$lm + l'm' + l''m'' = 0$$

以此类推. 所以

$$I = \sigma_{aa} + \sigma_{bb} + \sigma_{cc} = \sigma_1 + \sigma_2 + \sigma_3$$

与所选坐标无关. 应力不变量在讨论材料的屈服准则、强度条件等问题时是很有用的.

1.4 平面应力状态

作为例子，我们来分析简单形变的应力状态. 单向拉伸时，在试样内任一点附近挖出一平行各主平面的立方体体积元，因为单向拉伸时只有相对两面的拉应力 σ，所以叫做单向应力状态（图 1.10(a)）. 同样，扭转时，在试样外沿挖一立方体体积元；弯曲时，在试样中心层上方挖一立方体体积元，它们的应力分量均示于图 1.10(b) 和图 1.10(c) 上.

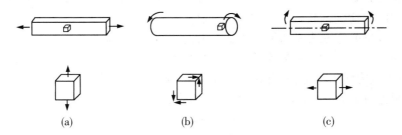

图 1.10 拉伸、扭转、弯曲时的应力状态

可见，这里都有一对面上没有应力，都可以用一个平面视图，即投影图来表示清楚，所以叫做平面应力状态，它们都是空间应力状态的特殊情况. 若用主应力表示，则可把应力状态分为单向应力状态、平面应力状态和空间应力状态 3 类（图 1.11）.

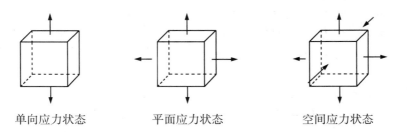

图 1.11 3 类应力状态

这样，说明物体受力后既可以由基本形变来分类，也可以按应力状态来分类，这两者是等价的. 在这三种应力状态中，单向应力状态过于简单，此时所得到的力学性能难以描述实际复杂的受力状态的力学性能；对于很多空间应力状态问题，若某一个方向的应力相对较

小,则可以近似地化为一个平面应力状态问题,因此平面应力状态有其相对的重要性.

1.4.1 单向应力状态

主平面上的应力为 σ_0,则任一斜截面上的正应力和剪应力分别为

$$\sigma_\alpha = \sigma_0 \cos 2\alpha \tag{1.16}$$

$$\tau_\alpha = \frac{\sigma_0}{2} \sin 2\alpha \tag{1.17}$$

式中,α 为斜截面法线与 σ_0 方向的夹角(图 1.12).因为 $\cos 2\alpha$ 和 $\sin 2\alpha$ 均小于 1,所以

$$\sigma_\alpha \leqslant \sigma_0 \quad \text{和} \quad \tau_\alpha \leqslant \frac{\sigma_0}{2}$$

并有

当 $\alpha = 0°$ 时,$\sigma_\alpha = \sigma_{\max}$,$\tau_\alpha = 0$;

当 $\alpha = 45°$ 时,$\sigma_\alpha = 0$,$\tau_\alpha = \tau_{\max} = \frac{\sigma_0}{2}$;

当 $\alpha = 90°$ 时,$\sigma_\alpha = 0$,$\tau_\alpha = 0$.

最后一种情况表明,σ_0 对平行于它的截面,既不引起正应力,也不引起剪应力.

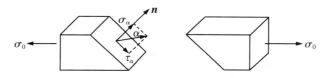

图 1.12 单向应力状态

1.4.2 平面应力状态

设有一个立方体积元,4 个侧面上有主应力 σ_1 和 σ_2,前后面上的应力为零.取任意一个斜截面的法线方向为 $\boldsymbol{n}$,它与 σ_1 方向间的夹角为 α(图 1.13),现在来求斜截面上的正应力 σ_α 及剪应力 τ_α.

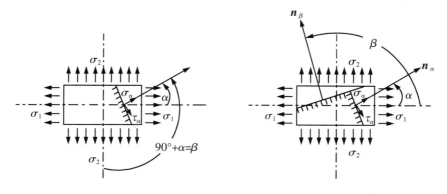

图 1.13 平面应力状态时斜截面上的应力

由式(1.16)可知,处于平面应力状态时,斜截面上的应力与主应力呈线性关系,因此可将平面应力状态 σ_1, σ_2 分别考虑,找出它们各自在斜截面上引起的应力,然后运用叠加原理就能得到平面应力状态时斜截面上的应力. α 角由 σ_1 方向反时针方向算起,于是有

$$
\begin{aligned}
\sigma_\alpha &= \sigma_1 \cos^2 \alpha + \sigma_2 \cos^2 \left(\frac{\pi}{2} + \alpha \right) \\
&= \sigma_1 \cos^2 \alpha + \sigma_2 \sin^2 \alpha \\
&= \frac{\sigma_1 + \sigma_2}{2} + \frac{\sigma_1 - \sigma_2}{2} \cos 2\alpha
\end{aligned}
\tag{1.18}
$$

$$
\begin{aligned}
\tau_\alpha &= \frac{1}{2} \sigma_1 \sin 2\alpha + \frac{1}{2} \sigma_2 \sin 2 \left(\frac{\pi}{2} + \alpha \right) \\
&= \frac{1}{2} \sigma_1 \sin 2\alpha + \frac{1}{2} \sigma_2 \sin (\pi + 2\alpha) \\
&= \frac{\sigma_1 - \sigma_2}{2} \sin 2\alpha
\end{aligned}
\tag{1.19}
$$

若斜截面法线与 σ_2 的夹角 $\beta = \pi/2 + \alpha$,则

$$
\begin{aligned}
\sigma_\beta &= \sigma_1 \cos^2 \beta + \sigma_2 \sin^2 \beta \\
&= \sigma_1 \cos^2 \left(\frac{\pi}{2} + \alpha \right) + \sigma_2 \sin^2 \left(\frac{\pi}{2} + \alpha \right) \\
&= \sigma_1 \sin^2 \alpha + \sigma_2 \cos^2 \alpha \\
&= \frac{\sigma_1 + \sigma_2}{2} - \frac{\sigma_1 - \sigma_2}{2} \cos 2\alpha
\end{aligned}
\tag{1.20}
$$

$$
\begin{aligned}
\tau_\beta &= \frac{\sigma_1 - \sigma_2}{2} \sin^2 \beta \\
&= \frac{\sigma_1 - \sigma_2}{2} \sin (\pi + 2\alpha) \\
&= - \frac{\sigma_1 - \sigma_2}{2} \sin 2\alpha
\end{aligned}
\tag{1.21}
$$

将式(1.18)与式(1.20)相加,得

$$
\sigma_\alpha + \sigma_\beta = \sigma_1 + \sigma_2 = 常量
$$

即相互垂直截面上的正应力之和为一常量,并等于两主应力之和. 由式(1.19)与式(1.21)可知

$$
\tau_\beta = - \tau_\alpha
$$

这就是剪应力互等定理.

在式(1.18)中,$\cos 2\alpha$ 不能大于1,当 $\cos 2\alpha = 1$ 即 $\alpha = 0$ 时,σ_α 有极大值,为1,当 $\cos 2\alpha = -1$ 即 $\alpha = \pi/2$ 时,σ_α 有极小值,为 σ_2. 所以主应力就是最大和最小的正应力. 在式(1.19)中,$\sin 2\alpha$ 不能大于1,故当 $\sin 2\alpha = 1$ 即 $\alpha = \pi/4$ 时,τ_α 有极大值 $(\sigma_1 - \sigma_2)/2$,它作用在与主平面成 $45°$ 倾角的斜截面上.

若取一个坐标系,以 σ 为横轴,τ 为纵轴,则斜截面上的正应力 σ_α 和剪应力 τ_α 在坐标系

中可以用一个坐标点 $(\sigma_\alpha, \tau_\alpha)$ 来表示. 对于不同的 α, 就有坐标系中不同的点与之对应, 这些点的轨迹是什么呢? 从式 (1.18) 和式 (1.19) 可推得

$$\left(\sigma_\alpha - \frac{\sigma_1 + \sigma_2}{2}\right)^2 + \tau_\alpha^2 = \frac{(\sigma_1 - \sigma_2)^2}{2} \tag{1.22}$$

这是一个圆心为 $\left(\dfrac{\sigma_1 + \sigma_2}{2}, 0\right)$、半径为 $\dfrac{\sigma_1 - \sigma_2}{2}$ 的圆方程, 一般称为应力圆或莫尔圆 (图 1.14).

由式 (1.22) 可知, 当 $\tau_\alpha = 0$, $\sigma_\alpha = \sigma_1$ 或 σ_2 时, 这就是应力圆在横轴上的截距. 同时, 因为

$$\sin\varphi = \frac{\tau_\alpha}{R} = \frac{\dfrac{\sigma_1 - \sigma_2}{2}\sin 2\alpha}{\dfrac{\sigma_1 - \sigma_2}{2}} = \sin 2\alpha$$

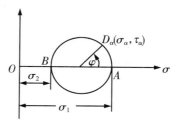

图 1.14　应力圆

所以 $\varphi = 2\alpha$, 也就是说, 表示 σ_1 的 A 点与表示斜截面上应力的 D_α 点连成的圆弧所对的圆心角 φ 等于斜面法线和 σ_1 夹角的 2 倍.

由此可见, 如果已知主应力 σ_1 及 σ_2, 可通过作应力圆来求任一斜截面的 $\sigma_\alpha, \tau_\alpha$. 具体是在横轴上取 $OA = \sigma_1$, $OB = \sigma_2$, 得 A, B 两点, 然后以 AB 为直径作圆. 按立方体体积元图上的 α 角方向, 在应力圆上取 D_α, 使 AD 对应的圆心角为 2α, 则 D_α 的横、纵坐标即表示为 σ_α, τ_α. 从应力圆也可看出 σ_α 的极大值为 σ_1, 极小值为 σ_2, τ_α 的极大值为 $\dfrac{\sigma_1 - \sigma_2}{2}$, 这些与解析法得到的结果都是一致的.

譬如, 有一平面应力状态如图 1.15(a) 所示, σ_1 为拉应力, σ_2 为压应力, σ_1 和 σ_2 相等, 作出如图 1.15(b) 所示的应力圆.

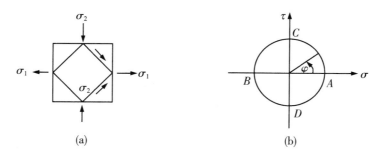

(a)　　　　　　　　　　　　　　　(b)

图 1.15　剪切与拉压的应力图

由图可见, 在 $\alpha = \varphi/2 = 45°$ 或 $135°$ 时, $\sigma_\alpha = 0$, $\tau_\alpha = \pm\tau$, 即图 1.15(b) 中的 C, D 两点. 这个应力状态一般就叫做纯剪切状态, 如前所述.

1.4.3　空间应力状态

在空间应力状态上截取的截面不外乎有两类, 即与 3 个主应力中的一个相平行的平面和与它们都相交的平面. 由于正应力对于它平行的平面不起作用, 因此, 平行于 σ_1 的斜截面

上的应力只决定于 σ_2 和 σ_3,以及斜截面的方向. 当将该体单元投影于和 σ_1 相垂直的平面上时,它就相当于一个平面应力状态. 该斜截面上的应力,就可用主应力 σ_2 和 σ_3 构成的应力圆上的点表示(图1.16). 同理,平行于 σ_2 的斜截面上的应力,可用 σ_1 和 σ_2 构成的应力圆上的点表示;平行于 σ_3 的斜截面上的应力,可用 σ_1 和 σ_2 构成的应力圆上的点表示. 至于与3个主平面都相交的斜截面上的应力,弹性力学里已经证明可用3个应力圆间阴影部分中某点的坐标表示. 从图1.16的三向应力圆容易看出,最大正应力是 σ_1,最小正应力是 σ_3,最大的剪应力是最大应力圆的半径 $(\sigma_1 - \sigma_3)/2$. 且最大剪应力作用在与 σ_2 平行,并与 σ_1 及 σ_3 成 $45°$ 倾角的斜截面上.

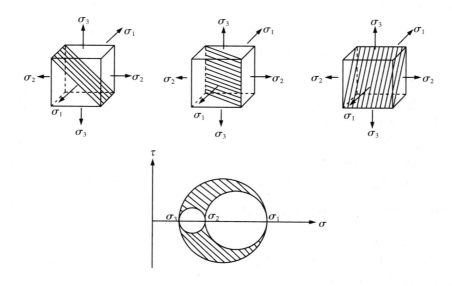

图 1.16   空间应力状态的应力圆

1.5   应 变 分 析

应变是物体在应力作用下内部各点相互位置的改变. 若立方体体积元中任一点 $P(x_1, x_2, x_3)$ 形变后发生位移,变到了 $P'(x_1 + \xi_1, x_2 + \xi_2, x_3 + \xi_3)$(图1.17). 这里,$\xi_1, \xi_2, \xi_3$ 是 P 点的位移 ξ 在 x_1, x_2, x_3 方向的分量. 显然 ξ 是坐标 x_1, x_2, x_3 的函数,因为物体内部各点在受应力后所发生的位移彼此不同. 例如,上端固定棒受拉力而发生伸长时,下端的位移最大;一端固定的横梁受外力作用而弯曲时,自由端的位移最大. 由于我们考虑的是各点相互位置的改变,所以只考虑非常接近于 P 的一点 Q. 它在未形变时的坐标为 $(x_1 + dx_1, x_2 + dx_2, x_3 + dx_3)$,形变后由于发生了位移 $\xi + d\xi$ 而到了 $Q'(x_1 + dx_1 + \xi_1 + d\xi_1, x_2 + dx_2 + \xi_2 + d\xi_2, x_3 + dx_3 + \xi_3 + d\xi_3)$,则 P, Q 的相对位移为 $(\xi + d\xi) - \xi = d\xi$,它在 x_1, x_2, x_3 方向的

分量为 $d\xi_1(x_1,x_2,x_3),d\xi_2(x_1,x_2,x_3),d\xi_3(x_1,x_2,x_3)$. 考虑小形变的情况,略去高次项,则有

$$d\xi_1 = \frac{\partial\xi_1}{\partial x_1}dx_1 + \frac{\partial\xi_1}{\partial x_2}dx_2 + \frac{\partial\xi_3}{\partial x_3}dx_3$$

$$d\xi_2 = \frac{\partial\xi_2}{\partial x_1}dx_1 + \frac{\partial\xi_2}{\partial x_2}dx_2 + \frac{\partial\xi_2}{\partial x_3}dx_3$$

$$d\xi_3 = \frac{\partial\xi_3}{\partial x_1}dx_1 + \frac{\partial\xi_3}{\partial x_2}dx_2 + \frac{\partial\xi_3}{\partial x_3}dx_3$$

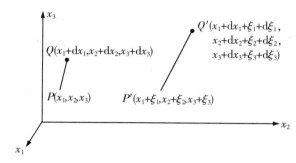

图 1.17　线段 PQ 的位移

现在来看每一项的物理意义. 因为 $\dfrac{\partial\xi_1}{\partial x_1}dx_1$ 是 x_1 方向上的 Q 相对于 P 的位移,则 $\dfrac{\partial\xi_1}{\partial x_1}dx_1$ 就是沿 x_1 方向单位长度中所发生的伸长,通常叫做沿 x_1 方向的正应变,并以 ε_{11} 或 ε_1 表示. 同理,$\dfrac{\partial\xi_2}{\partial x_1}dx_1$,$\dfrac{\partial\xi_3}{\partial x_1}dx_1$ 代表沿 x_2 方向及 x_3 方向的正应变 ε_{22}(或 ε_2),ε_{33}(或 ε_3).

一般来说,在形变后 $\overline{PQ}$ 的方向也发生了改变,也就是 $\overline{P'Q'}$ 与 $\overline{PQ}$ 之间有了一个交角 θ_1. 为简单起见,下面我们以平面的情况来说明这一点. 把 P 点当作坐标的原点,Q 点取在 x_1(图 1.18),形变后 P,Q 点分别变位到了 P',Q' 点. 小形变时,$\theta_1 \approx \tan\theta_1$,则从图 1.18 上不难证明 $\theta_1 \approx \dfrac{d\xi_2}{dx_1}$,当考虑沿 x_2 轴上 PQ_1 段的变化,可有 $\theta_2 \approx \dfrac{d\xi_1}{dx_2}$. 因 ξ_1,ξ_2 与 x_1,x_2 都有关,故可

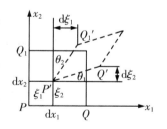

图 1.18　剪应变图

改写成偏导数的形式,即 $\theta_1 = \dfrac{\partial\xi_2}{\partial x_1}$ 和 $\theta_2 = \dfrac{\partial\xi_1}{\partial x_2}$. 此时 PQ 和 PQ_1 之间的夹角原来是直角,经形变后角度改变了 $\theta_1 + \theta_2$. 通常定义这个夹角为剪形变 ε_{12},即

$$\varepsilon_{12} = \theta_1 + \theta_2 = \frac{\partial\xi_2}{\partial x_1} + \frac{\partial\xi_1}{\partial x_2} \tag{1.23}$$

同理在 x_2x_3 和 x_3x_1 平面上,有

$$\varepsilon_{23} = \frac{\partial\xi_2}{\partial x_3} + \frac{\partial\xi_3}{\partial x_2} \tag{1.24}$$

$$\varepsilon_{31} = \frac{\partial \xi_3}{\partial x_1} + \frac{\partial \xi_1}{\partial x_3} \tag{1.25}$$

为了在张量运算中方便,剪应变 ε_{ij} 一般记作

$$\varepsilon_{ij} = \frac{1}{2}\left(\frac{\partial \xi_i}{\partial x_j} + \frac{\partial \xi_j}{\partial x_i}\right)$$

根据以上讨论,应变分量有如下 9 个:

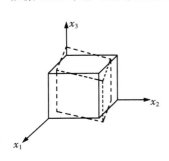

图 1.19　剪切应变

$$\varepsilon_{11} = \frac{\partial \xi_1}{\partial x_1}, \quad \varepsilon_{12} = \frac{1}{2}\left(\frac{\partial \xi_1}{\partial x_2} + \frac{\partial \xi_2}{\partial x_1}\right)$$

$$\varepsilon_{13} = \frac{1}{2}\left(\frac{\partial \xi_1}{\partial x_3} + \frac{\partial \xi_3}{\partial x_1}\right), \varepsilon_{21} = \frac{1}{2}\left(\frac{\partial \xi_2}{\partial x_1} + \frac{\partial \xi_1}{\partial x_2}\right)$$

$$\varepsilon_{22} = \frac{\partial \xi_2}{\partial x_2}, \quad \varepsilon_{23} = \frac{1}{2}\left(\frac{\partial \xi_2}{\partial x_3} + \frac{\partial \xi_3}{\partial x_2}\right)$$

$$\varepsilon_{31} = \frac{1}{2}\left(\frac{\partial \xi_3}{\partial x_1} + \frac{\partial \xi_1}{\partial x_3}\right), \quad \varepsilon_{32} = \frac{1}{2}\left(\frac{\partial \xi_3}{\partial x_2} + \frac{\partial \xi_2}{\partial x_3}\right)$$

$$\varepsilon_{33} = \frac{\partial \xi_3}{\partial x_3}$$

显然,$\varepsilon_{12} = \varepsilon_{21}$,$\varepsilon_{23} = \varepsilon_{32}$,$\varepsilon_{31} = \varepsilon_{13}$,故独立的应变分量只有 6 个,即 3 个正应变和 3 个剪应变,如图 1.19 和图 1.20 所示.

在工程上,正应变常记作 ε_1,ε_2,ε_3.剪应变常记作 γ,即 γ_{12},γ_{23},γ_{31}.

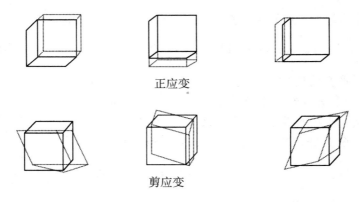

正应变

剪应变

图 1.20　应变的 6 个分量

1.6　广义胡克定律

应变和应力是伴生的,它们之间的关系很复杂.只有理想弹性体,应力、应变之间才有最简单的线性关系.对大多数物体来说,作为一级近似,应力、应变之间的关系也可表示为线性

关系,特别是在小形变时. 因此,它们 6 个分量之间也存在着线性关系:

$$\varepsilon_1 = k_{11}\sigma_1 + k_{12}\sigma_2 + k_{13}\sigma_3 + k_{14}\sigma_4 + k_{15}\sigma_5 + k_{16}\sigma_6$$
$$\varepsilon_2 = k_{21}\sigma_1 + k_{22}\sigma_2 + \cdots + k_{26}\sigma_6$$
$$\cdots$$
$$\varepsilon_6 = k_{61}\sigma_1 + k_{62}\sigma_2 + \cdots + k_{66}\sigma_6$$

或写为

$$\varepsilon_j = \sum_{l=1}^{6} k_{jl}\sigma_l \tag{1.26}$$

其逆为

$$\sigma_1 = k'_{11}\varepsilon_1 + k'_{12}\varepsilon_2 + k'_{13}\varepsilon_3 + k'_{14}\varepsilon_4 + k'_{15}\varepsilon_5 + k'_{16}\sigma_6$$
$$\sigma_2 = k'_{21}\varepsilon_1 + k'_{22}\varepsilon_2 + \cdots + k'_{26}\sigma_6$$
$$\cdots$$
$$\sigma_6 = k'_{61}\varepsilon_1 + k'_{62}\varepsilon_2 + \cdots + k'_{66}\sigma_6$$

或写为

$$\sigma_i = \sum_{m=1}^{6} k'_{im}\varepsilon_m \tag{1.27}$$

这样就需要有 36 个系数来确定它们之间的关系. 但是这 36 个系数并不都独立,可以证明它们存在如下的关系:

$$k_{ij} = k_{ji} \quad \text{或} \quad k'_{ij} = k'_{ji}$$

因为物体发生形变时外界对物体做的功即为物体自由能的增加,所以形变自由能 $F_{形变}$ 增加为

$$\Delta F_{形变} = \Delta W = \sum_j \sigma_j \Delta\varepsilon_j$$

而形变自由能一般可表示为应变的函数,即 $F_{形变}(\varepsilon_1, \varepsilon_2, \varepsilon_3, \varepsilon_4, \varepsilon_5, \varepsilon_6)$,则

$$\Delta F_{形变} = \sum_j \frac{\partial F_{形变}}{\partial\varepsilon_j}\Delta\varepsilon_j$$

比较上面两个式子,可知

$$\sigma_j = \frac{\partial F_{形变}}{\partial\varepsilon_j}$$

代入式(1.27)后,得

$$k'_{ij} = \frac{\partial\sigma_j}{\partial\varepsilon_i} = \frac{\partial}{\partial\varepsilon_i}\left(\frac{\partial F_{形变}}{\partial\varepsilon_j}\right)$$
$$= \frac{\partial}{\partial\varepsilon_i}\left(\frac{\partial F_{形变}}{\partial\varepsilon_j}\right) = \frac{\partial\sigma_i}{\partial\varepsilon_j} = k'_{ji}$$

同理可推得

$$k_{ij} = k_{ji} \tag{1.28}$$

这样,36 个系数就减少为 $\dfrac{36-6}{2} + 6 = 21$ 个独立系数. 当然,由于具体材料的结构因素,还可使这 21 个独立系数大幅减少. 譬如对于各向同性材料,独立系数就只有两个.

非晶态高聚物是各向同性材料. 各向同性材料是指它们在各个方向上的性能是一样的. 因此,首先正应力产生的效应和剪应力产生的效应是互不相干的,也就是说正应力不会产生剪应变,剪应力也不会产生正应变. 这样,就有九个常数等于零,即

$$k_{41} = k_{42} = k_{43} = k_{51} = k_{52} = k_{53} = k_{61} = k_{62} = k_{63} = 0$$

其次,正应力产生的效应应该是对称的,即

$$k_{11} = k_{22} = k_{33} = A \quad 和 \quad k_{12} = k_{13} = k_{32} = B$$

再有,剪应力在不是它作用的方向上并不产生剪应变,并且剪应力产生的效应也应该是对称的,即

$$k_{54} = k_{64} = k_{65} = 0 \quad 和 \quad k_{44} = k_{55} = k_{66} = C$$

这样,对各向同性材料就只存在 3 个参数,

$$\begin{cases} \varepsilon_1 = A\sigma_1 + B\sigma_2 + B\sigma_3 \\ \varepsilon_2 = B\sigma_1 + A\sigma_2 + B\sigma_3 \\ \varepsilon_3 = B\sigma_1 + B\sigma_2 + A\sigma_3 \\ \varepsilon_4 = C\sigma_4 \\ \varepsilon_5 = C\sigma_5 \\ \varepsilon_6 = C\sigma_6 \end{cases} \tag{1.29}$$

下面从一个特殊应力状态来推求这 3 个常数 A,B,C 之间的关系. 如果有一平面应力状态,只有剪应力 σ_4,即纯剪切状态(图 1.15),那么,从应力圆可求得与 x_1 轴的倾角为 α 和 $\beta \left(\beta = \dfrac{\pi}{2} + \alpha \right)$,斜截面上的正应力为

$$\sigma_\alpha = \sigma_4 \sin 2\alpha \quad 和 \quad \sigma_\beta = -\sigma_4 \sin 2\alpha$$

由它们产生的应变为

$$\varepsilon_\alpha = A\sigma_\alpha + B\sigma_\beta = (A - B)\sigma_4 \sin 2\alpha$$

而这应变又可从应变转换方程推出为

$$\varepsilon_\alpha = \frac{\varepsilon_4}{2} \sin 2\alpha = \frac{C}{2} \sigma_4 \sin 2\alpha$$

所以

$$C = 2(A - B)$$

在三个常数中只有两个是独立的,因此一个各向同性材料只要有两个独立系数即可描写它们的力学行为.

在材料科学中表示应力、应变之间关系的弹性系数往往是使用一套模量,就是我们前面已提及过的杨氏模量 E、剪切模量 G、本体模量 K 和泊松比 μ 等. 这样,杨氏模量为

$$E = \frac{\sigma_1}{\varepsilon_1} = \frac{1}{A}$$

所以

$$A = \frac{1}{E}$$

泊松比为

$$\mu = -\frac{\varepsilon_2}{\sigma_1} = -\frac{B\sigma_1}{A\sigma_1}$$

所以

$$B = -\frac{\mu}{E}$$

剪切模量为

$$G = \frac{\sigma_4}{\varepsilon_4} = \frac{1}{C} = \frac{1}{2(A-B)} = \frac{E}{2(1+\mu)} \tag{1.30}$$

代入式(1.29)后,便得到广义胡克定律为

$$
\begin{cases}
\varepsilon_1 = \dfrac{1}{E}\big[\sigma_1 - \mu(\sigma_2 + \sigma_3)\big] \\[2mm]
\varepsilon_2 = \dfrac{1}{E}\big[\sigma_2 - \mu(\sigma_1 + \sigma_3)\big] \\[2mm]
\varepsilon_3 = \dfrac{1}{E}\big[\sigma_3 - \mu(\sigma_1 + \sigma_2)\big] \\[2mm]
\varepsilon_4 = \dfrac{\sigma_4}{G} \\[2mm]
\varepsilon_5 = \dfrac{\sigma_5}{G} \\[2mm]
\varepsilon_6 = \dfrac{\sigma_6}{G}
\end{cases}
\tag{1.31}
$$

因为剪应变不改变物体体积,所以在小形变时可用 $\Delta_变 = \varepsilon_1 + \varepsilon_2 + \varepsilon_3$ 近似算作单位物体的体积的改变,则

$$\Delta_变 = \varepsilon_1 + \varepsilon_2 + \varepsilon_3 = \frac{1}{E}(1-2\mu)(\sigma_1 + \sigma_2 + \sigma_3)$$

考虑本体压缩时,设 $\sigma_1 = \sigma_2 = \sigma_3 = \sigma$,则

$$\Delta_变 = \frac{\sigma}{E} \cdot 3(1-2\mu)$$

按本体模量定义,有

$$K = \frac{\sigma}{\delta V / V} = \frac{\sigma}{\Delta_变} = \frac{E}{3(1-2\mu)} \tag{1.32}$$

可见本体模量 K 也与 E,μ 有一定关系,独立常数始终只有两个.

　　最能清楚表达材料力学行为的是剪切模量 G 和本体模量 K 这两个常数,因为它们联系了材料两种不同类型的力学行为.G 是支配材料形状改变响应的模量,而 K 是支配体积改变响应的模量.正如已推导的公式(1.30)与(1.32),G 和 K 都与 E 及 μ 有关联.若 $\mu = 0.5$,则

$$G = \frac{E}{2(1+\mu)} = \frac{E}{3}$$

$$K = \frac{E}{3(1-2\mu)} = \infty$$

这表明,如果 $\mu = 0.5$(如橡胶),K/G 的比率是非常大的.材料形状的改变比改变它的体积容易得多.

由式(1.30)和式(1.32)可得

$$E = \frac{3G}{1 + \dfrac{G}{3K}}$$

因为 $3K$ 通常比 G 大得多,故可改写为

$$E = \frac{3G\left(1 - \dfrac{G}{3K}\right)}{1 - \left(\dfrac{G}{3K}\right)^2} \approx 3G\left(1 - \frac{G}{3K}\right) \tag{1.33}$$

可见,杨氏模量主要是由剪切模量贡献的.这是因为在单向应力时,材料在没有应力作用的两个方向,对膨胀的阻力不大,所以杨氏模量与本体模量相差很大.

在力学中,有时还定义另一个叫做拉密常数 λ(Lame's constant)的参数:

$$\lambda = \frac{\mu E}{(1 + \mu)(1 - 2\mu)} \tag{1.34}$$

它们之间的相互关系有

$$\begin{cases} K = \lambda + \dfrac{2}{3}G, & \dfrac{3}{E} = \dfrac{1}{G} + \dfrac{1}{3K}, & \lambda = \dfrac{2\mu G}{1 - 2\mu}, \\[3mm] K = \dfrac{2G(1 + \mu)}{3(1 - 2\mu)}, & \lambda = \dfrac{3K\mu}{1 + \mu}, & \lambda = \dfrac{EG - 2G^2}{3G - E}, \\[3mm] \lambda = \dfrac{9K^2 - 3KE}{9K - E}, & \mu = \dfrac{E}{2G} - 1 \end{cases} \tag{1.35}$$

高分子材料的模量变化的范围很广,从橡胶的 $10^5\ \text{N/m}^2$ 到塑料的 $10^9\ \text{N/m}^2$,其中一部分纤维的模量可高达 $10^{10}\ \text{N/m}^2$.这是高分子材料有别于其他材料的特征之一,也是高分子材料用途多样化的原因之一.图 1.21 是多种材料拉伸模量值的范围.

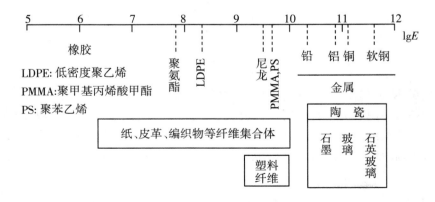

图 1.21　各种材料的模量范围

1.7　牛顿流动定律

高聚物具有流动态,特别是在通常条件下,固体高聚物也能表现出明显的黏性,因此液体的流动规律也是研究高聚物黏弹性的基础.流动是形变的一种特殊情况,形变随时间而连续变化.在这里出现了一个新的参数——时间 t.时间 t 是与坐标系统无关的,因此在前面讨论的各种系统只要对 t 做微商后均可使用.

理想的黏性液体即使只受到很小的剪切力作用,也会马上开始流动.在流动速度不大时,黏性液体的流动是层流,层流可以看作液体是以薄层流动的,层与层之间有速度梯度.要维持层与层之间一定的速度梯度需要加一定的剪切力.相对地,液体内部反抗这种流动的内摩擦力反映为材料的黏性.考虑流动液体中的一对平行的液层(图1.22).它们之间的距离为 $\mathrm{d}x$,由于上液层比下液层的速度大 $\mathrm{d}v$,则上下液层之间的速度梯度为 $\dfrac{\mathrm{d}v}{\mathrm{d}x}$.实验证明,单位面积液层上所受的剪切力 σ 与流动中层与层之间的速度梯度 $\dfrac{\mathrm{d}v}{\mathrm{d}x}$ 成正比,即

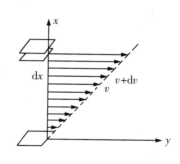

图 1.22　液体的流动

$$\sigma = \eta \frac{\mathrm{d}v}{\mathrm{d}x} \tag{1.36}$$

比例系数即黏度系数为 η,这就是牛顿流动定律.凡符合牛顿定律的液体叫做牛顿流体.从应变的角度来看,$\dfrac{\mathrm{d}v}{\mathrm{d}x}$ 就是剪切速率 $\dfrac{\mathrm{d}\varepsilon}{\mathrm{d}t}$,因为

$$\frac{\mathrm{d}v}{\mathrm{d}x} = \frac{\mathrm{d}}{\mathrm{d}x}\left(\frac{\mathrm{d}\xi}{\mathrm{d}t}\right) = \frac{\mathrm{d}}{\mathrm{d}t}\left(\frac{\mathrm{d}\xi}{\mathrm{d}x}\right) = \frac{\mathrm{d}\varepsilon}{\mathrm{d}t}$$

所以牛顿流动定律一般写为

$$\sigma = \eta \frac{\mathrm{d}\varepsilon}{\mathrm{d}t} \tag{1.37}$$

即剪切应力正比于剪切应变随时间改变的速率.它的一般形式是

$$\begin{cases} \sigma_{12} = \eta \dfrac{\mathrm{d}\varepsilon_{12}}{\mathrm{d}t} \\[2mm] \sigma_{13} = \eta \dfrac{\mathrm{d}\varepsilon_{13}}{\mathrm{d}t} \\[2mm] \sigma_{23} = \eta \dfrac{\mathrm{d}\varepsilon_{23}}{\mathrm{d}t} \end{cases} \tag{1.38}$$

流体一般是各向同性的,所以 η 在各方向都是一样的.

根据式(1.36),黏度 η 就等于速度梯度为 1 时单位面积上所受到的剪切力.黏度的国际单位是帕·秒(Pa·s),帕·秒是一个很大的单位,作为一个数量级的概念,水在 20 ℃ 时的黏度约为 0.1 Pa·s.但高聚物的黏度都很高,如高聚物本体的黏度可高达 10^{12} Pa·s.

1.8　高聚物的黏弹性

表明应力、应变有线性关系的胡克定律是描写理想弹体(胡克弹体)行为的;表明应力、应变速率有线性关系的牛顿流动定律是描写理想液体(牛顿液体)行为的.实际上,弹性和黏性是共存在一个物体中的一对矛盾.任何实际物体均同时存在弹性和黏性这两种性质,依其外界条件不同(外载时间和温度),或主要显示其弹性或主要显示其黏性.例如,即使是像钢材那样的金属,在高温下也会呈现塑性而产生永久形变;而像水那样的液体,当作用力的时间非常短时也会显示出弹性来.把瓦片向水面上飞速扔去,这时水好像是一个弹性体,瓦片会被水弹跳起来好几次才落入水里,就是水显示弹性的一个例子.

弹性和黏性在高聚物材料身上同时呈现更为显著.即便在常温和一般加载时间,高聚物材料也往往同时显示有弹性和黏性,即所谓的黏弹性.如果它们的应力与应变速率之间存在线性关系,则叫做线性黏弹性.高聚物的黏弹性是极其复杂的,要把弹性理论用于高聚物,必须作两点修正.首先,高聚物的力学行为有很大的时间依赖性,在弹性理论中,当外载加上后,假定外力与物体内应力会马上达到平衡.这个假定对高聚物材料不适用,因为当一个线形高聚物试样加上载荷后,它将无限连续变形下去.譬如,图 1.23 是乙酸纤维素塑料超过 6 000 h 的蠕变,可以看出平衡还没有达到.由于一下子达不到平衡,由弹性理论求得的高聚物弹性常数将依赖于加载后的时间.例如,如果在试样上加一恒定的应力,应变就是加载后时间的函数,因此测量的模量也是时间的函数:

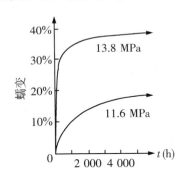

图 1.23　25 ℃ 乙酸纤维素塑料在两个不同应力下的蠕变曲线.即使经过了 6 000 h,蠕变仍然没有完全结束

$$\varepsilon = \frac{\sigma}{G(t)} = J(t)\sigma \tag{1.39}$$

同样,如果载荷从一胡克弹体移走,它立刻回复到原来的大小和形状.这在高聚物一般是不可能的,而是以一缓慢的递减速率回复.

其次,弹性理论没有假定温度对弹性常数的实际影响,常设杨氏模量、剪切模量等(在一定的温度范围内)与温度无关.对高聚物就不能这样假定,因为高聚物材料的弹性常数是非常依赖于温度的.而且温度对剪切模量和本体模量的影响还可能不一样,因此上式必须进一步改写如下:对在恒定应力下的试样,应变和模量是时间和温度两个参数的函数:

$$\varepsilon = \frac{\sigma}{G(t,T)} = J(t,T)\sigma \qquad (1.40)$$

在时间和温度得到很好控制的情况下,应力与应变和应力与应变速率之间的线性关系还是可以应用于计算高聚物材料的形变.也就是说,在这种情况下,作为近似,高聚物的黏弹性是线性黏弹性.线性黏弹性的问题在数学上就是求解线性微分方程.这样,高聚物材料的黏弹性可以用胡克弹体和牛顿流体的简单组合来定性描述.譬如其中一种可取的组合是

$$\sigma = G\varepsilon + \frac{\eta \mathrm{d}\varepsilon}{\mathrm{d}t}$$

这是一个线性微分方程,它回答了当外界作用参数及历程为已知时,在某一瞬间物体的形变和应力之间的关系.

需要指出的是,尽管线性黏弹性的应用范围仅限于均质、各向同性非晶态高聚物在小应变时的行为,但是它的原理却极为基本,极为重要.某些非线性形变过程,甚至断裂现象也具有类似线性黏弹性响应的时温相对性.

思　考　题

1. 什么是应力?什么是应变?应力和一般说的作用力有什么差别?

2. 什么是简单剪切形变?它有什么特点?由它定义了什么样的弹性常数?如何在实验上实现简单剪切形变?为什么说简单剪切是最基本的形变类型?

3. 什么是本体压缩形变?它有什么特点?由它定义了什么样的弹性常数?如何在实验上实现本体压缩形变?为什么说本体压缩也是最基本的形变类型?

4. 单向拉伸形变的特点是什么?它为什么不是最基本的形变类型?

5. 为什么在高聚物黏弹性理论推导时往往用简单剪切的形变类型,而在数据积累上又大量使用单向拉伸的形变类型?

6. 广义胡克定律描述了材料应力、应变一般的关系,它定义了多少个比例系数?在什么情况下独立的系数会大大减少?

7. 各向同性材料的弹性系数有 4 个,即 G,K,E 和 μ,它们之间有什么关系?杨氏模量 E、剪切模量 G 和本体模量的关系是什么?为什么说在小形变时杨氏模量 E 是剪切模量 G 的 3 倍,$E = 3G$?

8. 什么是牛顿流动定律和牛顿流体?高聚物本体黏度的数量级是多少?

9. 高聚物用途多样性的重要根据之一是它们模量的范围很大,你是否知道典型的塑料、橡胶模量值的数量级?

10. 材料同时兼备弹性和黏性的行为叫做黏弹性,你对高聚物的黏弹性有多少了解?

第 2 章 高聚物力学性能的时间依赖性

时间 t 是影响高聚物力学行为的重要参数.与时间有关的力学行为有蠕变及其回复、应力松弛、动态力学实验、恒速应力和恒速应变.每个都对应一个实验测量.这里不考虑因环境、化学试剂作用和自然老化等化学变化导致的高聚物力学性能的变化.

为了反映高聚物力学行为的这种时间依赖性,一般选取不同形式的时间函数的应力 $\sigma(t)$ 作用于高聚物试样,来观察它们在不同时刻 t 对这种应力的响应;或者选取不同形式的时间函数的应变 $\varepsilon(t)$,来观察各时刻 t 为要维持这种应变所需要的应力.通常,依据应力 $\sigma(t)$ 和应变 $\varepsilon(t)$ 的函数形式把上述与时间有关的力学行为分为 3 类.第一类是应力 $\sigma(t)$ 或应变 $\varepsilon(t)$ 为阶梯函数,其中,若维持恒定的应力 $\sigma(t) = \sigma_0$ 不变,来观察应变 $\varepsilon(t)$ 随时间 t 的改变,即蠕变;如果随后应力 $\sigma(t)$ 或全部或部分解除,观察已产生的应变随时间 t 的变化(应变减小),即蠕变回复.反之,若维持应变恒定 $\varepsilon(t) = \varepsilon_0$,观察维持这应变所需的应力 $\sigma(t)$ 随时间 t 的变化,即应力松弛.第二类是应力 $\sigma(t)$ 或应变 $\varepsilon(t)$ 随时间交变的函数,一般是取 $\sigma(t)$ 或 $\varepsilon(t)$ 为时间 t 的正弦函数,即动态力学实验.第三类是应力 $\sigma(t)$ 或应变 $\varepsilon(t)$ 随时间 t 的线性变化的函数,即恒速应力和恒速应变.

2.1 蠕变及其回复

蠕变,一种应力不变而应变随时间 t 不断增加的现象,是高聚物材料使用中常碰到的问题.譬如架设一条硬聚氯乙烯(PVC)管线,若支柱间距离选得过大,就会发现,随着使用时间的增加,它会变形弯曲.又如一件增塑聚氯乙烯薄膜制成的塑料雨衣,长时间(几个月甚至更长)挂在墙上,它本身的重量也会引起雨衣沿悬挂方向的变形.

依赖于温度和外载作用时间等外界条件,可以说任何材料都会发生蠕变.在设计燃汽轮机时,金属叶片的蠕变就必须加以考虑.某些古老的教堂(如罗马教廷的教堂)中的窗玻璃已上薄下厚即是无机玻璃蠕变的实例.即使是组成地球表层的岩石在亿万年生成发展过程中,也在发生缓慢的蠕动.但对高聚物材料来说,蠕变行为则更为普遍和明显,即使在通常使用条件下,高聚物制品也会由于外载甚至自重而缓慢引起永久形变(即使时间会非常长),这是每个高聚物制品设计者和使用者都必须注意的实际问题.

蠕变测量是研究高聚物黏弹性实验中较为容易实现的一种.它是在恒温条件下,于试样上施加恒定应力而观察应变随时间 t 的变化.设在 $0 \sim t_1$ 时间内,试样上没有载荷,即 $\sigma(t) = 0$,在时刻 $t = t_1$,有一载荷突然加在试样上,产生一定的应力 σ_0,并在 $t_1 \sim t_2$ 时间内维持这种应力不变,即 $\sigma(t) = \sigma_0$(注意,这里是应力不变.由于形变过程中试样横截面可能发生变化,所以要有特定的设计来维持应力不变),观察应变随时间会怎样变化.用数学来表示,即应力 $\sigma(t)$ 是一个阶梯函数:

$$\sigma(t) = \begin{cases} 0, & 0 \leqslant t < t_1 \\ \sigma_0, & t_1 \leqslant t < t_2 \end{cases} \tag{2.1}$$

此时,应变 $\varepsilon(t)$ 是时间 t 的增函数,如果在时间 t_2 以后,载荷又突然除去,即

$$\sigma(t) = \begin{cases} \sigma_0, & t < t_2 \\ 0, & t \geqslant t_2 \end{cases} \tag{2.2}$$

此时应变 $\varepsilon(t)$ 是时间 t 的减函数,这种现象就是蠕变回复.

对理想弹性体(胡克弹体),在 $0 \leqslant t < t_1$ 时,没有形变;在 $t = t_1$ 加载后,应变立即产生,并在 $t_1 \sim t_2$ 时间内维持恒定;在 $t = t_2$ 除去载荷时,应变马上消失,物体恢复原样,应变 $\varepsilon(t)$ 也是一个阶梯函数.但对于高聚物材料,应变具有复杂的性状(图 2.1).

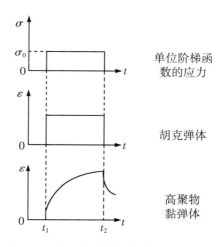

图 2.1　在一个阶梯函数应力 $\sigma(t)$ 作用下,胡克弹体和高聚物黏弹体的蠕变及其回复.高聚物的蠕变具有复杂的性状

仔细分析图 2.1 和第 1 章的图 1.23 可以发现,依应变 $\varepsilon(t)$ 与时间 t 的关系,高聚物的蠕变过程可分为 3 个阶段.第一阶段是瞬时变形阶段(immediate elastic deformation).在这一阶段,一旦加上载荷,试样就会立即产生瞬时应变,高聚物表现出普弹性,服从胡克定律.这种应变发展极快,可以认为与时间无关.若以柔量(compliance)$J(t)$ 表示,应变为

$$\varepsilon_{\mathrm{I}} = J_0 \sigma_0 \tag{2.3}$$

这里,J_0 是一常量,称为普弹柔量.

第二阶段是推迟蠕变阶段(delayed elastic deformation).蠕变速率发展很快,然后逐渐降低到一个恒定值,极端情况下该速率可趋近于零.应变等于应力 σ_0 乘以时间 t 的某一函数,即

$$\varepsilon_{\mathrm{II}} = \sigma_0 J(t) = \sigma_0 J_e \Psi(t) \tag{2.4}$$

这里,$\Psi(t)$ 是推迟蠕变发展的时间函数,称为蠕变函数(creep function).蠕变函数 $\Psi(t)$ 的具体形式可以由实验确定或理论推出(见第 3 章),但它显然具有如下性质:

$$\Psi(t) = \begin{cases} 0, & t = 0 \\ 1, & t = \infty \end{cases} \tag{2.5}$$

即当应力作用极长时间后,应变即趋于平衡.这时的柔量称为平衡柔量 J_e.

第三阶段是线性非晶态高聚物的流动(Newtonian flow).假定它服从牛顿流动定律,则

$$\varepsilon_{\mathrm{III}} = \sigma_0 \frac{t}{\eta} \tag{2.6}$$

全部蠕变应变 $\varepsilon(t)$ 应为这三个部分的应变之和:

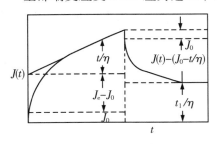

图 2.2　恒定应力下蠕变柔量随时间的变化.蠕变的 3 个阶段在蠕变柔量曲线上也清晰可见

$$\begin{aligned}
\varepsilon(t) &= \varepsilon_{\mathrm{I}} + \varepsilon_{\mathrm{II}} + \varepsilon_{\mathrm{III}} \\
&= \sigma_0 [J_0 + J_e \Psi(t) + t/\eta] \\
&= \sigma_0 J(t)
\end{aligned} \tag{2.7}$$

式中, $J(t)$ 是恒定应力下的蠕变柔量(creep compliance,图 2.2).因为高聚物的蠕变柔量范围达好几个数量级,蠕变实验时间也长达数十甚至数百小时,所以一般均采用双对数作图(选用对数坐标不但能表现很宽范围内的时间依赖性,并且还有利于外推到更长的时间,但根据玻尔兹曼(Boltzmann)叠加原理的图解(见第 4 章)却需要线性的时间尺度).恒定温度下高聚物蠕变柔量 $J(t)$ 随时间 t 变化的双对数图 $\lg J(t)$-$\lg t$ 曲线具有如图 2.3 所示的形状.

式中:

$$J(t) = J_0 + J_e \Psi(t) + \frac{t}{\eta} \tag{2.8}$$

在非常短的时间里,高聚物呈现理想弹性体(胡克弹体)的行为,这个区域就是通常所说的玻璃态.这时应变仅是应力的函数,与时间无关. 高聚物在玻璃态的柔量约为 10^{-9} m²/N,相当于普通玻璃固体的柔量.随着时间的增加,高聚物渐渐偏离弹性行为.蠕变柔量随时间单值地增大,直到再一次达到某个恒定值.这时材料变软,表现出类似橡胶的大弹性形变,称为橡胶态.高聚物在橡胶态的蠕变柔量约为 10^{-5} m²/N,也与时间无关.在玻

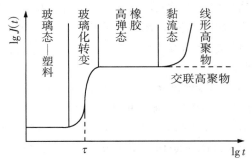

图 2.3　线形和交联高聚物典型蠕变柔量和时间的双对数作图.高聚物一旦交联就不溶不熔,因而不出现流动,只有橡胶高弹态而无流动,如虚线所示

璃态和橡胶态之间有一个覆盖 1～2 个时间数量级的转变区域,称为玻璃化转变,材料表现出明显的黏弹性.高聚物玻璃化转变的表征参数是它的推迟时间 τ(它的意义将在第 3 章中详加讨论).经过一段更长的时间以后,高聚物的行为依赖于它们的化学结构是线形的还是交联的而有所不同.线形高聚物在橡胶态后通过流动转变转化为黏流态,表现出牛顿流动,像一个黏性液体;交联高聚物则在相当长的时间里保持在橡胶态而无流动出现.在室温下的硬性高聚物,由于它的流动黏度很大,流动可以忽略不计.

上面说明了随着推迟时间 τ 与加载时间相对尺度的不同,高聚物或像一块弹性固体(加载时间比 τ 小很多),或像一块黏弹固体(加载时间与 τ 同数量级),或像一块橡胶和一种液体(加载时间比 τ 大,甚至大很多).因为高聚物的推迟时间强烈依赖于温度,它随温度的升

高而减小,时间和温度对高聚物力学性能的影响存在着某种等当性,因此,也可以说是依赖于温度,高聚物能表现为弹性固体、黏弹固体、橡胶或液体.高聚物力学行为的时温等将在第5 章中讨论.

　　对于线性材料,单根的蠕变曲线就足够了,因为它可以直接换算成线性蠕变柔量 $J(t)$.对于非线性材料,需要一族这样的蠕变曲线.图 2.4 是聚甲基丙烯酸甲酯(PMMA)的拉伸蠕变实验曲线.每一种高聚物都有它们自己的特征应力-应变-时间函数,或者是一组这样的函数.这里有两个经过验证的重要说明:① 密切相关的高聚物,如相似的共聚物,同种高聚物不同加工条件的不同品级,其特征函数是非常类似的,如果知道其中一个,那么另一个就可以由此计算出来.② 彼此毫不相干的高聚物,它们相应的特征函数交会和发散,使得高聚物之间的所有对比复杂化,即使像聚丙烯和高密度聚乙烯那样的高聚物也是如此.

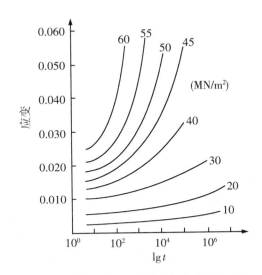

图 2.4　聚甲基丙烯酸甲酯在 20 ℃ 下的拉伸蠕变实验曲线

　　蠕变曲线族是显示高聚物材料应力-应变-时间函数的最基本方法,特别是它们在恒定时间的剖面线(等时曲线),或在恒定应变时的剖面线(等应变曲线) 更适合于直接应用.每一条曲线上的任一点都给出一个应变／应力比率,其倒数可以在设计计算中当作模量来用,叫做"蠕变模量"$G_{蠕变}$.由蠕变柔量倒数得到的模量 $G_{蠕变}$ 和从应力松弛实验直接得到的模量 $G_{松弛}$ 是有区别的,$G_{松弛}$ 是一个严格定义的物理量,在给定应变求解应力的设计计算中就需要这个量,而 $G_{蠕变}$ 不是一个严格定义的物理量,但是它却是另一类给定应力求解应变的设计计算的恰当参数.对于高聚物材料,一般有 $G_{蠕变} > G_{松弛}$.当应变和加载时间相匹配时,$G_{蠕变}$ 和 $G_{松弛}$ 在数值上相差很小,对大多数计算来说两者可以互换.

　　如果在一定时间后把外载除去,那么高聚物会逐渐趋于回复到它原来的状态.但是由于蠕变过程中的流动,高聚物将留下不可逆的永久形变.蠕变回复可以看作两个蠕变过程的叠加.第一个蠕变受如下应力作用:

$$\sigma_1(t) = \begin{cases} 0, & 0 \leqslant t < t_1 \\ \sigma_0, & t \geqslant t_1 \end{cases}$$

第二个蠕变则受应力

$$\sigma_2(t) = \begin{cases} 0, & 0 \leqslant t < t_2 \\ -\sigma_0, & t \geqslant t_2 \end{cases}$$

作用,如图 2.5 所示.在 $\sigma_1(t)$ 作用下有应变 $\varepsilon_1(t)$ 产生:

$$\varepsilon_1(t) = \sigma_0 \left[J_0 + J_e \Psi(t - t_1) + \frac{t - t_1}{\eta} \right]$$

在 $\sigma_2(t)$ 作用下有应变 $\varepsilon_2(t)$ 产生:

$$\varepsilon_2(t) = -\sigma_0\left[J_0 + J_e\Psi(t - t_2) + \frac{t - t_2}{\eta}\right]$$

那么,在 $\sigma(t) = \sigma_1(t) + \sigma_2(t)$ 作用下,按叠加原理(见第4章),应变为各自应变的代数和:

$$\varepsilon(t) = \varepsilon_1(t) + \varepsilon_2(t)$$
$$= \sigma_0\left\{J_0\left[\Psi(t - t_1) - \Psi(t - t_2)\right] + \frac{t_2 - t_1}{\eta}\right\}$$
$$= \sigma_0 J(t)$$

在实验时间很长时(蠕变实验确实要持续几个月,甚至更长时间),按蠕变函数的基本性质,得

$$\lim_{t \to \infty}\Psi(t - t_1) = 1, \quad \lim_{t \to \infty}\Psi(t - t_2) = 1$$

则

$$\lim_{t \to \infty}\varepsilon(t) = \varepsilon_{永久} = \sigma_0\frac{t_2 - t_1}{\eta} \tag{2.9}$$

这就是由于流动而引起的高聚物的永久形变(permanent set).图2.6是聚甲基丙烯酸甲酯的拉伸蠕变形变、蠕变回复曲线及永久形变.回复实际上是反过来的蠕变曲线.在没有可行的非线性黏弹性理论情况下,这样的回复数据像蠕变数据一样是必不可少的.需要指出的是,回复过程中高聚物的结构有可能发生变化,从而使性能发生改变,回复的许多特征都将消失.

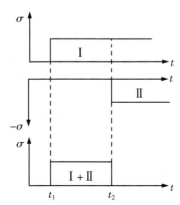

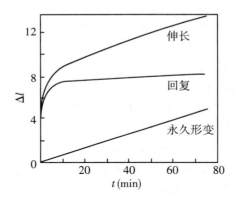

图2.5 蠕变回复可以看作两个蠕变过程的叠加.一个应力为正的蠕变Ⅰ和一个应力为负的蠕变Ⅱ的叠加,构成了蠕变及其回复(Ⅰ+Ⅱ)

图2.6 140 ℃,分子量 $M = 20.4 \times 10^4$ 的聚甲基丙烯酸甲酯的拉伸蠕变形变、蠕变回复曲线及永久形变

蠕变实验大多用拉伸实验.这样,重要的是要保证"应力恒定",因为高聚物试样的截面随加载时间而变.保持应力恒定的装置有很多:① 带有补偿装置的杠杆机构;② 带平衡砝码装置的滑轮机构;③ 偏心轮机构;④ 浮力减重等.(图2.7)在现代电子技术条件下,自动控制"应力恒定"更是不难做到的.

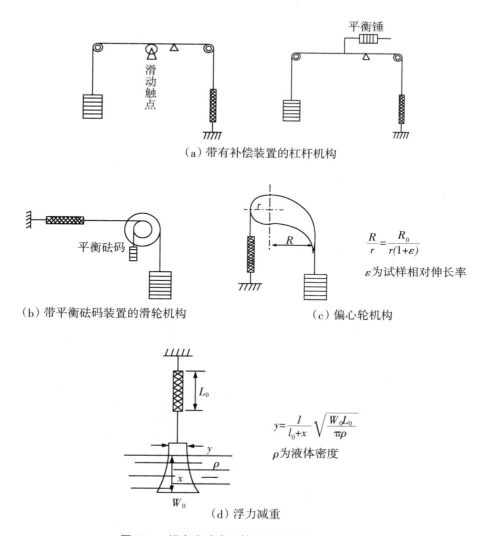

图 2.7 蠕变实验中保持应力恒定的几种机构

相对于金属和其他无机材料,高聚物的蠕变比较大,即使在常温下,只要时间足够,就有可观察到的蠕变.因此高聚物的蠕变性能将决定它们尺寸的稳定性和它们制品的长期耐用性.图 2.8 是 8 种高聚物的实测蠕变曲线.由图可见,含有芳杂环的刚性链高聚物,具有较好的抗蠕变性能,因此是广泛使用的代替金属材料制造机械零部件的工程塑料.如果是硬 PVC 管,去蠕变性能并不是很好,但由于量大、价格便宜和优秀的耐腐蚀性能,仍然大量用作化学工业中的管道和容器,这时有必要增加支撑的支架来避免可能的蠕变.

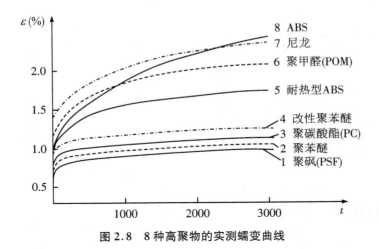

图 2.8 8 种高聚物的实测蠕变曲线

2.2 应力松弛

与蠕变相对应的是应力松弛(stress relaxation).它是在一定温度下使高聚物试样瞬时产生一个固定的应变,观察维持这应变恒定所需要的应力随时间的变化.应力松弛可用来测量某些已加工塑料零件中夹持金属嵌入物的应力以及估算塑料管道热套接后的使用寿命.此外,应力松弛还是研究可能发生在高聚物尤其是橡胶中的化学反应的有效工具(化学应力松弛).

从实用观点来看,通常认为测定蠕变比测定应力松弛更为重要.由于蠕变测量非常易于进行,故应力松弛实验常被评价高聚物材料性能的人们所忽视.但从材料黏弹性理论和分子结构与性能间关系的观点来看,应力松弛较蠕变有更为重要的意义,因为应力松弛的结果一般比蠕变实验更易用黏弹性理论来解释.

按应力松弛的定义,当应变是一单位阶梯函数时,则有

$$\varepsilon(t) = \begin{cases} 0, & t < t_0 \\ \varepsilon_0, & t \geqslant t_0 \end{cases} \tag{2.10}$$

要看维持这应变恒定所需要的应力 $\sigma(t)$ 是时间 t 的什么函数.根据高聚物线性黏弹性的假定,应力为

$$\sigma(t) = G(t)\varepsilon_0 \tag{2.11}$$

这里, $G(t)$ 是应力松弛模量(stress relaxation modulus),它反映 $\sigma(t)$ 的时间依赖关系.实验表明,刚发生应变时所需要的应力最大,然后应力逐渐随时间的增大而降低,如图 2.9 所示.对线形非晶态高聚物,由于流动的存在,经过足够长的时间后,应力 $\sigma(t)$ 总可以松弛为零.对于交联高聚物,在足够长的时间内,应力 $\sigma(t)$ 衰减到一个有限值,与之相对应的模量

叫做平衡模量 G_e. 因此, 应力松弛模量可以分写成两部分:

$$G(t) = G_e + G_0 \Phi(t) \qquad (2.12)$$

即把模量 $G(t)$ 中与时间无关的一项 G_e 分写出来. $\Phi(t)$ 叫做松弛函数 (relaxation function), 用它来表征 $G(t)$ 随时间的变化. 与蠕变函数相反, 松弛函数 $\Phi(t)$ 一定随时间 t 而减小, 它具有如下的性质:

$$\Phi(t) = \begin{cases} 1, & t = 0 \\ 0, & t = \infty \end{cases} \qquad (2.13)$$

(松弛函数的具体形式可由实验确定或由理论推出, 见第 3 章.) 因此, 在 $t = 0$ 时的模量 $G(0)$ 为

$$G(0) = G_e + G_0 \qquad (2.14)$$

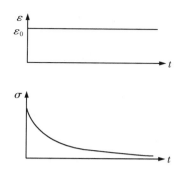

图 2.9　应力松弛. 在恒定应变 $\varepsilon = \varepsilon_0$ 时, 维持这个应变恒定所需的应力随时间而不断衰减

其中, G_0 叫做起始模量.

因为平衡模量取决于交联程度, 未交联的线形高聚物, 其 $G_e = 0$. 但即使是交联橡胶, G_e 也比 G_0 小几个数量级, 所以高聚物材料在实验起始时刻的应力松弛模量值就近似等于它的起始模量:

$$G(0) \approx G_0$$

高聚物的应力松弛行为也常用应力松弛模量 $G(t)$ 对时间 t 的双对数作图 $\lg G(t)$-$\lg t$ 来描述 (图 2.10). 在应力松弛中, 材料在很短时间内的行为像一个弹性固体, 应力松弛模量 $G(t)$ 为一恒定值, 与时间无关, 约为 10^9 N/m^2 的数量级, 相当于在短时间蠕变中表现的行为. 随着时间的增加, 材料趋于变软, 表现出明显的黏弹行为. 在这段时间内应力松弛模量值逐渐降低, 直到又达到另一个平衡值. 应力松弛的这个转变区域 (玻璃化转变) 也覆盖 1~2 个时间的数量级. 同蠕变一样, 研究这个转变区域松弛模量的时间依赖性本质, 也就是研究松弛函数 $\Phi(t)$ 的具体形式, 是研究高聚物黏弹性的基本任务. 在转变以后, 应力松弛模量又维持一个与时间无关的恒定值, 其值的数量级为 10^5 N/m^2, 材料呈现大弹性形变, 像橡胶一样. 当时间进一步增加时, 线形高聚物出现流动, 模量再一次随时间下降, 材料表现得像液体

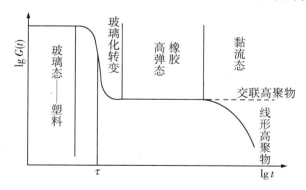

图 2.10　线形和交联高聚物典型松弛模量与时间的双对数作图. 与蠕变柔量曲线一样, 交联高聚物不出现流动, 只有橡胶高弹态而无流动, 如虚线所示

一样,而交联高聚物则仍维持在橡胶态.

在应力松弛中,转变区域是以松弛时间 τ 来表征的.松弛时间 τ 也有强烈的温度依赖性,随温度的升高而减小.因此,依赖于时间和温度,高聚物或表现为弹性固体、橡胶或液体.这些都与蠕变中的情况类似.

拉伸、压缩、弯曲和剪切等形变类型都可用来做应力松弛实验,尤以拉伸应力松弛实验最为常见.应力通过测力弹簧片转换为位移.再通过电阻应变片或电感式的差动变压器把应力转换为电量.因为应力松弛实验的时间很长,所以实验中最为关键的是稳定性问题,包括差动变压器电源的输出频率受外界电源电压或温度的影响,以及机械装置本身的稳定性,特别是测力弹簧片本身的应力松弛和夹具的微小滑移.因为是保持应变恒定,所以应变的测量相对比较容易,但一般不用应变片,因为它会影响高聚物试样的表面性质.对温度也有严格要求,高聚物相对较大的热膨胀相应于 $0.01\% \sim 0.1\%$ 的伸长,所以温度应控制在 $\pm 0.1\,^\circ\mathrm{C}$.

2.3 动态力学实验

动态力学实验(dynamic mechanical test)是在交变应力或交变应变作用下,观察高聚物材料的应变或应力随时间 t 的变化.无论从实用或理论的观点来看,动态力学实验均是重要的.譬如在机电工业中使用的许多塑料零件,如塑料齿轮、阀片、凸轮等都是在周期性的动载荷下工作的;橡胶轮胎、力车胎更是不停地承受交变载荷的作用(图 2.11(a)),合成纤维做的衣服穿在身上受我们身体活动而产生的交变应力作用等.所有这些都说明交变应力的作用是一种更为普遍的情况,动态力学实验是一种更接近材料实际使用条件的实验.

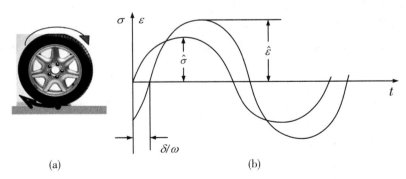

(a)   (b)

图 2.11 动态力学实验中的应力和应变.在正弦函数应力 $\sigma(t) = \hat{\sigma}\sin\omega t$ 作用下,应变也是一个正弦函数,但应力与应变之间存在一个相位角,应变落后于应力

动态力学实验可以同时测得模量和力学阻尼.在实际使用时材料的模量固然重要,但力学阻尼也很重要.高聚物泡沫减震材料就是利用了它们高的力学阻尼.但是对于轮胎,高的

阻尼会使它很快发热和温度升高,导致过早破损.

高聚物的动态力学性能对玻璃化转变、次级转变、结晶、交联、相分离以及高分子链的近程结构的许多特征和材料本体的凝聚态结构都十分敏感,因此,动态力学实验也是研究固体高聚物分子运动的有力工具.

一般地,动态力学实验是维持应力 $\sigma(t)$ 为正弦函数:

$$\sigma(t) = \hat{\sigma}\sin\omega t \qquad (2.15)$$

式中,$\hat{\sigma}$ 是交变应力 $\sigma(t)$ 的峰值,看材料的应变 $\varepsilon(t)$ 是时间的什么函数.对于胡克弹体,应变也是相同的正弦函数 $\varepsilon(t) = \hat{\varepsilon}\sin\omega t$(同样,$\hat{\varepsilon}$ 是应变 $\varepsilon(t)$ 的峰值),没有任何相位差.在应力的一个周期内,外面的能量先以位能形式全部储存起来,继而又全部释放出来变成动能,使材料回到其起始状态.牛顿流体恰好相反,用来变形的能量全部损耗成热,应变与应力有 $90°$ 的相位差.介于这两种极端状态间的高聚物黏弹体,则使部分能量变为位能储存起来,另一部分则变成热而损耗掉.作为热而损耗掉的能量就是力学阻尼的作用.

因此,在正弦函数应力作用下,线性黏弹体的应变也是一个具有相同频率的正弦函数,但与应力之间有一个相位差,即

$$\varepsilon(t) = \hat{\varepsilon}\sin(\omega t - \delta) \qquad (2.16)$$

这里,δ 是相位差.负号表示应变的变化在时间上落后于应力(图 2.11(b)).

把式(2.16)展开得

$$\varepsilon(t) = \hat{\varepsilon}\sin(\omega t - \delta) = \hat{\varepsilon}(\cos\delta\sin\omega t - \sin\delta\cos\omega t)$$

可见,应变的响应包括两项:第一项是 $\hat{\varepsilon}\cos\delta\sin\omega t$,与应力 $\sigma(t)$ 同相,是材料普弹性的反映;另一项是 $\hat{\varepsilon}\sin\delta\cos\omega t = \hat{\varepsilon}\sin\delta\sin\left(\omega t - \dfrac{\pi}{2}\right)$,比应力落后 $90°$,是材料黏性的反映.应力 $\sigma(t)$ 和应变 $\varepsilon(t)$ 的关系表现在其峰值 $\hat{\sigma}$ 和 $\hat{\varepsilon}$ 关系以及相位差 δ 上.显然在这里用复数是方便的,它将使计算大大简化.应变的峰值当然依赖于应力的峰值.现在令

$$\hat{\varepsilon} = |\overset{*}{J}|\hat{\sigma}$$

这里,$|\overset{*}{J}|$ 是下面马上要看到的复数柔量 $\overset{*}{J}$ 的绝对值.

$$\varepsilon(t) = \frac{\hat{\varepsilon}}{|\overset{*}{J}|}(|\overset{*}{J}|\cos\delta J\sin\omega t - |\overset{*}{J}|\sin\delta\cos\omega t)$$

$$= \hat{\sigma}[J_1(\omega)\sin\omega t - J_2(\omega)\cos\omega t]$$

这里,$J_1(\omega) = |\overset{*}{J}|\cos\delta$,$J_2(\omega) = |\overset{*}{J}|\sin\delta$,说明相位差 δ 除与材料本身有关外,它也是应力作用频率 ω 的函数,所以 $J_1(\omega)$,$J_2(\omega)$ 也是频率 ω 的函数.

由复数的指数表达式

$$e^{i\omega t} = \cos\omega t + i\sin\omega t, \quad ie^{i\omega t} = i\cos\omega t - \sin\omega t \qquad (2.17)$$

可见,$\sin\omega t$ 是复数 $e^{i\omega t}$ 的虚数部分,记作 $\mathrm{Im}(e^{i\omega t}) = \sin\omega t$;而 $\cos\omega t$ 是复数 $ie^{i\omega t}$ 的虚数部分,记作 $\mathrm{Im}(ie^{i\omega t}) = \cos\omega t$,则

$$\varepsilon(t) = \hat{\sigma}[J_1(\omega)\mathrm{Im}(e^{i\omega t}) - J_2(\omega)\mathrm{Im}(e^{i\omega t})]$$

$$= \mathrm{Im}[\hat{\sigma}J_1(\omega)e^{i\omega j} - iJ_2(\omega)e^{i\omega t}]$$

$$= \mathrm{Im}\{\hat{\sigma}e^{i\omega j}[J_1(\omega) - iJ_2(\omega)\omega e^{i\omega t}]\}$$

因为 $\hat{\sigma}\mathrm{Im}(e^{i\omega t}) = \hat{\sigma}\sin\omega t = \sigma(t)$,并记

$$\overset{*}{J} = J_1(\omega) - \mathrm{i}J_2(\omega) \tag{2.18}$$

$\overset{*}{J}$ 叫做复数柔量(complex compliance),则

$$\varepsilon(t) = \overset{*}{J}\delta(t) \tag{2.19}$$

这说明在动态力学实验中,应力和应变之间的关系也是十分简单的,只是这里的柔量(或模量)是一个复数.

如果应变 $\varepsilon(t)$ 是正弦函数,观察应力 $\sigma(t)$ 随时间的变化,类似地也可求得应力和应变间的简单关系:

$$\sigma(t) = \overset{*}{G}\varepsilon(t) \tag{2.20}$$

这里,$\overset{*}{G}$ 是复数模量(complex modulus):

$$\overset{*}{G} = G_1(\omega) + \mathrm{i}G_2(\omega) \tag{2.21}$$

它与复数柔量 $\overset{*}{J}$ 的关系是

$$
\begin{aligned}
\overset{*}{G} &= \frac{1}{\overset{*}{J}} = \frac{1}{J_1(\omega) - \mathrm{i}J_2(\omega)} \\
&= \frac{J_1(\omega) + \mathrm{i}J_2(\omega)}{[J_1(\omega) - \mathrm{i}J_2(\omega)][J_1(\omega) + \mathrm{i}J_2(\omega)]} \\
&= \frac{J_1(\omega) + \mathrm{i}J_2(\omega)}{J_1^2(\omega) + J_2^2(\omega)} \\
&= G_1(\omega) + \mathrm{i}G_2(\omega)
\end{aligned}
$$

$$G_1(\omega) = \frac{J_1(\omega)}{|\overset{*}{J}|^2} \tag{2.22}$$

$$G_2(\omega) = \frac{J_2(\omega)}{|\overset{*}{J}|^2} \tag{2.23}$$

$\varepsilon(t) = \overset{*}{J}\sigma(t)$ 和 $\sigma(t) = \overset{*}{G}\varepsilon(t)$ 同时反映了 $\sigma(t)$ 和 $\varepsilon(t)$ 的峰值以及它们相位差之间的关系. 在以复平面表示的 $\overset{*}{J}$ 和 $\overset{*}{G}$ 的图 2.12 上,相位差 δ 是与实轴的夹角. 力学阻尼(mechanical damping)定义为相位差 δ 的正切:

$$\tan \delta = \frac{J_2(\omega)}{J_1(\omega)} = \frac{G_2(\omega)}{G_1(\omega)} \tag{2.24}$$

有时也叫做损耗角正切(loss tangent).

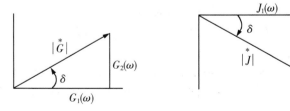

图 2.12　在复平面上复数模量 $|\overset{*}{G}|$ 与储能模量 $G_1(\omega)$ 和损耗模量 $G_2(\omega)$(左),复数柔量 $|\overset{*}{J}|$ 与储能柔量 $J_1(\omega)$ 和损耗柔量 $J_2(\omega)$ 的关系(右)

复数柔量和复数模量的实数部分 $J_1(\omega)$ 和 $G_1(\omega)$ 是表示物体在形变过程中由于弹性形变而储存的能量，通常叫做储能柔量（storage compliance）和储能模量（storage modulus）．它们的虚数部分 $J_2(\omega)$ 和 $G_2(\omega)$ 则表示形变过程中以热能损耗的能量，所以叫做损耗柔量（loss compliance）和损耗模量（loss modulus）．因为在每一形变周期，能量的损耗是它反抗外力所做的功 ΔW，显然：

$$\Delta W = \int_0^{\frac{2\pi}{\omega}} \sigma(t) \mathrm{d}\varepsilon(t) = \int_0^{\frac{2\pi}{\omega}} \sigma(t) \frac{\mathrm{d}\varepsilon(t)}{\mathrm{d}t} \mathrm{d}t$$

把 $\sigma(t) = \hat{\sigma}\sin\omega t$ 和 $\dfrac{\mathrm{d}\varepsilon(t)}{\mathrm{d}t} = \hat{\sigma}[\omega J_1(\omega)\cos\omega t + J_2(\omega)\sin\omega t]$ 代入，得

$$\Delta W = \int_0^{\frac{2\pi}{\omega}} \hat{\sigma}\sin\omega t[\omega J_1(\omega)\cos\omega t + J_2(\omega)\sin\omega t]\mathrm{d}t$$

令 $\omega t = \theta$，得

$$\Delta W = \hat{\sigma}^2 J_1(\omega)\int_0^{2\pi} \sin\theta\cos\theta\mathrm{d}\theta + \hat{\sigma}^2 J_2(\omega)\int_0^{2\pi} \sin^2\theta\mathrm{d}\theta$$
$$= \pi J_2(\omega)\hat{\sigma}^2 \tag{2.25}$$

又因为

$$J_2(\omega)\hat{\sigma}^2 = \frac{J_2(\omega)}{|\overset{*}{J}|^2}|\overset{*}{J}|^2\hat{\sigma}^2 = G_2(\omega)\hat{\varepsilon}^2$$

所以又有

$$\Delta W = \pi G_2(\omega)\hat{\varepsilon}^2 \tag{2.26}$$

可见，复数柔量和复数模量的虚数部分都表示能量的损耗．只要应变落后于应力（或说应力超前于应变），在应力改变方向时，应变总要反抗应力做功而有能量损耗．

高聚物在交变应力作用下的能量损耗最终会在材料体内转化为热量，过多的热量积累会导致高聚物的温度升高，直至破坏．因此对于用作轮胎的橡胶，希望它们有最小的力学损耗．力学损耗大的劣质轮胎如果奔驰在高速公路上，会因发热而爆胎，是非常危险的．顺丁橡胶结构简单，没有侧基，链段运动的内摩擦较小，因此内耗小，而像丁苯橡胶和丁腈橡胶或因前者有较大的刚性侧基，或因后者有较强的极性基团（氰基），链段运动的内摩擦较大，因此内耗都较大．

当然，事物都有两面性．内耗大的高聚物也有很多用途，譬如内耗大的橡胶可用作吸震材料（图 2.13(a)），它们在常温附近有较大的力学损耗；对高聚物隔音和吸音材料（图

(a)　　　　　　　　　　　　(b)

图 2.13　(a) 高速路桥墩的橡胶减震垫；(b) 音乐厅内的装饰高聚物吸音材料

2.13(b)),则要求在音频范围内有较大的力学损耗. 事实上,高级的音乐厅内的装饰都是高力学内耗的高聚物材料. 有时,为了增加高聚物材料的力学内耗,甚至合成出了一种所谓的"互穿网络高聚物"由两种或多种各自交联并相互穿透的高聚物网络组成的共混物(IPN). IPN 的特点在于含有能起到"强迫相容"作用的互穿网络,不同的高聚物分子相互缠结形成一个整体,不能解脱. 在 IPN 中不同高聚物存在各自的相,也未发生化学结合(不同于接枝或嵌段共聚物). 这样 IPN 就有两张高聚物网,叠加贡献各自的力学内耗.

下面再介绍一个动态黏度(dynamic viscosity)$\eta_{动态}$. 因为黏弹性的能量损耗起因于它的黏性成分,所以在极端情况下,即当外载作用频率极低而产生流动时(如对线形非晶态高聚物),按牛顿流动定律(为方便起见,这里应变用了 ε),有

$$\sigma(t) = \eta \frac{\mathrm{d}\varepsilon(t)}{\mathrm{d}t}$$

与 $\sigma(t) = \overset{*}{G}\varepsilon(t)$ 比较,得

$$\overset{*}{G}\varepsilon(t) = \eta \frac{\mathrm{d}\varepsilon(t)}{\mathrm{d}t}$$

如果应变 $\varepsilon(t) = \hat{\varepsilon}\mathrm{e}^{\mathrm{i}\omega t}$,则 $\frac{\mathrm{d}\varepsilon(t)}{\mathrm{d}t} = \mathrm{i}\omega\hat{\varepsilon}\mathrm{e}^{\mathrm{i}\omega t}$,代入得

$$\overset{*}{G}\hat{\varepsilon}\mathrm{e}^{\mathrm{i}\omega t} = \mathrm{i}\omega\hat{\varepsilon}\mathrm{e}^{\mathrm{i}\omega t}$$
$$\overset{*}{G} = \mathrm{i}\omega\eta \tag{2.27}$$

这里,复数模量 $\overset{*}{G}$ 只有虚数部分,可见在流动时没有能量的储存,储能模量 $G_1(\omega) = 0$,只有能量的损耗 $G_2(\omega) = \omega\eta$. 因此动态黏度 $\eta_{动态}$ 就定义为

$$\eta_{动态} = \frac{G_2(\omega)}{\omega} \tag{2.28}$$

它表示在阻尼振动时高聚物自身的内耗.

在交变应力作用下,高聚物黏性行为的特征性状可由图 2.14 一目了然. 取 $\lg J_1(\omega)$ 和 $\lg J_2(\omega)$ 对 $\lg \omega$ 作图,在频率 ω 很高时,储能柔量 $J_1(\omega)$ 是一常数,但值很小. 此时材料就像一块弹性固体. 当频率降低时,$J_1(\omega)$ 逐渐增大到另一个比较大的常数值,材料表现为高弹性,像橡胶一样. 中间的转变区域覆盖了 $1 \sim 2$ 个数量级的频率 ω. 当频率进一步降低时,线性高聚物由于有流动,其 $J_1(\omega)$ 继续增大,材料就像黏性液体. 对于交联高聚物,由于不可能

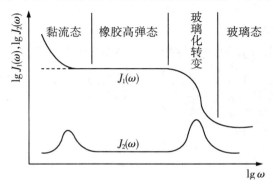

图 2.14　线形和交联高聚物典型的储能和损耗柔量曲线

出现流动,仍保持在高弹态.

与储能柔量不一样,损耗柔量 $J_2(\omega)$ 随频率 ω 的改变起伏很大.在高频率区,$J_2(\omega)$ 是一常数,值也小;在转变区域它迅速达到一个极大值.其位置靠近 $J_1(\omega)$ 曲线的拐折处.在低频率区,交联高聚物的 $J_2(\omega)$ 又减小为如高频区域一样低的恒定值.但是线形高聚物的 $J_2(\omega)$ 随频率的降低而增大,表明在低频区由于黏性而有更多的能量损耗掉.

线形和交联高聚物的储能模量和损耗模量曲线在高频和中频区是一致的,但在低频区域由于线形高聚物的流动存在而有很大区别(图 2.15).

高聚物材料的动态力学测试方法有很多,按应力波长 λ($\lambda = 2\pi/\omega$)与高聚物试样尺寸 l 的相互关系,可以把动态力学测试方法分为三大类.

(1) $\lambda \gg l$.这时,在 2π 的时间里试样受到的力在不同部位是各不相同的.这里又有自由振动衰减和受迫振动之分.扭摆和扭辫是典型的自由振动衰减法.扭摆是动态力学测试中最简单、最常用的一种.在扭摆和扭辫

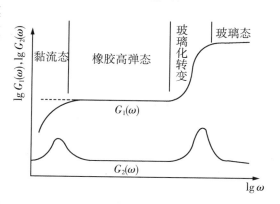

图 2.15　线形和交联高聚物典型的储能和损耗模量曲线

实验中,测定的量是扭振的特征频率和振幅的衰减.将试样事先扭转一个很小的角度,立即松开,试样即以一定的周期来回扭振.由振动周期可计算高聚物试样的模量(剪切模量 G).由于高聚物本身的黏弹损耗,振动的振幅随时间而不断衰减.由振幅的衰减可计算高聚物试样的内耗 Δ.扭辫是扭摆的进一步改良,原理是完全一样的.动态振簧法是典型的受迫振动共振实验,它是通过测定高聚物试样共振频率 f_r 和共振半宽度频率 Δf_r 来分别求取试样实数模量(杨氏模量 E)和虚数模量.动态黏弹谱仪是受迫振动非共振实验,由于现代科学技术的进展,特别是微电子技术的进步,已有可能在实验中的任一时刻直接测量该时刻的振幅和相位差,从而避免扭摆和扭辫实验中每一次都必须等待它慢慢衰减和动态振簧法每点必达共振而引起的实验时间过长的不足.扭摆、扭辫、振簧和黏弹谱仪是一般高分子物理实验室中最常用的动态力学实验方法,尤其是动态黏弹谱仪.

(2) $\lambda \approx l$.由于应力波长 λ 与高聚物试样尺寸 l 相近,应力波在高聚物试样中形成驻波.测量驻波极大和驻波节点位置可计算得到杨氏模量 E 和损耗角正切 $\tan\delta$.驻波法特别适用于合成纤维力学行为的测定.

(3) $\lambda \ll l$,是波传导法.由于应力波比高聚物试样小,应力波(通常使用声波)在试样中传播.测定应力波的传播速度和波长的衰减可求得高聚物材料的模量 E 和损耗角正切 $\tan\delta$.显然,波传导法也特别适用于合成纤维力学行为的测定.

这里,重要的是各种测试方法的频率范围.各种测试方法的频率范围见表 2.1.

表 2.1　各种动态力学测试方法的频率范围

动态力学实验方法	频率范围（Hz）
自由振动衰减法：扭摆、扭辫	$0.1 \sim 10$
受迫振动共振法：振簧	$10 \sim 5 \times 10^{4}$
受迫振动非共振法：黏弹谱仪	$10^{-3} \sim 10^{2}$
驻波法	$> 1\,000$
波传导法	$10^{5} \sim 10^{7}$

2.3.1　动态扭摆和扭辫法

自由振动的动态扭摆实验是动态力学测试方法中最简单和最常用的一种.因为:① 它适用于整个高聚物的模量范围（$10^{5} \sim 10^{9}$ N/m²），即适用于橡胶、塑料和纤维.② 它适用于很宽广的阻尼范围,从小于 0.01 到 5 以上.③ 由于扭摆的频率很低,由扭摆法测得的松弛温度（如玻璃化温度）最接近于一般膨胀计所测得的数据.④ 因为由扭摆法测得的是高聚物的剪切模量,所以它对高聚物的分子运动反应十分灵敏.⑤ 仪器装置也比较简单.

实验时把高聚物试样的一端固定,另一端通过试样夹具与惯性体系相连.当惯性体扭转一个角度时,高聚物试样受到扭转变形,外力移去后,惯性体带动试样在一定周期内做自由衰减运动（图 2.16）.由于高聚物材料的内耗,振幅随时间而不断衰减（图 2.17）.内耗越大,衰减越快,由振幅衰减可计算内耗.通常用相邻两个振幅之比的自然对数,叫做对数减量 Δ（logarithmic decrement）,来表示高聚物试样的内耗:

$$\Delta = \ln \frac{A_i}{A_{i+1}} \tag{2.29}$$

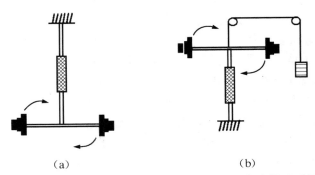

（a）　　　　　　　　　　　（b）

图 2.16　动态扭摆示意图.（a）由高聚物试样条直接承受摆锤的重量；（b）则由平衡锤抵消了摆锤的重量

由振动周期 P 可以计算高聚物试样的模量 G.对长方形截面和圆形截面试样,G 分别为

$$G_{长} = \frac{631.6LI}{CD^{3}\mu P^{2}} \quad \text{和} \quad G_{圆} = \frac{161.7LI}{r^{4}P^{2}}$$

这里,L,C,D 分别为长方形截面试样的长、宽、厚;r 为圆形截面试样的半径,μ 为形状因子.I 为振动体系的转动惯量,对几何形状简单的体系,I 可直接计算而得,如果体系几何形状复杂,I 只能由实验测定,比如采用模量已知的标准材料作试样,测得振动周期后,由上式反过

来计算出 I.

扭摆仪包括 4 个主要部分:① 扭摆,惯性体的转动惯量要求可调,以适应不同的测试对象.② 扭转机构可以是电磁的,也可以用步进马达.③ 自动记录装置可以用小线圈切割磁力线产生电流,也可以用光电转换.④ 温控和等速升温装置.

动态扭摆法的缺点有:① 由于是靠高聚物自身的弹力作扭振,不能用于黏性液体或很软的橡胶.② 温度上限受制于试样的软化.为此,在扭摆的基础上发展了动态扭辫法.

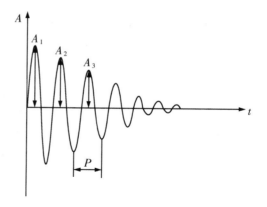

图 2.17　动态扭摆法实验测得的振幅衰减曲线

扭辫法针对上述缺点的改进是:① 用多股玻璃丝辫浸取高聚物试样组成复合试样,由玻璃丝辫来承受试样自重,提高温度上限.② 使用范围扩展到黏性液体,可用来作热固性树脂的固化研究以及对热分解和热聚合的追踪.③ 试样的用量大为减少,可少至 0.1 g 以下,有利于实验室中新合成高聚物的研究.

2.3.2　动态振簧法

动态振簧法(vibrating reed method)是属于应力波 $\lambda\,(\lambda = 2\pi/\omega)$ 大于试样尺寸 l 一大类中的强迫振动共振法,且是其中较为普通的一种.它把高聚物试样的小片(即簧片)一端固定,另一端施以交变应力使其做强迫振动,测定其共振频率 f_r 和共振半宽度频率 Δf_r 来计算模量和内耗.动态振簧法最早是用来研究纸张的,试样用量少,实验时温度和湿度都比较容易控制,信号接收的灵敏度也很高.

动态振簧法上的试样簧片实际是一个悬臂梁的强迫振动.对于弹性梁,其弯曲振动方程为

$$EI\partial^4 Y/\partial x^4 + \rho A\partial^2 Y/\partial t^2 = 0$$

式中,I 为断面惯性矩,ρ 为试样密度,A 为试样截面积.对于黏弹性的高聚物材料,运动方程式必须加上一个代表黏性阻力的项 $\partial^5 Y/(\partial^4 x\partial t)$,则高聚物的弯曲振动方程为

$$EI\partial^4 Y/\partial x^4 + \rho A\partial^2 Y/\partial t^2 + E\eta\partial^5 Y/(\partial x^4\partial t) = 0 \tag{2.30}$$

式中,η 是高聚物试样黏滞系数.解此偏微分方程可得储能模量为

$$E_1(\omega) = \beta\rho(l^4/d^2)(f_r^2 + \Delta f_r^2/8) \approx \beta\rho(l^4/d^2)f_r\Delta f_r \tag{2.31}$$

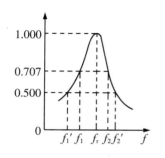

图 2.18　动态振簧法中试样的共振率和共振半宽度频率

则力学内耗为

$$\theta^{-1} = E_2(\omega)/E_1(\varepsilon) \approx \Delta f_r/f_r \tag{2.32}$$

这里,β 为常数,与试样的共振方式有关,对于片状样品 $\beta = 38.24$,对于圆形试样(如纤维)$\beta = 51.05$;d 为试样厚度(或直径);l 为试样长度,f_r 为试样共振频率;$\Delta f_r = f_2 - f_1$ 为试样共振半宽度频率,即把共振频率降低 0.707 或 0.5 倍时两个频率之差(图 2.18).测定不同温度下的共振峰位置,即可得到高聚物动态力学温度谱.

动态振簧仪装置由换能器(包括永久性磁铁、线圈、试样簧片、电容拾振器)、信号检测器即毫伏表、音频信号发生器、数字频率计、温度控制和测量部分以及供簧片极化电压和前置放大器的直流稳压源等部分组成(图2.19).

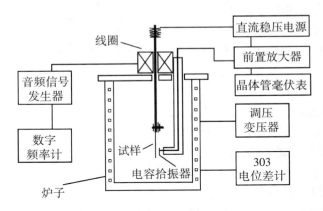

图 2.19　动态振簧仪装置示意图

试样簧片被固定在线圈骨架的金属振子上,由音频信号发生器输出一个交变信号于激振线圈中,使线圈产生交变磁场,样品就随着线圈的振簧频率而发生往复振动,这个振动的信号通过电容拾振器变成电容量.我们知道平行板电容量 $C = \varepsilon S / (2\pi d)$($\varepsilon$ 为介电常数,S 为极板的面积,d 为平行板之间的距离),在 S 不变的情况下,改变 d,就能转换成一个微弱的交流电信号,经前置放大器放大在毫伏表上测量.当信号发生器输出的频率与样品在这个温度下的本征频率相同时,试样发生共振,振幅达极大,平行板电容器之间的距离 d 最小,经放大后在毫伏表上电信号最大.也就是说,当毫伏表上的电信号最大时,信号发生器这时输出的频率即是样品在这个温度下的共振频率 f_r.温度由调压变压器控制,温度测量由电位差计的读数对照热电耦校正曲线得到.

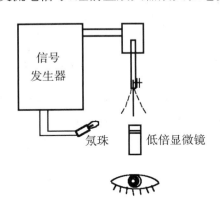

图 2.20　用低倍显微镜目测的简易型振簧仪示意图

如果我们仅仅测定高聚物在室温下的杨氏模量,振簧仪的装置可以非常简单.高聚物试样的振幅可以用低倍显微镜来直接观察(图2.20).如果用与音频发生器振荡源相同频率的电源来引燃氖珠,氖珠的闪光就与高聚物试样的振动同步,发生共振时试样的边缘可以被非常容易而清晰地观察到.

如果是测量单纤维等细小试样,则可用图2.21所示的装置.把涂有导电层的高聚物试样置于两电极之间,电极上通高压直流电再叠加上交流振荡电流,试样即会产生振动.改变交流电频率就可达到共振.由于纤维试样不直接连接在振动器上,可大大提高该实验的频率上限.在这样的高频下,必须考虑到可能的空气阻力.于是,实验应在真空中进行.

作为另一个极端,我们要降低实验频率的下限.因为在低频率下,高聚物的分子运动更为灵敏. 这时可以使用长而重的试样. 然而在使用长而重的试样时又要考虑重力的影响.

动态振簧法的特点是试样用量少, 温度和湿度控制容易, 由于信号传感器用了电容拾振器, 接收很灵敏. 用了以上各种措施后动态振簧法的频率范围可达 $10 \sim 50$ kHz. 小条纸片是很好的簧片, 因此, 动态振簧法还特别适合于塑料薄膜和纸张的模量测定.

动态振簧法的缺点是每测一个点都必须不断改变频率以求得试样的共振, 以及向共振频率

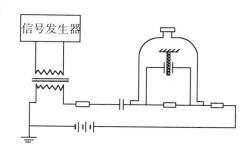

图 2.21　提高测定频率范围的振簧仪示意图

的高端和低端变频以求得半宽度, 而要完整反映高聚物的力学性能需要做频率范围宽达 10^{16} 数量级的性能测试, 所以做动态振簧的实验时间都较长.

2.3.3　动态黏弹谱仪

由于实验操作比较烦琐, 费时费力, 上面介绍的扭摆、扭辫、振簧等传统实验方法已经在实验室中较少使用了. 而动态黏弹谱仪(dynamic viscoelastometer)可以直接测定试样的应力、应变和损耗角正切, 用计算机控制非常方便, 使得动态黏弹谱仪变成了高分子物理实验室中最常用的动态力学实验方法.

以国内很多实验室里已非常普遍使用的 DMTA-IV 型动态黏弹谱仪(图 2.22)为例, 其主机如图 2.22(a)所示. 样品通过不同的夹具和不同的运动形式可以做拉伸、压缩、剪切、悬臂梁、三点弯曲和动态力学等实验(图 2.22(b)). 在做动态力学实验时, 试样在预张力(最大值为 15 N)下由驱动器施加固定频率的正弦伸缩振动. 预张力的作用是使试样在受到伸缩振动时始终产生张应力. 之后应力传感器和位移检测器分别检测到正弦应力和应变信号, 经仪器信号处理器处理, 直接给出 G_1, G_2 和 $\tan \delta$ 值. 炉温范围在 $-150 \sim +600$ ℃ 期间可控, 升温速率达 $0.1 \sim 40$ ℃/min, 频率范围宽达 5 个量级($1.6 \times 10^{-3} \sim 2 \times 10^2$ Hz). 最后可直接得到储能模量 G_1、损耗模量 G_2 和损耗角正切 $\tan \delta$ 对温度(T)、频率(ω)或时间(t)的图谱. 通过先进的软件, 给出所测高聚物试样的系列黏弹性参数.

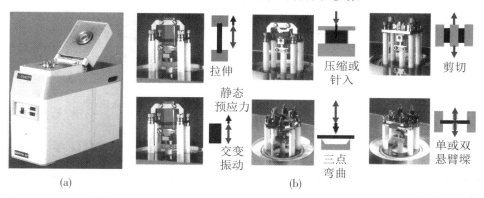

图 2.22　(a) 商品动态力学分析仪; (b) 测定时的拉伸、压缩、弯曲以及交变应力的测量模式

2.4 典型高聚物黏弹性函数举例

蠕变定义了一个蠕变柔量 $J(t)$，它随时间 t 的变化由蠕变函数 $\Psi(t)$ 表示，应力松弛定义了一个应力松弛模量 $G(t)$，它随时间 t 的变化由应力松弛函数 $\Phi(t)$ 表示。动态力学实验的情况比较复杂，在应力是交变函数时定义了一个复数柔量 $\overset{*}{J}$；在应变是交变函数时定义了一个复数模量 $\overset{*}{G}$。它们的实数部分都表示能量的储存，它们的虚数部分都表示能量的损耗，即力学阻尼，但确切而又实用的阻尼项则是损耗因子或损耗角正切：

$$\tan\delta = \frac{G_2(\omega)}{G_1(\omega)} = \frac{J_2(\omega)}{J_1(\omega)}$$

它表示每周所损耗的能量与在同一周期中储存的最大位能之比。可以把前面的内容列于表 2.2.

表 2.2 黏弹性函数

	蠕变	应力松弛	动态力学实验
定义	应力是单位阶梯函数，观察应变随时间的变化	应变是单位阶梯函数，观察应力随时间的变化	应力（或应变）是交变函数，观察应变（或应力）随时间的变化
应力应变关系	$\varepsilon(t) = J(t)\sigma_0$	$\sigma(t) = G(t)\varepsilon_0$	$\sigma(t) = \overset{*}{J}\varepsilon(t)$ $\varepsilon(t) = \overset{*}{G}\sigma(t)$
特征函数及特征量	蠕变柔量 $J(t) = J_0 + J_e\Psi(t)$ $\qquad + \dfrac{t}{\eta}$ 蠕变函数 $\Psi(t) = \begin{cases} 0, & t=0 \\ 1, & t=\infty \end{cases}$ 普弹性柔量 J_0 平衡柔量 J_e 永久形变 $\varepsilon_{永久} = \sigma_0\dfrac{t_2 - t_1}{\eta}$	应力松弛模量 $G(t) = G_0 + G_e\Phi(t)$ 松弛函数 $\Phi(t) = \begin{cases} 1, & t=0 \\ 0, & t=\infty \end{cases}$ 起始模量 G_0 平衡模量 G_e	复数柔量 $\overset{*}{J} = J_1(\omega) - iJ_2(\omega)$ 损耗柔量 $J_1(\omega)$ 储能柔量 $J_2(\omega)$ 复数模量 $\overset{*}{G} = G_1(\omega) + iG_2(\omega)$ 储能模量 $G_1(\omega)$ 损耗模量 $G_2(\omega)$ 损耗角正切 $\tan\delta = \dfrac{J_2(\omega)}{J_1(\omega)} = \dfrac{G_2(\omega)}{G_1(\omega)}$ 动态黏度 $\eta_{动态} = \dfrac{G_2(\omega)}{\omega}$

为加深对这些黏弹函数的感性认识，选用 8 种典型高聚物的实验数据。它们各自结构上

的特点,使得这八种典型的高聚物都具有特征的黏弹性行为.对这些黏弹性的深入了解,可以使我们大致推知有类似结构高聚物可能呈现的黏弹性质.

这 8 种典型高聚物分别是:

(1) 高聚物稀溶液:无规聚苯乙烯,氯代联苯作溶剂,浓度为 0.015 g/mL.

(2) 低分子量的非晶态高聚物:聚乙酸乙烯酯,分子量为 10 500.

(3) 高分子量的非晶态高聚物:无规聚苯乙烯,分子量为 6.0×10^5.

(4) 高分子量带长侧基的非晶态高聚物:聚甲基丙烯酸正辛酯.

(5) 处于玻璃化温度之下的高分子量非晶态高聚物:聚甲基丙烯酸甲酯.

(6) 交联的非晶态高聚物:硫化天然橡胶.

(7) 轻度交联非晶态高聚物:丁苯无规共聚物,苯乙烯含量为 23.5%(重量).

(8) 高度结晶的高聚物:聚乙烯,室温时密度为 0.965 g/mL.

它们的应力松弛模量 $G(t)$、储能模量 $G_1(\omega)$、蠕变柔量 $J(t)$、储能柔量 $J_1(\omega)$ 对时间 t 或频率 ω 的对数作图分别是图 2.23 和图 2.24.摘要说明如下:

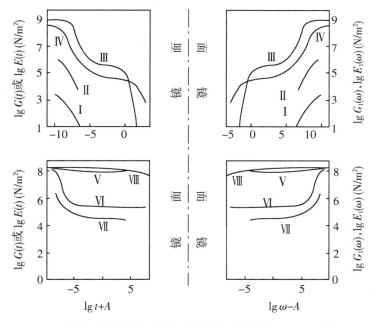

图 2.23　8 种典型高聚物的应力松弛模量和储能模量.它们为镜面对称

对图 2.23 和图 2.24 进行仔细观察可以发现,从应力松弛实验得到的 $\lg G(t)$ 曲线与从动态力学实验得到的 $\lg G_1(\omega)$ 曲线除了在转变区有一些差别外,近似是镜面对称的.同样,图中 $\lg J(t)$ 曲线和 $\lg J_1(\omega)$ 曲线也近似是镜面对称的.这就是说,如果我们把 $\lg G_1(\omega)$ 和 $\lg J_1(\omega)$ 不是对 $\lg \omega$ 作图,而是对 $\lg (1/\omega)$ 作图,可以发现它们分别与相同标尺的 $\lg G(t)$ 和 $\lg J(t)$ 曲线一致.这是线性黏弹体的一个特点,它告诉我们,对于线性黏弹体,静态实验的时间 t 与动态实验的频率之倒数 $1/\omega$ 是相当的.长时间的静态实验相当于极低频率的动态实验;极高频率的动态实验相当于较短时间的静态实验.这种时间和频率倒数的相当性给我们研究高聚物材料黏弹性的实验工作带来了极大方便.因为只有长时间的实验才能观察

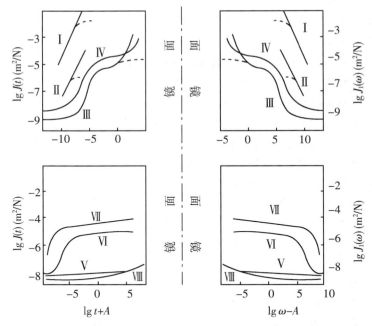

图 2.24　8 种典型高聚物的蠕变柔量和储能柔量. 它们也为镜面对称

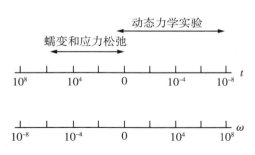

图 2.25　静态实验和动态力学实验时间（频率）的大致范围. 联合使用静态实验和动态力学实验, 可在 $10^{-7} \sim 10^8$ s 达十几个数量级的时间范围内描绘出高聚物黏弹性的频率谱

到高聚物的蠕变和应力松弛, 实验时间不长, 根本观察不到蠕变和应力松弛. 同样, 要在动态实验中产生变化极慢的交变应力也不是很容易. 而宽广的时间范围（$10^{-7} \sim 10^8$ s）对全面研究高聚物的黏弹行为又是十分必要的. 现在有了时间和频率倒数的相当性, 静态实验和动态实验正好可以弥补各自的不足. 在 $t \geqslant 1$ s 的情况, 做静态实验是方便的, 而在 $t < 1$ s 的情况, 做动态实验更为合适, 因为正弦波每秒几十周并不困难. 这样, 通过静态实验和动态实验的联合使用, 使我们有可能在 $10^{-7} \sim 10^8$ s 达十几个数量级的时间范围内描绘出高聚物黏弹性的频率谱.

静态实验和动态实验的时间（频率）范围大致如图 2.25 所示.

进行一个实验, 所谓时间有两个不同的说法, 即外力作用时间（或载荷加载时间）和实验观察时间（或实验时间）. 它们在下面的意义上是一致的: 极短的观察时间相当于极短的外力作用时间. 譬如在蠕变实验中, 突然加以载荷又马上卸载, 我们可以说是作用力时间很短. 但是如果在某时（t_0）加上载荷后维持很长一段时间, 这时尽管作用力时间是长的, 但如果我们在离 t_0 极短的一个时间就观察它的蠕变行为, 那么由于在进行观察的那个时刻, 后面的蠕变现象还来不及发展, 仍然只能观察到甚至是材料的瞬时弹性形变, 相当于很短外力作用时间表现出来的性质.因此,这时仍可以说我们观察到了外力作用时间很短时的现象.在以后的讨论中,为叙述方便,有时使用外力作用时间,有时采用实验观察时间,但它们在本质上是一样的(图2.26).

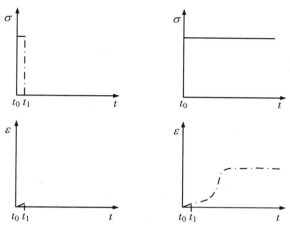

图 2.26　外力作用时间(载荷加载时间)与实验观察
时间(实验时间)的等同示意图

2.5　恒速应力和恒速应变

恒速应力和恒速应变是指应力或应变是随时间 t 线性变化的,$\sigma(t) = kt$ 或 $\varepsilon(t) = kt$,它主要用来研究高聚物材料的大形变.在形变很大的情况下,高聚物材料表现出强烈的非线性,应变响应(对恒速应力)和应力响应(对恒速应变)均呈现复杂的性状,没有统一的、定量的描述方式.

定性来说,在恒速应力时,弹性材料的应变随时间非线性地增加(图2.27(a)).如果是画应力-应变曲线,对所有应力速率(应变速率),弹性材料的应力-应变曲线都是一条.但高聚物材料的应力-应变曲线随应力速率(应变速率)的增加而增加地更为快陡.在恒速应变时也是一样(图2.27(b)).高聚物材料的应力-应变曲线随应变速率的增加而有更快的增加.知道了这一点,我们就不会把单一速率(和单一温度)下测得的应力-应变曲线作为高聚物制品设计的依据.恒速应变下的应力-应变曲线将在第8章中专门讨论.

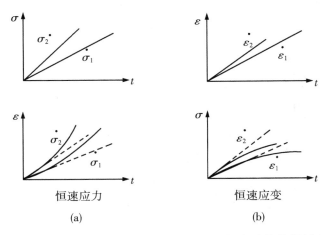

恒速应力　　　　　　　　恒速应变

(a)　　　　　　　　　　　(b)

图 2.27　恒速应力和恒速应变. 在形变很大时, 高聚物材料表
现出明显的非线性, 应变响应(对恒速应力)和应力
响应(对恒速应变)均呈现复杂的性状

2.6　状态方程

前面已经提过, 若包含时间 t 这个变数, 应变 ε 就不仅是应力 σ 的函数, 它同时也是时间
t 的函数. 写成最一般的形式为

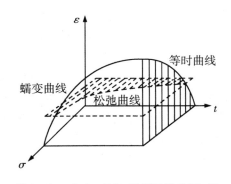

图 2.28　应力-应变-时间三维曲面. 蠕
变曲线是恒应力截面与曲面
的交线. 同样, 应力松弛曲线
是恒应变截面与曲面的交
线. 而恒时间的截面与曲面
的交线就是等时曲线

$$\varepsilon = \varphi(\sigma, t) \qquad (2.33)$$

这就是考虑了时间以后, 材料的状态方程(具有边
界条件 $t = 0$ 时, $\sigma = \varepsilon = 0$). 对于每种材料, 方程
(2.33)确定了一个唯一的三维空间曲面, 如图
2.28 所示.

恒应力的截面与这曲面的交线就是蠕变曲线.
同样, 恒应变的截面与曲面的交线给出应力松弛曲
线. 而恒时间的截面与曲面的交线也给出一条曲
线, 叫做等时曲线(isochronous curve), 从而可得
到每一时刻的应力-应变曲线(图 2.29). 恒速应变
线也可以画在蠕变曲线图上, 并由此确定合适的
σ-t 曲线. 类似地, 恒速应力行为也能够以适当的形
式表示出来. 至于动态力学实验的正弦函数曲线本
可以表示为无数个单位阶梯函数的加和(见第 4 章
的图 4.3), 这一点我们可以在 t 和 $1/\omega$ 的等当性讨

论中得到启发.

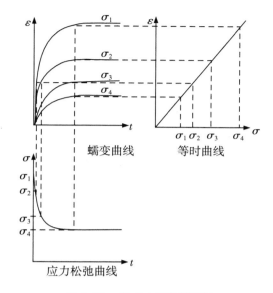

图 2.29　状态方程的截面法

　　从上述途径得到的一个重要结果是:等时曲线与测定它的载荷体系是无关的.即如果在时刻 t_0,加以应力 σ,有应变 ε,那么不管是在 $t = 0$ 瞬时就加上这应力,并在以后维持恒定不变,还是在 $t = 0$ 到 t_0 时间范围内以均匀速率加到 σ,抑或以其他任何方式最后确实加到了这个应力.这样,一个单值曲面假设的实验推导出了不同载荷体系的等时曲线(即蠕变,应力松弛),并可对它们进行比较.

　　状态方程式(2.33)有两个特殊情况.其一是时间 t 和应力 σ 两个变数可以分离,即函数 φ 可以表示为另两个函数的乘积:

$$\varepsilon = J(t)f(\sigma) \tag{2.34}$$

其二是线性形式,即

$$f(\sigma) = \sigma$$

那么

$$\varepsilon = J(t)\sigma \tag{2.35}$$

这就是我们讨论的线性黏弹性.

思　考　题

1. 依据应力 $\sigma(t)$ 和应变 $\varepsilon(t)$ 的函数形式可以把高聚物材料与时间有关的力学行为分为哪几类?由它们可以定义哪些黏弹性特征量和黏弹性函数?

2. 什么是蠕变?蠕变有什么实际意义?与一般普弹材料相比,高聚物材料的蠕变有什么特点?由蠕变实验定义的蠕变函数 $\Psi(t)$ 的最基本的性质是什么?

3. 详细讨论一下蠕变柔量与时间的关系曲线($\lg J(t)$-$\lg t$ 作图)的形式.

4. 什么是蠕变回复?蠕变回复后的永久形变反映的是什么?

5. 测定蠕变实验的方法有哪些?蠕变实验条件中最关键的要点是什么?

6. 什么是应力松弛?你知道哪些现象是应力松弛行为?由它定义的应力松弛函数 $\Phi(t)$ 具有最基本性质是什么?应力松弛模量与时间的关系曲线的基本形状是什么样的?

7. 什么是动态力学实验?动态力学实验的重要性表现在什么地方?为什么高聚物动态力学实验定义的模量是一个复数?

8. 为什么说动态力学实验中得到的复数模量(复数柔量)中的虚数模量(虚数柔量)反映的是高聚物材料的能量损耗?损耗角正切呢?

9. 什么是动态黏度?它反映了高聚物的什么性质?它在高聚物黏弹性时温转换中的作用是什么?

10. 测定高聚物动态力学性能的实验方法有哪些?它们各自的频率范围是多少?

11. 扭摆实验的要点是什么?动态扭摆法研究高聚物动态力学行为有什么特别之处?为什么人们还要用扭辫实验来代替扭摆实验?

12. 振簧实验的基本原理是什么?特点是什么?如何进一步提高动态振簧法的测试频率?

13. 动态黏弹谱仪是当今使用最广的动态力学测试装置,你对黏弹谱仪有多少了解?

14. 众多实验事实表明,静态实验(蠕变和应力松弛)中的时间 t 与动态力学实验中的频率 ω 有等当性,$t = 1/\omega$.这种等当性对我们研究高聚物黏弹性的实验工作有什么好处?

第 3 章 高聚物黏弹性的力学模型

3.1 概 述

材料的力学性能可以借助于一些简单的模型来加以描述.力学模型的最大特点是直观.通过对力学模型的分析可以得到材料力学性能总的定性概括,因此常常被采用.

一个符合胡克定律的弹簧(spring)能很好地描述理想弹性体(胡克弹体)的力学行为(图3.1(a)).如果有一应力 σ 作用在这弹簧上,它将产生一个应变 $\varepsilon = \sigma / G$,若把应力 σ 移走,弹簧又马上回复到起始状态,不产生任何永久变形.因此,对这样的弹簧谈不上什么蠕变及应力松弛现象.如果施加的是正弦函数的交变应力 $\sigma = \hat{\sigma} e^{i\omega t}$,则应变也是正弦函数 $\varepsilon = (\hat{\sigma}/G) e^{i\omega t}$,应力与应变之间没有任何相位差,因此也就没有能量损耗.弹簧的应力-应变曲线(σ-ε 曲线)最为简单,是一条直线,且与拉伸速率 k 无关.

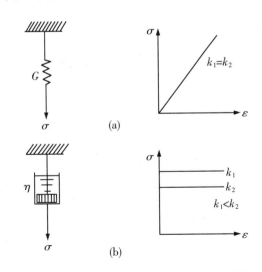

图 3.1 弹簧(a)和黏壶(b)及它们的应力-应变曲线

由一个活塞和一个充满黏度为 η、符合牛顿流动定律液体的小壶(黏壶,dashpot)可以描述理想流体(牛顿流体)的力学行为(图3.1(b)).若有一应力 σ 作用在这个黏壶的活塞上,它将一直流动下去,像液体一样.流动速率 $\mathrm{d}\varepsilon/\mathrm{d}t = \sigma/\eta$.如果维持一定的应变,则由于黏壶中液体的流动,应力可以一直松弛到零.当是正弦函数的交变应力时,$\sigma = \hat{\sigma} e^{i\omega t}$,应变速率

$\mathrm{d}\varepsilon/\mathrm{d}t = (\hat{\sigma}/\eta)\mathrm{e}^{\mathrm{i}\omega t}$，应变 $\varepsilon = -\mathrm{i}(\hat{\sigma}/\eta\omega)\mathrm{e}^{\mathrm{i}\omega t}$．尽管仍是正弦函数，但应变落后于应力 $90°$，能量没有储存，全部以热的形式而损耗．黏壶的 σ-ε 曲线也十分简单，但它与实验速率 k 有关．

可以设想，模拟高聚物材料黏弹性行为的力学模型应该是上述的弹簧和黏壶的各种组合．由这样的弹簧和黏壶组合而成的各种模型给出了高聚物黏弹性的微分表达式，它的最一般形式是

$$a_0\sigma + a_1\frac{\mathrm{d}\sigma}{\mathrm{d}t} + a_2\frac{\mathrm{d}^2\sigma}{\mathrm{d}t^2} + \cdots = b_0\varepsilon + b_1\frac{\mathrm{d}\varepsilon}{\mathrm{d}t} + b_2\frac{\mathrm{d}^2\varepsilon}{\mathrm{d}t^2} + \cdots \tag{3.1}$$

实际上，一个弹簧和一个黏壶的串联模型——麦克斯韦模型（Maxwell model）或一个弹簧和一个黏壶的并联模型——沃伊特-开尔文模型（Voigt-Kelvin model），乃至三元件模型就已经可以定性说明高聚物的蠕变、应力松弛、动态力学性能和应力-应变实验的一般特征．弹簧和黏壶更为复杂的组合往往使模型的运动微分方程变得复杂，难以求解，且计算结果与实际符合的情况也没有什么质的飞跃，反而会使我们脱离真实高聚物形变的分子机理去研究高聚物的性质．因此，我们这里只讨论几个最简单的力学模型．

当然，简单的模型不包括结构已破坏的高聚物的形变发展过程．同时，如果一个物理现象可以用一个力学模型来表示时，那么它也可以用无数个其他模型来表示．这种力学模型的等当性可以在后面的讨论中看到．另外，力学模型仅仅表示高聚物材料宏观的行为，本质上没有提供有关高聚物力学行为分子机理的任何基础．因此，它的元件不应该想象为直接相应于任何分子运动过程．

3.2　麦克斯韦串联模型

一个弹簧和一个黏壶的串联模型通常称作麦克斯韦模型（以下简称麦氏模型），它可以描述高聚物的应力松弛，动态力学性能以及应力-应变曲线的一般特征．如图 3.2 所示，胡克弹簧具有模量 G，黏壶装有黏度为 η 的牛顿流体．若在这个模型上作用以应力 σ，则在弹簧和黏壶上所受的应力相同，即 $\sigma = \sigma_\text{弹} = \sigma_\text{黏}$，而总的应变是两个元件个别应变之和，即 $\varepsilon = \varepsilon_\text{弹} + \varepsilon_\text{黏}$．

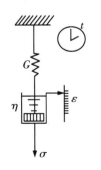

图 3.2　麦克斯韦串联模型

弹簧和黏壶的运动方程分别为

$$\sigma_\text{弹} = G\varepsilon_\text{弹} \tag{3.2}$$

$$\sigma_\text{黏} = \eta\frac{\mathrm{d}\varepsilon_\text{黏}}{\mathrm{d}t} \tag{3.3}$$

因为 $\sigma_\text{弹} = \sigma_\text{黏} = \sigma$，$\varepsilon_\text{弹} + \varepsilon_\text{黏} = \varepsilon$，把 ε 对 t 微商得

$$\frac{\mathrm{d}\varepsilon}{\mathrm{d}t} = \frac{\mathrm{d}\varepsilon_{弹}}{\mathrm{d}t} + \frac{\mathrm{d}\varepsilon_{黏}}{\mathrm{d}t}$$

$$\frac{\mathrm{d}\varepsilon}{\mathrm{d}t} = \frac{1}{G}\frac{\mathrm{d}\sigma}{\mathrm{d}t} + \frac{\sigma}{\eta}$$

(3.4)

这就是麦氏模型的运动微分方程式(本构方程).

下面我们来看麦氏模型是怎样显示黏弹性的一般特征的.

3.2.1 麦氏模型的应力松弛

在应力松弛情况下,当实验开始时,模型几乎是瞬时被拉长到一固定值.弹簧立即作出响应,而黏壶来不及运动,全部起始应变都发生在弹簧上(图3.3(b)).若维持这应变不变,则被拉伸的弹簧的回弹力立即迫使黏壶中的活塞上移,最后黏壶被拉开,而弹簧逐渐回复到原来的未拉伸状态(图3.3(c)).为维持这应变所需的应力就逐渐减小,产生应力松弛.

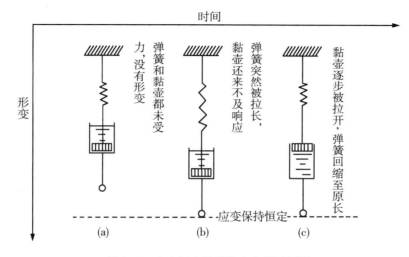

图 3.3　麦克斯韦模型的应力松弛图解

因为应变维持恒定 $\varepsilon = $ 常数,与时间 t 无关,则 $\mathrm{d}\varepsilon/\mathrm{d}t = 0$,运动方程式为

$$\frac{1}{G}\frac{\mathrm{d}\sigma}{\mathrm{d}t} + \frac{\sigma}{\eta} = 0 \quad 或 \quad \frac{\mathrm{d}\sigma}{\mathrm{d}t} + \sigma\frac{G}{\eta} = 0$$

(3.5)

这是一阶常微分方程,若令 $\eta/G = \tau$,则 $\mathrm{d}\sigma/\sigma = -\mathrm{d}t/\tau$.积分得

$$\ln\sigma = -\frac{t}{\tau} + 常数 \quad 或 \quad \sigma(t) = \sigma_0\mathrm{e}^{-t/\tau}$$

(3.6)

式中,σ_0 是在时间 $t = 0$ 时的起始应力.

式(3.6)表明应力 $\sigma(t)$ 随时间 t 指数式地衰减(图2.9).应力松弛模量 $G(t)$ 为

$$G(t) = \frac{\sigma(t)}{\varepsilon_0} = \frac{\sigma_0}{\varepsilon_0}\mathrm{e}^{-t/\tau} = G_0\varPhi(t)$$

(1)显然,$\mathrm{e}^{-t/\tau}$ 正是我们在第2章"应力松弛"中寻求的松弛函数 $\varPhi(t)$ 的具体形式:

$$\varPhi(t) = \mathrm{e}^{-t/\tau}$$

(3.7)

它符合松弛函数最基本的特征:

$$\Phi(t)\begin{cases} 1, & t = 0 \\ 0, & t = \infty \end{cases}$$

(2) 从量纲分析可知,$\tau = \eta/G$ 具有时间的量纲. 它是麦氏模型的特征时间常数,称作松弛时间(relaxation time). 当 $t = \tau$ 时,$\sigma = \sigma_0/G$,可知松弛时间是应力降低到起始应力的 $1/e = 0.3679$ 或起始应力的 36.79% 所需要的时间. 由 $\tau = \eta/G$ 可以看出,松弛时间是材料的黏性系数和弹性系数的比值,说明松弛过程必然是同时有黏性和弹性存在的结果. 麦氏模型的价值就在这一点,它给予我们很大的启发.

(3) 在力学模型中,用弹簧和黏壶的结合来形象地表示黏弹性,那么在麦氏串联模型所定义的参数里,反映弹性和黏性相结合的就是这个松弛时间 τ. τ 是材料黏性系数和弹性系数的比值,说明 τ 必然是材料同时具有黏性和弹性存在的结果.

(4) 从上面对松弛时间的定义还可以看到,高聚物黏弹行为不仅取决其本身的个别参数 G 和 η,而且主要取决于它们的组合. 也就是说,如果材料的黏性 η 很大,且它的弹性 G 也很大,或材料的黏性很小,且它的弹性也很小,那么 τ 仍然可以是一个可以观察的、具有合理的值的数. 在 η 很大,而 G 不大(这时 $\tau = \eta/G$ 太大),或 G 太大,而 η 不大时(这时 $\tau = \eta/G$ 太小),都会使 τ 不易被观察到.

(5) 材料的黏弹性在外界作用下才会表现出来. 如果外加应力 σ 作用的时间极短,黏壶还来不及作出响应,那么弹簧的应变将遮盖黏壶的应变. 对于这样短时间的实验,材料可以看作一个弹性固体. 反之,若应力 σ 作用的时间极长,弹簧已经回复到起始状态,只有黏壶的应变,那么材料可考虑为简单的牛顿流体. 只有应力作用时间适中时,材料力学行为的复杂本质——黏弹性才会呈现,应力以极大的速率衰减. 这个适中的时间不是别的,正是松弛时间 τ. 松弛时间 τ 可以考虑为表征材料松弛现象的内部时间尺度. 因此,只有当应力作用时间(或实验时间,或实验观察时间)尺度与材料内部时间尺度有相同数量级时,材料才同时呈现弹性和黏性. 高聚物的结构复杂,运动单元又大小不等,不同结构的运动单元有不同的黏性系数和弹性系数,它们的松弛时间不是一个,而是形成一个范围宽广的连续谱. 因此,在一个很宽的时间范围内,高聚物均呈现黏弹性.

应力松弛模量 $G(t)$ 既然是随实验时间 t 而不断改变的,不同时刻测定的 $G(t)$ 值就不一样. 为了使个别做的应力松弛实验结果能相互比较,一般规定实验观察时间为 10 s,即测定维持形变恒定达 10 s 时的应力值,从而计算出模量值,这时的模量 G 记作 $G(10)$.

3.2.2 麦氏模型的动态力学行为

麦氏模型也可描述高聚物材料的动态力学行为,如果模型受交变应力 $\sigma = \hat{\sigma}e^{i\omega t}$ 作用,把 σ 对 t 微商,$d\sigma/dt = i\omega\hat{\sigma}e^{i\omega t}$ 代入麦氏模型的运动方程,得

$$\frac{d\varepsilon}{dt} = \left(\frac{i\omega}{G} + \frac{1}{\eta}\right)\hat{\sigma}e^{i\omega t}$$

从而

$$\varepsilon = \frac{1}{i\omega}\left(\frac{i\omega}{G} + \frac{1}{\eta}\right)\hat{\sigma}e^{i\omega t}$$

同样令 $\tau = \eta/G$，并把分母有理化，得

$$\varepsilon = \frac{1}{G}\left(1 - \frac{\mathrm{i}}{\omega\tau}\right)\hat{\sigma}\mathrm{e}^{\mathrm{i}\omega t}$$

或

$$\varepsilon = \frac{1}{G}\sqrt{1 + \frac{\mathrm{i}}{\omega^2\tau^2}}\,\hat{\sigma}\mathrm{e}^{\mathrm{i}\omega t} = \hat{\sigma}\mathrm{e}^{\mathrm{i}(\omega t - \delta)}$$

这里，δ 是应力与应变之间的相位差. 应变落后于应力，且

$$\tan\delta = \frac{1}{\omega t} \quad \text{或} \quad \delta = \arctan\left(\frac{1}{\omega\tau}\right) \tag{3.8}$$

复数模量为

$$
\begin{aligned}
\overset{*}{G} = \frac{\sigma}{\varepsilon} &= \frac{\hat{\sigma}\mathrm{e}^{\mathrm{i}\omega t}}{\dfrac{1}{G}\left(1 - \dfrac{\mathrm{i}}{\omega\tau}\right)\hat{\sigma}\mathrm{e}^{\mathrm{i}\omega t}}\\
&= G\,\frac{\omega\tau}{\omega\tau - \mathrm{i}}\\
&= G\,\frac{\omega^2\tau^2 + \mathrm{i}\omega\tau}{1 + \omega^2\tau^2}\\
&= G_1(\omega) + \mathrm{i}G_2(\omega)
\end{aligned}
$$

因此，麦氏模型的储能模量 $G_1(\omega)$ 和损耗模量 $G_2(\omega)$ 为

$$G_1(\omega) = G\,\frac{\omega^2\tau^2}{1 + \omega^2\tau^2} \tag{3.9}$$

$$G_2(\omega) = G\,\frac{\omega\tau}{1 + \omega^2\tau^2} \tag{3.10}$$

动态黏度 $\eta_{\text{动态}}$ 为

$$\eta_{\text{动态}} = \frac{G_2(\omega)}{\omega} = \frac{\omega\tau}{1 + \omega^2\tau^2} = \frac{\eta}{1 + \omega^2\tau^2} \tag{3.11}$$

它们都是 ω 的函数，随频率 ω 的变化如图 3.4 所示.

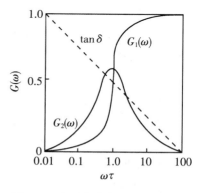

图 3.4　麦氏串联模型的储能模量 $G_1(\omega)$、损耗能量 $G_2(\omega)$ 和损耗角正切 $\tan\delta$

在低频时，弹簧已经回复，应变主要来自黏壶，储能模量 $G_1(\omega)$ 很低；当频率很高时，在振动的周期内黏壶根本来不及有任何流动产生，因而在高频时应变是由弹簧的拉伸而产生的，所以这时的储能模量就等于弹簧的模量；在适中的频率，即相应于松弛时间的频率时，弹簧和黏壶的运动同时产生，储能模量随频率迅速地增大.

在高频和低频时，损耗能量 $G_2(\omega)$ 都接近于零. 能量损耗由黏壶的运动所产生. 在高频时，黏壶的运动不能产生；而在低频时，尽管黏壶的运动很大，但是运动很慢，因而在黏壶中的切变速率很小，所以损耗几无.

在中频时,切变速率和黏壶的运动都很大,所以能量的损耗也大.当 $\omega = 1/\tau$ 时,损耗能量达到极大.这些都与实际高聚物实验事实定性相符.只是 $\tan \delta = 1/\omega\tau$,随频率的增加而直线下降,对实际高聚物来说是不真实的.

复数模量 $\overset{*}{G}$ 的倒数是复数柔量 $\overset{*}{J}$,麦氏模型的复数柔量为

$$\overset{*}{J} = \frac{1}{\overset{*}{G}} = \frac{\varepsilon}{\sigma} = \frac{1}{G} - \mathrm{i}\,\frac{1}{\omega\tau G} = \frac{1}{G} - \mathrm{i}\,\frac{1}{\omega\eta}$$

$$= J_1(\omega) - J_2(\omega)$$

储能柔量 $J_1(\omega)$ 和损耗柔量 $J_2(\omega)$ 分别为

$$J_1(\omega) = \frac{1}{G}, \quad J_2(\omega) = \frac{1}{\omega\eta} \tag{3.12}$$

$G_1(\omega), G_2(\omega)$ 和 $J_1(\omega), J_2(\omega)$ 的关系是

$$J_1(\omega) = \frac{G_1(\omega)}{G_1^2(\omega) + G_2^2(\omega)}, \quad J_2(\omega) = \frac{G_2(\omega)}{G_1^2(\omega) + G_2^2(\omega)} \tag{3.13}$$

$$G_1(\omega) = \frac{J_1(\omega)}{J_1^2(\omega) + J_2^2(\omega)}, \quad G_2(\omega) = \frac{J_2(\omega)}{J_1^2(\omega) + J_2^2(\omega)} \tag{3.14}$$

3.2.3　麦氏模型的恒速应变和恒速应力行为

先看恒速应变,此时应变 $\varepsilon = kt$,则运动方程为

$$k = \frac{1}{G}\frac{\mathrm{d}\sigma}{\mathrm{d}t} + \frac{\sigma}{\eta}$$

$$\frac{\mathrm{d}\sigma}{\mathrm{d}t} + \sigma\,\frac{G}{\eta} = kG$$

这个一阶常微分方程的一般解是

$$\sigma(t) = A\mathrm{e}^{-\frac{G}{\eta}t} + k\eta$$

利用起始条件 $\sigma(0) = 0$,求得 $A = -k\eta$,则

$$\sigma(t) = k\eta(1 - \mathrm{e}^{-\frac{t}{\tau}}) \tag{3.15}$$

这里,$\tau = \eta/G$.图 3.5(a) 表明在恒速应变时模型给出的应力指数式变化.

如果是研究应力-应变行为,则上式可改写为

$$\sigma(t) = k\eta(1 - \mathrm{e}^{-\frac{G\varepsilon}{k\eta}}) \tag{3.16}$$

它给出的应力-应变曲线如图 3.5(c) 所示.起始部分的斜率为杨氏模量,与应变速率无关.但在较大形变时,斜率与 k 有关.最初全部应力都用于拉长弹簧,但当弹簧逐渐伸长时,越来越多的应力转加到黏壶上.最终,弹簧不再伸长,所有外加应力全部由黏壶负担,产生流动.这时应力-应变曲线的斜率为零.

至于恒速应力 $\sigma = kt$,可求得

$$\varepsilon(t) = \frac{kt^2}{2\eta} + \frac{kt}{G} + \varepsilon_0 \tag{3.17}$$

这里,$\varepsilon_0 = \varepsilon(0)$.或写成应力-应变关系:

$$\varepsilon(t) = \frac{\sigma t}{2\eta} + \frac{\sigma}{G} + \varepsilon_0 \qquad\qquad (3.18)$$

均示于图 3.5(b) 和(d) 上.

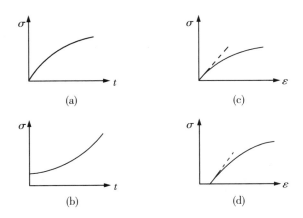

图 3.5　麦氏模型的恒速应变和恒速应力.(a) 恒速应变;(b) 恒速应力;
(c) 恒速应变下的应力-应变曲线;(d) 恒速应力下的应力-应变
曲线.虚线是它们起始点的切线,由此可求得杨氏模量

从以上讨论可以看到,一个弹簧和一个黏壶的麦氏串联模型已能定性描述高聚物黏弹性的一般特征,定义出高聚物黏弹性的主要参数——松弛时间 τ,并在力学松弛是弹性和黏性的联合作用上给我们以很大启发.但麦氏串联模型还有不少不足之处:① 不管是描述应力松弛时间还是动态力学性能,麦氏串联模型只给出了一个松弛时间.② 应力松弛只有一个对数衰减项,会使应力在无穷大的时间衰减为零,不能描述交联高聚物的行为.③ 麦氏模型不能用来描述实际高聚物的蠕变.因为在恒定应力 $\sigma = \sigma_0$ 条件下为

$$\frac{\mathrm{d}\sigma}{\mathrm{d}t} = 0$$

故

$$\frac{\mathrm{d}\varepsilon}{\mathrm{d}t} = \frac{\sigma_0}{\eta}$$

只有牛顿流动,显然是不真实的.④ 麦氏串联模型求得的 $\tan\delta$ 是一条直线,也是不真实的. ⑤ 转变区较小.这些都是一个简单模型难以解决的.

3.3　沃伊特-开尔文并联模型

弹簧和黏壶的另一种组合是它们的并联.一个弹簧和一个黏壶的并联模型通常叫做沃伊特-开尔文并联模型(下面简称沃-开氏并联模型).与麦氏串联模型互为补充,沃-开氏并

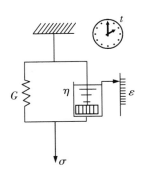

图 3.6　沃伊特-开尔文并联模型

联模型用于描述高聚物的蠕变现象却有较好的定性符合.如图 3.6 所示,模量为 G 的弹簧和装有黏度为 η 的牛顿流体的黏壶,受应力 σ 作用;则弹簧和黏壶上的应变是相同的,而总的应力是两个单元上的应力之和.运动微分方程为

$$\sigma(t) = G\varepsilon + \eta\frac{\mathrm{d}\varepsilon}{\mathrm{d}t} \tag{3.19}$$

3.3.1　沃-开氏并联模型的蠕变

在蠕变情况下,加上应力后由于黏壶中液体的阻滞,弹簧的应变不能立即产生,但随着时间的增加,恒定的应力逐渐迫使黏壶中的活塞向上移动.黏壶被拉开的同时,弹簧随之被拉开.应变随时间而增加,产生蠕变现象.

因为应力维持恒定 $\sigma(t) = \sigma_0$,所以

$$G\varepsilon + \eta\frac{\mathrm{d}\varepsilon}{\mathrm{d}t} = \sigma_0$$

$$\frac{\mathrm{d}\varepsilon}{\mathrm{d}t} + \frac{G}{\eta}\varepsilon = \frac{\sigma_0}{\eta}$$

这个一阶非齐次常微分方程的一般解是

$$\varepsilon(t) = A\mathrm{e}^{-\frac{G}{\eta}t} + \frac{\sigma_0}{G}$$

利用起始条件 $\varepsilon(0) = 0$,求出 $A = -\sigma_0/G$ 得

$$\varepsilon(t) = \frac{\sigma_0}{G}(1 - \mathrm{e}^{-\frac{G}{\eta}t})$$

与麦氏模型相类似,也可以定义 $\tau = \eta/G$,则

$$\varepsilon(t) = \frac{\sigma_0}{G}(1 - \mathrm{e}^{-\frac{t}{\tau}}) \tag{3.20}$$

其中,τ 是沃-开氏并联模型的特征时间常数,称为推迟时间(retardation time).与松弛时间一样,推迟时间也是表征材料黏弹性行为的内部时间尺度.与推迟时间相比,如果恒定的应力作用一个很短的时间,则黏壶根本来不及响应,模型就像一个弹性固体;如果应力作用很长时间,只有黏壶在起作用,模型则表现为一个黏性液体,只有当应力作用时间(或实验时间,或实验观察时间)与模型的内部时间尺度——推迟时间同数量级时,模型才同时呈现出黏性和弹性.

式(3.20)表明,沃-开氏并联模型的蠕变也随时间呈指数式变化,如图 3.7 所示.这里不出现流动,表征的是交联高聚物的行为.

蠕变柔量 $J(t)$ 为

$$J(t) = \frac{\varepsilon(t)}{\sigma_0} = \frac{\sigma_0}{G}(1 - \mathrm{e}^{-\frac{t}{\tau}}) = J_0\Psi(t)$$

沃-开氏并联模型给出了蠕变函数的具体形式:

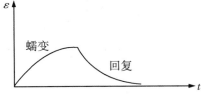

图 3.7　沃-开氏并联模型的蠕变及其回复

$$\Psi(t) = 1 - e^{-t/\tau} \tag{3.21}$$

如果在某一时刻,移去外应力,则模型将徐徐回复. 这时 $\sigma = 0$,回复的运动微分方程为

$$G\varepsilon + \eta \frac{d\varepsilon}{dt} = 0$$

应变的解是

$$\varepsilon(t) = e^{-t/\tau} \tag{3.22}$$

蠕变回复随时间呈指数式变化(图3.7). 在足够长的时间内, $\varepsilon(\infty) = 0$ 表明沃-开氏并联模型能回复到它原来的起始状态,而不出现永久变形,确实是交联高聚物的特征.

3.3.2　沃-开氏并联模型的动态力学行为

沃-开氏并联模型描述动态力学行为时,若给出的应变是 $\varepsilon(t) = \hat{\varepsilon}e^{i\omega t}$ 的形式,$d\varepsilon(t)/dt = i\omega\hat{\varepsilon}e^{i\omega t}$,则运动微分方程最为简单,即

$$\begin{aligned}
\sigma(t) &= G\hat{\varepsilon}e^{i\omega t} + \eta(i\omega\hat{\varepsilon}e^{i\omega t}) \\
&= G\left(1 + i\omega\frac{\eta}{G}\right)\hat{\varepsilon}e^{i\omega t} \\
&= G\sqrt{1 + \omega^2\tau^2}\,\hat{\varepsilon}e^{i\omega t}
\end{aligned}$$

或

$$\sigma(t) = G\sqrt{1 + \omega^2\tau^2}\,\hat{\varepsilon}e^{i(\omega t + \delta)} \tag{3.23}$$

这里

$$\tan\delta = \omega t$$

即

$$\delta = \arctan\omega\tau$$

应力超前一个 δ,或者说应变落后应力一个 δ.

复数蠕变柔量为

$$\begin{aligned}
\overset{*}{J} = \frac{\varepsilon}{\sigma} &= \frac{1}{G}\left(1 + \frac{1}{1 + i\omega\tau}\right) \\
&= \frac{1}{G}\left(\frac{1 - i\omega\tau}{1 + \omega^2\tau^2}\right) \\
&= J_1(\omega) - J_2(\omega)
\end{aligned}$$

因此,沃-开氏并联模型的储能柔量 $J_1(\omega)$ 和损耗柔量 $J_2(\omega)$ 分别为

$$J_1(\omega) = \frac{1}{G}\frac{1}{1 + \omega^2\tau^2} \tag{3.24}$$

$$J_2(\omega) = \frac{1}{G}\frac{\omega\tau}{1 + \omega^2\tau^2} \tag{3.25}$$

它们与频率 ω 的关系如图3.8所示.

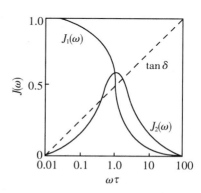

图 3.8 沃-开氏并联模型的储能柔量 $J_1(\omega)$ 和损耗柔量 $J_2(\omega)$

在这里,复数模量 $\overset{*}{G}$ 为

$$\overset{*}{G} = \frac{1}{\overset{*}{J}} = \frac{\sigma}{\varepsilon} = G(1 + \mathrm{i}\omega\tau)$$

$$= G_1(\omega) + \mathrm{i}G_2(\omega)$$

因此

$$G_1(\omega) = G \tag{3.26}$$

$$G_2(\omega) = \omega\eta \tag{3.27}$$

3.3.3 沃-开氏并联模型的恒速应变和恒速应力行为

当恒速应变 $\varepsilon = kt$ 时

$$\sigma(t) = Gkt + k\eta \tag{3.28}$$

在弹性项上加上一个黏流项. 若写成应力-应变关系,则

$$\sigma(t) = G\varepsilon + k\eta \tag{3.29}$$

不同的应变速率所给出的曲线是相互平行的. 图 3.9 中弹簧和黏壶二者都被强制以一个恒定速率运动,黏壶运动所需的力是恒定的,而弹簧上的力则从零开始慢慢增加.

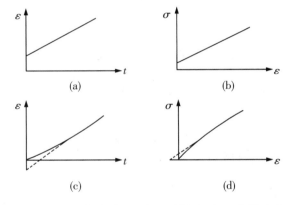

图 3.9　沃-开氏并联模型的恒速应变迁恒速应力行为. (a) 恒速应变和; (b) 恒速应变下的应力-应变曲线; (c) 恒速应力和; (d) 恒速应力下的应力变曲线

恒速应力 $\sigma = kt$,运动方程为

$$kt = G\varepsilon + \eta\frac{\mathrm{d}\varepsilon}{\mathrm{d}t}$$

其解是

$$\varepsilon(t) = \frac{k}{G}\left[t - \tau(1 - \mathrm{e}^{-t/\tau})\right] \tag{3.30}$$

这里,$\tau = \eta/G$. 或者写成应力-应变关系:

$$\varepsilon(t) = \frac{\sigma}{G} - \frac{\eta}{G}\left(\frac{k}{G} - \mathrm{e}^{-\frac{G\sigma}{k\eta}}\right) \tag{3.31}$$

均示于图 3.9 上.

沃-开氏并联模型的不足之处是:① 不能呈现高聚物蠕变时的瞬时普弹性.② 也没能反映线形高聚物可能存在的流动.③ 特别是它也不能用来描述高聚物的应力松弛行为,因为在 $\varepsilon = \varepsilon_0$,运动方程为 $\sigma/\eta = G\varepsilon_0/\eta$,即 $\sigma = G\varepsilon_0$,是线性弹性行为.④ 不管是描述应力松弛时间还是动态力学性能,沃-开氏并联模型只给出了一个松弛时间,且转变区较小.⑤ 模型求得的 $\tan\delta$ 是一条直线,也是与事实不符的.

麦氏串联模型和沃-开氏并联模型是描述黏弹性的两个最基本的力学模型.为了便于查记,表 3.1 列出了这两个模型给出的黏弹性的一般特征.

表 3.1 麦氏串联模型和沃-开氏并联模型的黏弹性特征

特征	麦氏模型	沃-开氏模型
力学元件组合	弹簧和黏壶的串联组合	弹簧和黏壶的并联组合
运动微分方程	$\mathrm{d}\varepsilon/\mathrm{d}t = \mathrm{d}\sigma/(G\mathrm{d}t) + \sigma/\eta$	$\sigma = G\varepsilon + \eta\mathrm{d}\varepsilon/\mathrm{d}t$
内部时间尺度	松弛时间 $\tau = G/\eta$	推迟时间 $\tau = G/\eta$
特征函数	松弛函数 $\Phi(t) = \mathrm{e}^{-t/\tau}$	蠕变函数 $\Psi(t) = 1 - \mathrm{e}^{-t/\tau}$
复数模量	$\overset{*}{G} = G(\omega^2\tau^2 + \mathrm{i}\omega\tau)/(1 + \omega^2\tau^2)$	$\overset{*}{G} = G(1 + \mathrm{i}\omega\tau)$
储能模量	$G_1(\omega) = G\omega^2\tau^2/(1 + \omega^2\tau^2)$	$G_1(\omega) = G$
损耗模量	$G_2(\omega) = G\omega\tau/(1 + \omega^2\tau^2)$	$G_2(\omega) = G\omega\tau$
动态黏度	$\eta_{动态} = \eta/(1 + \omega^2\tau^2)$	$\eta_{动态} = \eta$
复数柔量	$\overset{*}{J} = 1/\overset{*}{G} = 1/\{G[1 - \mathrm{i}/(\omega\tau)]\}$	$\overset{*}{J} = 1/\overset{*}{G} = (1 - \mathrm{i}\omega\tau)/(1 + \omega^2\tau^2)$
储能柔量	$J_1(\omega) = 1/G$	$J_1(\omega) = 1/[G(1 + \omega^2\tau^2)]$
损耗柔量	$J_2(\omega) = 1/(G\omega\tau)$	$J_2(\omega) = \omega\tau/[G(1 + \omega^2\tau^2)]$
损耗角正切	$\tan\delta = G_2(\omega)/G_1(\omega) = 1/(\omega\tau)$	$\tan\delta = G_2(\omega)/G_1(\omega) = \omega\tau$
对应的电路	电阻与电容并联	电阻与电容串联

3.4 三元件模型——标准线性固体

已经看到,麦氏串联模型和沃-开氏并联模型均有它们各自的局限性.它们两者中的任何一个都不适合用来描述既有蠕变又有应力松弛的高聚物黏弹性.为此人们在沃-开氏并联模型上串联一个弹簧以表示瞬时普弹性,或者说在麦氏串联模型的黏壶旁并联一个弹簧以使它的应力不能松弛为零,因此形成了如图3.10所示的三元件模型(standard linear solid).
下面我们可以看到模型(a)和模型(b)是等当的.

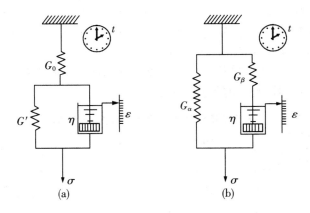

图 3.10　被称为标准线性固体的三元件模型. 模型
(a)和模型(b)是等当的

若有应力 σ 作用于图 3.10(a) 所示的模型,则在弹簧 G_0 上受到的应力与其中沃-开氏单元(这里可以把沃-开氏并联模型看作一个独立的力学单元)上受到的应力相等,而总的应变则为它们个别应变之和,即

$$\sigma_{\text{弹}} = \sigma_{\text{沃}} = \sigma$$
$$\varepsilon_{\text{弹}} + \varepsilon_{\text{沃}} = \varepsilon$$

或

$$\frac{\mathrm{d}\varepsilon_{\text{弹}}}{\mathrm{d}t} + \frac{\mathrm{d}\varepsilon_{\text{沃}}}{\mathrm{d}t} = \frac{\mathrm{d}\varepsilon}{\mathrm{d}t}$$

但是

$$\sigma_{\text{弹}} = G_0\varepsilon_{\text{弹}}$$

和

$$\sigma_{\text{沃}} = G\varepsilon_{\text{沃}} + \frac{\eta\mathrm{d}\varepsilon_{\text{沃}}}{\mathrm{d}t}$$

则

$$\begin{aligned}
\frac{\mathrm{d}\varepsilon}{\mathrm{d}t} &= \frac{1}{G_0}\frac{\mathrm{d}\sigma}{\mathrm{d}t} + \frac{\sigma}{\eta} - \frac{G'}{\eta}\varepsilon_{\text{沃}} \\
&= \frac{1}{G_0}\frac{\mathrm{d}\sigma}{\mathrm{d}t} + \frac{\sigma}{\eta} - \frac{G'}{\eta}(\varepsilon - \varepsilon_{\text{弹}}) \\
&= \frac{1}{G_0}\frac{\mathrm{d}\sigma}{\mathrm{d}t} + \frac{\sigma}{\eta} - \frac{G'}{\eta}\left(\varepsilon - \frac{\sigma}{G_0}\right)
\end{aligned}$$

或改写为

$$\frac{\mathrm{d}\varepsilon}{\mathrm{d}t} + \frac{G'\varepsilon}{\eta} = \frac{G_0 + G'}{\eta} \cdot \frac{1}{G_0}\sigma + \frac{1}{G_0}\frac{\mathrm{d}\sigma}{\mathrm{d}t} \tag{3.32}$$

这就是三元件模型的运动方程式.可见,这个方程对于高聚物的蠕变和应力松弛来说都是满

意的关系式.

对于蠕变：$\sigma(t) = \sigma_0$，$\mathrm{d}\sigma/\mathrm{d}t = 0$，则方程(3.32)为

$$\frac{\mathrm{d}\varepsilon}{\mathrm{d}t} + \frac{G'\varepsilon}{\eta} = \frac{G_0 + G'}{\eta} \cdot \sigma \cdot \frac{1}{G_0}$$

这个一阶微分方程的一般解是

$$\varepsilon(t) = C\mathrm{e}^{-\frac{t}{\tau_2}} + \sigma_0\left(\frac{1}{G_0} + \frac{1}{G'}\right)$$

这里，$\tau_2 = \eta/G'$，是推迟时间. 由起始条件 $\varepsilon(0) = \sigma_0/G_0$，定出常数 $C = -\sigma_0/G'$，得

$$\varepsilon(t) = \frac{\sigma_0}{G_0} + \frac{\sigma_0}{G'}\left(1 - \mathrm{e}^{-\frac{t}{\tau_2}}\right) \tag{3.33}$$

则蠕变柔量为

$$J(t) = \frac{\varepsilon(t)}{\sigma_0} = \frac{1}{G_0} + \frac{1}{G'}\left(1 - \mathrm{e}^{-\frac{t}{\tau_2}}\right) \tag{3.34}$$

与 $J(t) = J_0 + J_e\Psi(t)$ 的形式完全一样. 这里没有流动，表征的是交联高聚物的蠕变.

对于应力松弛：$\varepsilon(t) = \varepsilon_0$，$\mathrm{d}\varepsilon/\mathrm{d}t = 0$，则运动方程为

$$\frac{\mathrm{d}\sigma}{\mathrm{d}t} + \frac{G_0 + G'}{\eta}\sigma = \frac{G_0 G'}{\eta}\varepsilon_0$$

其解为

$$\sigma(t) = \frac{G_0 G'}{G_0 + G'}\varepsilon_0\left(1 + \frac{G_0}{G'}\mathrm{e}^{-\frac{G_0 + G'}{\eta}t}\right)$$

若定义松弛时间 $\tau_1 = \eta/(G_0 + G')$，则

$$\sigma(t) = \frac{G_0 G'}{G_0 + G'}\varepsilon_0\left(1 + \frac{G_0}{G'}\mathrm{e}^{-\frac{t}{\tau_1}}\right) \tag{3.35}$$

松弛模量为

$$G(t) = \frac{G_0 G'}{G_0 + G'}\left(1 + \frac{G_0}{G'}\mathrm{e}^{-\frac{t}{\tau_1}}\right) \tag{3.36}$$

与 $G(t) = G_e + G_0\Phi(t)$ 的形式也完全一样. 这样三元件模型既表征了高聚物材料的蠕变又表征了应力松弛，并且得出了松弛时间 τ_1 和推迟时间 τ_2 是不同的.

如果把 $1/J(t)$，$G(t)$ 对 t 作图(图 3.11)，可以发现在 $t \to 0$ 时，$1/J(t)$，$G(t)$ 均趋于 G_0，而当 $t \to \infty$ 时，它们又都趋于 $G_0 G'/(G_0 + G')$. 前者叫做短时模量，后者叫做长时模量. 由于 $\tau_1 \neq \tau_2$，一般情况下，$G(t) \neq 1/J(t)$，它们之间的确切关系将在第 4 章中给出. 这里，因为 $\tau_1 < \tau_2$，所以松弛模量 $G(t)$ 总比柔量倒数得到的蠕变模量 $G_{蠕变} = 1/J(t)$ 小，即 $G(t)$ 曲线总在 $1/J(t)$ 曲线之下.

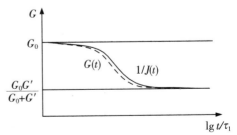

图 3.11　三元件模型的模量曲线

通过解微分方程，我们可以推求出恒速应力和恒速应变情况的模量表达式：

$$G_{\text{恒速应力}} = \frac{G_0 G'}{G_0 + G'} \left[\frac{1}{1 - \frac{\tau_1}{t}(1 - e^{-\frac{t}{\tau_2}})} \right] \tag{3.37}$$

$$G_{\text{恒速应变}} = \frac{G_0 G'}{G_0 + G'} \left[1 + \frac{G_0}{G'} \frac{\tau_1}{t}(1 - e^{-\frac{t}{\tau_1}}) \right] \tag{3.38}$$

为了比较起见,把式(3.34)改写为

$$G_{\text{蠕变}} = \frac{G_0 G'}{G_0 + G'} \frac{1}{\left[1 - \frac{G_0}{G_0 + G'} e^{-\frac{t}{\tau_2}} \right]} \tag{3.39}$$

并有

$$G_{\text{松弛}} = \frac{G_0 G'}{G_0 + G'} \left[1 + \frac{G_0}{G'}(1 - e^{-\frac{t}{\tau_1}}) \right] \tag{3.40}$$

这 4 个式子表示的是在任一时刻,四个外载历史下等时曲线的斜率. 在 $t \to \infty$ 时,它们都趋向于长时模量 $G_0 G'/(G_0 + G')$,但是在不等于无穷大的其他时间,它们值的大小都有一个固定的顺序,即

$$G_{\text{松弛}} < G_{\text{蠕变}} < G_{\text{恒速应变}} < G_{\text{恒速应力}}$$

具体来看,若取 $G_0 = G' = G$,$t = \tau_2$,并记住 $\tau_1 = \tau_2[G'/(G_0 + G')]$,则

$$G_{\text{松弛}} = G \frac{1 + e^{-2}}{2} = 0.568G$$

$$G_{\text{蠕变}} = G \frac{1}{2 - e^{-1}} = 0.612G$$

$$G_{\text{恒速应变}} = G \frac{3 - e^{-2}}{4} = 0.717G$$

$$G_{\text{恒速应力}} = G \frac{1}{1 + e^{-1}} = 0.732G$$

这 4 个不同外载历史下测得的模量值的差异,正是高聚物材料力学行为时间依赖性的重要证据. 上面得到的大小顺序对所有黏弹性材料都是对的.

可以把式(3.36)改为如下形式:

$$G(t) = \frac{1}{\frac{1}{G'} + \frac{1}{G_0}} + G_0 \frac{1}{G'\left(\frac{1}{G'} + \frac{1}{G_0}\right)} e^{-\left(\frac{1}{G'} + \frac{1}{G_0}\right)\frac{G_0}{\tau_2}t}$$

并令

$$\frac{1}{G_a} = \frac{1}{G'} + \frac{1}{G_0} = \frac{1}{G_0}\left(1 + \frac{G_0}{G'}\right)$$

则

$$G_t = G_a + (G_0 - G')e^{-\frac{G_0}{G_a \tau_2}t}$$

$$= G_a + G_\beta e^{-\frac{G_0}{G_a \tau_2}t} \tag{3.41}$$

这里,$G_\beta = G_0 - G'$. 上式可以看作由如图 3.10(b) 所示的模型给出的应力 $G(t)$. 由此可

见,对应力松弛来讲(从而对整个力学性能来讲),图 3.10 所示的两个三元件模型在力学行为上是等当的.这种等当的特点是模型理论中的普遍现象,给我们提供了很大的方便.我们可以根据推导的方便而任意选择某一个模型.譬如,讨论三元件模型的动态力学性能时,求复数柔量 $\overset{*}{J}(\omega)$ 可用图 3.10(a) 所示的模型.若应力是 $\sigma(t) = \hat{\sigma}\mathrm{e}^{\mathrm{i}\omega t}$,因为应变相加,则马上可以写出:

$$\varepsilon = \frac{1}{G_0}\sigma + \frac{1 - \mathrm{i}\omega\tau_1}{G'(1 + \omega^2\tau^2)}\sigma$$

$$\overset{*}{J} = \frac{\varepsilon}{\sigma} = \frac{1}{G_0} + \frac{1 - \mathrm{i}\omega\tau_1}{G'(1 + \omega^2\tau_1^2)} = J_1(\omega) - \mathrm{i}J_2(\omega)$$

则

$$J_1(\omega) = \frac{1}{G_0} + \frac{1}{G'(1 + \omega^2\tau_1^2)} = J_0 + \frac{J'}{(1 + \omega^2\tau_1^2)} \tag{3.42}$$

因此

$$J_2(\omega) = \frac{\omega\tau}{G'(1 + \omega^2\tau_1^2)} = J'\frac{\omega\tau}{(1 + \omega^2\tau_1^2)} \tag{3.43}$$

若求复数模量 $\overset{*}{G}(\omega)$,可利用图 3.10(b) 所示的模型,因应力相加,也可以马上写出:

$$\sigma = G_\alpha\varepsilon + G_\beta\frac{\omega^2\tau_2^2 + \mathrm{i}\omega\tau_2}{(1 + \omega^2\tau_2^2)}\varepsilon$$

得

$$\overset{*}{G}(\omega) = \frac{\sigma}{\varepsilon} = G_\alpha + G_\beta\frac{\omega^2\tau_2^2}{(1 + \omega^2\tau_2^2)}\varepsilon = G_1(\omega) + \mathrm{i}G_2(\omega)$$

则

$$G_1(\omega) = G_\alpha + G_\beta\frac{\omega^2\tau_2^2}{(1 + \omega^2\tau_2^2)} \tag{3.44}$$

$$G_2(\omega) = G_\beta\frac{\omega\tau_2}{(1 + \omega^2\tau_2^2)} \tag{3.45}$$

3.5　四元件模型

　　正如上节讨论的,三元件模型表征的是交联高聚物,没有流动.如果要描述有黏流行为的线形高聚物,还要在它上面加上一个具有流动行为的黏壶,构成所谓的四元件模型(four-element model),如图 3.12 所示.模型(a) 可以看作一个弹簧、一个黏壶和一个沃-开力学单元的串联,则加上应力 σ 后,弹簧(1)、黏壶(2) 和沃-开力学单元(3) 上的应力相同,各力学元件(单元) 上的形变相加,即

$$\sigma = \sigma_1 = \sigma_2 = \sigma_3$$

$$\varepsilon = \varepsilon_1 + \varepsilon_2 + \varepsilon_3$$

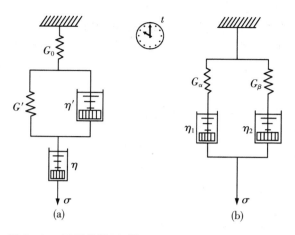

图 3.12　四元件模型.模型(a) 和模型(b) 也是等当的

对于蠕变,因为

$$\frac{\varepsilon_1}{\sigma} = \frac{1}{G_0}$$

$$\frac{\varepsilon_2}{\sigma} = \frac{1}{G'}(1 - e^{-t/\tau'}), \quad \tau' = \eta'/G'$$

和

$$\frac{\dot{\varepsilon}_3}{\sigma} = \frac{1}{\eta}$$

所以马上可以写出:

$$J(t) = \frac{1}{G_0} + \frac{1}{G'}(1 - e^{-t/\tau'}) + \frac{t}{\eta} \tag{3.46}$$

与第 2 章定义的蠕变一样,$J(t)$ 由三部分组成,包括了线形高聚物可能的流动.

对于应力松弛,则

$$\sigma = G_0 \varepsilon_1$$

$$\sigma = G' \varepsilon_2 + \eta \dot{\varepsilon}_2$$

$$\sigma = \eta \dot{\varepsilon}_3$$

为简单起见,这里用字母上面一小点表示一级微商,字母上面二小点表示二级微商.则

$$\ddot{\varepsilon} = \ddot{\varepsilon}_1 + \ddot{\varepsilon}_2 + \ddot{\varepsilon}_3$$

$$= \frac{1}{G_0}\ddot{\sigma} + \left(\frac{1}{\eta'}\dot{\sigma} - \frac{1}{\tau'}\dot{\varepsilon}_2\right) + \frac{1}{\eta}\dot{\sigma}$$

因为

$$\ddot{\varepsilon}_2 = \ddot{\varepsilon} - (\ddot{\varepsilon}_1 + \ddot{\varepsilon}_3)$$

所以

$$\ddot{\varepsilon}(t) = \frac{1}{G_0}\ddot{\sigma}(t) + \left(\frac{1}{\eta} + \frac{1}{\eta'}\right)\dot{\sigma}(t) - \frac{1}{\tau'}\left(\ddot{\varepsilon} - \frac{1}{G_0}\dot{\sigma}(t) - \frac{1}{\eta}\sigma(t)\right)$$

整理后,得

$$\ddot{\varepsilon}(t) + \frac{1}{\tau}\dot{\varepsilon}(t) = \frac{1}{G_0}\dddot{\sigma}(t) + \left[\frac{1}{\eta} + \frac{1}{\eta'}\left(1 + \frac{G'}{G_0}\right)\right]\dot{\sigma}(t) + \frac{\sigma(t)}{\eta\tau'}$$

应力松弛的条件是应变保持恒定,$\varepsilon = \varepsilon_0$,则 $\dot{\varepsilon}(t) = \ddot{\varepsilon}(t) = 0$,可以得到应力松弛的运动微分方程式为

$$\ddot{\sigma}(t) + G_0\left[\frac{1}{\eta} + \frac{1}{\eta'}\left(1 + \frac{G'}{G_0}\right)\right]\dot{\sigma}(t) + \frac{G_0 G'}{\eta\eta'}\sigma(t) = 0$$

其解为

$$\sigma(t) = A\mathrm{e}^{-t/\tau_1} + B\mathrm{e}^{-t/\tau_2}$$

这里,τ_1 和 τ_2 是把系数写成二次代数方程式的两个根:

$$\tau_{1,2} = \frac{G_0}{2}\left[\frac{1}{\eta} + \frac{1}{\eta'}\left(1 + \frac{G'}{G_0}\right)\right] \pm \frac{1}{2}\sqrt{G_0^2\left[\frac{1}{\eta} + \frac{1}{\eta'}\left(1 + \frac{G'}{G_0}\right)\right]^2 - 4\frac{G_0 G'}{\eta\eta'}}$$

常数 A,B 由起始条件 $t = 0$ 时 $\sigma(0)$ 和 $\sigma(0)$ 定出.

如果把解 $\sigma(t)$ 中的 A,B 写成 G_α 和 G_β,则

$$\sigma(t) = G_\alpha\mathrm{e}^{-t/\tau_1} + G_\beta\mathrm{e}^{-t/\tau_2} \tag{3.47}$$

这里,$\tau_1 = \eta_1/G_\alpha$ 和 $\tau_2 = \eta_2/G_\beta$.这又相当于两个麦氏单元的并联,如图 3.12(b) 所示.这样图 3.12(a) 和 3.12(b) 的四元件模型是完全等当的,哪个方便就用哪个模型.显然对于动态模量 $\overset{*}{G}(\omega)$,用图 3.12(b) 所示的模型方便,马上就可以写出储能模量 $G_1(\omega)$ 和损耗模量 $G_2(\omega)$,它们分别为

$$G_1(\omega) = G_\alpha\frac{\omega^2\tau_1^2}{1 + \omega^2\tau_1^2} + G_\beta\frac{\omega^2\tau_2^2}{1 + \omega^2\tau_2^2} \tag{3.48}$$

$$G_2(\omega) = G_\alpha\frac{\omega\tau_1}{1 + \omega^2\tau_1^2} + G_\beta\frac{\omega\tau_2}{1 + \omega^2\tau_2^2} \tag{3.49}$$

这里已经有两个松弛时间了.

3.6　力学模型的广义形式

描述实际高聚物的模型应该是如图 3.13 所示的许多不同参数的弹簧和黏壶的组合.也就是说,应在微分方程(3.1)的两边各取许多项.这样所取的模型将具有多个松弛时间和推迟时间形成的一个不连续的谱,就是通常所说的离散松弛时间谱和离散推迟时间谱.

图 3.13(a) 是 n 个麦氏单元组合,叫做广义麦氏模型,显然每个单元的应变是相同的,而总的应力为各单元承受的应力之和,即

$$\varepsilon_1 = \varepsilon_2 = \varepsilon_3 = \cdots = \varepsilon$$

$$\sigma_1 + \sigma_2 + \sigma_3 + \cdots + \sigma_n = \sum\sigma_i = \sigma \quad (i = 1,2,\cdots n)$$

第 i 个单元的运动微分方程为

$$\frac{\mathrm{d}\varepsilon}{\mathrm{d}t} = \frac{1}{G_i}\frac{\mathrm{d}\sigma_i}{\mathrm{d}t} + \frac{\sigma_i}{\eta_i}$$

对应力松弛为

$$\sigma = \varepsilon \sum_i G_i \mathrm{e}^{-t/\tau_i}$$

则

$$G(t) = \sum G_i \mathrm{e}^{-t/\tau_i} \tag{3.50}$$

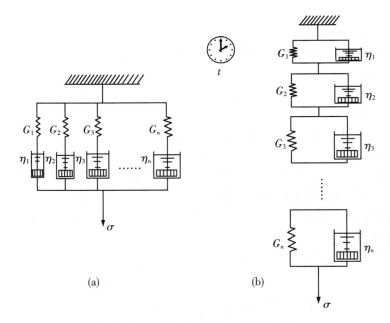

图 3.13   黏弹性力学模型的广义形式

对于动态力学实验,若应变 $\varepsilon = \hat{\varepsilon}\mathrm{e}^{\mathrm{i}\omega t}$,有

$$\sigma_i = G_i \frac{\omega^2 \tau_i^2}{1 + \omega^2 \tau_i^2}\varepsilon$$

则总的应力为

$$\sigma = \sum_i \sigma_i = \varepsilon\left[\sum_i G_i \frac{\omega^2 \tau_i^2}{1 + \omega^2 \tau_i^2} + \mathrm{i}\sum_i G_i \frac{\omega \tau_i}{1 + \omega^2 \tau_i^2}\right]$$

因此复数模量为

$$\overset{*}{G} = \frac{\sigma}{\varepsilon} = \sum_i G_i \frac{\omega^2 \tau_i^2}{1 + \omega^2 \tau_i^2} + \mathrm{i}\sum_i G_i \frac{\omega \tau_i}{1 + \omega^2 \tau_i^2}$$

储能模量和损耗模量分别为

$$G_1(\omega) = \sum_i G_i \frac{\omega^2 \tau_i^2}{1 + \omega^2 \tau_i^2} \tag{3.51}$$

$$G_2(\omega) = \sum_i G_i \frac{\omega \tau_i}{1 + \omega^2 \tau_i^2} \tag{3.52}$$

而动态黏度为

$$\eta_{动态} = \frac{G_2(\omega)}{\omega} = \sum \frac{G_i \tau_i}{1 + \omega^2 \tau_i^2} = \sum \frac{\eta_i}{1 + \omega^2 \tau_i^2} \tag{3.53}$$

如果这个模型的第 i 个单元满足 $\omega\tau_i \gg 1$ 的条件,那么这个单元的储能模量 $G_{i1}(\omega)$ 就很接近 G_i,而 $G_{i2}(\omega)$ 及 $\eta_{动态}$ 就变得很小.在 $\omega\tau_i \to \infty$ 的极限情况下,$G_{i1}(\omega)$ 就等于 G_i,$G_{i2}(\omega)$ 和 $\eta_{动态}$ 等于零.这个单元实际上退化为一个弹簧.反之,在 $\omega\tau_i \ll 1$ 的情况下,$\eta_{动态}$ 接近 η_i,而 $G_{i1}(\omega)$ 则接近零.在 $\omega\tau \to 0$ 的极限情况下,这个单元退化为一个黏壶,松弛时间相差很大的高聚物总能满足上面的条件.这样,广义麦氏模型的储能模量、损耗模量及松弛模量分别如下:

储能模量 $$G_1(\omega) = G_e + \sum_i G_i \frac{\omega^2 \tau_i^2}{1 + \omega^2 \tau_i^2} \tag{3.54}$$

损耗模量 $$G_2(\omega) = \omega\eta + \sum_i G_i \frac{\omega\tau_i}{1 + \omega^2 \tau_i^2} \tag{3.55}$$

松弛模量 $$G(t) = G_e + \sum_i G_i e^{-t/\tau} \tag{3.56}$$

同样,由 n 个沃-开氏单元组成的如图3.12(b)所示的通常叫广义沃-开氏模型.显然,各单元应变的加和等于总的应变,而应力则各单元均相等,即

$$\varepsilon = \varepsilon_1 + \varepsilon_2 + \varepsilon_3 + \cdots + \varepsilon_n = \sum \varepsilon_i \quad (i = 1,2,3,\cdots,n)$$

$$\sigma = \sigma_1 = \sigma_2 = \cdots = \sigma_n$$

对于蠕变,则有

$$\varepsilon = \sigma \sum_i J_i (1 - e^{-t/\tau_i})$$

$$J(t) = \sum_i J_i (1 - e^{-t/\tau_i})$$

对于动态力学实验,若应力 $\sigma = \hat{\sigma}e^{i\omega t}$,则第 i 个单元的应变为

$$\varepsilon_i = \frac{1}{G_i} \frac{1 - i\omega\tau_i}{1 + \omega^2 \tau_i^2} \sigma$$

总应变为

$$\varepsilon = \sum \varepsilon_i = \sigma \sum \frac{1}{G_i} \frac{1 - i\omega\tau_i}{1 + \omega^2 \tau_i^2}$$

复数柔量为

$$\overset{*}{J} = \frac{\varepsilon}{\sigma} = \sum \frac{1}{G_i} \frac{1}{1 + \omega^2 \tau_i^2} - i\sum \frac{1}{G_i} \frac{\omega\tau_i}{1 + \omega^2 \tau_i^2}$$

它的实数部分和虚数部分分别为

储能柔量 $$J_1(\omega) = \sum \frac{1}{G_i} \frac{1}{1 + \omega^2 \tau_i^2} = \sum J_i \frac{1}{1 + \omega^2 \tau_i^2} \tag{3.57}$$

损耗柔量 $$J_2(\omega) = \sum \frac{1}{G_i} \frac{\omega\tau_i}{1 + \omega^2 \tau_i^2} = \sum J_i \frac{\omega\tau_i}{1 + \omega^2 \tau_i^2} \tag{3.58}$$

在广义沃-开氏模型下,当 $\omega\tau_i \ll 1$ 时,第 i 个单元的 $J_{i1}(\omega)$ 接近 J_i,而 $J_{i2}(\omega)_i$ 接近零,在 $\omega\tau_i \to 0$ 时,这个单元实际上退化为一个弹簧.反之,在 $\omega\tau_i \to \infty$ 时,某个单元退化为一个

黏壶(图3.14),因此,广义沃-开氏模型的储能柔量、损耗柔量及蠕变柔量分别如下:

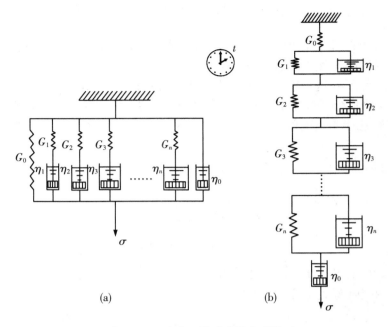

(a)   (b)

图 3.14　更为广义的黏弹性力学模型

储能柔量 $$J_1(\omega) = J_0 + \sum J_i \frac{1}{1 + \omega^2 \tau_i^2} \qquad (3.59)$$

损耗柔量 $$J_2(\omega) = \frac{1}{\omega \eta} + \sum J_i \frac{\omega \tau_i}{1 + \omega^2 \tau_i^2} \qquad (3.60)$$

蠕变柔量 $$J(\omega) = J_0 + \sum J_i (1 - e^{-t/\tau_i}) + \frac{t}{\eta} \qquad (3.61)$$

广义力学模型的最大用处在于它们模拟出了高聚物具有的大小不同的许多松弛时间或推迟时间. 依各单元的黏度 η_i 和模量 G_i 的不同, $\tau = \eta_i / G_i$ 可从很小到很大,形成一个不连续的松弛时间谱或推迟时间谱. 这对我们进一步学习线性黏弹性理论是十分重要的.

3.7　松弛时间谱和推迟时间谱

如果组成如图3.13(a)所示的广义麦氏模型的单元为无限多个,就不能用有限数目的常数 (G_i, τ_i) 来描述,而要用一个独立变量的连续函数 $G(\tau)$ 来代替. $G(\tau)$ 与松弛时间 τ 有关,通常称为松弛时间谱(relaxation time spectra),或叫做松弛时间分布(distribution of relaxation times),这时加和应改为积分. 譬如,对应力松弛模量为

$$G(t) = G_e \int_0^\infty g(\tau) e^{-t/\tau} d\tau \tag{3.62}$$

积分中的 $G(\tau)d\tau$ 是表示具有松弛时间($\tau \sim \tau + d\tau$) 的麦氏单元的"浓度".

同样,如果图 3.13(b) 的广义沃-开氏模型的单元数也有无限多个,有限的常数(J_i, τ_i) 被一连续函数 $f(\tau)$ 所代替,$f(\tau)$ 就是所谓的推迟时间谱(retardation time spectra),或叫做推迟时间分布,则蠕变柔量为

$$J(t) = J_0 + \int_0^\infty f(\tau)(1 - e^{-t/\tau}) d\tau + \frac{t}{\eta} \tag{3.63}$$

积分中的 $f(\tau)d\tau$ 也是表示具有推迟时间($\tau \sim \tau d\tau$) 的沃-开氏单元的"浓度".

因为要完整反映高聚物的力学性能,必须在极宽的时间或频率范围内做实验,所以方便的是用对数时间标尺,也即用 $\ln \tau$ 代替时间 τ 作变数.这样,人们定义了一个新的松弛时间谱 $H(\ln \tau)$ 和一个新的推迟时间谱 $L(\ln \tau)$,它们与 $G(\tau)$ 和 $f(\tau)$ 的关系是

$$H(\ln \tau)d(\ln \tau) = g(\tau)d\tau \tag{3.64}$$
$$H(\ln \tau)d(\ln \tau) = f(\tau)d\tau \tag{3.65}$$

显然

$$H(\ln \tau) = \tau g(\tau), \quad L(\ln \tau) = \tau f(\tau)$$

$H(\ln \tau)d(\ln \tau)$ 是表示具有对数松弛时间($\ln \tau \sim \ln \tau + d(\ln \tau)$)的麦氏单元的浓度. $L(\ln \tau)d(\ln \tau)$ 具有类似的意义.这时积分限由 $0 \to \infty$ 变为 $-\infty \to +\infty$,则应力松弛模量和蠕变柔量分别为

$$G(t) = G_e \int_{-\infty}^\infty H(\ln \tau) e^{-t/\tau} d(\ln \tau) \tag{3.66}$$

$$J(t) = J_0 + \int_{-\infty}^\infty L(\ln \tau)(1 - e^{-t/\tau}) d(\ln \tau) + \frac{t}{\eta} \tag{3.67}$$

我们看到,在广义模型中当单元数趋向无穷时,高聚物黏弹性的微分表达式变成了积分表达式,并引入了松弛时间谱或推迟时间谱的概念.在第 4 章中将指出,高聚物黏弹性的积分表达式完全可以不借助力学模型而得到.

高聚物的许多力学性能均能用松弛时间谱和推迟时间谱来表示.除了上面的应力松弛模量和蠕变柔量外,还有

储能模量　　　　$$G_1(\omega) = G_e + \int_{-\infty}^\infty H(\ln \tau) \frac{\omega^2 \tau^2}{1 + \omega^2 \tau^2} d(\ln \tau) \tag{3.68}$$

损耗模量　　　　$$G_2(\omega) = \int_{-\infty}^\infty H(\ln \tau) \frac{\omega \tau}{1 + \omega^2 \tau^2} d(\ln \tau) \tag{3.69}$$

因为动态黏度 $\eta_{动态} = G_2(\omega)/\omega$,所以

$$\eta_{动态} = \int_{-\infty}^\infty H(\ln \tau) \frac{\tau}{1 + \omega^2 \tau^2} d(\ln \tau) \tag{3.70}$$

对于未交联高聚物,令 $\omega = 0$,由式(3.70) 可得

$$\eta_{流动} = \int_{-\infty}^\infty H(\ln \tau) \tau d(\ln \tau) \tag{3.71}$$

如果令 $\omega = \infty$,那么由式(3.68) 可得瞬间模量为

$$G_0 = G_e + \int_{-\infty}^{\infty} H(\ln \tau) d(\ln \tau) \tag{3.72}$$

另外

储能柔量
$$J_1(\omega) = J_0 + \int_{-\infty}^{\infty} L(\ln \tau) \frac{1}{1 + \omega^2 \tau^2} d(\ln \tau) \tag{3.73}$$

损耗柔量
$$J_2(\omega) = \frac{1}{\omega \eta} + \int_{-\infty}^{\infty} H(\ln \tau) \frac{\omega^2 \tau^2}{1 + \omega^2 \tau^2} d(\ln \tau) \tag{3.74}$$

如果在式(3.73)中令 $\omega = \infty$,那么可得交联高聚物的平衡柔量为

$$J_e = J_0 + \int_{-\infty}^{\infty} L(\ln \tau) d\ln \tau \tag{3.75}$$

上面这些关系式已提供了求取松弛时间谱或推迟时间谱的方法.作为一个例子,我们试从应力松弛模量求松弛时间谱.应力松弛模量与松弛时间谱的关系式是式(3.66).作为一级近似,可用一个阶梯函数来代替,因为 $e^{-t/\tau} = 0$ 时为 0, $\tau = \infty$ 时为 1.现用 $\tau \geqslant t$ 时为 1, $\tau \leqslant t$ 时为 0 的阶梯函数代替它,则

$$G(t) = G_e + \int_{\ln t}^{\infty} H(\ln \tau) d\ln \tau \tag{3.76}$$

积分值不会有很大差别(图 3.15),因为总可以找到一个 t 使得左边削去的面积与右边得到的面积几乎相等.

用式(3.76)对 $\ln t$ 微商,即得

$$-\left[\frac{dG(t)}{d(\ln t)}\right]_{t=\tau} \approx H(\ln \tau) \tag{3.77}$$

即松弛时间谱近似等于应力松弛模量曲线的负斜率.因为数据处理一般是用双对数 $\lg G(t) \sim \lg t$ 作图,所以

$$\begin{aligned} H(\ln \tau) &= -\frac{1}{2.303}\left[\frac{dG(t)}{d(\lg t)}\right]_{t=\tau} \\ &= -\frac{dG(t)}{2.303}\left[\frac{d(\lg G(t))}{d(\lg t)}\right]_{t=\tau} \end{aligned} \tag{3.78}$$

对于只有单一松弛转变的情况,上式可直观地表示为图 3.16.这有时也叫做阿尔弗雷 (Alfrey)近似.

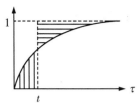

图 3.15 指数函数的阶梯近似

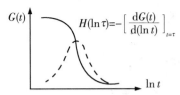

图 3.16 阿尔弗雷近似

3.8　高聚物黏弹性力学模型的电学类比

在高聚物黏弹性的学术论文中,可以看到这样的表述:"应用机电类比理论,可以得出……".所谓"机电类比",就是把高聚物黏弹性的力学模型中有关的力学元件、连接方式、静态实验和动态力学实验等,用线性电路中的电学元件、电路连接、瞬时电路和交变电路来一一类比,找出它们之间的对应关系,从而可以利用成熟的电路理论来方便地推导出黏弹性力学的有关表达式.

在黏弹性力学模型中,用一个符合胡克定律的弹簧来代表理想弹性体,外力对它做的功全部以能量的形式储存起来,一旦卸去外力,储存的弹性能又都全部释放出来,没有能量损耗.显然,这样的弹簧与电学中的电容 C 相当.力学模型中用一个黏壶(充满符合牛顿流动定律的流体)来代表理想黏流体,在应力的一个周期里,外力做的功全部被黏壶以热的形式消耗掉,没有任何的能量储存.这样,黏壶的黏度 η 与电学里电阻 R 的功能相当.

如果在上述力学元件上施加一个应力 σ,就会产生相应的应变 ε.类似地,在上述电学元件上施加一个电压 U,就会产生相应的电荷 q,因此力学里的应力 σ 与电学里的电压 U 相当,而应变 ε 却相当于电荷 q.则力学里的应变速率 $\dot{\varepsilon}$ 就是电学里的电流 $I(I = \dot{q})$.

在力学中,理想弹性体的应力与应变有正比的关系(胡克定律),比例系数是杨氏模量 G.在电学里,电压与电荷的比例系数是 $1/C$.在一般黏弹性力学模型中不会出现的另一个力学元件——质量 m,在电学里对应的是电感 L,因为它们都有自阻尼的特性(表 3.2).

表 3.2　力学元件、模型与其相对应的电学对等物

力学	电学
应力 σ	电压 U
应变 ε	电荷 q
应变速率 $\dot{\varepsilon}$	电流 $I = \dot{q}$
弹性模量 G	电容的倒数 $1/C$
黏度 η	电阻 R
质量 m	电感 L
$\sigma = G\varepsilon$	$U = (1/C)q$
$\sigma = \eta\dot{\varepsilon}$	$U = RI$
弹簧储存力学能量	电容储存电能
黏壶损耗力学能量	电阻损耗电能
力学元件串联(麦氏模型):应力相同,应变相加	并联电路:电压相同,电流相加
力学元件并联(沃-开氏模型):应力相加,应变相同	串联电路:电流相同,电压相加
$\sigma(t)$ 是阶梯函数的静态实验(蠕变、应力松弛)	$U(t)$-I 为瞬态电路
$\sigma(t)$ 是交变函数的动态力学实验	$U(t)$-I 为交流电路

  麦氏串联模型的特点是作用在相互串联的弹簧和黏壶上的应力相同,应变相加,沃-开氏并联模型的特点是作用在相互并联的弹簧和黏壶上的应力相加,而应变却相同.与此相对应的是并联电路和串联电路,因为作用在相互并联的电阻和电容上的电压是相同的,通过它们的电流是相加的,而作用在相互串联的电阻和电容上的电流是相同的,它们的电压是相加的.

  上述类比的基础是物理的,从数学的角度来看,这样的类比也是合理的.线性黏弹性的应力和应变关系,以及应力和应变速率的关系(σ-ε,σ-$\dot{\varepsilon}$)是线性微分方程,而线性电路中 U-I 的关系也可以用线性微分方程来描述.由于电路理论的快速发展,线性电路的运算已经非常成熟,而在黏弹性力学模型教学中,我们还要从最基本的运动微分方程式出发,一一求解,很是费力.如果我们对线性电路已经非常熟悉,那么可以通过上述力学模型与电学电路的类比(机电类比),直接写出力学里的黏弹性参数.

  现在,以沃-开氏并联模型为例来说明机电类比的应用.图3.17(a)是由弹簧 G 和黏壶 η 组成的沃-开氏并联模型,求解它为维持应变 $\varepsilon = \hat{\varepsilon}\mathrm{e}^{\mathrm{i}\omega t}$ 时模型的复数柔量.按上述机电类比,它对应于电学里由电容 C 和电阻 R 组成的串联电路(图3.17(b)).由线性电路理论可知,图3.17(b)的串联电路在交变电压下的复数阻抗 $\overset{*}{Z}$ 为

$$\overset{*}{Z} = R - \mathrm{i}\,\frac{1}{C\omega}$$

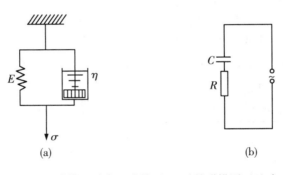

图 3.17 (a) 由弹簧和黏壶组成的沃-开氏并联模型;(b) 与之相对
     应的由电容和电阻组成的串联电路

按表中所对应的关系,有

$$\overset{*}{Z} = \eta - \mathrm{i}\,\frac{E}{\omega}$$

而

$$\frac{\mathrm{d}\varepsilon}{\mathrm{d}t} = \mathrm{i}\omega\varepsilon$$

则

$$\frac{\mathrm{d}\varepsilon}{\mathrm{d}t} = \mathrm{i}\omega\varepsilon = \frac{\sigma}{\overset{*}{Z}} = \frac{\sigma}{\left(\eta - \mathrm{i}\,\dfrac{E}{\omega}\right)}$$

得

$$\varepsilon = \frac{\sigma}{E + \mathrm{i}\omega\eta}$$

复数柔量为

$$\overset{*}{J} = \frac{\varepsilon}{\sigma} = \frac{1}{E(1 + \mathrm{i}\omega\tau)} = J\,\frac{1}{1 + \mathrm{i}\omega\tau}$$

与求解模型的微分运动方程式所得结果完全一致,而这里的推算却非常简单.

3.9　分数阶导数黏弹性力学模型

　　上面我们介绍的高聚物黏弹性力学模型(可以称为经典模型)具有直观易懂、物理概念清晰的优点,并且使用的数学工具也是一般大学高等数学涉及的常微分方程(整数阶微分方程).但因为其由整数阶微分算子的性质所决定,所以经典的高聚物黏弹性力学模型也有在蠕变和应力松弛初期与实验数据不能很好吻合的缺点.为了更好地拟合实验结果,需要更多的力学元件,自然就增加了本构方程中的参数.所以,这里要介绍一个较新的黏弹性力学模型,那就是所谓的分数阶微分黏弹性力学模型.它能很好地弥补经典黏弹性模型在描写黏弹性材料力学行为方面的不足.

　　为了精确描述实验数据,往往不得不取消高阶的微分项或者以降低本构模型的应用范围为代价.如果采用分数导数理论建立黏弹性本构模型,就可以仅用少量的实验参数较好地描述黏弹性材料的力学性能,也即在建立本构方程时只需较少的参数且方程简明.分数导数模型能在较宽的频率范围内描述材料的力学行为,是一种能比较精确描述这类材料本构关系的模型.

3.9.1　分数阶微积分的基本定义

　　首先来看一下分数阶微积分的基本定义.分数阶微积分是研究任意阶次的微分、积分算子特性及应用的数学问题.以应用最为普遍的黎曼-刘维尔(Riemann-Liouville)分数阶为例说明.

　　函数 $f(t)$ 的 α 阶积分定义为

$$D^{-\alpha}f(t) = \frac{\mathrm{d}^{-\alpha}f(t)}{\mathrm{d}t^{-\alpha}} = \int_{t_0}^{t} \frac{(t-\tau)^{\alpha-1}}{\Gamma(\alpha)}f(\tau)\mathrm{d}\tau \tag{3.79}$$

其 α 阶微分定义为

$$D^{\alpha}f(t) = \frac{\mathrm{d}^{\alpha}f(t)}{\mathrm{d}t^{\alpha}} = \frac{\mathrm{d}^{n}}{\mathrm{d}t^{n}}\big[D^{-(n-a)}f(t)\big]$$

$$= \frac{\mathrm{d}^{n}}{\mathrm{d}t^{n}}\bigg[\int_{0}^{t} \frac{(t-\tau)^{n-a-1}}{\Gamma(n-\alpha)}f(\tau)\mathrm{d}\tau\bigg]$$

$$= \frac{\mathrm{d}^n}{\mathrm{d}t^n} \left[\int_0^t \frac{\tau^{n-\alpha-1}}{\Gamma(n-\alpha)} f(t-\tau)\mathrm{d}\tau \right] \tag{3.80}$$

若令 $n = 1$,则上式变为

$$D^\alpha[f(t)] = \frac{\mathrm{d}}{\mathrm{d}t} \int_0^t \frac{\tau^{-\alpha}}{\Gamma(1-\alpha)} f(t-\tau)\mathrm{d}\tau$$

$$= \frac{\mathrm{d}}{\mathrm{d}t} \int_0^t I_\alpha(\tau) f(t-\tau)\mathrm{d}\tau$$

$$= I_\alpha(t) f(0) + \int_0^t I_\alpha(\tau) \frac{\mathrm{d}}{\mathrm{d}t} f(t-\tau)\mathrm{d}\tau$$

$$= I_\alpha(t) * \mathrm{d}f \tag{3.81}$$

式中,$\alpha > 0$,且 $n-1 \leqslant \alpha \leqslant n$($n$ 为正整数),$\Gamma(z)$ 为伽马(Gamma)函数,$I_\alpha(t)$ 是 $I_\alpha(t) = t^{-\alpha}/\Gamma(1-\alpha)$,叫艾贝尔(Abel)核,$t > 0$,$I_\alpha(t) = 0$,而"*"表示的是斯蒂尔切斯(Stieltjes)卷积.

令 $\bar{f}(s)$ 为函数 $f(t)$ 的拉普拉斯变换,则 $f(t)$ 的分数阶微积分的拉普拉斯变换为

$$\begin{cases} L[D^{-\alpha}f(t), s] = s^{-\alpha}\bar{f}(s) \\ L[D^\alpha f(t), s] = s^\alpha \bar{f}(s) - \sum_{k=0}^{n-1} s^k D^{-(n-\alpha)} f(0) \end{cases} \tag{3.82}$$

若 $f(t)$ 在 $t = 0$ 附近可积,则当初始条件为 0 时,上式可简化为

$$\begin{cases} L[D^{-\alpha}f(t), s] = s^{-\alpha}\bar{f}(s) \\ L[D^\alpha f(t), s] = s^\alpha \bar{f}(s) \end{cases} \tag{3.83}$$

可见,在分数阶微积分的理论框架中要用到一般大学高等数学中较少涉及的拉普拉斯变换、傅里叶变换以及卷积等数理方程中的数学内容. 我们可以像在学习第 4 章的内容一样,对于这些较为深奥的数学内容,先承认它,把它作为一个工具用起来. 在有更多精力的情况下,再把有关内容自学补充.

3.9.2 含分数阶导数的力学元件

在前面的经典黏弹性模型理论中,用胡克弹簧($\sigma(t) = G\varepsilon(t)$)和牛顿黏壶($\sigma(t) = \eta \mathrm{d}^1 \varepsilon(t)/\mathrm{d}t^1 = D^1\varepsilon(t)$)来描述高聚物材料的弹性和黏性行为,并以它们的串联和并联来描述它们的黏弹性. 在分数阶微分理论框架下,则是用一个描述黏弹性行为的弹壶元件(spring-pot,图 3.18(a))来替代经典整数阶模型中的牛顿黏壶元件,从而形成对应于整数阶模型的分数阶模型,详述如下.

如果我们将胡克弹簧的 $\sigma(t) = G\varepsilon(t)$ 改写为

$$\sigma(t) = G\varepsilon(t) \Rightarrow \sigma(t) = G\mathrm{d}^0\varepsilon(t)/\mathrm{d}t^0 = D^0\varepsilon(t)/\mathrm{d}t^0$$

那么高聚物黏弹体的应力-应变响应可以用

$$\sigma(t) = G^{1-\alpha}\eta^\alpha D^\alpha\varepsilon(t) = G\tau^\alpha D^\alpha\varepsilon(t) = \xi D^\alpha\varepsilon(t) \tag{3.84}$$

来表示. 式中,ξ 是弹壶元件的黏弹性系数,而 $\tau = \eta/G$ 则是弹壶元件的平均松弛时间. 如是,胡克定律和牛顿流动定律只是描述材料属性参数 ξ 无穷点集合中特殊的两个点的性态,而式 $\sigma(t) = G^{1-\alpha}\eta^\alpha D^\alpha\varepsilon(t) = G\tau^\alpha D^\alpha\varepsilon(t)$ 则可以描述参数 $G\tau^\alpha$ 无穷点集合中任意点的任何性态. 这样,我们就可以创建一个如图 3.18(a)所示的新力学元件——弹壶元件. 这个弹壶元

件的本构方程就是式(3.84),显然,当 $\alpha=0$ 时,弹壶元件就是胡克弹体(弹簧),而当 $\alpha=1$ 时,弹壶元件就是牛顿流体(黏壶).由此可见,新引入的弹壶元件可以描述材料从固体状态到流体状态的性态,并且该弹壶元件的参数都具有明确的物理意义.

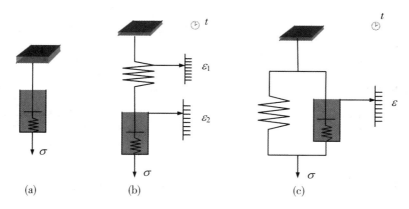

图 3.18　(a) 分数阶导数的弹壶元件;(b) 分数阶导数的马克斯韦尔串联模型;
(c) 分数阶沃伊特-开尔文并联模型

利用黎曼-刘维尔型分数阶微积分算子理论,可以将弹壶元件的本构方程(3.84)两边做拉普拉斯变换,并整理得

$$\bar{\varepsilon} = \frac{s^{-\alpha}}{\xi}\sigma(t)$$

在蠕变时,$\sigma(t)=\sigma_0$,做拉普拉斯逆变换,并整理得弹壶元件的蠕变方程为

$$\varepsilon(t) = \frac{\sigma_0}{\xi}\frac{t^{\alpha}}{\Gamma(1+\alpha)} \tag{3.85}$$

则蠕变柔量为

$$J(t) = \frac{1}{\xi}\frac{t^{\alpha}}{\Gamma(1+\alpha)} \tag{3.86}$$

在应力松弛时,$\varepsilon(t)=\varepsilon_0$,同样的数学运算可得到弹壶元件的蠕变方程和应力松弛模量分别为

$$\sigma(t) = \xi\varepsilon_0\frac{t^{-\alpha}}{\Gamma(1-\alpha)} \tag{3.87}$$

和

$$G(t) = \xi\frac{t^{-\alpha}}{\Gamma(1-\alpha)} \tag{3.88}$$

不同材料参数的弹壶元件的蠕变柔量和应力松弛模量随时间的变化曲线如图 3.19 所示.由图可见,弹壶元件的蠕变柔量按正分数幂律 t^{α} 增长.而其应力松弛模量则是从无穷大按负分数 $t^{-\alpha}$ 松弛到零.这样对于不同材料,可以通过调节弹壶元件的参数 ξ 和 α 来改变它们的蠕变曲线或应力松弛曲线的线型,从而精确拟合材料的实验结果,使其更真实地体现材料的性质.与此相对比,牛顿黏壶是一种理想模型,其本构关系是应力和应变的一阶导数成正比,

其蠕变柔量 $J(t)(=t/\eta)$ 与时间 t 成正比,而应力松弛模量 $G(t)$ 为脉冲函数,它从无穷大突然松弛为零,牛顿黏壶无法通过调整参数来改变其蠕变曲线或应力松弛曲线的线型.

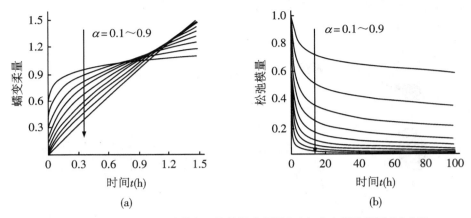

图 3.19 $\alpha=0.1\sim0.9$ 时弹壶元件的蠕变柔量(a)和应力松弛模量(b)曲线

3.9.3 分数阶导数的马克斯韦尔模型和沃-开氏并联模型

分数阶导数的马克斯韦尔模型是弹簧与弹壶元件串联,如图 3.18(b)所示.在应力 σ 作用下弹簧和弹壶元件上的应变分别为

$$\varepsilon_{弹} = \sigma/G_1 \quad 和 \quad \varepsilon_A = \sigma/(G_2\tau^\alpha D^\alpha)$$

因为是串联,所以作用在两个元件上的应变相加. $\varepsilon = \varepsilon_{弹} + \varepsilon_A$,由此推得马克斯韦尔模型的运动微分方程(本构方程)为

$$\sigma = \frac{G_1 G_2 \tau^\alpha D^\alpha}{G_1 + G_2 \tau^\alpha D^\alpha}\varepsilon \tag{3.89}$$

用更高级的数学——拉普拉斯变换以及其逆变换,求得分数阶微分的马克斯韦尔串联模型的应力松弛模量 $G(t)$ 和蠕变柔量 $J(t)$,以及用傅里叶变换求得模型的复数模量 $\overset{*}{G}(\omega)$,从而求得储能模量 $G_1(\omega)$ 和损耗模量 $G_2(\omega)$.同理可求得复数柔量 $\overset{*}{J}(\omega)$、储能柔量 $J_1(\omega)$ 和损耗柔量 $J_2(\omega)$.因为是一串很复杂的数学公式,这里就不一一列出来了.

分数阶导数的沃-开氏并联模型是弹簧与弹壶元件并联,如图 3.18(c)所示.在应力 σ 作用下,弹簧和弹壶上的应力相加, $\sigma = \sigma_{弹} + \sigma_A = G_1\varepsilon + G_2\tau^\alpha D^\alpha\varepsilon$,而弹簧和弹壶上的应变均为 ε.其本构方程为

$$\sigma = (G_1 + G_2\tau^\alpha D^\alpha)\varepsilon \tag{3.90}$$

同样,运用拉普拉斯变换、傅里叶变换以及它们的逆变换,可以求得分数阶导数的沃-开氏并联模型的复数模量 $\overset{*}{G}(\omega)$,从而得到储能模量 $G_1(\omega)$、损耗模量 $G_2(\omega)$ 和复数柔量 $\overset{*}{J}(\omega)$,以及储能柔量 $J_1(\omega)$ 和损耗柔量 $J_2(\omega)$,还有蠕变柔量 $J(t)$ 和松弛模量 $G(t)$ 等.

3.9.4 分数阶导数三元件模型——标准线性固体

如图 3.20 所示,在应力 σ 作用下,弹簧和弹壶元件上的应变分别为 $\varepsilon_1 = \sigma/G_0$ 和 $\varepsilon_2 = (G_1 + G_2\tau^\alpha D^\alpha)$,这里 $\tau = \eta/G_2$,总应变 $e\varepsilon = \varepsilon_2 + \varepsilon_1$.这样,分数阶导数三元件模型的本构方

程为

$$\sigma = \frac{G_0(G_1 + G_2\tau^a D^a)}{G_0 + G_1 + G_2\tau^a D^a}\varepsilon \qquad (3.91)$$

对上式做傅里叶变换,求得分数阶导数三元件模型的复数模量 $\overset{*}{G}(\omega)$,从而得到储能模量 $G_1(\omega)$、损耗模量 $G_2(\omega)$ 乃至损耗因子 $\tan\delta$.用拉普拉斯变换和逆变换,可求得分数阶导数三元件模型的蠕变柔量 $J(t)$ 和应力松弛模量 $G(t)$.这里只列出应力松弛模量 $G(t)$ 的表达式,即

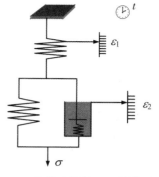

$$G(t) = G_0 - \frac{G_0{}^2}{G_0 + G_1}G_{-a,1}\left[-\frac{G_2}{G_0 + G_1}\left(\frac{t}{\tau}\right)^{-a}\right] \qquad (3.92)$$

图 3.20　分数阶导数三元件模型——标准线性固体

式中,$G_{\mu,\nu}(z) = \sum\limits_{k=0}^{\infty}\dfrac{z^k}{\Gamma(\mu k + \nu)}$ 为 Mittag-Leffler 函数.

　　作为实例,我们选聚丙烯做时长为 1900 s 的常规试样的应力松弛实验,恒定应变 $\varepsilon_0 = 0.06$,测试温度为 26.8 ℃.图 3.21 是聚丙烯的应力松弛实验数据与分数阶导数线性模型以及标准线性固体(三元件)模型拟合曲线的比较.由图可见,标准线性固体(三元件)模型所描述的松弛行为过快,与实验数据有一定偏差,而分数阶导数线性模型与实验数据更加相吻合,准确再现实验想象,从而更准确地表征高聚物的应力松弛行为.

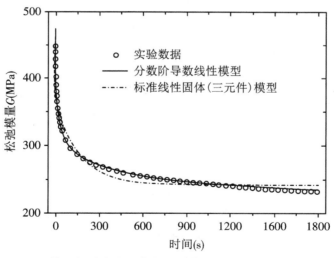

图 3.21　聚丙烯的应力松弛曲线.经典的整数阶标准三元件模型和分数阶导数线性模型的比较

思　考　题

1. 一个符合胡克定律的弹簧是如何描述理想弹性体的?一个充有符合牛顿流动定律液体的黏壶是如何描述理想流体的?

2. 如何得到弹簧和黏壶串联的麦氏模型的运动微分方程式?它是如何描述高聚物的应力松弛的?为什么它不能描述高聚物的蠕变?

3. 什么是松弛时间?如何从麦氏串联模型定义的松弛时间 $\tau = \eta/G$ 来理解高聚物黏弹性的本质?

4. 弹簧和黏壶并联的沃-开氏模型是如何描述高聚物的蠕变的?与实际高聚物的蠕变行为相比,它还有哪些不足之处?

5. 由麦氏串联模型或沃-开氏并联模型推出的应力松弛函数 $\Phi(t)$ 和蠕变函数 $\Psi(t)$ 的具体形式是什么?它们与上章定义的 $\Phi(t)$ 和 $\Psi(t)$ 的基本特征是否相符?

6. 如何用麦氏串联模型或沃-开氏并联模型来描述高聚物的动态力学行为?由它们推导出的储能模量、损耗模量和损耗角正切的具体表达式与实际高聚物的相符情况如何?

7. 麦氏串联模型或沃-开氏并联模型是两个最基本的力学模型,由此可以导出哪些高聚物黏弹性特征量和特征函数?

8. 什么是储能模量(或储能柔量)和损耗模量(或损耗柔量)之间的关系式——Cole-Cole圆方程?

9. 如何从高聚物黏弹性的三元件模型来理解力学模型的等当性?力学模型的等当性给我们带来什么好处?

10. 为尽量使力学模型的结论与高聚物的实际相符,任意添加力学元件的做法是否可行?广义力学模型是如何考虑这个问题的?

11. 什么是松弛时间谱?用松弛时间谱表示的应力松弛模量和蠕变柔量公式是什么?为什么有时要用对数时间标尺来代替线性时间来表示松弛时间谱?

12. 如何用阿尔弗雷近似由应力松弛实验来近似求取松弛时间谱?如果在一个覆盖好几个时间数量级范围内松弛时间谱 $H(\ln \tau)$ 是一恒定值,那么在这个时间范围内应力松弛曲线形状应该是什么样的?

13. 一般来说,模量的倒数是柔量,但由蠕变柔量倒数得到的模量 $G_{蠕变}$ 与直接由应力松弛得到的模量 $G_{应力松弛}$ 不完全相等,$G_{应力松弛} < G_{蠕变}$,这是为什么?

14. 如何从物理意义和数学表达式两方面来理解力学模型的电学类比?它对我们研究高聚物黏弹性有什么帮助?

15. 你对分数阶导数黏弹性力学模型有多少了解?

第4章　叠加原理

4.1　高聚物力学行为的历史效应

　　力学模型提供了描述高聚物黏弹性的微分表达式,给我们定性地显示了高聚物黏弹性的一般特征.此外,另有一条更好的途径可用来描述高聚物的黏弹性,这就是通过叠加原理建立起来的所谓的积分表达式.下面我们将从高聚物力学行为的历史效应着手来推求高聚物黏弹性的积分表达式.需要指出的是,当广义力学模型在单元数为无穷大时,也可引入松弛时间谱和推迟时间谱,从而建立起积分表达式.因此,黏弹性的这两种表达式不仅最后是统一的,并且在各种理论计算中是互相补充的.

　　大量的生产实践早已发现高聚物的力学性能与其载荷历史有着密切的关系.例如,早期的灵敏物理仪器多使用悬丝,悬丝越细仪器越灵敏.蚕丝是一种非常细、强度好的单丝,但用蚕丝作为悬丝时,发现它每次的扭力都不尽一致,实验数据得不到重复.再如,在进行高聚物材料性能测试时,发现高聚物在制备、包装、运输过程中所受的外力(包括材料自重可能产生的载荷)都对它们的力学性能有影响.譬如,聚氯乙烯试样的拉伸强度在处理前后是不一样的,处理后的拉伸强度可提高 5%,见表 4.1.

表 4.1　聚氯乙烯试样处理与未处理的拉伸强度的比较

材料方向	速度 (mm/min)	温度 (℃)	试样处理情况			
			未处理 $\sigma_{未}(\times 10^4 \text{ N/cm}^2)$	处理 $\sigma_{处}(\times 10^4 \text{ N/cm}^2)$	处理效应	
					$\sigma_{处} - \sigma_{未}$ $(\times 10^4 \text{ N/cm}^2)$	$(\sigma_{处} - \sigma_{未})/\sigma_{处}$ $(\times 100\%)$
纵向	5.5	18	589	602	13	2.2%
横向	5.5	17	541	568	27	5%

　　从分子运动的观点来看,高聚物黏弹性是一个动力学过程,即松弛过程.由于高聚物分子的运动方式非常复杂,运动单元大小相差很大,各种不同大小的运动单元具有不同的松弛时间.在通常条件下,要使高聚物的整个分子链从一种平衡状态完全达到一种新的平衡状态可能需要很多年,时间长得惊人.因此,在一个有限时间内,总有一些松弛时间较长的运动单元达不到新的平衡状态.在事后相当长的一段时间内,它们会一直缓慢地运动下去以求达到平衡.显然,在这以后高聚物的性能是与这先前的载荷历史有关的.如果在某个高聚物材料上加以载荷,材料发生形变但达不到平衡.在一定时间以后,再添加一新载荷,那么在这以后

的形变将是这两个载荷共同作用的结果.或在已加载荷的高聚物材料上卸下这个载荷,高聚物将发生回复.这个回复过程是极其缓慢的,因此如果在一个有限时间后,这个高聚物再次加上载荷,则高聚物的形变将受这个加载载荷和先前的载荷历史(回复)共同作用所支配.

第2章中所介绍的各种黏弹性行为实际上就是各种不同的历史效应,如图4.1所示.蠕变是应力的历史效应,在蠕变中,不同时刻 t_1 和 t_2 具有相同的应力 $\sigma_1(t_1) = \sigma_2(t_2) = \sigma_0$,却有不同的形变 $\varepsilon_1(t_1)$ 和 $\varepsilon_2(t_2)$.应力松弛是应变的历史效应,在应力松弛中不同时刻 t_1 和 t_2 具有相同的应变 $\varepsilon_1(t_1) = \varepsilon_2(t_2) = \varepsilon_0$,却需要不同的应力 $\sigma_1(t_1) \neq \sigma_2(t_2)$ 来维持.而在动态力学实验中,t_2 时刻的应力 $\sigma_2(t_2)$ 比 t_1 时刻的应力 $\sigma_1(t_1)$ 来得小,$\sigma_2(t_2) < \sigma_1(t_1)$,其形变反而来得大,$\varepsilon_2(t_2) > \varepsilon_1(t_1)$.

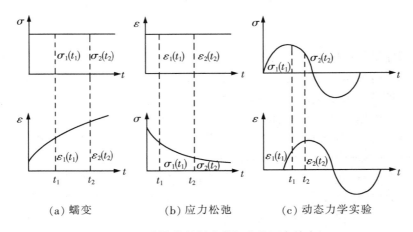

（a）蠕变　　　　　（b）应力松弛　　　　　（c）动态力学实验

图 4.1　高聚物材料力学行为的历史效应

高聚物材料力学行为的历史效应是我们在高聚物材料性能测试时必须注意的一个问题.为了避免先前的载荷历史对现今测试结果的影响,必须想办法来消除这种历史效应,也就是想办法使材料能在测试前就能达到相应于先前载荷的平衡状态.一个有效的办法是把高聚物试样置于较高的温度下维持一段较长的时间,以使松弛过程能较快地进行而达到新的平衡.我国塑料测试国家标准规定,用作塑料机械力学性能实验的高聚物试样必须在相对湿度（65 ± 5）%、（25 ± 5）℃（对热固性塑料）或（25 ± 2）℃（对热塑性塑料）下放置不少于16 h,软质材料不少于 8 h,薄膜不少于 4 h.经过这样条件的预处理,测试结果基本趋于稳定,才能得到重复性较好的且较为可靠的测试结果.

4.2　玻尔兹曼叠加原理

如上节所述,高聚物力学行为的历史效应包括两个方面的内容.其一是先前载荷历史对高聚物材料变形（性能）的影响;其二是多个载荷共同作用于高聚物时,其最终变形（性能）

与这些载荷的关系. 玻尔兹曼叠加原理(Boltzmann superposition principle)正是回答这两个方面的内容的.

叠加原理认为: ① 高聚物材料的变形是整个载荷历史的函数, 或者说在 t 时刻所需的应力除了正比于 t 时刻的形变外, 还要增加 t 时刻以前曾经发生过的变形在 t 时刻产生的后效. ② 每个个别载荷所产生的变形是彼此独立的, 可以互相叠加以求得最终变形, 或者说几个独立应力所产生的变形等于这几个应力相加后的总应力所产生的形变. 例如, 应力 $\sigma_1(t)$ 产生应变 $\varepsilon_1(t)$, 应力 $\sigma_2(t)$ 产生应变 $\varepsilon_2(t)$, 那么应力 $\sigma(t) = \sigma_1(t) + \sigma_2(t)$ 就产生应变 $\varepsilon(t) = \varepsilon_1(t) + \varepsilon_2(t)$.

如果是蠕变的情况, 在 $t_0 = 0$ 时加以应力 σ_0, 在时间 t_1 再添加 $\sigma_1 - \sigma_0$ 的应力, 使应力增加到 σ_1. t_1 以后的蠕变曲线等于由应力 σ_0 产生的连续蠕变加上在 t_1 时加的应力 $\sigma_1 - \sigma_0$ 所产生的蠕变之和. 后加的应力 $\sigma_1 - \sigma_0$ 的零参考时间是 t_1, 因此, 后蠕变的时间标尺是 $t - t_1$. 时间 t_2 以后, 全部应力均被除去, 除去应力与加上一负的应力是等价的. 最后, 在时间 t_3 以后, 又在试样上加以应力 σ_3, 由 σ_3 所产生的蠕变应再叠加在回复曲线上, 如图 4.2 所示.

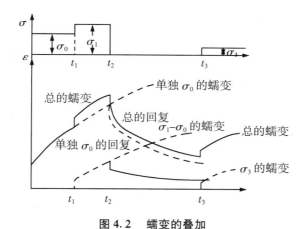

图 4.2　蠕变的叠加

用数学来表示, 若在时间 τ_i 添加一个应力增量 $\Delta\sigma_i (i = 1, 2, 3, \cdots)$, 则到时间 t, 总的蠕变为

$$\varepsilon(t) = \Delta\sigma_1 J(t - \tau_1) + \Delta\sigma_2 J(t - \tau_2) + \cdots + \Delta\sigma_i J(t - \tau_i)$$
$$= \sum_i \Delta\sigma_i J(t - \tau_i)$$

如果应力是连续增加的, 加和将改为积分, 即

$$\varepsilon(t) = \int_0^\sigma J(t - \tau) \mathrm{d}\sigma(\tau) \tag{4.1}$$

习惯上, 将式(4.1)改写为 τ 的函数:

$$\varepsilon(t) = \int_0^t J(t - \tau) \frac{\mathrm{d}\sigma(\tau)}{\mathrm{d}\tau} \mathrm{d}\tau \tag{4.2}$$

更为一般的情况, 可从状态方程 $\varepsilon(\sigma) = \Phi(\sigma, t)$ 出发推演. 在时间 τ, 应力有一个小的增量 $\mathrm{d}\sigma$, 则状态方程变为

$$\varepsilon(t) = \Phi(\sigma, t) + \frac{\partial \Phi}{\partial \sigma}(\sigma, t - \tau)\mathrm{d}\sigma$$

如果把先前的历史都考虑为一系列阶梯的 $\mathrm{d}\sigma_i$ 在一系列时刻 τ_i 所造成的，那么 $\varepsilon(t)$ 应为

$$\varepsilon(t) = \sum_i \frac{\partial \Phi}{\partial \sigma_i}(\sigma, t - \tau)\mathrm{d}\sigma_i$$

其极限情况是

$$\varepsilon(t) = \int_0^\sigma \frac{\partial \Phi}{\partial \sigma}(\sigma, t - \tau)\mathrm{d}\sigma \tag{4.3}$$

对于上式，可以理解为 $\mathrm{d}\sigma$ 是代表先前的应力历史在时间 t 的结果，而 $\frac{\partial \Phi}{\partial \sigma}(\sigma, t - \tau)$ 代表材料在 $\mathrm{d}\sigma$ 作用下呈现出来的性能.

通常把上式改写为 τ 的函数，即

$$\varepsilon(t) = \int_0^t \frac{\partial \Phi}{\partial \sigma}(\sigma, t - \tau) \frac{\mathrm{d}\sigma(\tau)}{\mathrm{d}\tau}\mathrm{d}\tau \tag{4.4}$$

同样，$\frac{\mathrm{d}\sigma}{\mathrm{d}\tau}$ 表示的是全部时间的历史效应，$\frac{\partial \Phi}{\partial \sigma}(\sigma, t - \tau)$ 表示在 $\mathrm{d}\sigma$ 作用下，从时间 τ 到 t，即 $t - \tau$ 时间内对材料行为的贡献.式(4.4)就是叠加原理最一般的形式，通常叫做卷积积分（convolution integral）.

对时间和应力能分离的 $\Phi(\sigma, t) = J(t)f(\sigma)$，式(4.4)给出

$$\varepsilon(t) = \int_0^t J(t - \tau) \frac{\partial f(\sigma)}{\partial \sigma} \frac{\mathrm{d}\sigma(\tau)}{\mathrm{d}\tau}\mathrm{d}\tau = \int_0^t J(t - \tau) \frac{\mathrm{d}f(\sigma)}{\mathrm{d}\tau}\mathrm{d}\tau \tag{4.5}$$

这是卷积积分的 Leaderman 形式.对于线性黏弹性材料，$f(\sigma) = \sigma$，故得

$$\varepsilon(t) = \int_0^t J(t - \tau) \frac{\mathrm{d}\sigma(\tau)}{\mathrm{d}\tau}\mathrm{d}\tau \tag{4.6}$$

这就是玻尔兹曼叠加积分（Boltzmann superposition integral）.

利用分部积分，$\varepsilon(t)$ 可分为两部分：

$$\varepsilon(t) = \int_0^t J(t - \tau)\mathrm{d}\sigma(\tau)$$

$$= \left[\sigma(t)J(t - \tau)\right]\Big|_0^t - \int_0^t \sigma(\tau)\mathrm{d}J(t - \tau)$$

因为是蠕变，$\sigma(0) = 0$，得

$$\mathrm{d}J(t - \tau) = \frac{\mathrm{d}J(t - \tau)}{\mathrm{d}(\tau - t)}\mathrm{d}(\tau - t)$$

$$= -\frac{\mathrm{d}J(t - \tau)}{\mathrm{d}(t - \tau)}\mathrm{d}\tau$$

所以

$$\varepsilon(t) = \sigma(t)J(0) + \int_0^t \sigma(\tau) \frac{\mathrm{d}J(t - \tau)}{\mathrm{d}(t - \tau)}\mathrm{d}\tau \tag{4.7}$$

式中，第一项是没有历史效应的部分，包括普弹和高弹；第二项就代表高聚物材料黏弹性本质的历史效应，它说明在 t 时刻的蠕变除了正比于 t 时刻的应力外，还要加上一项 t 时刻前曾

经有过的应力在 t 时刻的后效.积分限是从 0 到 t 的,所有先前的应力历史都包括进去了.而 $J(t-\tau)$ 好像是高聚物材料对过去载荷的记忆.

需要指出的是,在 $t < 0$ 时,$J(t) = 0$,因此积分上限可以提升到 $\tau = t$ 以上,甚至 $\tau = \infty$,而积分值不变.此外,对于 $\tau < 0$,有 $\sigma(\tau) = 0$,因而积分下限移至 $\tau = -\infty$,不会改变积分值.

下面试以所得公式来解释图 4.2 所示的蠕变实验.在时间 $\tau_1 = 0$ 时加以应力 σ_0,因为 $J(t-\tau) = J(t)$,所以

$$\varepsilon(t) = \sigma_0 J(t)$$

在 $\tau_2 = t_1$ 再添加一个应力 $\sigma_1 - \sigma_0$,则总的蠕变为

$$\begin{aligned}\varepsilon(t) &= \sum_{i=1,2}\Delta\sigma_i J(t-\tau)\\ &= \sigma_0 J(t) + (\sigma_1 - \sigma_0)J(t-t_1)\end{aligned}$$

由应力 $(\sigma_1 - \sigma_0)$ 增加的蠕变为

$$\begin{aligned}\varepsilon'(t-t_1) &= \big[\sigma_0 J(t) + (\sigma_1 - \sigma_0)J(t-t_0)\big] - \sigma_0 J(t)\\ &= (\sigma_1 - \sigma_0)J(t-t_1)\end{aligned}$$

这个添加蠕变与在 t_1 同样时间上加以 $\sigma_1 - \sigma_0$,而此前没有加有任何应力所产生的蠕变完全相等.这说明各应力所引起的蠕变是彼此独立的.

若在 $\tau_3 = t_2$ 时去掉这个应力 σ_1,它相当于加一负的应力 $-\sigma_1$,则总蠕变为

$$\begin{aligned}\varepsilon(t) &= \sum_{i=1,2,3}\Delta\sigma_i J(t-\tau_i)\\ &= \sigma_0 J(t) + (\sigma_1 - \sigma_0)J(t-t_1) - \sigma_1 J(t-t_2)\end{aligned}$$

其中,回复为

$$\begin{aligned}\varepsilon_{回复}(t-t_2) &= \big[\sigma_0 J(t) + (\sigma_1 - \sigma_0)J(t-t_1)\big]\\ &\quad - \big[\sigma_0 J(t) + (\sigma_1 - \sigma_0)J(t-t_1) - \sigma_1 J(t-t_2)\big]\\ &= \sigma_1 J(t-t_2)\end{aligned}$$

此值正好等于应力 σ_1 所引起的蠕变.可见蠕变及其回复在数值上是相同的.

与上述蠕变(应力历史效应)的讨论完全类似,对应力松弛(应变历史效应)来说,若在时间 τ_i 添加一个应变的增量 $\Delta\varepsilon_i(i = 1,2,3,\cdots)$,则按叠加原理,到时间 t 其总的应力松弛为

$$\begin{aligned}\sigma(t) &= \sum_i \Delta\varepsilon_i G(t-\tau_i)\\ &= \int_0^\varepsilon G(t-\tau_i)\mathrm{d}\varepsilon(\tau)\end{aligned} \tag{4.8}$$

同样,上式习惯上改写为 τ 的函数,即

$$\sigma(t) = \int_0^t G(t-\tau)\frac{\mathrm{d}\varepsilon(\tau)}{\mathrm{d}\tau}\mathrm{d}\tau \tag{4.9}$$

利用分部积分也可把 $\sigma(t)$ 分为两部分:

$$\begin{aligned}\sigma(t) &= \varepsilon(t)G(0) + \int_0^t \varepsilon(\tau)\frac{\mathrm{d}G(t-\tau)}{\mathrm{d}(t-\tau)}\mathrm{d}\tau\\ &= \varepsilon(t)G(0) - \int_0^t \varepsilon(\tau)\frac{\mathrm{d}G(t-\tau)}{\mathrm{d}\tau}\mathrm{d}\tau\end{aligned} \tag{4.10}$$

等式右边第二项代表高聚物材料应力松弛行为的历史效应.

依赖于 $\int_0^t \varepsilon(\tau) \dfrac{\mathrm{d}G(t-\tau)}{\mathrm{d}\tau}\mathrm{d}\tau \leqslant \varepsilon(t)G(0)$，应力可以松弛到零（表征线形高聚物的行为）或松弛到一个有限值（表征交联高聚物的行为），因此应力松弛的积分表达式对线形和交联高聚物都适用.

叠加原理的最大用处还在于通过它可以把几种黏弹性行为相互联系起来，从而可以从一种力学行为来推算另一种力学行为，而无需借助于诸如弹簧和黏壶这一类力学模型.

4.3　各个黏弹性函数的关系

从物理意义来看，不管外载条件如何不同，材料力学响应的内在因素总是一样的.蠕变柔量也好，应力松弛模量也好，抑或是动态力学性能的各种特征量，它们都是高聚物内在结构及其分子运动的反映.因此，各种不同的黏弹性函数相互之间一定存在着某种关系.正如已经看到的，动态力学实验频率的倒数 $1/\omega$ 相当于静态实验的时间 t，这意味着动态实验和静态实验之间存在着一定的关系.蠕变实验和应力松弛实验，从一般意义上来说是互逆的.利用叠加原理的卷积积分可以找到它们之间的公式联系，从而可使我们能从一种实验的测试数据来预估材料对任何应力、应变的力学响应.这样，在原则上就可从材料的一种力学性能来推知材料的其他力学性能.

4.3.1　必要的数学知识——傅里叶变换和拉普拉斯变换

在这里使用傅里叶变换（Fourier transform）和拉普拉斯变换（简称拉氏变换，Laplace transform）是方便的.傅里叶变换和拉氏变换是通过数学的变换，把微分方程或积分方程的求解问题化为代数方程的求解问题，求得代数方程的解后，由其逆变换即得原方程的解.

一个函数 $f(x)$ 的傅里叶变换是

$$F(\alpha) = F[f(x)] = \frac{1}{\sqrt{2\pi}}\int_{-\infty}^{\infty} f(u)\mathrm{e}^{\mathrm{i}\alpha u}\mathrm{d}u$$

它的逆变换是

$$f(x) = F^{-1}[f(\alpha)] = \frac{1}{\sqrt{2\pi}}\int_{-\infty}^{\infty} F(\alpha)\mathrm{e}^{\mathrm{i}\alpha x}\mathrm{d}\alpha$$

这里着重讲一下拉氏变换.函数 $f(t)$ 的拉氏变换记作 $L(s)$ 或 $L[f(t)]$，定义为

$$F(s) = L[f(t)] = \int_0^{\infty} f(t)\mathrm{e}^{-st}\mathrm{d}t \tag{4.11}$$

这样本是 t 的函数的 $f(t)$ 通过拉氏变换，$F(s)$ 或 $L[f(t)]$ 就变成了 s 的函数.$F(s)$ 是 $f(t)$ 的拉氏变换式，$F(s)$ 则是 $f(t)$ 的反拉氏变换式，常记为

$$f(t) = L^{-1}[f(s)] \tag{4.12}$$

拉氏变换有如下性质：

（1）拉氏变换是一个线性算子.

$$L\big[c_1f_1(t) + c_2f_2(t)\big] = c_1L\big[f_1(t)\big] + c_2L\big[f_2(t)\big]$$

（2）某些初等函数的拉氏变换列于表 4.2.

表 4.2　常用函数拉氏变换表

$f(t)$	$L[f(t)]$	
t^n	$\dfrac{n}{s^{n+1}}$	n 为正整数
t^n	$\dfrac{\Gamma(1+n)}{s^{n+1}}$	n 不是正整数，但大于零
		$\Gamma = \displaystyle\int_0^\infty u^p \mathrm{e}^{-u}\mathrm{d}u$，叫做 γ-函数
$\sin\omega t$	$\dfrac{\omega}{\omega^2 + s^2}$	
$\cos\omega t$	$\dfrac{s}{\omega^2 + s^2}$	
e^{at}	$\dfrac{1}{s-a}$	
1	$1/s$	

（3）函数微商的拉氏变换.

$$L\left[\frac{\mathrm{d}f(t)}{\mathrm{d}t}\right] = \int \frac{\mathrm{d}f(t)}{\mathrm{d}t}\mathrm{e}^{-st}\mathrm{d}t$$

$$\xrightarrow{\text{分部积分}} L\left[\frac{\mathrm{d}f(t)}{\mathrm{d}t}\right] = \big[\mathrm{e}^{-st}f(t)\big]_0^\infty + s\int_0^\infty f(t)\mathrm{e}^{-st}\mathrm{d}t$$

$$= sL\big[f(t)\big] - f(0) \tag{4.13}$$

上式的用处在于函数微商的拉氏变换可以通过该函数本身推导求得，而无需确切知道函数微商的具体形式.

（4）卷积定理.

函数 $f_1(t)$ 和 $f_2(t)$ 的拉氏变换乘积为

$$L\big[f_1(t)\big]L\big[f_2(t)\big] = \int_0^\infty f_1(\tau)\mathrm{e}^{-s\tau}\int_0^\infty f_2(x)\mathrm{e}^{-sx}\mathrm{d}x\mathrm{d}\tau$$

$$= \int_0^\infty f_1(\tau)\int_0^\infty f_2(x)\mathrm{e}^{-s(\tau+x)}\mathrm{d}x\mathrm{d}\tau$$

令 $\tau + x = t$，则上式可改写为

$$L\big[f_1(t)\big]L\big[f_2(t)\big] = \int_0^\infty f_1(\tau)\int_0^\infty f_2(t-\tau)\mathrm{e}^{-st}\mathrm{d}t\mathrm{d}\tau$$

$$= \int_0^\infty \mathrm{e}^{-st}\int_0^\infty f_2(t-\tau)\mathrm{d}t\mathrm{d}\tau$$

$$= L\left[\int_0^\infty f_1(\tau)f_2(t-\tau)\mathrm{d}\tau\right]$$

若 $t < 0, f_2(t) = 0$，则上式即为卷积定理（Borel's theorem）：

$$L[f_1(t)]L[f_2(t)] = L\left[\int_0^\infty f_1(\tau)f_2(t-\tau)\mathrm{d}\tau\right] \qquad (4.14)$$

4.3.2 蠕变柔量和应力松弛模量的关系

利用拉氏变换，先来推求蠕变柔量和应力松弛模量之间的关系．对式（4.7）做拉氏变换：

$$L[\varepsilon(t)] = J(0)L[\sigma(t)] - L\left[\int_0^t \sigma(\tau)\frac{\mathrm{d}J(t-\tau)}{\mathrm{d}\tau}\mathrm{d}\tau\right]$$

等式右边的第二项可按卷积定理写为

$$L[\sigma(t)]L\left[\frac{\mathrm{d}J}{\mathrm{d}t}\right] = \{sL[J(t)] - J(0)\}L[\sigma(t)]$$

则

$$\begin{aligned}L[\varepsilon(t)] &= J(0)L[\sigma(t)] + \{sL[J(t)] - J(0)\}L[\sigma(t)]\\ &= sL[J(t)]L[\sigma(t)]\end{aligned} \qquad (4.15)$$

可见，通过拉氏变换，原来的卷积积分运算变成了容易计算的代数运算．在代数运算后再通过反拉氏变换式，即可求得原来卷积积分运算的结果．

同样，可求得

$$L[\sigma(t)] = sL[G(t)]L[\varepsilon(t)] \qquad (4.16)$$

联立式（4.15）和式（4.16），推得

$$L[\sigma(t)]L[G(t)] = \frac{1}{s^2} \qquad (4.17)$$

再应用卷积定理，得

$$\int_0^t G(\tau)J(t-\tau)\mathrm{d}\tau = t \qquad (4.18)$$

或

$$\int_0^t J(\tau)G(t-\tau)\mathrm{d}\tau = t \qquad (4.19)$$

式（4.18）和式（4.19）两个方程就是蠕变柔量与应力松弛模量之间的数学联系．这两个关系式是精确的，其精确度仅取决于玻尔兹曼叠加原理的有效性．知道了柔量（或模量），就可以由此估算出模量（或柔量）．

作为一个例子，如果某个高聚物的应力松弛模量 $G(t) = G_0\mathrm{e}^{-t/\tau}$，我们来求 $J(t)$ 的表达式．对模量 $G(t)$ 做拉氏变换：

$$L[G(t)] = L[G_0\mathrm{e}^{-t/\tau}] = G_0\frac{1}{s-(-1/\tau)} = G_0\frac{\tau}{s\tau+1}$$

利用关系式：

$$L[J(t)]L[G(t)] = 1/s^2$$

$$L[J(t)]G_0\frac{\tau}{s\tau+1} = \frac{1}{s^2}$$

$$L[J(t)] = \frac{s\tau+1}{G_0 s^2 \tau} = \frac{1}{sG_0} + \frac{1}{s^2\tau G_0}$$

对上式做拉氏的逆变换,则柔量 $J(t)$ 为

$$
\begin{aligned}
J(t) &= L^{-1}\left[\frac{1}{sG_0}\right] + L^{-1}\left[\frac{1}{s^2\tau G_0}\right] \\
&= \frac{1}{G_0}L^{-1}\left[\frac{1}{s}\right] + \frac{1}{G_0\tau}L^{-1}\left[\frac{1}{s^2}\right] \\
&= \frac{1}{G_0} + \frac{1}{G_0\tau}t \\
&= \frac{1}{G_0}\left(1 + \frac{t}{\tau}\right)
\end{aligned}
$$

4.4　静态实验和动态实验的关系

静态实验的蠕变和应力松弛与动态实验之间的内在联系已在 t 与 $1/\omega$ 的等当性中得到启发. 应用叠加原理的卷积积分可以推求出复数柔量和蠕变柔量以及复数模量与应力松弛模量之间的关系.

4.4.1　复数柔量 J^* 与蠕变柔量 $J(t)$ 之间的关系

如图 4.3 所示,动态力学实验的应力正弦曲线可表示为无数个阶梯函数的加和,动态力学实验就好像是无数个应力为 $\Delta\sigma_i$ 的蠕变和回复实验的总效应. 根据叠加原理,利用蠕变的公式(4.6),现在的应力是

$$\sigma(\tau) = \hat{\sigma}e^{i\omega t}$$

则

$$\frac{d\sigma(\tau)}{d\tau} = i\omega\hat{\sigma}e^{i\omega t}$$

代入得

$$
\begin{aligned}
\varepsilon(t) &= \int_0^t J(t-\tau)i\omega\hat{\sigma}e^{i\omega t}d\tau \\
&= i\omega\hat{\sigma}\int_0^t e^{i\omega t}J(t-\tau)d\tau
\end{aligned}
$$

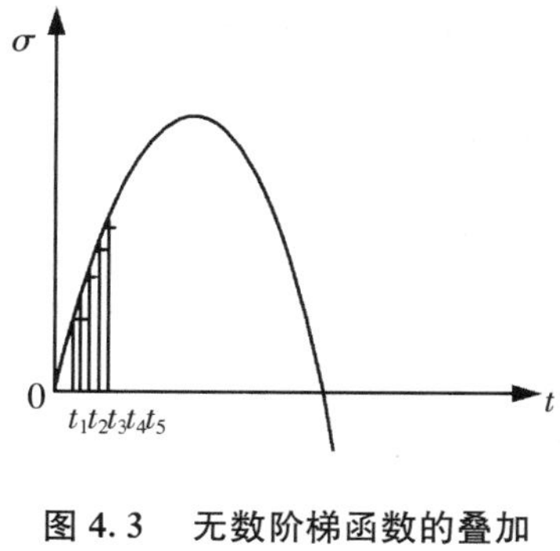

图 4.3　无数阶梯函数的叠加

改变自变量,令 $u = t - \tau$,则 $du = -d\tau$,有

$$
\varepsilon(t) = -i\omega\hat{\sigma}\int_0^t e^{i\omega(t-u)}J(u)du = i\omega\hat{\sigma}e^{i\omega t}\int_0^t e^{-i\omega t}J(u)du
$$

$$
= i\omega\sigma(t)\int_0^t e^{-i\omega t}J(u)du
$$

复数柔量为

$$\overset{*}{J} = \frac{\varepsilon(t)}{\sigma(t)} = i\omega \int_0^t e^{-i\omega t} J(u) du$$

把上式右边部分进行分部积分:

$$i\omega \int_0^\infty e^{-i\omega t} J(u) du = -\int_0^\infty \frac{d\,e^{-i\omega t}}{du} J(u) du = -\left[e^{-i\omega t} J(u)\right]_0^\infty + \int_0^\infty e^{-i\omega t} \frac{dJ(u)}{du} du$$

$$= J(0) + \int_0^\infty e^{-i\omega t} \frac{dJ(u)}{du} du$$

则

$$\overset{*}{J} = J(0) + \int_0^\infty e^{-i\omega t} \frac{dJ(u)}{du} du \qquad (4.20)$$

这就是复数柔量与蠕变柔量之间最一般的关系.把 $\overset{*}{J}$ 写成实数部分和虚数部分,即

$$\overset{*}{J} = J(0) + \int_0^\infty \frac{dJ(u)}{du}(\cos \omega u + i\sin \omega u) du$$

$$= J(0) + \int_0^\infty \frac{dJ(u)}{du} \cos \omega u\,du - i\int_0^\infty \frac{dJ(u)}{du} \sin \omega u\,du$$

$$= J_1(\omega) - iJ_2(\omega)$$

则储能柔量 $J_1(\omega)$、损耗柔量 $J_2(\omega)$ 与蠕变柔量 $J(t)$ 之间的关系为

$$J_1(\omega) = J(0) + \int_0^\infty \frac{dJ(\tau)}{d\tau} \cos \omega\tau d\tau \qquad (4.21)$$

$$J_2(\omega) = \int_0^\infty \frac{dJ(\tau)}{d\tau} \sin \omega\tau d\tau \qquad (4.22)$$

这里把变数 u 改回了 τ,它们之间的关系是傅里叶变换关系.

4.4.2 蠕变函数 $\Psi(t)$ 与复数柔量 $\overset{*}{J}$ 之间的关系

还可以进一步来推求蠕变函数 $\Psi(t)$ 与复数柔量 $\overset{*}{J}$ 之间的关系.为此,把蠕变柔量的一般表达式写为

$$J(t) = J(0) + J_e\Psi(t) + \frac{t}{\eta}$$

代入式(4.20),因为

$$\frac{dJ(\tau)}{d\tau} = J_e \frac{d\Psi(\tau)}{d\tau} + \frac{1}{\eta}$$

所以

$$\overset{*}{J} = J(0) + \int_0^\infty \left(J_e \frac{d\Psi(\tau)}{d\tau} + \frac{1}{\eta}\right) e^{-i\omega t} d\tau$$

$$= J(0) + J_e \int_0^\infty e^{-i\omega t} \frac{d\Psi(\tau)}{d\tau} d\tau + \frac{1}{\eta} \int_0^\infty e^{-i\omega t} d\tau$$

$$= J(0) + \frac{1}{i\omega\eta} + J_e \int_0^\infty e^{-i\omega t} \frac{d\Psi(\tau)}{d\tau} d\tau$$

$$= J(0) + J_e \int_0^\infty \frac{d\Psi(\tau)}{d\tau} \cos \omega\tau d\tau - i\left[\frac{1}{\omega\eta} + \int_0^\infty \frac{d\Psi(\tau)}{d\tau} \sin \omega\tau d\tau\right]$$

$$= J_1(\omega) - \mathrm{i}J_2(\omega)$$

得到

$$J_1(\omega) = J(0) + J_e \int_0^\infty \frac{\mathrm{d}\Psi(\tau)}{\mathrm{d}\tau} \cos \omega\tau \mathrm{d}\tau \tag{4.23}$$

$$J_2(\omega) = \frac{1}{\omega\eta} + \int_0^\infty \frac{\mathrm{d}\Psi(\tau)}{\mathrm{d}\tau} \sin \omega\tau \mathrm{d}\tau \tag{4.24}$$

这也是一个傅里叶变换关系.

此外还有

$$J(t) = J(0) + \frac{2}{\pi} \int_0^\infty \left(\frac{J_1(\omega) - J_e}{\omega} \right) \sin \omega t \mathrm{d}\omega + \frac{t}{\eta}$$

$$J(t) = J(0) + \frac{2}{\pi} \int_0^\infty \left(\frac{J_2(\omega)}{\omega} - \frac{1}{\omega^2\eta} \right)(1 - \cos \omega t)\mathrm{d}\omega + \frac{t}{\eta}$$

4.4.3　应力松弛模量 $G(t)$ 与复数模量 $\overset{*}{G}$ 的关系

把 $\varepsilon = \hat{\varepsilon}\mathrm{e}^{\mathrm{i}\omega t}$ 代入式(4.9),经简化可得

$$\sigma(t) = \mathrm{i}\omega\varepsilon(t) \int_0^\infty \mathrm{e}^{-\mathrm{i}\omega t} G(u)\mathrm{d}u$$

因此,应力松弛模量与复数模量的一般关系式为

$$\overset{*}{G} = \mathrm{i}\omega \int_0^\infty \mathrm{e}^{-\mathrm{i}\omega t} G(u)\mathrm{d}u \tag{4.25}$$

或写成与储能模量和损耗模量的关系,为

$$G_1(\omega) = \omega \int_0^\infty G(\tau) \cos \omega\tau \mathrm{d}\tau \tag{4.26}$$

$$G_2(\omega) = \omega \int_0^\infty G(\tau) \sin \omega\tau \mathrm{d}\tau \tag{4.27}$$

它们也是傅里叶变换.这个变换给出应力松弛模量为

$$G(t) = \frac{2}{\pi} \int_0^\infty \frac{G_1(\omega)}{\omega} \sin \omega t \mathrm{d}\omega \tag{4.28}$$

或

$$G(t) = \frac{2}{\pi} \int_0^\infty \frac{G_1(\omega)}{\omega} \cos \omega t \mathrm{d}\omega \tag{4.29}$$

4.4.4　应力松弛函数 $\Phi(t)$ 与复数模量 $\overset{*}{G}$ 的关系

为求得应力松弛函数 $\Phi(t)$ 与复数模量的关系,把

$$G(t) = G_\infty + G_0\Phi(t)$$

代入,得

$$\overset{*}{G} = \mathrm{i}\omega \int_0^\infty \mathrm{e}^{-\mathrm{i}\omega\tau} \left[G_e + G_0\Phi(\tau) \right] \mathrm{d}\tau$$

$$= \mathrm{i}\omega G_e \int_0^\infty \mathrm{e}^{-\mathrm{i}\omega\tau} \mathrm{d}\tau + \mathrm{i}\omega G_0 \int_0^\infty \Phi(\tau) \mathrm{e}^{-\mathrm{i}\omega\tau} \mathrm{d}\tau$$

$$= G_e + i\omega G_0 \int_0^\infty \Phi(\tau) \left[\cos \omega\tau - i\sin \omega\tau \right] d\tau$$

$$= G_1(\omega) + iG_2(\omega)$$

则

$$G_1(\omega) = G_e + \omega G_0 \int_0^\infty \Phi(\tau)\sin \omega\tau d\tau \tag{4.30}$$

和

$$G_2(\omega) = \omega G_0 \int_0^\infty \Phi(\tau)\cos \omega\tau d\tau \tag{4.31}$$

也是傅里叶变换.

4.4.5 黏弹性常数的计算

由上面推导的一些式子,还可以推得一些黏弹性常数的公式:

黏度为

$$\eta = \int_{-\infty}^\infty \tan t \, d(\ln t) \tag{4.32}$$

$$\eta = \frac{2}{\pi} \int_\infty^{-\infty} \frac{G_1(\omega)}{\omega} d(\ln\omega) \tag{4.33}$$

平衡态柔量为

$$J_e = J(0) + \frac{2}{\pi} \int_{-\infty}^\infty \left(J_2\omega - \frac{1}{\omega\eta_0} \right) d(\ln\omega) \quad \text{(线形高聚物)} \tag{4.34}$$

$$J_e = J(0) + \frac{2}{\pi} \int_{-\infty}^\infty J_2(\omega) d(\ln\omega) \quad \text{(交联高聚物)} \tag{4.35}$$

$$J_e = J(0) + \frac{2}{\pi} \int_{-\infty}^\infty t^2 G(t) d(\ln t) \tag{4.36}$$

和

$$G_0 = G_e + \frac{2}{\pi} \int_{-\infty}^\infty G_2(\omega) d(\ln\omega) \tag{4.37}$$

$$G_0 = \frac{2}{\pi} \int_{-\infty}^\infty G_2(\omega) d\omega \tag{4.38}$$

4.4.6 推迟时间谱和松弛时间谱的关系

一个有用的联系推迟时间谱 $L(\tau)$ 和松弛时间谱 $H(\tau)$ 的关系式是

$$L(\tau) = \frac{H(\tau)}{\left[G_e - \int_{-\infty}^\infty \frac{H(v)}{(\tau/v) - 1} d(\ln v) \right]^2 + \pi^2 H^2(\tau)} \tag{4.39}$$

和

$$H(\tau) = \frac{L(\tau)}{\left[G_e - \int_{-\infty}^\infty \frac{L(v)}{1 - (\tau/v)} d(\ln v) - \frac{\tau}{\eta} \right]^2 + \pi^2 L^2(\tau)} \tag{4.40}$$

在整个黏弹性内容中,还有用拉氏变换联系着的蠕变函数与推迟时间谱的关系式,应力松弛函数与松弛时间谱的关系式等.如果把柔量(模量)、蠕变函数(应力松弛函数)、推迟时间谱(松弛时间谱)作为高聚物黏弹性函数的三个不同水准的话,那么从一个水准升(或降)到另一个水准,在数学上都是经过一个拉氏变换抑或一个傅里叶变换.黏弹性的数学结构如图 4.4 所示.各种性能之间都存在一定的关系,只要用一种实验得到的数据原则上可以推求任何其他的性能.这就是线性黏弹性的全部内容.

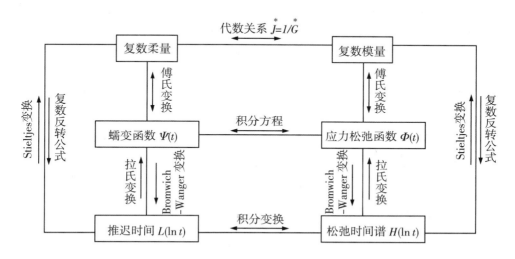

图 4.4　黏弹性各种函数间的相互关系

但是真用上面的关系来进行估算时,积分方程的求解总是一件繁杂的事.因此上述关系式在理论上有它的作用,在实践中人们还是依靠大量的实验数据来总结一些简单的联系多种性能的经验关系式而加以利用.作为例子,这里仅介绍一个非常简单的关系,用来在一定温度下从蠕变结果估算动态性能或从动态性能估算蠕变行为.如果高聚物的蠕变服从幂指数定律(见下节),即纳丁(Nutting)方程:

$$\lg \varepsilon(t) = \lg K + \lg \sigma + n \lg t \tag{4.41}$$

则在任何时间的动态性能可用下式估算:

$$\overset{*}{E} \approx \frac{\sigma}{\varepsilon(t)}$$

$$\frac{E_2}{E_1} \approx \frac{\pi}{2} \frac{\mathrm{d}(\lg \varepsilon)}{\mathrm{d}(\lg t)} = \frac{\pi}{2} n \tag{4.42}$$

在这些方程式中 n 和 K 是常数.这些式子表明阻尼是恒定的,但模量随频率而增加.蠕变曲线上时间 t 和动态实验的频率 ω 是用 $t = 1/\omega$ 的关系联系起来的,如伸长和时间都用对数坐标,常数 n 即是该曲线的斜率:

$$n = \frac{\mathrm{d}(\lg \varepsilon)}{\mathrm{d}(\lg t)} \tag{4.43}$$

表 4.3 是从蠕变曲线算出的阻尼和用扭摆法测得的阻尼的比较.虽然在少数情况下不太一致,但在大多数情况下两者是很符合的.

表 4.3　从蠕变用纳丁方程式求得的力学阻尼

高　　聚　　物	温度(℃)	阻尼 E_2/E_1 （纳丁方程式）	阻尼 G_2/G_1 （实验值）
增塑聚氯乙烯	40	0.118	0.133
增塑聚氯乙烯	20	0.248	0.30
增塑聚氯乙烯	0	0.177	0.44
增塑聚氯乙烯	− 20	0.177	0.16
增塑聚氯乙烯	− 30	0.141	0.15
交联丁基橡胶	24	0.302	0.137
交联丁基橡胶	24	0.302	0.185
交联丁基橡胶	24	0.093	0.111
丁苯共聚物	24	0.290	0.280
丁苯共聚物	24	0.354	0.398
低密度聚乙烯	24	0.186	0.175

其他的近似计算公式有：

（1）从蠕变计算应力松弛.

$$E_r(t) = \frac{\sin m\pi}{m\pi J(t)} \tag{4.44}$$

这里

$$m = \frac{d(\lg J(t))}{d(\lg t)} \tag{4.45}$$

（2）从动态性能计算应力松弛.

$$E_r(0.48t) \approx E_1(\omega) - 0.257E_2(0.299\omega)\big|_{t=1/\omega} \tag{4.46}$$

$$E_r(1.25t) \approx E_1(\omega) - 0.5303E_2(0.5282\omega)$$
$$- 0.021E_1(0.085\omega) - 0.042E_2(6.37\omega)\big|_{t=1/\omega} \tag{4.47}$$

（3）从应力松弛计算动态性能.

$$E_1(\omega) \approx E_r(t) + 0.86[E_r(t) - E_r(2t)]\big|_{t=1/\omega} \tag{4.48}$$

$$E_1(\omega) \approx - 0.470[E_r(2t) - E_r(4t)]$$
$$+ 1.674[E_r(t) - E_r(2t)]$$
$$+ 0.198[E_r(0.5t) - E_r(t)] + \cdots\big|_{t=1/\omega} \tag{4.49}$$

4.5　幂指数定律

实验发现,对于许多高聚物,松弛实验的应力或蠕变实验的应变与时间的双对数作用是

一条直线.这表明时间依赖性的一般形式可以表示为幂指数形式.譬如高聚物的蠕变就服从纳丁公式:

$$\lg \varepsilon(t) = \lg K + \lg \sigma + n \lg t$$

即

$$\varepsilon(t) = K\sigma t^n \tag{4.50}$$

这里,n 是一个常数,$0 < n < 0.2$,写成蠕变柔量为

$$J(t) = Kt^n \tag{4.51}$$

为求模量,利用关系式

$$L[J(t)] = K \int_0^\infty t^n e^{-st} dt$$

若令 $x = st$,则

$$L[J(t)] = K \frac{1}{s^{1+n}} \int_0^\infty x^n e^{-x} dx$$

利用 Γ 函数:

$$\Gamma(n) = \int_0^\infty x^{n-1} e^{-x} dx \tag{4.52}$$

则

$$L[J(t)] = \frac{K\Gamma(1+n)}{s^{1+n}}$$

由此可求得

$$L[G(t)] = 1/s^2 L[J(t)]$$
$$= \frac{1}{Ks^{(1-n)}} \frac{1}{\Gamma(1-n)}$$

如果引入

$$\int_0^\infty t^{-n} e^{-st} dt = \frac{1}{s^{(1-n)}} \Gamma(1-n)$$

则对 $L[G(t)]$ 做拉氏反变换,得

$$G(t) = \frac{t^{-n}}{K\Gamma(1+n)(1-n)}$$

由 Γ 函数的性质:

$$\Gamma(1+n)(1-n) = \frac{n\pi}{\sin n\pi} \tag{4.53}$$

便可得出模量的表达式为

$$G(t) = \frac{1}{K} \frac{\sin n\pi}{n\pi} t^{-n} \tag{4.54}$$

利用卷积积分还可求得恒速应力和恒速应变时的模量:

$$G_{恒速应力} = \frac{(1+n)}{K} t^{-n} \tag{4.55}$$

$$G_{恒速应变} = \frac{1}{K(1-n)} \frac{\sin n\pi}{n\pi} t^{-n} \tag{4.56}$$

为比较起见,把式(4.51)改写为

$$G_{\text{蠕变}} = \frac{1}{K}t^{-n} \tag{4.57}$$

它们之间的差别在于 $\dfrac{\sin n\pi}{n\pi}$,一般 $n = 0.1$,此时 $\dfrac{\sin n\pi}{n\pi} = 0.984$,则

$$G_{\text{松弛}} = \frac{0.984}{Kt^{0.1}}, \quad G_{\text{恒速应变}} = \frac{1.092}{Kt^{0.1}}$$

$$G_{\text{蠕变}} = \frac{1.000}{Kt^{0.1}}, \quad G_{\text{恒速应力}} = \frac{1.100}{Kt^{0.1}} \tag{4.58}$$

它们的大小次序仍如前所述,但这是实际表达式,总偏差在 $\pm 6\%$ 之内,故式(4.51)或式(4.57)在实用上都可成立.

思 考 题

1. 为什么早期电表等仪器用蚕丝作悬丝得不到重复的测量结果?为什么高聚物力学性能的测试标准都要对材料进行一定的预处理?

2. 什么是高聚物力学行为的历史效应?如何从历史效应的角度来理解蠕变、应力松弛和动态力学行为?

3. 玻尔兹曼叠加原理是怎样来处理高聚物力学行为的历史效应的?试以蠕变为例,用叠加原理推出蠕变的表达式.

4. 什么是卷积积分?在什么情况下卷积积分会简化为玻尔兹曼叠加积分?

5. 为什么说用玻尔兹曼叠加原理推导出的应力松弛表达式既可描述线形高聚物的蠕变,也可以描述交联高聚物的行为?

6. 玻尔兹曼叠加原理推导出的蠕变柔量与应力松弛模量的基本关系式是什么?

7. 你对高聚物黏弹性的三个不同层次的模量(柔量)、松弛函数(蠕变函数)、松弛时间谱(推迟时间谱)的相互关系有多少了解?

8. 试把玻尔兹曼叠加原理与描述高聚物黏弹性行为的力学模型理论做个比较.

9. 如果蠕变柔量具有如下形式:$\lg J(t) = \lg A + m \lg t$.试证明:

$$J(t) = \frac{\sin m\pi}{m\pi} \frac{1}{G(t)}$$

10. 黏弹性理论把高聚物所有的黏弹性特征量和黏弹性函数都有机地联系了起来.你能说出应力松弛模量与蠕变柔量之间的数学关系式吗?

第5章 高聚物力学性能的温度依赖性

　　前面三章主要是讨论高聚物力学性能的时间依赖性,这一章和下一章将讨论高聚物力学性能的温度依赖性.

　　温度对高聚物性能的影响是每一个高聚物材料制造和使用者都十分熟悉的现象.像作用时间 t 一样,温度 T 是影响高聚物性能的重要参数.随着温度从低到高,高聚物的许多性能,诸如热力学性质、动力学性质、力学性能和电磁性能都将发生很大的变化.在玻璃态向高弹态的转变温度区域——玻璃化转变温度 T_g,甚至会发生突变.事实上,高聚物的3种力学状态——玻璃态、橡胶态和黏流态,就是依据温度(或外力作用时间)不同而呈现的.特别是高聚物性能的温度敏感区正好在室温上下几十度的范围内.我国地域辽阔,各地气温相差颇大,就是在某一地方,冬季零下一二十度的室外气温和九十多度的热水都是日常生活中容易遇到的温度范围.因此了解高聚物性能的温度依赖性对实际使用也是极为重要的.

　　正如下面将要讨论的,温度和外力的作用时间对高聚物力学性能的影响存在某种等当的关系.高聚物在较低温度下的力学性能相当于在较短作用时间(或较高作用频率)下的力学性能.提高温度与延长作用力时间(或降低作用频率)等当.这种时温的等当将为我们测定高聚物力学性能的连续谱提供极大的方便.因为在某一温度下,要完整反映高聚物的力学性能必须从低频到高频做范围达十几个数量级时间标尺的测试,实际上这是很难达到的.例如,应力松弛实验的时间范围为$10\sim10^6$ s.上限取决于仪器长期工作的可靠性.当然可以用不同的实验方法从静态实验做到动态实验,但这就要求建立多套不同的实验装置.因此,如果能找到温度与时间的等当关系,我们就可以由一种实验方法做不同温度下高聚物性能的测试来补足频率(或时间)范围的不足.况且在实验技术上,温度的改变和测量总比频率的改变和测量来得容易些.

　　此外,高聚物力学性能的温度依赖性也为我们探究高聚物各种力学性能的分子机理提供了大量资料,使我们有可能把纯现象的讨论提高到分子解释的水准上去.因为高聚物的力学性能是它的各种分子运动在宏观上的表现,而温度对分子运动的影响是不言而喻的.这样,通过温度对高聚物力学性能影响的研究可了解高聚物力学性能的分子本质,并以这些实验事实来建立高聚物力学性能的分子理论.

5.1 马丁耐热、维卡耐热和热变形温度

由于温度对高聚物材料的使用和力学性能有显著影响,工业上早就制定了许多标准实验方法来检测温度对高聚物力学性能的影响,如马丁耐热(测定试样在等速升温环境中,在 $50\ kg/m^2$ 静弯曲应力作用下,试样一端弯曲达 6 mm 时的温度;GB/T 1699—2003 硬质橡胶马丁耐热温度的测定,GB1035 塑料马丁耐热温度的测定)、维卡耐热(测定在等速升温环境中,截面积为 $1\ mm^2$ 的圆柱形针,受 5 kg 或 1 kg 载荷垂直压入试样达 1 mm 时的温度;GB/T 8802—2001 热塑性塑料管材、管件维卡软化温度的测定,GB/T 1633—2000 热塑性塑料维卡软化温度(VST)的测定)和塑料弯曲负载热变形温度(简称热变形温度,GB/T 1634.1—2004),并以此来确定高聚物材料的耐热指标和使用温度范围.它们的共同点都是采用固定的加载方式,规定一定的应力和升温速率使试样变形.规定的变形终止的温度就被确定为这种实验方法的耐热温度.当然,这个耐热温度只是这种材料合理使用温度的界限,并不是这种材料使用温度的上限.

有关马丁耐热、维卡耐热和热变形温度的标准规定见表 5.1.

表 5.1 马丁耐热、维卡耐热和热变形温度的标准规定

	马丁耐热	维卡耐热	热变形温度
加载方式和大小	施加悬臂梁式的弯曲力矩,弯曲应力为50 kg/cm²(49 N/cm²,注意,1 kg＝9.8 N)	截面积为 $1\ mm^2$ 的圆柱形针,垂直压入试样中.压入载荷为 50 N 或 10 N	施加简支梁式的弯曲力矩,弯曲应力为 1.81 N/mm² 或0.45 N/mm²
形变终点值	240 mm 长的横杆顶端指示器下降 6 mm	圆柱形针压入 1 mm	试样弯曲的最大挠度终点值:当试样的高为 9.8～15 mm 时,挠度为 0.33～0.21 mm
试样尺寸	10 mm×15 mm×120 mm长条状试样	厚度大于 3 mm 长宽大于 10 mm	长度大于 120 mm,高度为 9.8～15 mm,宽度为 3～13 mm,板材的厚度作为试样的厚度

续表

	马丁耐热	维卡耐热	热变形温度
升温速率	50 ℃/h	50 ℃/h	50~120 ℃/h
适用范围	热固性塑料 硬质热塑性塑料	均质的热塑性塑料	热固性塑料 硬质热塑性塑料

　　上述这些方法基本上属于人为规定,对统一产品检验和质量控制有很大帮助,但它们的物理意义都不可能说得很清楚,也就不能用它们来全面反映高聚物力学性能的温度依赖性. 并且,这些耐热指标之间有些是可比较的,有些是不可比较的,表 5.2 是尼龙和聚苯乙烯试样马丁耐热、维卡软化点和热变形温度的实验数据. 在实验室,研究高聚物力学性能温度依赖性的方法有形变-温度曲线(也叫温度-形变曲线或热-机曲线)、模量-温度曲线和动态力学性能的温度依赖性. 其中尤以模量-温度曲线和动态力学性能的温度依赖性更能反映高聚物力学性能的分子运动本质而常被使用.

表 5.2　尼龙和聚苯乙烯试样马丁耐热、维卡软化点和热变形温度的比较

高聚物	马丁耐热 (℃)	维卡软化点 (℃)	热变形温度 (℃)	玻璃化温度 T_g (℃)
尼龙	53	196	$50.0(\sigma = 18.5\ \text{kg/cm}^2)$ $148.9(\sigma = 4.6\ \text{kg/cm}^2)$	50
聚苯乙烯	96.4	99.3	94.5	98

5.2　形变-温度曲线、模量-温度曲线和动态力学行为的温度依赖性

　　形变-温度曲线是在高聚物试样上加以恒定载荷,连续改变温度,测定试样的形变随温度的变化而得到的曲线. 非晶态高聚物典型的形变-温度曲线如图 5.1 所示. 形变-温度曲线

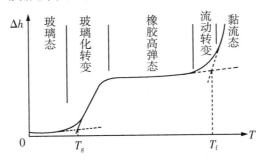

图 5.1　典型的非晶态高聚物的形变-温度曲线

是研究高聚物力学性能最简单的方法:实验装置简单,数据处理也简单.它显示了高聚物随温度改变而呈现的3种力学状态(玻璃态、橡胶高弹态和黏流态)和两个转变区域(玻璃化转变和流动转变),并由此可求得高聚物的玻璃化转变温度 T_g 和流动温度 T_f.

高聚物的形变-温度曲线不但可以用来了解高聚物的3个力学状态以及确定 T_g 和 T_f,还可以用来定性判定高聚物的分子量大小、高聚物中增塑剂的含量、交联和线形高聚物、晶态和非晶态乃至高聚物在高温下可能的热分解、热交联等,如图5.2、图5.3和图5.4所示.分述如下:

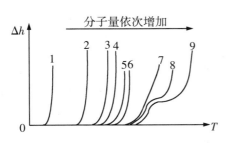

图 5.2　不同分子量的聚苯乙烯的形变-温度曲线(示图).分子量从 1 到 9 依次增加

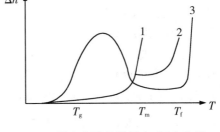

图 5.3　晶态高聚物的形变-温度曲线.1代表一般分子;2代表分子量很大;3非晶态等规聚苯乙烯

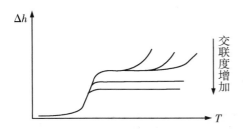

图 5.4　交联对高聚物形变-温度曲线的影响

1. 不同分子量的高聚物

不同分子量的线形非晶态高聚物的形变-温度曲线有不同的性状.图 5.2 是不同分子量高聚物的形变-温度曲线示意图.分子量较低时,整个大分子链就是一个链段,链段运动就是整个大分子链的运动,玻璃化温度 T_g 就是它的流动温度 T_f.这样低分子量的聚合物(低聚物)不存在橡胶态,但其流动温度随分子量的增大而升高(曲线 1～7).以后随分子量进一步增大,一根分子链已可分成许多链段,在整链运动还不可能发生时,链段运动就已被激发,呈现出了橡胶态,从而有了玻璃化温度 T_g,并且由于是链段运动,反映它的 T_g 就不再随分子量的增大而增高.这时反映整链质心运动的流动温度 T_f 将随分子量的增大而增高.因此橡胶态平台区将随分子量的增大而变宽.

2. 晶态和非晶态高聚物

由于不可能 100% 结晶,晶态高聚物的形变-温度曲线可以分成两种情况.一种是一般分子量的晶态高聚物的形变-温度曲线(图 5.3 中的曲线 1).在低温时,晶态高聚物受晶格能的限制,高分子链段不能活动(即使温度高于 T_g),所以形变很小.一直维持到熔点 T_m,这时由于热运动克服了晶格能,高分子突然活动起来,便进入了黏流态,所以 T_m 又是黏性流动温度,T_m 与 T_f 重合.如果高聚物的分子量很大,温度到达 T_m 时,还不能使整个分子发生流动,只能使之发生链段运动,于是进入高弹态,等到温度升至 T_f 时才进入黏流态,如图 5.3 中的曲线 2.由此可知,一般晶态高聚物只有两个态,在 T_m 以下处于晶态,与非晶态高聚物的玻璃态相似,可以作塑料或纤维使用,当温度高于 T_m 时,高聚物处于黏流态,便可以加工成形.而分子量很大的晶态高聚物则不同,它在温度到达 T_m 时进入高弹态,到 T_f 才进入黏流态.因此这种晶态高聚物有三个态温度:在 T_m 以下高聚物为晶态,在 T_m 与 T_f 之间时高聚物为高弹态,在 T_f 以上高聚物为黏流态,这时才好加工成形.结晶性高聚物由熔融状态下突然冷却(淬火),能生成非晶态高聚物(玻璃态).在这种状态下的高聚物的形变-温度曲线如图 5.3 中的曲线 3.在温度达到 T_g 时,分子链段便活动起来,形变突然变大,同时链段排入晶格成为晶态高聚物.于是在 T_m 与 T_g 之间,曲线出现一个峰后又降低,一直到 T_m,如果分子量不太大就与图 5.3 中曲线 1 的后部一样,进入黏流态.如果分子量很大就与图 5.3 中曲线 2 的后部一样,先进入高弹态,最后才进入黏流态.

3. 交联和线形高聚物

线形高聚物的形变-温度曲线已如上述.由于大分子链之间有化学键相连,交联高聚物的流动已不能发生,因此交联高聚物就没有黏流态,也就没有流动转变温度 T_f.反映在形变-温度曲线上就是高弹态的平台线一直延伸下去而不向上翘(图 5.4).不同交联度的高聚物由于其高弹形变大小不一,交联度增加形变就逐渐减小.因此,通过形变-温度曲线的形状就能区分所测高聚物是线形高聚物还是交联高聚物以及高聚物交联度的高低.

4. 增塑高聚物

从实用角度来看,为使高聚物更适用于不同需求的使用要求,往往在高聚物中添加不同含量的增塑剂来改变它们的玻璃化温度.由于高聚物中的增塑剂,其玻璃化温度会有不同程度的降低,从而在它的形变-温度曲线上反映出来,如图 5.5 所示.随增塑剂含量的增加,高聚物的玻璃化温度和流动温度都降低,它的形变-温度曲线向左移动.

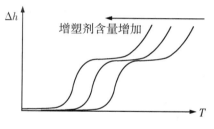

图 5.5　增塑剂含量对高聚物形变-温度曲线的影响

5. 高温时的热分解

形变-温度曲线还可以用来检测高聚物在高温下可能的热分解或热交联反应,它在形变-温度曲线上的反映就是在黏流态的曲线上出现各种形状的起伏.有时热分解和交联是同时进行的,但主次不同.一般来说,曲线曲折地往下降主要是发生了交联反应,曲线曲折地往上升主要是发生了热分解反应,如图 5.6 所示.形变-温度曲线上小峰对应的温度就是高聚物的分解温度 T_d.

尽管形变-温度曲线有很多优点,但形变毕竟不是材料特征量,它与试样的尺寸有关.试样尺寸大的,尽管相对形变不一定很大,但其绝对形变可能会很大,而试样尺寸小的,绝对形变可能不大,而相对形变已相当大.因此在要求更定量的关系时,就要改用材料的特征量——模量,即模量-温度曲线了.

测量不同温度下试样模量的变化就可得到所谓的模量-温度曲线.图 5.7 是线形非晶态聚苯乙烯的模量-温度曲线.模量是由拉伸应力松弛实验测定的,为了便于比

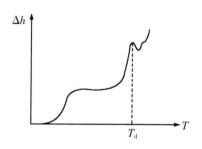

图 5.6　聚氯乙烯的形变-温度曲线

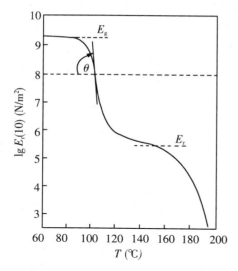

图 5.7　聚苯乙烯的模量-温度曲线

较,测量时间统一规定为 10 s,以使所得的模量值仅为温度的函数,并记作 $E_r(10)$.

$\lg E_r(10)$ 对温度 T 的曲线也显示了线形非晶态高聚物的黏弹性行为所共有的 5 个区域,即 3 个力学状态——玻璃态、高弹态、黏流态和两个转变——玻璃化转变和流动转变.

当温度低于 97 ℃时,聚苯乙烯呈现玻璃态.聚苯乙烯分子链及其链段的运动均被冻结在完全解取向的准晶格位置上.它们只能在其固定的位置附近做振动,就像真正分子晶格的分子所做的振动一样.链段从一个位置到另一个位置的扩散运动在小于 10 s 的时间间隔内,即便有也是很少的.在力学性能上聚苯乙烯表现得像玻璃一样,硬而发脆,模量为 $10^9 \sim 10^{9.5}$ N/m²,且这个玻璃态区域与聚苯乙烯的链长无关(只要聚苯乙烯的链足够长).随着温度升高,在 97～120 ℃时,尽管聚苯乙烯分子链的整体运动仍属不可能,但其链段已开始有短程的扩散运动.从一个"晶格位置"扩散到另一个的时间在 10 s 数量级(即任意选择的参考时间),聚苯乙烯分子链段的这种扩散不依赖于分子量.在这个从玻璃态开始向高弹态转变的区域,即所谓的玻璃化转变区域,模量变化迅速,从 $10^{9.5}$ N/m² 很快跌落到 $10^{5.7}$ N/m²,变化达 4 个量级.

当温度继续上升时,聚苯乙烯进入高弹态.这时由于聚苯乙烯链段的短程扩散运动非常迅速,但高分子链之间的缠结起着瞬时交联的作用,分子链的整体运动(包括许多链的联合运动)仍是受阻的.聚苯乙烯的力学状态就像交联橡胶一样,具有长程的可逆行为.120～150 ℃,其模量几乎不随温度改变而改变,保持在 $10^{5.4} \sim 10^{5.7}$ N/m² 之间.这一般称为高弹态平台.并且高聚物在玻璃化转变和高弹态平台时都只是它们的链段参加运动,因此玻璃化转变区域和高弹态的出现也是与高聚物分子的链长无关的(图 5.7).但是高弹态平台的大小是与链长的分子量有关的(实际上,链长是比分子量更为重要的量,因为从研究一个高聚物转换到研究另一个高聚物时,它更有意义).

当温度上升为 150～177 ℃,聚苯乙烯分子链间的缠结开始被更激烈的热运动所解除,分子间的整体运动已变得重要起来.尽管高聚物还是弹性的,但已有明显的流动.聚苯乙烯开始从高弹态向黏流态转变.这时模量在 $10^{4.5} \sim 10^{5.4}$ N/m² 之间.最后当温度超过 177 ℃时,聚苯乙烯分子链已能整体发生运动,分子链的长程构型变化的时间小于 10 s,聚苯乙烯呈现出了明显的黏流态,模量降低到 $10^{4.5}$ N/m² 以下.显然,在此流动转变和黏流态中,分子链整体参加了运动,高弹态平台延展的区域与高聚物分子的链长有明显的依赖关系.如果高聚物是化学交联的,那么由于永久的交联网代替了暂时的分子链缠结,整体高聚物就是一个大分子,因此不发生流动转变,当然也就没有黏流态(图 5.8).

像形变-温度曲线一样,如果分子量不太大,那么温度超过 T_m 时,高聚物直接进入黏流态,模量急速下降.如果分子量很大,那么高聚物熔融后先进入高弹态,模量出现一段平坦区,最后才进入黏流态(图 5.9).

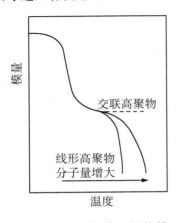

图 5.8　不同聚苯乙烯的模
量-温度曲线

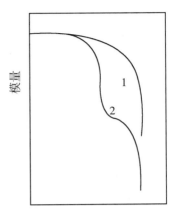

图 5.9　晶态高聚物的模量-温度曲线.1 代表
一般分子;2 代表分子量很大

从非晶态高聚物的模量-温度曲线(图 5.7)中,我们可以定出表征它们黏弹性能的一些参数,它们是:① 玻璃态的模量 E_g.② 高弹态的模量 E_r.③ 模量温度曲线在玻璃化转变区域转折点的负斜率,$s = \tan \theta$.④ 最重要的参数是每个非晶态高聚物的特征温度——玻璃化温度 T_g.需要指出的是,最经典测定 T_g 的方法是比容-温度曲线.从模量-温度曲线可以定义一个转折温度 T_i,在这个温度下,E_r 的值是 10^8 N/m^2.虽然这是任意选择的,但这个模量值大约位于转变区域的中间.非晶态高聚物的 T_i 与由膨胀计法测得的玻璃化温度 T_g 相差不到几度(一般 T_i 比 T_g 高 2~5 ℃).对本身就不是很精确的玻璃化温度来说,已经可以近似地把 T_i 看作 T_g.非晶态高聚物在转变区域的模量-温度曲线可用上面给出的特征参数近似地描述为

$$E(10) = \frac{10^9}{10^{s(T - T_i)} + \dfrac{10^9}{E_g}} + E_r \tag{5.1}$$

因为从一个非晶态高聚物到另一个高聚物之间,E_g、E_r 和 s 没有很大差别,所以主要参数是 T_i.一些高聚物的这些特征参数列于表 5.3.

另一个与高聚物内部分子运动联系密切的是高聚物动态力学性能随温度的变化.线形非晶态高聚物丁苯橡胶典型的动态力学性能随温度的变化如图 5.10 所示.图中的数据是用扭摆法测得的,模量是剪切模量 $G_1(\omega)$ 和 $G_2(\omega)$.几乎所有硬性高聚物的剪切模量均为 10^9 N/m^2,且随温度的增加模量下降得很慢.但在玻璃化转变附近,在很小的温度范围内模量一下降低约 1 000 倍.在这一转变区,高聚物是半硬性的并具有皮革的手感.在转变区以上的温度时,高聚物为一种橡胶,其剪切模量约为 10^6 N/m^2,且剪切模量又变为相对地不依赖于温度.在更高温度时,由于黏性流动成分的增加,模量再次下降.

表 5.3 某些高聚物的特征黏弹参数

	高聚物	$3G_1(\text{N/m}^2)$	$3G_2(\text{N/m}^2)$	$T_i(\text{℃})$	$s(/\text{℃})$
非晶态线形高聚物	聚异丁烯	3.5	1	−62	0.15
	天然橡胶(未硫化)	2.5	4	−67	0.2
	聚苯乙烯	2	0.5	101	0.2
	聚丙烯酸甲酯	3	1.5	16	0.2
	聚甲基丙烯酸甲酯	1.5	2	107	0.15
	聚丙烯酸丁酯	1.5	0.5	−53	0.2
	聚甲基丙烯酸丁酯	1	1	31	0.15
	聚顺式丁二烯	2	1	−106	0.2
	无规聚丙烯	2	2.5	−16	0.2
	四硫乙烯的聚合物	2	4	−24	0.15
	双酚 A 聚碳酸酯	1.5	5	150	0.3
轻微交联	硫化天然橡胶	3.5	4	−57	0.2
	四氢呋喃的聚合物	3	10	−73	0.15
	聚甲基丙烯酸乙酯	2.5	2.5	−77	0.1
	丁苯橡胶(75:25)	2.1	4.6	−48	0.16

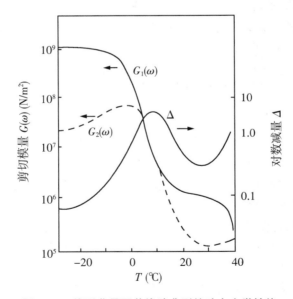

图 5.10 线形非晶丁苯橡胶典型的动态力学性能

当温度升高时,其阻尼(损耗因子或对数减量)通过一极大,然后通过一极小.在低温时,链段的分子运动被冻结,形变主要由于高分子链中原子的化学键长或键角的变形所产生,因而模量很高,材料几乎是完全弹性的.一个完全弹性的弹簧将能量贮藏为位能,没有任何能量损耗.因此,弹性材料或硬弹簧的阻尼很低,在玻璃化转变区以上的温度,阻尼又是很低.

一种好的橡胶,像一个弱的弹簧,也能将能量贮藏而不损耗.在橡胶区,分子链段没有被冻结,能十分自由地运动,所以模量不高.因此,如果链段全部被冻结或能完全自由运动,那么阻尼都是很低的.

在转变区,内阻尼之所以高是因为有些分子链段能自由运动,而另一些分子链段不能.并且一个硬弹簧(冻结的链段)对一给定的形变比一个弱弹簧(能自由运动的类橡胶链段)能贮藏更多的能量.因此,每当一个受力的冻结链段变得能自由运动时,其多余的能量将损耗而转换成热.转变区的特征是部分链段能自由运动,以及链段受应力作用的时间越长,它获得运动使一部分应力得以松弛的可能性也越大.这种对应力的推迟反应引起的高阻尼使形变落后于应力.阻尼降低出现在这样的温度范围内,此时在相当于一次振动所需的时间内,许多冻结链段变得能够运动.

损耗模量 $G_2(\omega)$ 出现峰值的温度比损耗因子 $G_2(\omega)/G_1(\omega)$ 出现峰值的温度低.对应在 $G_2(\omega)$ 为极大时的温度,单位形变热损耗为极大;当频率为每秒一周时,这一极大所处的温度与由比容-温度测量法所测得的玻璃化温度十分接近.假如动态测定是在 0.1～1.0 Hz 进行的,阻尼 $G_2(\omega)/G_1(\omega)$ 为极大时的温度一般比通常玻璃化温度高 5～15 ℃.但有时也把阻尼($G_2(\omega)/G_1(\omega)$ 或 Δ)为极大时的温度称为玻璃化温度.

阻尼为极大时的温度(即玻璃化温度)依赖于测量所用的频率.对大多数高聚物来说,频率增加 10 倍将使阻尼极大时的温度提高 7 ℃.许多动态力学测量是在低频而不是在高频时进行的,其重要理由之一就是,低频测量中出现极大阻尼的温度与传统方法测定得的玻璃化温度非常接近.

5.3　时温等当和转换——时温转换原理

大量实验研究表明,作用时间 t(或作用力频率 ω)和温度 T 对高聚物力学性能的影响存在某种等当的作用.在较高温度下,高聚物表现出如在较长作用时间或缓慢作用力频率下相同的力学性能;反之,在较低温度下,高聚物表现出犹如在较短作用时间或较快作用力频率下相同的力学性能.图 5.11 是两个温度下高聚物应力松弛模量曲线.由图可见,较低温度(T_2)和较长作用时间(t_2)与较高温度(T_1)和较短作用时间(t_1)有相同的应力松弛模量.

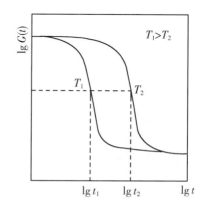

图 5.11　不同温度下的应力松弛模量曲线

用作飞机轮胎的橡胶在室温下处在高弹态,具有高弹性.但当飞机猛然着落,轮胎接触地面的一瞬间,轮胎的力学状态可能变为玻璃态,就好像在这一瞬间,对橡胶来说温度下降了很多度.这样的现象在小分子物质中也是存在的(如在第 1 章中举例说过的,向水面飞速扔瓦片,由于瓦片作用于水的时间特别短,水就显示出弹性来,就像是温度一下降到了零度以下,水结冰成为固体一样),只是在高聚物中表现得特别明显罢了.

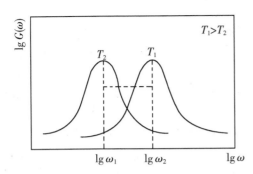

图 5.12　不同温度下的损耗柔量

实验还发现,不同温度下得到的应力松弛模量曲线可以沿着对数时间轴平行移动而叠合在一起,或者说是把时间标尺向小的方向移一个位置,曲线形状基本不变(图 5.11).同样,在损耗柔量 $J_2(\omega)$ 对 $\lg \omega$ 的图中也发现有同样的规律.温度 T 增加相当于频率 ω 增加,也只要作一个平行移动,不同温度下的 $J_2(\omega)$ 曲线可以叠合(不是重合)在一起,如图 5.12 所示.

根据以上实验事实,再结合直观的力学模型,可以提出如下的时温转换假说:

(1) 所有松弛机构元件中弹性部分的弹性模量与绝对温度成正比,也就是说它们都是具有橡胶弹性(见第 7 章)的弹簧,不应包括有普弹性(普弹性的分子机理和温度依赖性均与橡胶弹性不同,但因一般普弹性部分所占比例很小,可以忽略不计).这样,就必须考虑温度改变对高弹模量所产生的影响.

(2) 上述的橡胶弹性与单位体积中所含的高分子物的质量(固体密度或溶液浓度)成比例.也就是说这里必须考虑温度改变对高聚物密度引起的变化.

(3) 所有松弛机构元件的各种松弛时间在温度从 T_1 变到 T_2 时,一律增加 a_T 倍.这里的 a_T 是仅与 T_1 和 T_2 有关的常数,也就是说所有松弛机构元件都有相同的温度依赖性.

如果我们任选一个参比温度 T_0,在 T_0 时储能模量、损耗模量、应力松弛模量和蠕变柔量分别为 $G_1(\omega)_{T_0}$,$G_2(\omega)_{T_0}$,$G(t)_{T_0}$,$J(t)_{T_0}$,那么根据时温转换假说,在温度 T 时它们将有如下关系式:

$$\frac{1}{\rho_0 T_0} G_1(\omega)_{T_0} = \frac{1}{\rho_T T} G_1\left(\frac{\omega}{a_T}\right)_T \tag{5.2}$$

$$\frac{1}{\rho_0 T_0} G_2(\omega)_{T_0} = \frac{1}{\rho_T T} G_2\left(\frac{\omega}{a_T}\right)_T \tag{5.3}$$

$$\frac{1}{\rho_0 T_0} G(t)_{T_0} = \frac{1}{\rho_T T} G(a_T t)_T \tag{5.4}$$

$$\rho_0 T_0 J(t)_{T_0} = \rho_T T J(a_T t)_T \tag{5.5}$$

这里,ρ_0,ρ_T 分别为高聚物在 T_0 和 T 时的密度,a_T 叫做位移因子(shift factor),是在保持曲线形状不变的条件下时间标尺位移的大小,因此可以把 ω/a_T 和 $a_T t$ 看作一个新的时间标尺,分别叫做折合频率和折合时间.而量 $\rho_0 T_0/(\rho_T T)$ 是表示考虑了高弹性温度依赖性和密度的温度依赖性后而引起曲线的垂直位移,如图 5.13 所示.

这里,重要的是求取位移因子 a_T.在第 10 章中我们将讲到高聚物的流动是通过高分子链段的运动来实现其质量中心位移的.因此流动与高弹形变的分子机理本质上是相同的.于是,我们也可以对流动应用时温转换假说,对动态黏度有

$$G_2(\omega) = \omega \eta$$

这里，η 就不标志为 $\eta_{动态}$，因为在 $\omega = 0$ 时就是静态黏度，况且在下面的关系式中 ω 根本不出现. 因此

$$\frac{1}{\rho_0 T_0} \omega \eta_{T_0} = \frac{1}{\rho_T T a_T} \omega \eta_T \tag{5.6}$$

由此可得

$$a_T = \frac{\rho_0 T_0 \eta_T}{\rho_T T \eta_{T_0}} \tag{5.7}$$

这样由测定黏度对温度的依赖性就可求得位移因子 a_T. 反过来，由实验测定位移因子后可验证流动的分子机理是否真与高弹形变相同.

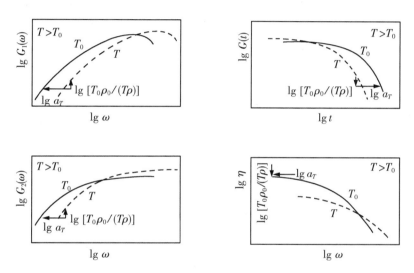

图 5.13　模量和黏度的水平位移和垂直位移

时温转换假说的一个用处是它大大简化了高聚物力学性能实验测试的要求. 本来，为表示高聚物的力学性能就必须解决譬如 $G(T, t) \sim \lg t \sim T$ 或 $G(T, \omega) \sim \lg \omega \sim T$ 的关系，含有两个独立变数就是一个三维空间的问题. 现在有了这两个变数 (T, t) 或 (T, ω) 之间的关系，独立变数减少为一个再加上一个常数 a_T，这样就把一个空间问题转化成为一个平面问题.

5.4　组合曲线(主曲线)

时温转换假说的最大实用意义还在于有了这些关系就可以用改变温度的方法来大大扩大时间 t 或频率 ω 的范围. 从而使我们有可能用一种实验方法来得到反映高聚物力学性能全貌的整个时间谱(频率谱)，即可把各个不同温度下测得的数据转换成某一参考温度，包

括许多时间量级的单根曲线——组合曲线,从而计算出比实验能测定的时间(频率)范围大得多的松弛时间分布.下面试以一个具体的例子来说明这种转换成单根组合曲线的详细步骤.

图 5.14 是聚异丁烯在各个不同温度下的应力松弛曲线和它的组合曲线.

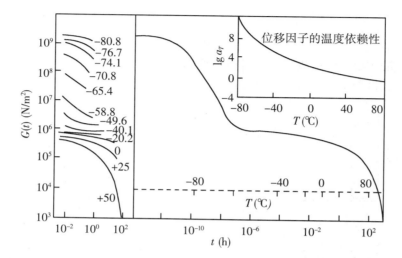

图 5.14　聚异丁烯的组合曲线

根据

$$G_r(t)_{T_0} = \frac{\rho_0 T_0}{\rho_T T} G_r(a_T t)_T$$

可以把组合曲线的组成分三步来进行.

(1) 选定一个参考温度,这里是选取 $+25\ ^\circ\!C$ 作为参考温度 T_0.

(2) 把实验所得的模量值 $G_r(t)$ 按

$$G_r(t)_{T_0} = \frac{\rho_0 T_0}{\rho_T T} G_r(a_T t)_T$$

进行密度和温度校正,以求得修正后的模量值 $G(t)$.原始数据用上述修正折算后作图(图 5.14 左边部分).若用图解法,则是把每一根原始应力松弛曲线在纵向作 $\frac{\rho_0 T_0}{\rho_T T}$ 的垂直位移以得到修正后的应力松弛曲线(折合曲线).

(3) 把经折算后的应力松弛曲线(图 5.14 左边部分)沿对数时间坐标轴平行移动,而作出包括许多时间数量级的组合应力松弛曲线.所有曲线都向参考温度($+25\ ^\circ\!C$)的那根曲线移动,每次一根,其中 $+50\ ^\circ\!C$ 的那根是向右移,其他均向左移(规定在组成组合曲线时,曲线向左移动(移向较短的时间)为正,反之为负),直至这些曲线的各个部分叠合(不是重合),如图 5.14 右边所示的组合曲线为止.折合曲线必须移动的量为

$$\lg t - \lg t_0 = \lg\left(\frac{t}{t_0}\right) = \lg a_T \tag{5.8}$$

它与参考温度的温度差 $T - T_0$ 的关系如图 5.14 右上角所示.

选取不同的参考温度, a_T 就有不同的值. 因此在作组合曲线的过程中, 选取合适的参考温度是很重要的. 可以选取玻璃化温度 T_g 作为参考温度, 这时 a_T 与 $T - T_g$ 有一个很好的公式——WLF 方程可以利用, 且这个方程几乎对所有非晶态高聚物都适用 (详见下节). 按照类似上面的步骤也可以得到 $G_1(\omega)$, $G_2(\omega)$ 或 $J(t)$ 的组合曲线.

高聚物的组合曲线是非常重要的, 因为从它可以计算出比实验能测定的时间范围大得多的松弛时间分布. 一旦测定在非常长的时间范围, 如从 10 到 20 个时间数量级的松弛分布, 就可以运用第 4 章学过的线性黏弹性理论来由一种实验所测定的结果推求高聚物所有其他的力学行为.

5.5　WLF 方程

时温转换中重要的是确定位移因子 a_T. 根据大量实验数据总结出了 a_T 的经验公式. 如果以 T_g 作为参考温度, 那么有

$$\lg a_T = \frac{-17.4(T - T_g)}{51.6 + T - T_g} \tag{5.9}$$

这就是著名的 WLF(Williams-Landel-Ferry) 方程, 对所有非晶态高聚物都适用.

现在已经找到了 WLF 方程半定量的理论基础, 下面是基于自由体积概念的 WLF 方程的理论推导. 根据位移因子 a_T 的定义 (5.2 节中的假设 (3)), a_T 是在温度 T 时的松弛时间 τ 和在温度 T_0 时的松弛时间 τ_0 之比, 即

$$a_T = \frac{\tau}{\tau_0} = \frac{\rho_0 T_0 \eta_T}{\rho_T T \eta_0} \tag{5.10}$$

密度的变化是很小的, 温度又是取开氏温标, 故温度改正项 T_0/T 也不是很大, 并且 T 大则 ρ 小, T_0 小则 η_0 大, 因此项 $\rho_0 T_0/(\rho_T T)$ 一般可近似地取为 1, 则

$$a_T = \frac{\tau}{\tau_0} \approx \frac{\eta_T}{\eta_0} \tag{5.11}$$

即 a_T 就是温度 T 时的黏度 η_T 和温度 T_0 时的黏度 η_0 之比.

有关黏度的分子理论是极为复杂的. 但我们可以从另一个角度来考虑黏度, 即把黏度看作分子间相互运动时的摩擦阻力. 因此如果分子之间有较大的活动空间, 摩擦阻力就小, 黏度也小, 即

$$\frac{1}{\eta} \propto (V - V_0) \tag{5.12}$$

这里, V 是液体总的宏观体积, V_0 是外推至 0 K 而不发生相变液体分子实际占有的体积, 则

$$V_f = V - V_0 \tag{5.13}$$

就表示液体中空穴的部分, 叫做自由体积 (free volume, 自由体积的概念在下章中有更为详细的介绍). 也就是说, 液体黏度是与它本身的自由体积有关的, 它们的确切关系由 Doolitte

公式给出:

$$\eta = A e^{B\frac{V_0}{V_f}} \tag{5.14}$$

或

$$\ln \eta = \ln A + B \frac{V_0}{V_f} \tag{5.15}$$

其中,A 和 B 都是常数.

把这公式应用于高聚物.若选择玻璃化温度 T_g,则在温度 T 和 T_g 时的黏度分别为

$$\ln \eta_T = \ln A + B \frac{V_T}{V_{fT}}$$

$$\ln \eta_{T_g} = \ln A + B \frac{V_{T_g}}{V_{fT_g}}$$

联立以上两个式子,得

$$\ln \eta - \ln \eta_{T_g} = \ln \frac{\eta_T}{\eta_{T_g}} = B\left(\frac{V_T}{V_{fT}} - \frac{V_{T_g}}{V_{fT_g}} \right)$$

记

$$f = \frac{V_{fT}}{V_T} \quad \text{和} \quad f_g = \frac{V_{fT_g}}{V_{T_g}}$$

分别表示在 T 和 T_g 时的自由体积分数,并把自然对数化为以 10 为底的对数,则得

$$\lg \frac{\eta_T}{\eta_{T_g}} = \frac{B}{2.303}\left(\frac{1}{f} - \frac{1}{f_g} \right) \tag{5.16}$$

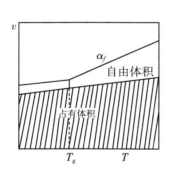

图 5.15 自由体积图解

为求得自由体积分数 f 和 f_g 的关系,可以分析一下高聚物的比容-温度曲线.非晶态高聚物的比容-温度曲线如图 5.15 所示,可看出高聚物的比容在玻璃化温度 T_g 处发生了一个转折.根据自由体积的概念,把高聚物的总体积分为占有体积和自由体积两部分.占有体积随温度均匀增加,那么热膨胀系数在 T_g 处的转折应对应于自由体积扩张的突然开始.即在直到 T_g 为止的温度,自由体积是一常数,然后随温度的升高而增大.如果记玻璃化温度 T_g 以上的自由体积的热膨胀系数为 α_f,则

$$f = f_g + \alpha_f(T - T_g) \tag{5.17}$$

代入式(5.16),得

$$\lg \alpha_T = \lg \frac{\eta_T}{\eta_{T_g}} = -\frac{B}{2.303 f_g}\left(\frac{T - T_g}{\dfrac{f_g}{\alpha_f} + T - T_g} \right)$$

实验结果表明,常数 B 对几乎所有高聚物都是一个非常接近 1 的数.比较式(5.17)和由实验得到的 WLF 方程,可以求得在玻璃化温度的自由体积分数 f_g 为

$$f_g = 1/17.4 \times 2.303 = 0.024\,955 \approx 0.025$$

和自由体积的热膨胀系数 α 为

$$\alpha = 4.8 \times 10^{-4}\,℃^{-1}$$

这表明在玻璃化温度 T_g,高聚物的自由体积占它总体积的 2.5%.

这样,就有了 WLF 方程.对于高聚物在任何实验条件下完整的黏弹性响应,我们就有了两种方法来描述,即在任一温度下的组合曲线,以及在任一时间的模量-温度曲线和相对于某参考温度的位移因子 a_T.

当然我们不一定选取高聚物的玻璃化温度作为参考温度,对于任意选择的参考温度 T_s,WLF 方程为

$$\lg a_T = \frac{C_1(T - T_s)}{C_2 + (T - T_s)} \tag{5.18}$$

不同高聚物的 C_1 值和 C_2 值略有不同(表 5.4),但一般还是把 C_1 和 C_2 当作普适常数.

表 5.4　不同高聚物的 C_1 值和 C_2 值

高聚物	C_1	C_2
普适常数	17.4	51.6
天然橡胶(巴西三叶胶)	16.7	53.6
聚氨酯	15.6	32.6
聚苯乙烯	14.5	50.4
聚甲基丙烯酸乙酯	17.6	65.5
聚异丁烯	16.6	104

如果我们把由实验得到的 a_T 值来凑合 WLF 方程而又保持 C_1 和 C_2 不变,那么可以改变参考温度 T_s 的选取.用于这样目的 WLF 方程是

$$\lg a_T = \frac{-8.86(T - T_s)}{101.6 + (T - T_s)} \tag{5.19}$$

由这样选取的参考温度 T_s 一般大约在它的玻璃化温度 T_g 附近 50 ℃处,即 $T_s = T_g \pm 50\,℃$. 从实验操作来看,式(5.19)更为方便,因为要由 T_g 附近黏弹性数据来得到 a_T 有一定困难,因此 T_s 就被用来选作为使用于这一目的的一个最合宜的参考点.各种不同高聚物的 T_s 值见表 5.5.

表 5.5　一些高聚物的参考温度 T_s

高聚物	T_s(K)	$T_s - T_g$(K)
聚苯乙烯	243	41
聚异丁烯	408~418	35~45
聚苯乙烯	349~351	44~46
聚乙酸乙烯酯	346	50
聚氯乙烯-乙酸乙烯酯	380	
聚乙烯醇缩乙醛	324	48
聚丙烯酸甲酯	431~435	53~57
聚氯乙烯	393~396	46~49

续表

高聚物	$T_s(\mathrm{K})$	$T_s - T_g(\mathrm{K})$
聚氨酯	283	45
丁苯橡胶		
75∶25	268	57
60∶40	283	
50∶50	296	
50∶50	328	

学过物理化学的人都知道,几乎所有分子运动的温度依赖性规律都服从阿伦尼乌斯(Arrhenius)方程:

$$\tau = \tau_0 \mathrm{e}^{\Delta H/(RT)}$$

这里,τ 是体系的某物理量(比如松弛时间),ΔH 是活化能,R 是气体常数,T 为绝对温度. 的确,高分子链的整链运动(流动)或者是高分子链中比链段小的运动单元(链节、基团等)与温度的关系都可用阿伦尼乌斯方程来描述. 唯有高分子链段运动(链段运动是高聚物特有的运动形式)的温度依赖关系不服从阿伦尼乌斯方程,这是很特别的. 到底是什么原因使链段运动的温度依赖关系偏离阿伦尼乌斯方程呢? 要回答这个问题,必须要对高分子的链段运动有一个深刻的认识.

与小分子化合物相比,高聚物的最大特点就是"大",它由很大数目($10^3 \sim 10^5$)的结构单元以化学键相连而成,而每一个结构单元又相当于一个小分子化合物. 就是因为这个"大",量变导致质变,引起高聚物在结构、分子运动和一系列物理性能上与小分子化合物有着本质的差别,链段就是这许多差别中的一个. 柔性是由量变到质变在高聚物结构上的重要表现,它是高聚物分子特有的,是高聚物许多特性的根本. 当然,由于键角的限制和空间位阻,高分子链中的单键旋转时相互牵制,一个键转动,要带动附近一段链一起运动,内旋转不是完全自由的,这样即便在非常柔顺的高分子链中,每个键也不能成为一个独立的运动单元,但是只要高分子链足够长,由若干个键组成的一段链就会作用得像一个独立的运动单元,这种高分子链上能够独立运动的最小单元称为链段. 由这样定义的链段之间是自由联结的,链段的运动是通过单键的内旋转来实现的,甚至高分子的整链移动也是通过各链段的协同移动来实现的. 新的结构的产生一定伴随出现一些特异的性能和具有一些特殊的规律. WLF 方程就是这些特殊规律中的一个.

尽管 WLF 方程在实际中得到广泛应用并与实验有良好的符合,但它毕竟是基于链段这样一个高分子中的特殊分子单元的运动而提出来的,并且在理论推导过程中作了许多近似. 因此使用时要有一定的条件. 当然最主要的限制是它所适用的对象一定是链段运动,而不能是其他运动单元的运动. 具体表现在 WLF 方程适用的温度范围上. 事实上,温度低于 T_g,WLF 方程就不适用了(图 5.16). 一方面,温度低于玻璃化温度,链段运动已被冻结,高分子链中可能的运动单元是比链段更小的单元(链节、小侧基、曲柄运动等);另一方面,温度很高时,WLF 方程就归回为阿伦尼乌斯方程,高分子链已可以发生质量中心的整链运动,即发生流动. 它们的运动单元和机理都与链段运动不同,服从更为普适的阿伦尼乌斯方程. WLF 方程的适用范围只能是在 $T_g < T < T_g + 100\ ℃$. 这与它的物理含义是一致的.

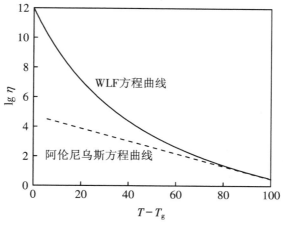

图 5.16　$\lg \eta$ 对 $T - T_g$ 的作图

除了以上意义,WLF 方程还有其他几个很有用的启示.它们是:

(1) 玻璃化转变的等自由体积理论,即所有的高聚物都在自由体积分数为 0.025(或 2.5%)时发生玻璃化转变.

(2) 如果对 $\lg a_T$-$1/T$ 作图是一条曲线(服从 WLF 方程),那么这个松弛过程就是玻璃化转变.反之,$\lg a_T$-$1/T$ 是一条直线(服从阿伦尼乌斯方程),这个松弛过程就是次级转变,由此可以来明确判断高聚物的玻璃化转变.

(3) WLF 方程为玻璃化转变的热力学理论提供了理论基础.仔细看一下 WLF 方程的公式,等式右边分式的分母是 $51.6 + T - T_g$,重要的是这里有一个负号.如果温度 $T = T_g - 51.6$,即 $51.6 + T - T_g = 0$,那么右边分式将成为无穷大.其物理意义是把无限大时间标尺的实验向有限时间标尺移动时,移动因子将取无穷大,在物理上就是一个相变.因此,在真正分子的水准上,WLF 方程也告诉我们,可能不是 T_g,而是在 $T = T_g - 51.6$ 时的温度(这个温度一般记作 T_2),高聚物的性能有一个质的飞跃.这个 T_2 就是考虑中的热力学二级转变温度,由此而引出了原是松弛运动的玻璃化转变被认为是热力学二级相变的可能(详见第 6 章"高聚物的转变").

总之,WLF 方程是特殊的运动单元——链段运动所服从的特殊温度依赖关系.链段运动的特殊性表现在它可以在整链质量中心不移动的前提下发生运动,并且在链段运动时内能的变化是不重要的,主要发生的是熵的变化.其最根本的原因还是高分子的"大",量变必然引起质变,量"大"引起的质变是新的结构参数"柔性"的产生,从而产生聚合物特有的橡胶高弹性,并具有自己特有的温度依赖关系——WLF 方程.

在高聚物黏弹性理论中 WLF 方程非常重要,进一步讨论该方程中系数 C_1 和 C_2 的求解方法及其物理意义是很有必要的.

取决于所选用的参考温度 T_r,WLF 方程中的经验参数系数 C_1 和 C_2 有不同的值.C_1 是一个无量纲的参数,与所选用的参考温度 T_r 下的自由体积分数 f_r 有关:

$$C_1 = \frac{B}{2\,303 f_r}$$

而 C_2 是一个量纲为 K 的参数,它不仅与 T_r 下的 f_r 有关,还与自由体积的膨胀系数 α_f 有关,即

$$C_2 = \frac{f_r}{\alpha_f}$$

这样,它们的乘积 $C_1 \cdot C_2$ 为

$$C_1 \cdot C_2 = \frac{B}{2\,303 \alpha_f} \approx \frac{1}{2\,303 \alpha_f} \approx 900 \tag{5.20}$$

具有近似普适的值,与自由体积的热膨胀系数 α_f 有关.

为求得 C_1 和 C_2 的值,可以把式(5.18)改写为

$$-\frac{1}{\lg a_T} = \frac{C_2}{C_1} \cdot \frac{1}{T - T_r} + \frac{1}{C_1} \tag{5.21}$$

这样,以 $-1/\lg a_T$ 对 $1/(T - T_r)$ 作图(图5.17(a)),直线斜率和截距分别是 C_2/C_1 和 $1/C_1$,由此可求得 C_1 和 C_2. 这是比较常用的求取 C_1 和 C_2 的方法(方法1). 当然也可以把式(5.18)改写为

$$-\frac{T - T_r}{\lg a_T} = \frac{T - T_r}{C_1'} + \frac{C_2'}{C_1'} \tag{5.22}$$

为了区别方法1,这里用了 C_1' 和 C_2'. 以 $-(T - T_r)/\lg a_T$ 对 $T - T_r$ 作图(图5.17(b),方法2),由直线斜率和截距 $1/C_1'$ 和 C_2'/C_1' 求得 C_1' 和 C_2' 的值.

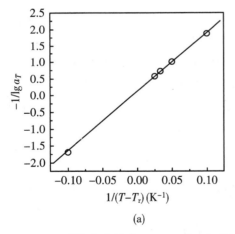 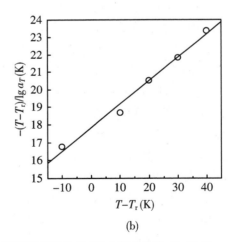

(a)   (b)

图5.17 求取参考温度 $T_r = 160\,℃$ 时,苯乙烯-丙烯腈共聚物 WLF 方程中参数 C_1 和 C_2 值的外推作图.(a) 按方法1外推;(b) 按方法2外推

由图5.17(a)求得苯乙烯-丙烯腈共聚物在 $T_r = 160\,℃$ 下的 $C_1 = 8.32$,$C_2 = 148$,所以 $C_1 \cdot C_2 = 1.23 \times 10^3(1\,231.36)$,线性相关系数 $R_1^2 = 0.999\,7$,由图5.17(b)求得相同条件下苯乙烯-丙烯腈共聚物的 $C_1' = 7.49$,$C_2' = 133$ 和 $C_1' \cdot C_2' = 996$.线性相关系数 $R_2^2 = 0.987\,7$. 两种方法相比,$C_1' \cdot C_2'$ 比 $C_1 \cdot C_2$ 更接近于900,但方法2的相关系数 $R_2^2 < R_1^2$,反而比方

法 1 低. 上述两种求取 WLF 方程中 C_1 和 C_2 参数的方法本质上没有什么差别, 但式(5.21)和式(5.22)的灵敏度和准确度还是不一样的. 相比之下, 方法 2 比方法 1 具有更高的灵敏度和更小的平均相对残差($J_1 = 2.23\%$, $J_2 = 0.78\%$, $J_1/J_2 = 2.86$), 数据更为合理可信.

5.6　位叠模型理论

WLF 方程实际上是通过考虑黏度的温度依赖性来描述高聚物黏弹性的温度依赖性的. 而黏度, 从分子水准上来说, 应该就是分子链相互运动时内摩擦的量度, 即分子链运动受阻的程度. 这个受阻程度可以用位叠来定量地描述.

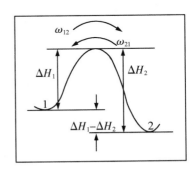

图 5.18　位叠模型

考虑双谷位叠情况(图 5.18), 1, 2 之间的位叠高度即活化能为 ΔH. 在平衡时, 1, 2 之间互相转化的概率相等, 即

$$\omega_{12} = \omega_{21} = \omega = A \mathrm{e}^{-\Delta G/(RT)}$$

如果在高聚物试样上加以外力, 那么这个外力将改变 1, 2 之间的位叠差, 从而使某一个位置(譬如, 这里为 1)向另一位置的转化更为有利. 若位叠差的改变为 ΔV, 那么此时它的转化概率不再相等, 分别为

$$\omega_{12} = A \mathrm{e}^{-\frac{\Delta H + \Delta V}{RT}} = \omega\left(1 - \frac{\Delta V}{RT}\right)$$

$$\omega_{21} = A \mathrm{e}^{-\frac{\Delta H - \Delta V}{RT}} = \omega\left(1 + \frac{\Delta V}{RT}\right)$$

假如处在 1 和 2 状态的链段分别为 N_1 和 N_2 个, 总数 $N = N_1 + N_2$, 那么

$$\frac{\mathrm{d}N_1}{\mathrm{d}t} = -N_1 \omega_{12} + N_2 \omega_{21}$$

$$\frac{\mathrm{d}N_2}{\mathrm{d}t} = \frac{\mathrm{d}N_1}{\mathrm{d}t}$$

则

$$\frac{\mathrm{d}(N_1 - N_2)}{\mathrm{d}t} = -2\omega(N_1 - N_2) + 2\omega(N_1 + N_2)\frac{\Delta V}{RT}$$

$$= -2\omega(N_1 - N_2) + 2\omega\frac{N\Delta V}{RT}$$

其中, $N_1 - N_2$ 是净转化率, 假定它直接与应变 ε 相关, 即

$$(N_1 - N_2) \propto \varepsilon$$

上式可写为

$$\frac{\mathrm{d}\varepsilon}{\mathrm{d}t} + 2\omega\varepsilon = \frac{N\Delta V}{RT}$$

这是一阶常微分方程,在形式上正好与沃-开氏模型的运动微分方程相类似.因此,这里的松弛时间为

$$\tau = \frac{1}{2\omega} = \frac{1}{2A}\mathrm{e}^{-\Delta H/RT} = \tau_0\mathrm{e}^{-\Delta H/RT} \tag{5.23}$$

一眼可见,这正是阿伦尼乌斯方程的形式.

已经说过,WLF 方程在 $T_g < T < T_g + 100\ ℃$ 温度范围内是非常好的经验公式,但它不适用处于玻璃态的次级转变(松弛).对于次级转变(松弛),它正服从阿伦尼乌斯方程,即

$$\lg a_T = \lg\frac{\tau_0}{\tau} = \frac{-\Delta H}{2.303RT} \tag{5.24}$$

思 考 题

1. 任何材料的性能都与温度有关,为什么对高聚物的力学性能而言,其温度依赖性被提高到如此重要的地步?

2. 高聚物的力学性能有非常明显的温度依赖性,工业上是如何来检测温度对高聚物力学性能的影响的?

3. 为什么在工业界要制定统一的耐热性实验? 为什么在实验室里往往又启用形变-温度曲线、模量-温度曲线和动态力学行为的温度依赖性等另一类实验?

4. 什么是高聚物的形变-温度曲线? 它能反映哪些高聚物的性能和有关结构?

5. 在实测高聚物形变-温度曲线时,刚开始不久曲线会出现有一个平坦的下凹,为什么?

6. 高聚物的形变-温度曲线非常简单,为什么还要用高聚物的模量-温度曲线? 这与其分子运动有什么联系? 不同分子结构和不同聚集态结构的高聚物应有什么样的模量-温度曲线?

7. 模量-温度曲线对高聚物的加工和应用有何实际意义?

8. 形变-温度曲线和模量-温度曲线都显示了高聚物的三个力学状态和两个转变,这些玻璃态、橡胶态、黏流态与固态、液态、气态有什么差别?

9. 动态力学行为的温度依赖曲线最能反映高聚物力学性能的温度依赖性,为什么?

10. 什么是高聚物黏弹性的时温等效和转换? 它对高聚物黏弹性的实验测试有什么重要用处? 为什么对动态黏度也能运用时温转换?

11. 位移因子 a_T 是如何定义的? 通过什么参数能实验测定这位移因子?

12. 试以自由体积概念,从 Doolittle 方程推导出 WLF 方程:

$$\lg a_T = -\frac{17.44(T - T_g)}{51.6 + (T - T_g)}$$

它与阿伦尼乌斯方程 $\tau = \tau_0 e^{\Delta H/RT}$ 有什么关系？从 WLF 方程可以得出哪些有用的结论？WLF 方程等式右边分式的分母是 $51.6 + T - T_g$. 如果温度 $T = T_g - 51.6$，即 $51.6 + T - T_g = 0$，则右边分式将成为无穷大，可能的物理意义是什么？

13. 什么是自由体积？为什么在考虑黏度的温度依赖性时，要引入自由体积这样的概念？

14. WLF 方程还给我们提供了哪些有用的结果？如何从中更深入地理解高聚物链段运动的特点？

第 6 章　高聚物的转变

　　仔细研究精心绘制的高聚物模量-温度曲线,可以发现许多高聚物在温度从低温(目前已做到 4 K)到高温连续改变时,除了在玻璃化转变区域和流动转变区域发生模量的下跌,还存在另外几个模量发生细小下跌的地方.在高聚物的动态力学实验中更容易发现在相应于模量-温度曲线上细小的模量下跌的温度处出现内耗峰.同样,在高聚物比容-温度曲线上也会发现有多处斜率的转折.这表明许多高聚物不是只有两个松弛转变,而是存在多个松弛转变.这就是现在所称的高聚物的多重转变(multiple transition).

　　存在于高聚物中的各种松弛转变对高聚物的使用性能有很大影响.在材料的力学性能上标志明显突变的温度,在工艺上的重要性是怎么夸张也不过分的.这种不那么显见的固-固转变比熔点 T_m 或玻璃化温度 T_g "检验"高聚物的性能来得更为重要.因此仔细研究这些松弛转变对高聚物力学性能的影响,它们与高聚物结构及分子运动的关系,建立"结构—分子运动—性能"三者的相互关系,以求得为特定用途的材料选择以及为指定用途的分子设计,提供足够的科学依据.

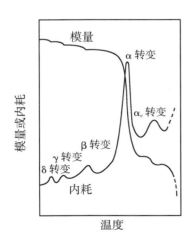

图 6.1　高聚物的多重转变和松弛

　　可能存在于高聚物中的各种松弛转变(就最广泛的概念来说包括发生在高聚物中"在位"的固态化学反应)在模量和内耗峰上的反映如图 6.1 所示.有时,为了方便起见,把高聚物最主要的玻璃化转变记作 α 转变,在玻璃化温度以下可能出现的转变依次记为 β 转变、γ 转变和 δ 转变.把玻璃化温度以上可能出现的转变记为 $α_c$ 转变.这里要注意的是:① 不是每个高聚物都有 β 转变、γ 转变和 δ 转变.② 由于 β 转变、γ 转变和 δ 转变只是依温度递减而做的标记,它们不反映转变对应的分子机理,因此不同高聚物的 β 转变可能有不同的分子机理.这种标记只是为了方便而不问转变的物理含义,因此在这个高聚物中的 β 转变可能与另一个高聚物中的 β 转变有完全不同的机理,甚至与第二个高聚物中的 γ 转变有相同的机理,不指明是什么高聚物,只谈 β 转变或 γ 转变是没有意义的.

6.1　玻璃化转变

玻璃态与玻璃化转变(glass transition)是科学界极度关注的问题之一.甚至被认为是凝聚态物理中最深奥、最有趣的基础理论难题.玻璃是一类典型的非晶态材料,是液体在冷却过程中没有达到结晶前得到的一类固体.在一定条件下,几乎所有共价键、离子键、氢键和金属键类型的材料都可以形成玻璃.非晶态的高聚物是典型的玻璃材料,玻璃化转变是一种广泛存在于高聚物领域的现象,玻璃化转变是高分子物理理论中的基本问题之一,高聚物玻璃化转变的特殊性和玻璃态结构的动态多样性对其性能有重大的影响,玻璃化转变对遴选高聚物材料加工成形窗口将起决定性作用.尽管任何液态物质在特定条件下都可以发生玻璃化转变,但大多数物质发生玻璃化转变的条件相当苛刻,不像高聚物的玻璃化转变如此容易发生.就结构而言,玻璃的结构与液体结构相似,其结构单元没有长程有序性,只有近程有序.就机械力学性能而言,玻璃又与通常的晶态固体材料类似,有确定的外形以及很好的强度和刚度.

6.1.1　玻璃化转变的定义

某些液体在温度迅速下降时被固化成玻璃态而不发生结晶作用,即玻璃化转变.发生玻璃化转变的温度叫做玻璃化温度(glass temperature),记作 T_g.高聚物具有玻璃化转变现象.从分子运动观点来看,高聚物的玻璃化转变是它们分子链段运动被激发.从宏观的机械力学性能实用角度来看,高聚物的玻璃化转变是指非晶态高聚物从玻璃态到高弹态的转变(温度从低到高),或从高弹态到玻璃态的转变(温度从高到低).以高聚物最常见的模量-温度曲线为例来说明玻璃化转变的这个定义.图 6.2 是线形非晶态高聚物典型的模量-温度曲

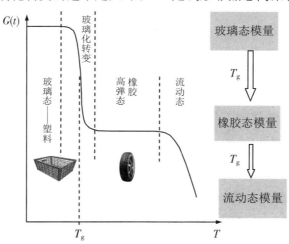

图 6.2　线形非晶态高聚物典型的模量-温度曲线

线.温度由低升高,在较低的温度(对通常所谓的塑料而言,较低的温度是指室温(25 ℃)上下几十度的范围)下,非晶态高聚物是坚硬的固体,模量在 10^9 N/m² 量级,随着温度的升高,高聚物的模量开始有所下跌,在仅有的几度范围内,模量会下跌几千到几万,降至 $10^{5.7}$ N/m² 的量级,这就是所谓的玻璃化转变,材料变为具有较大变形的柔软弹性体.高聚物的玻璃化转变是指非晶态高聚物从玻璃态到高弹态的转变(温度从低到高),或从高弹态到玻璃态的转变(温度从高到低),对于晶态高聚物,是指其中非晶部分的这种转变.

6.1.2 玻璃化转变的意义

玻璃化转变对高聚物的意义可从两个方面来理解.

1. 实用意义

玻璃化转变具有非常重要的实用意义.图 6.2 表明,玻璃化温度 T_g 是非常实用的,玻璃化温度 T_g 前、后非晶态高聚物(线形和支化高聚物)的力学性能会有如此大的差异.事实上,T_g 是我们通常所说的塑料和橡胶的分界点.对于具有足够大分子量的非晶态高聚物,温度高于 T_g 时是橡胶,具有高弹性,而在低于 T_g 的温度则变成了坚硬的固体——塑料.平时我们所说的塑料和橡胶,就是按它们的玻璃化温度 T_g 是在室温以上还是室温以下而言的.T_g 在室温以下的是橡胶,在室温以上的是塑料.作为塑料使用的非晶态高聚物,当温度升高到发生玻璃化转变时,便失去了塑料的性能,变成了橡胶;反之,橡胶材料在温度降低到 T_g 以下时,便失去了橡胶弹性,变成了坚硬的塑料.因此,玻璃化温度 T_g 是非晶热塑性塑料使用温度的上限,是橡胶使用温度的下限,是非常重要的实用指标.同时,玻璃化转变对于高聚物材料加工成形窗口的遴选也起到决定性作用.

2. 学科意义

玻璃化转变的第二个意义是理论方面的.T_g 也是高聚物的特征温度之一,可以作为表征高聚物的特征指标.在学科上,它是高分子链柔性的指标,具有低 T_g 的非晶态高聚物的大分子链一定是柔性链;反之,该非晶态高聚物的 T_g 很高,意味着其大分子链具有很高的刚性.

6.1.3 玻璃化转变现象

玻璃化转变现象是丰富多彩的.在 T_g 处,高聚物从玻璃态行为转变为橡胶态行为,模量一下跌落三个数量级以上.同时高聚物的许多物理性能,如比容、比热、折光指数、介电损耗、核磁共振吸收等都表现出急剧的变化.观察这些性能在玻璃化转变温度发生的变化有助于我们对玻璃化转变本质的了解.由于玻璃化转变本质的复杂性,至今对此还不完全了解,因此这里将较多地罗列各种转变现象.理论是实践的总结,所以各种不同的转变现象会在多个方面给我们启发;反之,各种物理力学量在转变温度的变化正是测定玻璃化温度的有效手段和方法.

为方便起见,可以把玻璃化温度发生变化的物理力学性能分为三大类,即热力学的、力学和电磁的.由于最标准的 T_g 是由高聚物的比容-温度曲线的转折来确定的,并且最容易用自由体积理论来解释.因此,把高聚物的比容－温度关系单列出来讲述,以示其重要性.

1. 比容-温度关系

在玻璃化转变温度,高聚物体膨胀系数发生转折,可以观察到两条不同斜率的直线.它们的相交点就定义为 T_g. 有时实验数据不产生尖锐的转折,习惯是把它们的直线部分外延,取延长线的交点作为 T_g. 图 6.3 是聚乙酸乙烯酯的比容-温度曲线(v-T 曲线).

图 6.3 的数据是这样得到的:首先把试样置于远远高于 T_g 的温度达到平衡,然后把它在另一所需温度下迅速淬火,测定在这一温度下比容随淬火温度的变化.开始 $v(t)$ 稳步下降,然后达到一个平衡值 $v(\infty)$,图 6.4 是 $v(t) - v(\infty)$ 与一系列温度(淬火温度)下淬火时间的关系.如图 6.4 所示,当温度接近于转变温度时,需要很长的时间才能达到平衡比容 $v(\infty)$.原则上,我们应该等候无限长的时间以保证平衡值的达到.但实际上为了确定 T_g,一般在 3 min 后即可读取数据:时间增加 10 倍,T_g 约降低 3 ℃.太长的时间在实验上是不方便的.

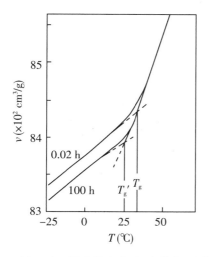

图 6.3　聚乙酸乙烯酯的比容-温度曲线.由较慢冷却速率(1 ℃/100 h)得到的 T'_g 比较快冷却速率(1 ℃/0.02 h)得到的 T_g 低

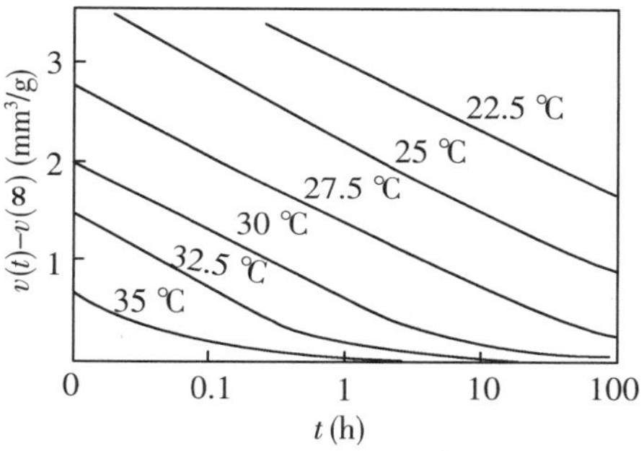

图 6.4　聚乙酸乙烯酯的比容-时间等温线

显然,这样测定的 T_g 值是一个平衡值.例如图 6.2 表明,快速冷却(0.02 h)得到的 T_g 比缓慢冷却(100 h)得到的 T_g 高.

测定比容-温度曲线常用膨胀计,即测定材料的比容随温度的变化,曲线的斜率即是体膨胀系数.最广泛采用的方法是毛细管膨胀计.把高聚物试样放在膨胀计内再充满水银,则体膨胀的值就可由毛细管中的柱高来直接读取.为了能作更为宽广的温度范围,克服水银冰点 -39 ℃和沸点 356.95 ℃的限制,也有改用空气作为介质的,试样在空气膨胀计里的体积变化是表现为随温度改变而产生的细小压差变化.此外线膨胀计也是常用的方法.

2. 热力学性能

在玻璃化温度 T_g 处,像折光指数(图 6.5(a) 是聚乙酸乙烯酯折光指数随温度的变化,在低温端和高温端,其折光指数随温度的升高出现两个变化规律.总的趋势是折光指数随着温度的升高而不断下降,但在高温端聚乙酸乙烯酯的折光指数随温度的下降更为迅速.如果把这两个下降的点连成两条直线,它们的交点则是该高聚物的玻璃化转变,所对应的温度就是聚乙酸乙烯酯的玻璃化温度 T_g.)、比热(图 6.5(b)是聚苯乙烯的比热随温度的变化.由图可见在约 100 ℃时,聚苯乙烯的比热有一个突变,这个温度应该就是聚苯乙烯的玻璃化温度.)、导热系数(图6.5(c)是硫化橡胶的导热系数与温度的关系.导热系数产生转折对应的温度就是该高聚物的玻璃化温度 T_g.)、扩散系数(图6.5(d)是小分子溶剂正戊烷在非晶态聚苯乙烯中的扩散系数与温度倒数 $1/T$ 的关系图.斜率的变化非常明显,两条不同斜率的交汇点就是非晶态聚苯乙烯的玻璃化温度 T_g.)乃至内压等热力学性能都会发生突变.需要指出的是,比热的测定比同样方法测定的比容有更大的速度依赖性.

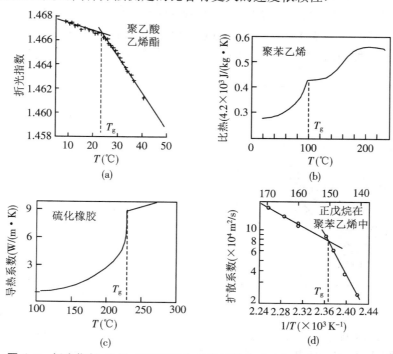

图6.5 折光指数、比热、导热系数和扩散系数在玻璃化温度 T_g 处的突变

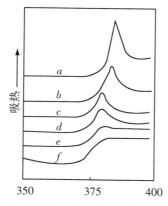

图6.6 不同升温速率的聚苯乙烯玻璃化转变区的差热曲线.每条曲线代表不同的冷却速率,$a{\sim}f$ 依次为 $5\,℃/s$,$8.7\times10^{-2}℃/s$,$14.1\times10^{-2}℃/s$,$8\times10^{-2}℃/s$,$3.2\times10^{-3}℃/s$ 和 $1.4\times10^{-4}℃/s$

近年来迅速发展的差热分析是一个测定近似比热的好方法.差热分析是把试样与一个热惰性的参比物质(要求参比物质在整个温度范围内不发生任何热效应)放在一起,以等速升温加热,测定它们之间的温差.如果高聚物不发生任何变化,那么它与参比物质的温差 ΔT 为零,差热分析曲线的基线平直稳定.一旦高聚物发生玻璃化转变,它的比热就会发生突变,反映在差热分析曲线上是基线的突然位移(图6.6).差热曲线的转折点定为 T_g.因为升温速率的影响,应该测定不同升温速率的数据,然后外推至零速率时的值,即为所求的 T_g.差热分析用作测定玻璃化温度简单、快速且易于自动记录.

内压 $p_i = (\partial E/\partial V)_T = (\partial S/\partial V)_T - p$ 是

在玻璃化温度发生突变的另一个有用的热力学参数. 在实验上, 它是由恒容下的压力-温度系数求得的. 即

$$p_{\mathrm{i}} = T \left(\frac{\partial p}{\partial T} \right)_{v} - p \approx T \frac{\beta}{\kappa} \tag{6.1}$$

(与内压相比, 大气压 p 可忽略.)式中, κ 是等温可压缩度. 实验发现, 在玻璃态向橡胶态转变时, 聚异丁二烯的内压由 3 940 atm 增至 5 910 atm.

3. 力学性能

在玻璃化温度时, 高聚物的力学性能发生极大变化. 从坚硬的塑料变成高弹的橡胶或黏滞的液体是日常生活中常见的现象. 其实, 一个非常简单的加压针刺实验就能显示非晶态高聚物在冷却时从熔体向玻璃体的转变. 图 6.7 是聚苯乙烯熔体缓慢冷却时推压针头所需外力随温度的变化. 显然, 在高的温度下, 聚苯乙烯是非常软的物体, 几乎不费什么外力针头就能轻易插入其中, 但在低于某个温度(当然是几度的温度区)后, 它就变得十分坚硬, 要想把针头插入其中所需的外力将变得非常大. 这个温度就是聚苯乙烯的玻璃化温度 T_{g}.

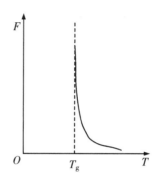

图 6.7　把针头插入高聚物熔体所需的力随温度的变化

高聚物的形变-温度曲线和模量-温度曲线都发生陡升或陡降. 曲线上高弹形变发展到一半的温度可定作 T_{g}, 但也可把按转变区域直线外推到温度轴的交点作为 T_{g}. 不同升温速率所得的 T_{g} 不同, 较快的升温速率使 T_{g} 偏高. 需要指出的是, 在由应力松弛实验求得的模量-温度曲线上, 实验时间间隔不是加热或冷却的速度而是外力作用的时间. 在这里一般是取 10 s 为准. 玻璃化温度 T_{g} 反映在高聚物的动态力学性能上是储能模量的下跌和损耗角正切(或对数减量)出现极大. 这些都在前面的章节中讨论过了.

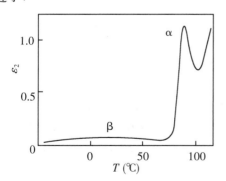

图 6.8　聚氯乙烯的介电损耗峰

4. 电磁性能

(1) 介电松弛

与动态力学中的情况一样, 在正弦交变电场作用下, 极性高聚物的偶极运动也有滞后的特性, 从而产生介电松弛. 极化率 D 也将是一个复数, 并有复数介电系数 $\varepsilon^{*} = \varepsilon_{1} - \mathrm{i}\varepsilon_{2}$. 其中, ε_{1} 和 ε_{2} 分别是实数介电系数(介电常数)和虚数介电系数, 并有介电损耗 $\tan \delta = \varepsilon_{2}/\varepsilon_{1}$. 玻璃化转变就表现为 ε_{1} 的突变以及 ε_{2} 和 $\tan \delta$ 出现的峰值(图 6.8).

当然, 高聚物介电性能的测定必须要求该高聚物有极性基团的存在. 但是这也正是它的优点所在, 它使我们能容易识别对应于这个介电松弛的是高聚物中哪一类结构单元的运动, 从而大大弥补动态力学实验在这方面的不足.

（2）热释电流

将极性高聚物置于高压直流电场中，在一定温度下进行极化，并保持外电场. 迅速冰冻极化电荷，最后撤去外电场，就能得到半永久性驻留极化电荷的介电体——高聚物驻极体. 对驻极体加温，试样中被冻结的偶极的解取向会产生松弛电流，另外试样中陷阱能级上填充的载流子解俘获也会产生退陷阱电流，从而形成一个放电过程，得到热刺激电流（thermally stimulated discharge current，TSDC）或热释电. 高聚物的玻璃化转变就会在以 TSDC 对 T 作图中反映出来.

图 6.9 是聚甲基丙烯酸甲酯（PMMA）和聚甲基丙烯酸乙酯（PEMA）的热释电流对温度的作图. 它们的热释电流各有两个峰值，其中 PMMA 在 110 ℃ 和 PEMA 在 70 ℃ 的 α 峰就是它们玻璃化转变在热释电流上的表现，因此就是它们的玻璃化温度.

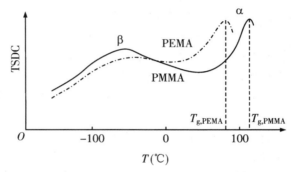

图 6.9　聚甲基丙烯酸甲酯（PMMA）和聚甲基丙烯酸乙酯（PEMA）的热释电流的温度依赖关系

（3）正电子湮没

正电子（e^+）是基本粒子，它所带的电荷与电子相等，符号相反，是电子的反粒子，它的其他特性均与电子相同. 正电子进入物质后如果遇到电子就会发生湮没，同时放射出湮没辐射光子，从而有所谓的正电子湮没寿命. 在高聚物中，正电子在自由体积中形成并湮没. 其湮没寿命在 T_g 处会发生一个转折（图 6.10）.

（4）宽谱线核磁共振法

在玻璃化温度 T_g 时，高聚物的磁性能也有很大变化，主要是核磁共振谱线变窄. 核磁共振法（NMR）、介电法和动态力学法是研究高聚物分子运动的三大方法，它们各有其特点和不足，相互补充. 相比之下，NMR 在研究分子运动方面更为直接. NMR 的基本原理在现代物理分析方法中早有介绍. 在研究高聚物的分子运动方面主要用的是 NMR 中的宽谱线方法和测定松弛时间的脉冲法（详见下一节玻璃化转变的测定方法）. 通过共振吸收宽度 ΔH（或 $\Delta H_{\frac{1}{2}}^2$）随温度变化的情况，可以得到高聚物转变的有用资料. 图 6.11 是聚异丁烯和天然橡胶的核磁共振宽度随温度的变化.

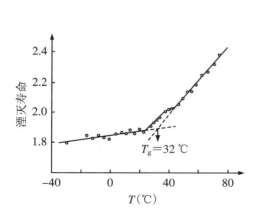

图 6.10　聚乙酸乙烯酯的正电子淹没
寿命的温度依赖关系

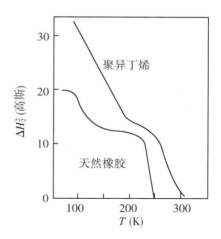

图 6.11　聚异丁烯和天然橡胶的核磁共
振二次矩 ΔH_2^2 与温度的关系

6.2　玻璃化转变的理论

　　尽管目前已发现许多物理现象在玻璃化温度下有变化,也已有许多种实验方法可用来确定高聚物的玻璃化转变和测定玻璃化温度,但是由于玻璃化转变是一个极为复杂的现象,它的本质至今还不大清楚.对高聚物玻璃化转变本质的看法集中起来就是两种,一种认为玻璃化转变本质上是一个动力学问题,是一个松弛过程,如我们前面一直认为的那样.另一种看法是较新的,它认为玻璃化转变本质上是一个平衡热力学二级转变,而实验"观察到"的是具有动力学性质的 T_g.这两种看来十分矛盾的观点很可能说明同一现象的不同方面,与其说它们是相互矛盾的,还不如说是相互补充的.已有的玻璃化转变的理论有如下几种.

6.2.1　等黏态理论

　　理论认为玻璃化转变是由高聚物本体黏度增大而引起的.玻璃化转变显著的特征是过冷液体动力学性能随温度的变化.黏度 η 是液体动力学的一个重要性能.随着温度的降低,η 急剧增加,等黏态理论所定义的玻璃化温度是高聚物的黏度增加到链段运动不能发生的温度.理论上,一般认为松弛时间 τ 到达 $100 \sim 1\,000$ s 以上的物质就处在玻璃态.黏度与松弛时间的关系是 $\eta = G\tau$(这里模量 $G \approx 10^{10}$ Pa),这样黏度 $\eta(T_g)$ 为 10^{12} Pa·s 时液体转变成玻璃,相应的温度称为玻璃化温度 T_g.

　　大量的实验事实表明,玻璃化转变是处在玻璃态的高分子主链内的旋转被激发.T_g 与含 $50 \sim 100$ 个主链碳原子的链段运动有关.因此,当把液体冷却时,其之所以来不及形成晶核便迅速通过其结晶温度区而被固化成玻璃态,一方面是分子的对称性低(长链分子的对称性当然低),在 $T \leqslant T_m$ 时从液态到晶态的旋转异构化作用极慢;另一方面,也是最普遍的原因在于熔点或熔点以下时高的熔体黏度.在玻璃化温度区域中,温度降低几度熔体黏度便会增加几个数量级.实验发现,对很多材料来说,熔体黏度升高到 10^{12} Pa·s 就发生了玻璃化转变,因此玻璃化转变的等黏态理论认为玻璃化温度是这样一个温度:在这个温度时大熔体达到了 10^{12} Pa·s 这样高的黏度,以至于链段运动已变得不再可能.玻璃化温度是代表黏度为 10^{12} Pa·s 的等黏度状态.(当然这样高的黏度用一般流动法是难以测定的,它们是通过蠕变或应力松弛等力学方法测定的高聚物本体黏度.)一般通过 η 测得的 T_g 与热分析测得的 T_g 非常接近.应该注意的是 η 在 T_g 处没有突变.因此,令人吃惊的是,从 T_m 到 T_g 过冷液体的 η 增加了大约 13 个数量级,而过冷液体的结构却没有明显变化.

　　玻璃化转变的等黏态理论对无机玻璃肯定是对的,对一些低聚物也是对的.但是对分子量较高的实用高聚物来说,情况似乎更复杂一些.因为高聚物的黏度有很大的分子量依赖性,分子量低时高聚物熔体黏度 η 与分子量 M 之间有线性关系,但在超过一个临界分子量 M_c 后,高聚物熔体黏度 η 与分子量 M 之间变成了 3.4 次方的关系(见第 10 章"高聚物熔体的流变力学行为").而高聚物的玻璃化温度 T_g 在分子量达到某个值后,几乎与分子量无关.另外,高聚物玻璃化转变时的温度依赖关系不符合阿伦尼乌斯关系,而是具有自己独特的WLF 方程关系(见下).由此也可以预见高聚物体系应该有别于小分子的无机玻璃,不能简单地套用上述的等黏态理论.

6.2.2　等自由体积理论

　　从本体黏度出发来考察高聚物的玻璃化转变在最通用的分子量高的高聚物中遇到了困难.现在我们可以转换思路,换一个角度来考虑这个问题.从动力学角度来看,黏度是物体运动的阻力,但从另一个角度来考虑,黏度可以看作分子间相互发生运动时它们活动空间大小的度量.如果分子之间有较大的活动空间,运动的阻力就小,黏度 η 当然也小,即黏度 η 与活动空间成反比关系,即

$$\frac{1}{\eta} \propto (V - V_0) \tag{6.2}$$

式中,V 是液体总的宏观体积,V_0 是外推至 0 K 而不发生相变液体分子实际占有的体积,则

$$V_f = V - V_0 \tag{6.3}$$

式中,V_f 表示液体中空穴的部分,称为自由体积(free volume),从而提出了玻璃化转变的等自由体积理论.从宏观的运动黏度联系到微观的自由体积,就把对玻璃化转变本质的理解向前推进了一大步.

　　1.　自由体积

　　自由体积有三个不同的定义.上面对自由体积的定义只是其中的一种,叫做热膨胀自由体积.此外,还有几何学自由体积,被定义为物质粒子之间未被填满的空间,即

$$V_f = V - V_w \tag{6.4}$$

这里,V 是该物质的实际测量体积,V_w 是粒子(或分子)的占有体积,从物理的观点来看,就是物质的范德华体积.在统计物理中,还有另外一种所谓的涨落自由体积之说,即由于热涨

落(分子重心在其平衡位置的摆动)而产生原子尺寸量级的空穴,所有这些空穴的总和就是涨落自由体积,即

$$V_f = N_A V_\varphi \tag{6.5}$$

式中,V_φ 是分子由于热振动其重心所扫描的体积,N_A 是阿伏伽德罗常数.

从分子运动的角度来看,自由体积可看作分子具有同等级大小的空间(空穴),而这种空间的产生是由于组分分子堆砌的不完整产生的.而分子运动即是将分子移至此空间,因此必须有足够的空间,分子才能动起来.高聚物分子的运动与小分子的运动非常类似,并且由于高聚物大分子链必须进行协同式的运动,因此高聚物分子的运动需要更大的或较多的空间.

2. 等自由体积理论

既然是体积,我们还是重新回来结合自由体积的概念仔细考察高聚物的比容-温度曲线.高聚物的比容-温度曲线可以理想化地画成如图 6.12(a)所示的示意图.占有体积的热膨胀在整个温度区间内(无论是在玻璃化温度 T_g 以前,还是在玻璃化温度 T_g 以后)是线性的,那么在玻璃化温度 T_g 后,比容-温度曲线斜率的上翘应该归因为高聚物中自由体积的贡献.也就是说,自由体积的膨胀系数在玻璃化温度 T_g 前后是不一样的:在玻璃化温度 T_g 以后的自由体积膨胀系数变大了.这样,在玻璃化温度 T_g 以前自由体积也是一个确定的值,它与占有体积有相同的膨胀系数.只有温度超过了玻璃化温度 T_g,自由体积的膨胀系数就变得与占有体积的不一样了,相比占有体积它有更大的膨胀系数.反过来看,如果温度是从高到低降温,自由体积随温度的降低逐渐缩小,会比占有体积缩小得更快一些.但也是到了玻璃化温度 T_g 以后又与占有体积具有相同的膨胀系数.也就是说,到了玻璃化温度 T_g,自由体积就达到一个恒定值,不再随温度降低而进一步减小.由此推知,在 T_g 以下的温度,自由体积的这个恒定值还太小,不足以容纳 50~100 个主链碳原子链段的运动,在 T_g 以上的温度,自由体积增加了,此时链段的运动完全可以发生.那么所谓的玻璃化温度就是这样一个温度:在这个温度时,高聚物的自由体积达到这样一个大小,以使高分子链段运动可以发生.这个自由体积对所有高聚物来说是相同的,这就是玻璃化转变的等自由体积理论,一般也叫玻璃

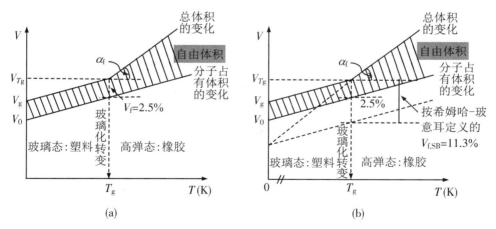

图 6.12　自由体积图解.(a)是按 WLF 方程定义的自由体积 $V_f = 2.5\%$;(b)是按希姆哈-玻意耳定义的自由体积 $V_{f,SB} = 11.3\%$

化转变的自由体积理论.

从实验得到的 WLF 方程 $\lg a_T = \dfrac{-17.44(T-T_g)}{51.6+T-T_g}$ 和由自由体积概念出发推导的 $\lg a_T =$

$-\dfrac{B}{2.303}\left[\dfrac{T-T_g}{(f_g/\alpha_f)+T-T_g}\right]$ 相比较中,已经求出对所有高聚物材料,它们在玻璃化转变温度

T_g 时的自由体积分数(取 $B=1$,因为实验发现 B 确实是一个非常接近于 1 的数)$f_g \approx$ 0.025,也就是说在 T_g 处,自由体积约为总体积的 2.5%,或者说,凡自由体积占总体积的 2.5%时,该高聚物就发生玻璃化转变,或具有 2.5%自由体积的温度即是玻璃化转变温度 T_g.

希姆哈-玻意耳(Simha 和 Boyer)对自由体积 $V_{f,SB}$ 做出了另一个定义.他们认为玻璃态高聚物在 $T=0$ K 时的自由体积应该是该温度下高聚物的实际体积与液体体积外推至 $T=0$ 时的体积差(图 6.12(b)):

$$V_{f,SB} = T_g\left[(dV/dT)_r - (dV/dT)_g\right]$$
$$= T_g V_g(\alpha_r - \alpha_g) = T_g V_g \alpha_f \tag{6.6}$$

式中,$\alpha_r = (dV/dT)_r/V_g$,是 T_g 以上温度的膨胀系数;$\alpha_g = (dV/dT)_g/V_g$,是 T_g 以下温度的膨胀系数,则自由体积分数为

$$f_{g,SB} = V_{f,SB}/V_g = T_g \alpha_f \tag{6.7}$$

玻璃态为等自由体积状态,$f_{g,SB}$ 为一常数.以 α_f 对 $1/T_g$ 作图,即可求得 $f_{g,SB}$.希姆哈-玻意耳测定了几十种高聚物在玻璃化温度时的自由体积分数,结果都等于总体积的 11.3%.一般说来,希姆哈-玻意耳定义的自由体积概念可使一些理论处理简化,而 WLF 方程主要用于黏弹性与温度的关系研究.

自由体积理论可用来说明比容-温度曲线随升温或降温速率而变化的情况.在远高于 T_g 的温度,可以认为高聚物试样的体积是与该温度处于平衡状态的.那么把它冷却到另一个温度,在体积得以重新调整以前需要某个时间(为简单起见,假定热交换是瞬时完成的,至少比体积松弛时间快得多).这个体积的重新调整可以想象是由于热运动的降低引起的"包扎"效率增加而"压缩"自由体积,显然这个过程需要时间.特别是黏度变得很大时,体积随温度的改变必将表现出明显的迟缓.继续冷却(不管是间歇的还是连续的),体积重新调整的速率(作为测量值,譬如可固定一个体积收缩百分率)将逐渐变得是秒、分、小时甚至天的数量级.在连续冷却实验中,当冷却速率达到与体积收缩速率相同时,就可观察到某种类型的不连续.因为如果继续冷却下去,体积收缩速率已跟不上冷却速率,体积不再有足够的时间来达到它的平衡值.这个转折点就取为这个冷却速度下的玻璃化转变.故而较缓慢的冷却速率给出较低的 T_g,较快的冷却速率给出较高的 T_g.这些都是我们熟知的事实了.

如果高聚物在压力 p_1 下有玻璃化温度 T_{g1},在压力 $p_2(p_2 > p_1)$ 下有 T_{g2},则由于压力的增加使自由体积受到"压缩".在 p_1 时已达到 $f=0.025$ 的自由体积缩小了,那么为了在 p_2 时也具有 $f=0.025$ 的自由体积,就必须提高温度,即 T_{g2} 要比 T_{g1} 高.因压力缩小的自由体积由温度来补偿:

$$\alpha_f(T_{g2} - T_{g1}) = \beta_f(p_2 - p_1)$$

这里,α_f 是自由体积的膨胀系数,β_f 是自由体积的等温压缩率.对于微小的变化,用微分代替

差分,则上式变为

$$\left(\frac{\mathrm{d}T}{\mathrm{d}p}\right)_{T=T_{\mathrm{g}}} = \frac{\beta_{\mathrm{f}}}{\alpha_{\mathrm{f}}}$$

或

$$\frac{\mathrm{d}T_{\mathrm{g}}}{\mathrm{d}p} = \frac{\beta_{\mathrm{f}}}{\alpha_{\mathrm{f}}} \tag{6.8}$$

实验表明,α_{f} 一般可取高聚物在橡胶态的热膨胀系数 α_{r} 与玻璃态热膨胀系数 α_{g} 之差,为

$$\alpha_{\mathrm{f}} = \alpha_{\mathrm{r}} - \alpha_{\mathrm{g}} = \Delta\alpha$$

同样

$$\beta_{\mathrm{f}} = \beta_{\mathrm{r}} - \beta_{\mathrm{g}} = \Delta\beta$$

则

$$\frac{\mathrm{d}T_{\mathrm{g}}}{\mathrm{d}p} = \frac{\Delta\beta}{\Delta\alpha} \tag{6.9}$$

这就是高聚物玻璃化温度的压力依赖关系.

6.2.3　动力学理论

玻璃化转变现象有着明显的动力学性质,T_{g} 与实验时间标尺有关.动力学理论认为玻璃化转变是一个速率过程,即松弛过程.理论认为,当高聚物收缩时,体积收缩由两部分组成:一部分是链段的运动降低,另一部分是链段的构象重排成能量较低的状态,后者又是一个松弛时间.在降温过程中,当构象重排的松弛时间适应不了降温速度时,这种运动就被冻结,呈现玻璃化转变.动力学理论的另一类型是位垒理论,这些理论认为大分子构象重排时涉及主链上单键的旋转,键在旋转时存在位垒,当温度在 T_{g} 以上时,分子运动有足够的能量去克服位垒,达到平衡.但当温度降低时,分子热运动的能量不足以克服位垒,于是便发生了分子运动的冻结.

这种观点有许多实验数据的支持,由实验测得的 T_{g} 和玻璃态比容随冷却速率的减小而减小,动态力学测定的 T_{g} 与实验频率有关等都是熟悉的事实.高聚物有自己的分子内部时间尺度,当外力作用时间(或实验观察时间,或实验时间)与内部时间尺度同数量级时即发生松弛转变.玻璃化转变就是外力作用时间与高聚物链段运动的松弛时间同数量级时的松弛转变(图 6.13).这些观点在前面的章节中已有充分的描述.

图 6.13　当外力作用时间(或实验观察时间,或实验时间)与高聚物内部时间尺度——链段运动的松弛时间同数量级时即发生玻璃化转变

6.2.4 热力学理论

高聚物玻璃化转变的热力学统计模型是吉布斯(Gibbs)和迪马兹奥(Dimarzio)在20世纪60年代末提出的.玻璃化转变的热力学理论认为高聚物"理想"的玻璃化转变是一个真正具有平衡态性质的二级相变,玻璃化温度是一个二级相变温度.他们认为,液体的物性与温度关系是由系统的组态熵决定的,是一个相变温度点,是 T_g 的极限温度.在 T_g 处,液体过冷,组态熵是零.

根据热力学统计模型,亚当(Adam)和吉布斯提出了将过冷液体松弛的热力学和动力学特征结合在一起的重要公式:$t = A\exp\left[B/(TS)\right]$.其中,$t$ 为松弛时间(也可以是黏度),S 为组态熵.由此可知,趋近 T_g 时过冷液体黏度增加,这是因为过冷液体组态熵降低,玻璃化转变是液态熵的冻结过程.用平衡态热力学来处理高聚物的玻璃化转变,看似有些奇怪,但以此为基础做出的理论推导在解释玻璃化温度与共聚、增塑、交联等因素的关系上取得了满意的结果.可以从如下四个方面来理解玻璃化转变的热力学理论.

(1)首先,按对平衡热力学的定义,转变可以分成一级转变和二级转变.转变前后1、2两种物态的吉普斯自由能应相等:$G_1 = G_2$.但对一级相变来说,G 对温度 T、压力 p 的一阶导数在转变处是不连续的;而对于二级转变,其二阶导数是不连续的,即

一级转变:

$$
\left(\frac{\partial G_1}{\partial T}\right)_p \neq \left(\frac{\partial G_2}{\partial T}\right)_p
$$
$$
\left(\frac{\partial G_1}{\partial p}\right)_T \neq \left(\frac{\partial G_2}{\partial p}\right)_T
$$
(6.10)

二级转变:

$$
\left(\frac{\partial^2 G_1}{\partial T^2}\right)_p \neq \left(\frac{\partial^2 G_2}{\partial T^2}\right)_p
$$
$$
\left[\frac{\partial}{\partial T}\left(\frac{\partial G_1}{\partial p}\right)_T\right]_p \neq \left[\frac{\partial}{\partial T}\left(\frac{\partial G_2}{\partial p}\right)_T\right]_p
$$
$$
\left(\frac{\partial^2 G_1}{\partial p^2}\right)_T \neq \left(\frac{\partial^2 G_2}{\partial p^2}\right)_T
$$
(6.11)

根据热力学的关系,可以明确 G 对 T,p 的一阶导数和二阶导数的物理意义.因为

$$
\mathrm{d}G = \left(\frac{\partial G}{\partial T}\right)_p \mathrm{d}T + \left(\frac{\partial G}{\partial p}\right)_T \mathrm{d}p = -S\mathrm{d}T + V\mathrm{d}p
$$

$$
\left(\frac{\partial G}{\partial T}\right)_p = -S, \quad \left(\frac{\partial G}{\partial p}\right)_T = V
$$
(6.12)

$$
-\left(\frac{\partial^2 G}{\partial T^2}\right)_p = \left(\frac{\partial S}{\partial T}\right)_p = \frac{C_p}{T}
$$
(6.13)

$$
\left[\frac{\partial}{\partial T}\left(\frac{\partial G}{\partial p}\right)_T\right]_p = \left(\frac{\partial V}{\partial T}\right)_p = \beta V
$$
(6.14)

$$
\left(\frac{\partial^2 G}{\partial p^2}\right)_T = \left(\frac{\partial V}{\partial p}\right)_T
$$
(6.15)

式中, S 是熵, V 是体积, C_p 是热容, β 是体膨胀系数, κ 是压缩系数. 因此在一级相变转折点, 两种物态的熵和体积不相等:

$$\begin{cases} S_1 \neq S_2 \\ V_1 \neq V_2 \end{cases} \tag{6.16}$$

在二级转变点, 两种物态的 C_p、β、κ 不相等:

$$\begin{cases} \Delta C_p = C_{p_2} - C_{p_1} \\ \Delta \beta = \beta_2 - \beta_1 \\ \Delta \kappa = \kappa_2 - \kappa_1 \end{cases} \tag{6.17}$$

高聚物的玻璃化转变正好对应热力学二级转变时的比容 C_p、体膨胀 β 和等温压缩率 κ 的不连续(图 6.14). 所以通常就把玻璃化转变看作二级相变. 这种形式上的对应是显而易见的.

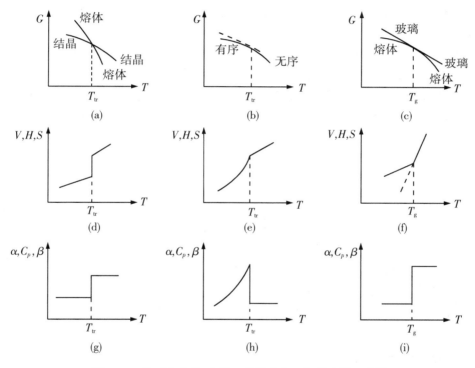

图 6.14　体系自由能 G 的一级微商和二级微商的不连续

玻璃化转变的热力学理论通过对构象熵随温度的变化进行了复杂的数学处理, 证明通过真正二级转变时的温度 T_2(高聚物熵为零)时, G 和 S 是连续变化的, 内能和体积也是连续变化的, 但 C_p 和 β 不连续变化, 从而在理论上预言, T_2 时存在真正的热力学二级相变.

理论认为, 尽管在实验上无法达到 T_2, 因而无法用实验证明其存在, 但是在正常动力学条件下观察到的实验玻璃化转变行为和 T_2 处的二级转变非常相似, T_2 和 T_g 是彼此相关的, 影响它们的因素应该相互平行, 因此理论得到的关于 T_2 的结果应当也适用于 T_g. 在这样的框架内, 得到了一系列的结果, 很好地说明了玻璃化转变行为与交联密度、增塑、共聚和分子量的关系, 也解释了压力对 T_2、T_g 的影响. 譬如, 压力对 T_g 的影响可以直接从平衡热

力学关系式求出. 对于一级相转变, 转变温度的压力依赖性由克拉珀龙(Clapeyron)方程确定:

$$\frac{\mathrm{d}T}{\mathrm{d}p} = \frac{\Delta V}{\Delta S} \qquad (6.18)$$

此式不能直接应用于二级转变, 因为在一级相转变中 ΔV 和 ΔS 都为零, $\mathrm{d}T/\mathrm{d}p$ 是不确定的. 但将式(6.18)右边的分子和分母分别对 T 求导, 并根据式(6.14)可得

$$\frac{\mathrm{d}T_2}{\mathrm{d}p} = \frac{\partial \Delta V/\partial T}{\partial \Delta S/\partial T} = \frac{V\Delta \beta T_\mathrm{g}}{\Delta C_p} \qquad (6.19)$$

同样, 对压力求导, 有

$$\frac{\mathrm{d}T_2}{\mathrm{d}p} = \frac{\partial \Delta V/\partial p}{\partial \Delta S/\partial p} = \frac{\Delta \kappa}{\Delta \beta} \qquad (6.20)$$

式(6.19)和式(6.20)就是压力 p 对 T_2 的影响, 当然也就是对 T_g 的影响, 与自由体积理论的结果相同, 并与实验结果基本相符.

(2) 早在研究小分子液体形成玻璃态时就已发现有所谓的熵的佯谬. 考兹曼(Kauzmann)把能形成玻璃态的很多有机液体的熵对温度作图, 并向低温外推发现, 当温度在离热力学温度很远时, 熵值就为零了(图6.15), 显然这在物理上是没有意义的. 面对这样一个实验事实, 可以认为玻璃态不是一个平衡态, 在外推至零熵值到达以前的温度, 玻璃最后还是会过渡到平衡态的结晶固体. 如是, 这也就意味着在这里确实存在着一个二级转变.

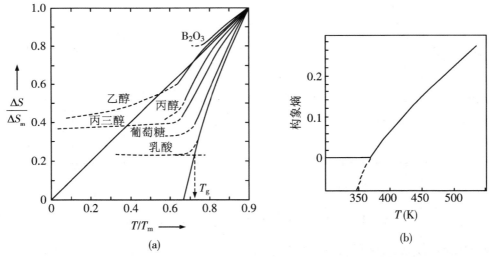

图 6.15　(a) 6个小分子液体形成玻璃态时熵的佯谬; (b) 高聚物构象熵外推时的佯谬

高聚物的构象熵与温度有关, 在构象熵为零时的温度即是高聚物玻璃化的热力学转变温度 T_2.

(3) 再来看比容-温度曲线的速率依赖性. 实验观察到的 T_g 确实是有速率依赖性的, 但若往极限情况推想, 如果把高聚物从橡胶态(或液态)冷却, 它的体积要收缩, 在 T_g 的温度, 冷却过程中体积收缩能跟上冷却速率, 当温度逐渐降低时, 体积收缩就慢慢变得跟不上冷却速率了. 要使体积收缩总能跟上冷却速率, 就必须要求无限慢的冷却速率, 冷却速率越慢,

"观察到"的 T_g 就越低,在无限慢的冷却速率情况下,有可能观察到真正的热力学二级转变.

(4) 最后,让我们来仔细看一下实验求得的 WLF 方程:

$$\lg a_T = \frac{-17.44(T - T_g)}{51.6 + (T - T_g)} \qquad (6.21)$$

等式右边分式的分母是 $51.6 + T - T_g$.这里分母出现一个负号,那么若温度 $T = T_g - 51.6$,即 $51.6 + T - T_g = 0$,则右边分式将成为无穷大.其物理意义是把无限大时间标尺的实验向有限时间标尺移动时,移动因子 a_T 将取无穷大.因此在真正分子的水准上,WLF 方程也告诉我们,应该不是在 T_g,而是在 $T = T_g - 51.6$ 的温度(即 $T_2 = T_g - 51.6$),高聚物的性能有一个质的飞跃.这个 T_2 就是考虑中的热力学二级转变温度.

高聚物当然有许多不同的可能构象,但总是存在一个最低能态的构象.高聚物中存在的自由体积使得高聚物在较高的温度下,大分子可以取各种各样不断变化的构象.这时高聚物的构象熵是大于零的.随着温度的降低,自由体积变小,大分子的高能态构象减少,从而使得低能态的构象增多,并最后占据优势.这样大分子的堆砌方式也越来越少.当温度降到 T_2 时,大分子的堆砌方式将只有一种,高聚物体系的平均构象熵将等于零.这就是高聚物的热力学二级转变温度 T_2.在 T_2 与绝对零度之间,熵将不再改变,因为负熵在物理上是没有意义的.

高聚物的玻璃化转变是高分子链段内旋转被冻结,不再能改变它们的构象.因此在热力学二级转变温度 T_2 时,高聚物的构象熵应该等于零.这样,热力学理论的中心问题变成了求解体系的构象配分函数.借助溶液中的"似晶格模型",可以计算这个构象配分函数.在 T_2 处,高聚物体系的平衡构象熵等于零,且在低于 T_2 的温度(直至 0 K)时熵不再变化.因此可以认为,每个大分子有许多可能的构象,但存在一个最低能态的构象.同时因为高聚物中存在自由体积.温度高时,每个大分子可取多种构象,平衡构象熵大于零.降低温度时,大分子的高能态构象渐少,低能态构象变得占优;另一方面自由体积的减少使得运动受到限制,直到温度降低至 T_2,高聚物中的大分子只有一种堆砌方式,构象重排将不再发生,体系进入玻璃态的最低能态——基态,平衡构象熵等于零.显然随着温度降低,构象重排的速度也变慢,只有当无限缓慢冷却时,才能保证全部大分子链进入最低能态的构象(但这种条件在实验上是做不到的).

按吉布斯和迪马兹奥的理论,能够估计 T_2 时的未占有体积分数 V_0.V_0 是 $\Delta \beta T_g$ 的函数,而希姆哈-玻意耳的研究表明,$\Delta \beta T_g$ 为一常数,即 $\Delta \beta T_g \approx 0.113$,因此可以计算得 $V_0 = 0.025$,这一数值与正式的 WLF 自由体积 $f_g = 0.025$ 相合.而且由于链柔曲能 ε 与 T_2 成正比,故对于所有高聚物的 $\varepsilon/(kT_2)$ 值是一常数,当用 T_g 代替 T_2 时,所有非晶态高聚物的 $\varepsilon/(kT_g) = 2.26$,这是一个普遍值.这一理论可以用来预估无规共聚物的 T_g,由组分 A 和组分 B 组成的共聚物,但两组分的内旋转异构能 ε_A 与 ε_B 时,则共聚物的 ε 应该为两者的加和:

$$\varepsilon = n_A \varepsilon_A + n_B \varepsilon_B \qquad (6.22)$$

式中,n_A 和 n_B 分别是组分 A 和组分 B 的摩尔数,将 $\varepsilon = 2.26 k T_g$ 代入,可得

$$T_g = n_A T_{g,A} + n_B T_{g,B} \qquad (6.23)$$

这就是无规共聚物 T_g 的一种加和法则.

6.2.5　高聚物玻璃化转变理论的比较和讨论

为直观起见,把几个主要玻璃化转变理论的比较列于表 6.1.

表 6.1　几个主要玻璃化转变理论的比较

理论	要点	不足之处
等黏态理论	玻璃化温度 T_g 是代表黏度为 10^{12} Pa·s 的等黏度状态.	对无机玻璃和一些低聚物是对的,但由于高聚物熔体黏度有分子量依赖性,不适用于一般的高聚物.
自由体积理论	玻璃化温度 T_g 是一个等自由体积的状态,所有非晶态高聚物在玻璃化温度 T_g 的自由体积均等于总体积的 2.5%,或其自由体积分数为 0.025. 1. 与黏弹性有关事件的时间和温度在 T_g 处有了关联. 2. 在玻璃化温度 T_g 上下的热膨胀系数之间的关系. 3. 有物理上的合理性和数学上的简单性.	1. 按不同的自由体积定义就有自由体积分数 2.5% 和 11.3% 两个数据,理论只是定性的. 2. 假设 T_g 以下高聚物的自由体积不随温度而变,并不符合实际. 即使在恒温下,高聚物的体积将会随存放时间而不断缩小. 3. 没有考虑自由体积膨胀会收缩的时间依赖性.
动力学理论	玻璃化转变 T_g 具有明显的动力学特征,T_g 与实验的时间尺度(如升温速度、测定频率等)有关,玻璃化温度是这样的温度,玻璃化转变是一个松弛过程. 在玻璃化温度高聚物链段运动的松弛时间与实验的时间尺度有相同的数量级. 动力学理论提出了有序参数并据此建立了体积与松弛时间的联系. 1. 对玻璃化温度 T_g 上下的膨胀系数提供了定量的信息. 2. 解释了玻璃化温度 T_g 随实验时间变化而产生的差异.	1. 虽然能解释许多玻璃化转变现象,但无法从分子结构来揭示其原由和预示玻璃化温度 T_g. 2. 不能在无限的时间尺度上预言玻璃化温度 T_g.
热力学理论	构象熵变为零时将发生热力学二级转变,对应的温度为二级转变点 T_2. 在 T_2 以下构象熵不再改变,恒等于零. 1. 把微观的分子能量参数,如链的构象势能差和链的内聚能密度以及分子结构参数,如分子量、交联度、共聚组成和增塑剂浓度等与玻璃化温度 T_g 联系了起来,为我们寻找它们彼此之间的半定量经验关系提供了理论指导. 2. 预言了一个真正的二级相变.	1. 为测定 T_g 需要无限的时间. 2. 不足以确定真正的二级相变. 3. 很难说明玻璃化转变时复杂的时间依赖性.

相对来说,直观的自由体积理论具有物理上的合理性和数学上的简单性,理论上采用一个参量——自由体积描述玻璃化转变过程中物性的变化,不但能对高聚物玻璃化转变的现

象(增塑、共聚、与分子量的关系等方面)进行解释,而且还可应用在诸如高聚物的黏弹性、时温等效原理、屈服和断裂行为乃至高聚物的导电机理的解释上.

这里争议最大的是玻璃化转变的热力学理论.不认可热力学理论的学者认为,首先考兹曼的 0 K 熵是负值的线性外推,是把高温区的温度依赖性用在了低温区,所以考兹曼熵的佯谬没有可靠的物理背景支持.其次,用弗洛里(Flory)溶液理论计算的构象熵实际上是一个自由能,在统计意义上不可能小于零.但自由能是参照初始时完全有序的基态进行统计计算的结果,完全可以小于零.经典的"似晶格模型"统计理论计算假定体系在空间中完全无规分布,以便可以对体系进行平均化处理,而 $\Delta F_{dis}=0$ 意味着只有一种排布,显然已经失去了平均化统计的前提.此时只能意味着无序态失去热力学稳定性,有回归完全有序的倾向,而不会以某种无序态冻结稳定下来.因此此热力学理论在基本假定上也存在不可靠之处.当然,热力学理论把微观的分子能量参数,如链的构象势能差和链的内聚能密度以及分子结构参数,如分子量、交联度、共聚组成和增塑剂浓度等与玻璃化转变温度联系了起来,为我们寻找彼此之间的半定量经验关系提供了理论指导,还是有其积极意义的.

6.3　影响玻璃化温度的结构因素

在讨论影响高聚物玻璃化温度的各种因素中,我们只能给出一些最一般的经验规律,其中有些已经能给予一定的理论解释并导出一定的半定量公式.这时我们必须学会区分哪些是影响因素中的主要矛盾.

影响玻璃化温度的结构因素主要是高分子链的柔性(或刚性)、几何立构因素和高分子链间的相互作用力.

6.3.1　链的柔性

链的柔性是决定高聚物玻璃化温度最主要的因素.凡能提高链柔性的各种因素都将降低玻璃化温度,凡能提高链刚性的各种因素都将增加玻璃化温度.聚二甲基硅氧烷—Si—O—Si—的内旋转位叠很低,仅 $1\sim2$ kJ/mol,链柔性最大,它的玻璃化温度为 $-123\ ℃$;聚乙烯(—CH_2—CH_2—)$_n$ 有较高的位叠(13.8 kJ/mol),因此玻璃化温度较高($-78\ ℃$)[*],聚四氟乙烯(—CF_2—CF_2—)位叠更高(19.7 kJ/mol),它的玻璃化温度为 $-50\ ℃$,如此等等.这里唯一的例外是聚乙烯.聚乙烯是非常柔软的分子链,但在室温下它却是一个塑料.原因是聚乙烯分子简单对称,特别容易排列整齐发生结晶,尽管聚乙烯中的非晶部分的玻璃化温度确实在室温以下很多,但由于结晶部分占了绝大多数使我们见到的是塑料的聚乙烯.

减少主链中单键的数目是提高链刚性的有效手段.譬如在高聚物主链中引入芳杂环可以大大提高链的刚性,乃至梯形主链的高聚物根本就无内旋转可言.某些芳杂环高聚物的耐

---

[*]　聚乙烯的玻璃化温度有多个说法,详见本章 6.8 节.

热性(它是与玻璃化温度密切有关的)与它们两环之间单链数目的关系如图6.16所示.

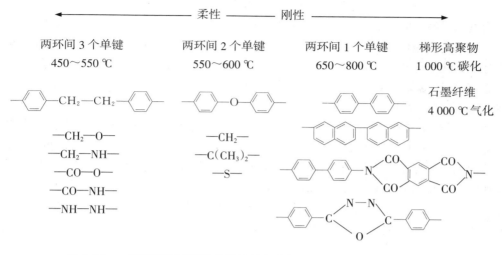

图6.16　一些芳杂环高聚物的耐热性与它们两环之间单链数目的关系

但是主链中引入双键不一定就是刚性链,因为在双键旁边的单键更容易内旋转,所以反而是柔性链.如橡胶态高聚物的分子均在主链中具有双键,它们的玻璃化温度都在室温以下.只有具有共轭双键的高聚物（—C＝C—C＝C—C＝C—)$_n$ 由于共轭效应,π电子云相互交叠,碳链原子都在同一平面上,分子链不能内旋转,才是刚性链.

姜炳政在弗洛里-哈金斯似晶格理论基础上,推导出一个描述 T_g 与高分子链刚性程度的定量关系式.当分子量足够高时,有

$$T_g^\infty = \frac{\Delta C_p}{RV(T_g)\beta(T_g)C}\sigma^2(T_g) = A\sigma^2(T_g) \tag{6.24}$$

式中,R 为气体常数;ΔC_p是在玻璃化转变时恒压热容的变化,是一个度量高分子链段运动所需能量的分子参数;V 为链重复单元的摩尔体积;$\sigma^2 = (\overline{h_\theta^2})/(\overline{h^2})_f = (\overline{h_\theta^2})/[nl^2 b(\theta)]$为表征链刚性的参数,其中$(\overline{h^2})_f$ 为由 n 个键构成的链的均方末端距,每个键的键长为 l,而且可以绕固定的价键角 $\pi-\theta$ 自由旋转;$\beta=\mathrm{dln}(\overline{h_\theta^2})/\mathrm{d}T$,是反映高分子链柔性对温度敏感程度的参数,其中$(\overline{h_\theta^2})$为在 θ 条件时链的均方末端距;$C=2\ln[(z-1)/e]/b(\theta)\simeq 2/b(\theta)$,其中 z 为晶格配位数,一般取为8,θ 为链价键角的余角,$b(\theta)$为主链的结构因子,对于乙烯类高聚物,$b(\theta)=(1+\cos\theta)/(1-\cos\theta)\approx 2$,故 $C\approx 1$.上述的 V,β,σ 均为在玻璃化转变时的值.用37种乙烯类高聚物的数据,以 T_g值对 $\sigma^2(T_g)$值作图,则所有数据均落在通过原点的同一条直线上,斜率为70,如图6.17所示.因此对于乙烯类高聚物可以得到一个非常简单的公式,即

$$T_g = 70\sigma^2(T_g) \tag{6.25}$$

表6.2列出了有关聚苯乙烯(PS)、聚甲基丙烯酸甲酯(PMMA)、聚丙烯(PP)和聚甲基丙烯酸(PMA)4种高聚物的 ΔC_p、β、V 的实验数据以及由式(6.24)估算出的 A 值,平均为69.3.

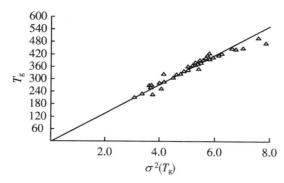

图 6.17　乙烯类高聚物的玻璃化转变温度 T_g 和
链的刚度因子 $\sigma^2(T_g)$ 的关系

表 6.2　4 种高聚物的 ΔC_p、β、V 的实验值及由式(6.24)计算的 A 值

高聚物	ΔC_p (J/mol/K)	$10^4 \beta(T_g)$ (K^2)	$V(\mathrm{cm^3/mol})$	A	$\bar{A}$
聚苯乙烯（PS）	26.8	4.5 (4.7)	100.4	71.5 (68.5)	70.0
聚甲基丙烯酸甲酯（PMMA）	34.1	6.7	86.4	70.7	70.7
聚丙烯（PP）	20.1	6.0 (8.8)	49.5	81.3 (61.4)	71.4
聚甲基丙烯酸（PMA）	42.1	11.1	70.0	65.2	65.2

对于低聚物,式(6.24)也可以解释分子量和 T_g 的关系.对于立构规整性高聚物,如 PM-MA,该式还可以解释规整性对 T_g 的影响.在式(6.24)中的参数,即 $\sigma^2(T_g)$、$\beta^2(T_g)$ 和 $b(\theta)$ 均与高分子单链的特性有关,并没有涉及分子链间的相互作用.而且对于乙烯类高聚物,虽然链的化学结构不同,但 $T_g/\sigma^2(T_g)$ 值近似保持恒定,这说明高聚物的 T_g 主要取决于高分子单链的性质,而链间相互作用的影响是较小的.

6.3.2　几何立构因素

几何立构因素对玻璃化温度的影响呈现复杂的情况.

1. 侧基或侧链

(1) 一般来说,在主链上引入侧基将提高链的刚性.譬如,在—C—C—主链上用芳香基团来代替 H 原子可以提高玻璃化温度.聚苯乙烯主链中每隔一个 C 原子带一个苯基,它的玻璃化温度为 97 ℃,几乎比没有取代基的聚乙烯提高了 200 ℃.随着侧基或侧链的增大,玻璃化温度也增大,见表 6.3.

表 6.3　高聚物玻璃化温度随侧基的增大而增大

	聚乙烯	聚丙烯	聚苯乙烯	聚 α-甲基苯乙烯	聚乙烯基咔唑
侧基	—H	—CH₃	⟨苯环⟩	⟨甲苯基⟩ H₃C	⟨咔唑基⟩ —N
T_g(℃)	−78	−10	97	115	208

（2）有双取代基的高聚物,由于对称性在起作用,反比单取代基的同类高聚物的玻璃化温度来得低.也就是说,对称性会降低玻璃化温度.因此,侧基或侧链的存在并不总是提高玻璃化温度的.例如：

聚氯乙烯　　　$(—CH_2—\overset{\displaystyle H}{\underset{\displaystyle Cl}{C}}—)_n$　　　$T_g = 87\ ℃$

聚二氯乙烯　　$(—CH_2—\overset{\displaystyle Cl}{\underset{\displaystyle Cl}{C}}—)_n$　　　$T_g = −17\ ℃$

聚丙烯　　　　$(—CH_2—\overset{\displaystyle H}{\underset{\displaystyle CH_3}{C}}—)_n$　　　$T_g = −10\ ℃$

聚异丁烯　　$(—CH_2—\overset{\displaystyle CH_3}{\underset{\displaystyle CH_3}{C}}—)_n$　　$T_g = −65\ ℃$

（3）长而柔的侧基反而会降低玻璃化温度,侧基柔性的增加远足以补偿由侧基增大所产生的影响(图 6.18).

侧基(链)对玻璃化温度的影响也可用自由体积理论来解释.由于侧基额外自由体积的增加,加大了链段的活动性.至于热力学理论,则是把具有侧基的聚合物,作为一种共聚物的特殊情况来处理.它们都能说明一定的实验事实.

2. 等规立构对玻璃化温度的影响各不相同

比如不同等规立构的聚丙烯酸酯玻璃化温度几乎观察不到什么变化.但是对聚甲基丙烯酸酯来说情况就不同了.间同立构的聚甲基丙烯酸甲酯在 115 ℃玻璃化,而全同立构的聚甲基丙烯酸甲酯在

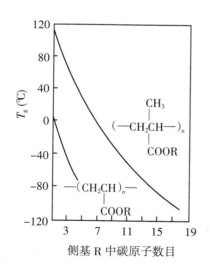

图 6.18　聚丙烯酸酯和聚甲基丙烯酸酯中的碳原子数目对 T_g 的影响

45 ℃玻璃化. 作为一个一般规律, 可以认为单取代的烯类高聚物的玻璃化温度几乎与它们的等规立构度无关(除聚丙烯酸酯、聚苯乙烯和聚丙烯外). 而双取代的烯类高聚物的玻璃化温度随它们的立构度而变化, 见表 6.4.

表 6.4　等规立构对玻璃化温度的影响

	聚丙烯酸酯 T_g(℃)		聚甲基丙烯酸酯 T_g(℃)	
	全同	间同	全同	间同
甲基	10	8	43	115
乙基	−25	−24	8	65
正丙基	—	−44	—	35
异丙基	−11	−6	27	81
正丁基	—	−49	−24	20
环己基	12	19	51	104

6.3.3　高分子链间的相互作用

高分子链之间的相互作用通常会降低链的活动性, 因此它是提高玻璃化温度的. 分子间的相互作用越强, 为了达到相应于转变的链段运动的热能也越大, 玻璃化温度就越高. 表征分子间相互作用力的参数是内聚能密度(ε). 高聚物的玻璃化温度随 ε 的增加而呈现线性关系. 相互作用的一个经验公式是

$$\varepsilon = 0.5mRT_g - 25m \qquad (6.26)$$

这里, m 是一个可调节的参数. 这是由于在大多数情况下很难把分子间的相互作用力与其他结构因素分开, 因此上式中必须引入一个可调节的参数 m, 从而大大限制了它的用途, 并且例外很多. 譬如, 聚乙酸乙烯酯和聚氯乙烯的溶度参数(它等于内聚能密度的平方根)分别为 $39.4(J/cm^3)^{1/2}$ 和 $39.8(J/cm^3)^{1/2}$, 很接近, 而它们的玻璃化温度分别为 29 ℃ 和 82 ℃, 相差达 53 ℃.

氢键是一种较强的分子间作用力, 它一般是提高玻璃化温度的. 具有强烈氢键的聚丙烯酸的玻璃化温度是 106 ℃, 比其他聚丙烯酸酯类的玻璃化温度(大多在零度以下)要高得多. 比氢键更强的是离子间作用力, 聚丙烯酸盐类具有非常高的玻璃化温度, 表明离子键在提高玻璃化温度方面是特别有效的. 对某些高聚物酸的盐类黏弹性的研究表明, 玻璃化温度随所增加的金属离子而增加, 并且随离子价数的增加(如 Na^+, Ba^{2+}, Al^{3+})玻璃化温度有很明显的增加. 例如, 在丙烯酸中加入金属离子 Na^+, T_g 从 106 ℃提高到 280 ℃, 如用 Cu^{2+} 代替, T_g 可提高到 500 ℃.

6.4　改变玻璃化温度的各种手段

玻璃化温度 T_g 是非晶态高聚物的一个重要的特征参数, 它在很大程度上决定了非晶态

高聚物的使用界限.不同的用途需要不相同的 T_g 值,当然可以用合成指定结构的高聚物来达到所需的玻璃化温度,但从实验室合成到工业上成功的应用有一个漫长的过程.在长期生产实践中,人们已经总结了一些行之有效的手段来使某种高聚物玻璃化温度在一定范围内连续地变化.这些手段主要是增塑、共聚、交联、结晶以及改变分子量等.

6.4.1 增塑

增塑是工业上广泛使用的改变硬质塑料(如聚氯乙烯等)玻璃化温度的一种方法.增塑剂是加到塑料中使之软化的小分子液体.增塑剂溶于高聚物中,降低了高聚物的玻璃化温度,从而产生软化作用.由于实用上的一些原因,增塑剂必须不宜挥发,故通常都限于分子量至少为几百的液体.大多数增塑剂的玻璃化温度为 $-150\sim-50\ ℃$.增塑剂的玻璃化温度越低,使高聚物-增塑剂混合物 T_g 降低的效应也越显著.图 6.19 是加入不同量二乙基己基酞酸酯的聚氯乙烯内耗峰的变化.很明显,随着增塑剂量的增多,增塑聚氯乙烯的玻璃化温度移向低温.

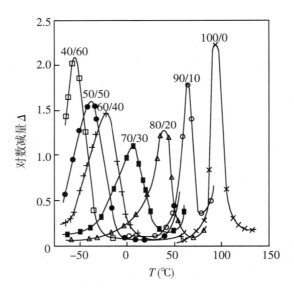

图 6.19　用不同量二乙基己基酞酸酯增塑的聚氯乙烯的对数减量

按自由体积理论,很容易理解增塑剂对高聚物玻璃化转变的影响.低分子量的增塑剂液体具有比纯高聚物更多的自由体积,如果它们的自由体积是加和的话,那么增塑体系必然要比纯高聚物有更多的自由体积.因此必须把增塑的高聚物冷却到更低的温度,才能使它的自由体积达到玻璃化温度所要求的值.

纯高聚物的自由体积分数为

$$f = 0.025 + \beta_p(T - T_{gp})$$

这里,T_{gp} 是指纯高聚物的玻璃化温度.假定高聚物和增塑剂的自由体积是相加和的,那么增塑体系的总自由体积分数为

$$f = 0.025 + \beta_p(T - T_{gp})V_p + \beta_d(T - T_{gd})V_d \qquad (6.27)$$

下标 p 和 d 分别指高聚物和增塑剂，V_p 和 V_d 分别是高聚物和增塑剂的体积分数. 在到达增塑体系的玻璃化温度 $T = T_g$ 时，$f = 0.025$，则

$$0.025 = 0.025 + \beta_p(T_g - T_{gp})V_p + \beta_d(T_g - T_{gd})V_d$$

即求得

$$T_g = \frac{\beta_p V_p T_{gp} + \beta_d(1 - V_p)T_{gd}}{\beta_p V_p + \beta_d(1 - V_p)} \tag{6.28}$$

注意这里 $(1 - V_p) = V_d$. 因为增塑剂的玻璃化温度 T_{gd} 一般可从不同含量增塑体系的玻璃化温度曲线由内插法近似求得，而 β_d 可从黏度数据取作 $10^{-3}\ ^{\circ}\text{C}^{-1}$. 图 6.20 是聚甲基丙烯酸甲酯-二乙基酞酸酯体系(二乙基酞酸酯的 $T_{gd} = -65\ ^{\circ}\text{C}$)的玻璃化温度 T_g 随增塑剂含量的变化，按上式计算的数据与实验点符合得很好.

另一个与实验符合得很好的公式是

$$T_g = T_{gp}c_p + T_{gd}c_d - c_p c_d(T_{gp} - T_{gd}) \tag{6.29}$$

式中，c_p, c_d 分别是高聚物和增塑剂的浓度，它们都按重量计.

按热力学理论，可以把增塑剂看作一个具有不同链刚性的低聚物(聚合度为 γ_β). 作为零级近似，假如它们的排列完全杂乱，空格也可忽略不计，就

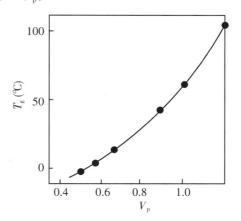

图 6.20　聚甲基丙烯酸甲酯-二乙基酞酸酯体系的 T_g. 实验点与按公式计算的实线相符很好

可写出长链高聚物和短链增塑剂混合物的构象配分函数，从而求出体系的构象熵. 理论应用于聚苯乙烯－苯体系(把苯认为是聚合度等于 1 的聚合物，它们的分子参数都相同)，与实验的符合情况很好.

6.4.2　共聚

一般来说，共聚物的玻璃化温度处于两种纯均聚物的玻璃化温度之间. 因为它具有居中的链刚性和居中的内聚能密度. 用增塑中一样的假定，即认为共聚物的自由体积为两纯均聚物的自由体积加和，则只要式(6.27)中代表高聚物和增塑剂的下标 p 和 d 改为共聚物中两个单体 A 和 B，即得

$$f = 0.025 + \beta_A(T - T_{gA})V_A + \beta_B(T - T_{gB})V_B$$

则二元共聚物的玻璃化转变温度为

$$T_g = \frac{\beta_B V_B T_{gB} + \beta_A(1 - V_A)T_{gA}}{\beta_B V_B + \beta_A(1 - V_A)} \tag{6.30}$$

注意，这里 $V_A = 1 - V_B$. 若令 $K' = \beta_B/\beta_A$，则 T_g 可改写为

$$T_g = \frac{T_{gA} + (K'T_{gB} - T_{gA})V_B}{1 + (K' - 1)V_B} \tag{6.31}$$

由于在这里假定了每个单元的自由体积在均聚物中和在共聚物中是相同的，这个假定往往是不精确的. 因为一定链单元的自由体积因其周围链单元的不同而不同，因此上式中的 K'

不应具有任何物理意义,只能当作一个可以调节的参数(一个经验常数),从而记作 k,则

$$T_g = \frac{T_{gA} + (kT_{gB} - T_{gA})V_B}{1 + (k-1)V_B} \qquad (6.32)$$

这通常叫做戈登-泰勒(Gordon-Taylor)方程.有时以重量分数 W_B 代替体积分数 V_B,则

$$T_g = \frac{T_{gA} + (kT_{gB} - T_{gA})W_B}{1 + (k-1)W_B} \qquad (6.33)$$

若取 $k = 1$,由式(6.32)可得

$$T_g = V_A T_{gA} + V_B T_{gB} \qquad (6.34)$$

或取 $k = T_{gA}/T_{gB}$,由式(6.33)可得

$$\frac{1}{T_g} = \frac{W_A}{T_{gA}} + \frac{W_B}{T_{gB}} \qquad (6.35)$$

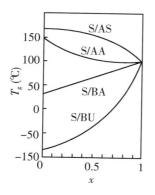

图 6.21　苯乙烯(S)和丙烯酸(AS)、丙烯酰胺(AA)、丙烯酸叔丁酯(BA)、丁二烯(BU)共聚物的玻璃化温度与苯乙烯单体摩尔分数 x 的依赖关系

这都是戈登-泰勒方程常用的简化公式.

无规共聚是连续改变玻璃化温度 T_g 的有效方法.对 T_g 较高的组分而言,引入 T_g 较低的组分,其作用与增塑相似.有时也可把共聚作用称为内增塑.

图 6.21 是苯乙烯(S)和丙烯酸(AS)、丙烯酰胺(AA)、丙烯酸叔丁酯(BA)、丁二烯(BU)共聚物的玻璃化温度与苯乙烯单体摩尔分数 x 的依赖关系.由图可见,对苯乙烯-丙烯酸叔丁酯共聚物,确实存在很好的线性关系.但是共聚物毕竟是不同单体通过化学键相连的,它们的自由体积不可能像增塑高聚物那样是增塑剂和高聚物的简单加和.特别是当共聚物的两种单体的性质相差很大时,共聚物的玻璃化温度 T_g 就会偏离戈登-泰勒方程,不再是简单的线性关系甚至会出现极小值或极大值.

热力学理论也能得到类似于戈登-泰勒方程的式子:

$$M_A\left(\frac{\alpha_A}{W_A}\right)(T_2 - T_{2A}) + M_B\left(\frac{\alpha_B}{W_B}\right)(T_2 - T_{2B}) = 0 \qquad (6.36)$$

式中,M_A 是单体 A 的重量分数,α_A 是每个重复单元的分子量,W_A 是重复单元的分子量,只是常数各有不同的含义.

6.4.3　共混

共混是高聚物改性常用的方法,就像冶金工业中两种金属的合金那样,高聚物共混物是两种或两种以上均聚物的物理混合物,有时也叫高分子合金.对玻璃化温度,要求共混的两个均聚物必须互容.相容的共混物的行为类似于具有相同组成的共聚物行为,像无规共聚物一样只有一个玻璃化温度.共混物与相同组分的共聚物具有几乎一样的玻璃化温度,如图 6.22 所示.对于高聚物共混物,如果两种共混组分完全不相容,那么共混物就有它们各自组

分的两个玻璃化温度. 所以由力学性能测定 T_g 可用来判别是否达到了真正的共混, 也可以用来判定由两种单体合成制备的产物到底是不是所需要的共聚物, 还是根本就没有发生共聚, 仅仅是各自聚合得到的两个均聚物的共混物.

互穿聚合物网络是一种新型的共混物. 它有两个互相贯串的交联网络, 肯定是不相容的. 但也正因为互相贯串, 使得它们组分各自的玻璃化转变峰趋于接近, 形成一个覆盖很宽温度范围的转变松弛峰, 在抗冲塑料、阻尼材料、热塑弹性体等方面有广泛的应用.

6.4.4　改变分子量

在低分子量时, 高聚物的玻璃化温度与它的分子量有很大关系. 分子量超过一定值 (临界分子量) 后, 玻璃化温度就不再依赖于分子量了. 从单纯的动力学观点很容易理解玻璃化温度是分子量的函数. 因为每个链的中间部分, 其

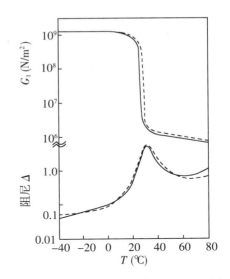

图 6.22　50%/50% 乙酸乙烯酯和聚丙烯酸甲酯共混物 (实线) 和共聚物 (虚线) 的 G_1 和 Δ

两端还受其他单元的牵制, 而链的末端只受一个单元的牵制. 链端的活动性当然就大于同样温度下中间链的活动性. 这样, 对含有较多链末端的高聚物试样 (低分子量) 将必须更冷才能达到含有较少链末端的高聚物试样 (高分子量) 相同的松弛时间. 也就是说, 玻璃化温度将随分子量的降低而降低.

从自由体积概念出发, 每个链末端均比链中间部分有较大的自由体积, 因此含有较多链末端的试样比含有较少链末端的试样要更冷才能达到同样的自由体积.

如果:

θ 是每个链末端对高聚物贡献的超额自由体积;

2θ 是每个链对高聚物超额自由体积的贡献;

$2\theta N_{AV}$ 是每摩尔高聚物对超额自由体积的贡献 (N_{AV} 是阿伏伽德罗常数);

$2\theta N_{AV}/M$ 是每克高聚物对超额自由体积的贡献.

那么这个超额自由体积将致使玻璃化温度从 $T_{g}(\infty)$ 降到 T_g. 因为在玻璃化温度时的自由体积是恒定的, 由链末端所引进的超额自由体积必须由温度从 $T_{g}(\infty)$ 降到 T_g 引起的超额体积收缩所补偿. 如果 $\Delta\beta_f$ 是自由体积膨胀系数, 那么

$$\frac{2\rho N_{AV}\theta}{M} = \Delta\beta_f\left[T_{g(\infty)} - T_g\right]$$

或写为

$$T_g = T_{g(\infty)} - \left(\frac{2\rho N_{AV}\theta}{\Delta\beta_f M}\right)$$

$$= T_{g(\infty)} - \frac{K}{M} \tag{6.37}$$

式中，$K = \dfrac{2\rho N_{AV}\theta}{\Delta\beta_f}$，上式表明如果以 T_g 对 $1/M$ 作图，将是一条直线. 图 6.23 是聚苯乙烯 T_g 与分子量 M 的关系. 直线的斜率为 K，因为 ρ，N_{AV} 是已知的，$\Delta\beta_f$ 可取液体和玻璃体膨胀系数之差，所以由斜率 K 可求出超额自由体积. 对于聚苯乙烯，$\theta = 80\ \text{Å}^3$（$1\ \text{Å} = 10^{-8}\ \text{cm}$）.

在低分子量时，链末端影响的范围趋于交叠. 这时一个单个的链末端比起它处于一个长链的末端对 T_g 的影响将较小. 因此由一个聚合度为 n 的高分子和一个单体分子的混合物将比由聚合度为 $n/2$ 组成的均一高聚物有较高的 T_g，尽管它们有相同的数均分子量. 也就是说，这里的高聚物分子量的分散性也是一个应该考虑的因素.

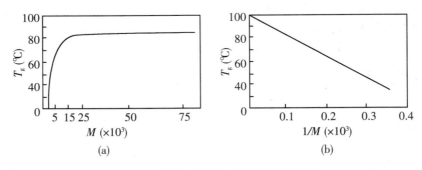

图 6.23 聚苯乙烯的 T_g 随分子量的变化

事实上，如果分子量的范围非常广，式（6.37）中的 K 将不再是一个常数，公式可以修正为

$$
\begin{aligned}
T_g &= T_{g(\infty)} - A/(M + B) \\
&= T_{g(\infty)} - A'/(P + B')
\end{aligned}
\tag{6.38}
$$

式中，A，B 是常数，其值见表 6.5，P 是聚合度，$A' = A/M_0$ 和 $B' = BM_0$，而 M_0 是重复单元的分子量. 图 6.24 是聚苯乙烯玻璃化温度与聚合度倒数 $1/P$ 的依赖关系. 有意思的是，高聚物的分子量分布对高聚物玻璃化温度几乎没有什么影响，尽管分子量的多分散性对其加工性能影响很大.

表 6.5　高聚物的 A 值和 B 值

高聚物	A(g/mol)	B(g/mol)
聚二甲基硅氧烷	7 580	42.8
聚丙烯	49 300	267
聚氯乙烯	85 900	382
聚苯乙烯	100 000	378
聚甲基丙烯酸甲酯	270 000	2 380
聚碳酸酯	259 000	1 270
聚 α 甲基苯乙烯	448 000	2 400

至于热力学理论的推导本来就是借助于链长的，因此玻璃化转变温度是作为分子量函数计算的. 曾把热力学理论用于聚苯乙烯. 把 T_g 对聚合度作图，理论和实际值有很好地符合.

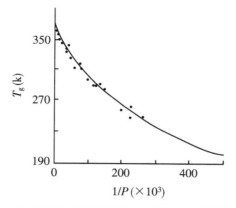

图 6.24 聚苯乙烯玻璃化温度与聚合度倒数的关系

6.4.5 交联和支化

早已发现硫化天然橡胶的玻璃化温度随所加硫磺的量而增加,见表 6.6.

表 6.6 天然橡胶玻璃化温度与所加硫磺量的关系

结合硫	0	0.25%	10%	20%
T_g(℃)	-64	-65	-40	-24

显然,在高聚物中引入交链点将降低高聚物链端的活动性,从而减小自由体积.因此交链总是提高玻璃化温度.利用式(6.37),可以认为交链高聚物的 T_g 为

$$T_g = T_g(\infty) - \frac{K}{M} + K_x\rho \qquad (6.39)$$

这里,ρ 是每克交联点数目,K_x 是一常数,这个方程仅对低分子量 M 和低 ρ 情况才合适.

应用热力学理论于交联体系:交联的引入将降低构象熵,这个由于交联而引入的构象熵的变化 ΔS_1 可以作为交联点间链长的函数.理论已用于天然橡胶的硫化,用二乙烯苯交联的聚苯乙烯和用乙二醇交联的二甲基丙烯酸酯体系.理论与实际也比较相符,如图 6.25 所示.

在支化高聚物情况下,T_g 随支化度而变化是两种效应的结果:末端基团数目的增加将提高链的活动性和自由体积,而支化点的引入又将减少链的活动性和自由体

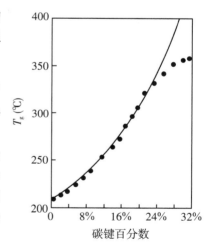

图 6.25 交联对硫化天然橡胶玻璃化温度的影响

积.一般来说,链末端对玻璃化温度的影响要大于支化点的影响,因此支化总的效应是降低玻璃化温度的.譬如,具有相似分子量的超支化聚 3-乙基-3-羟甲基环氧丁烷(PEHO,在不同反应条件下进行阳离子开环聚合而得)的玻璃化温度 T_g 在支化度 DB 从 7%增加到 42%时(由 ^{13}C NMR 谱计算得到),其 T_g 会下降约27℃(图 6.26(b)).

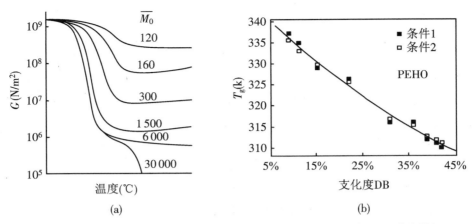

图 6.26 (a) 交联高聚物玻璃化温度随交联点之间平均分子量的减小(交联度增加)而升高;(b) 超支化聚 3-乙基-3-羟甲基环氧丁烷(PEHO) 玻璃化温度随支化度增加而降低

6.4.6　结晶

结晶高聚物的玻璃化温度是指结晶高聚物中非晶部分 T_g. 原则上,结晶是阻止链活性和降低高聚物中非晶区域的构象熵的,因此是提高玻璃化温度的,例如聚四氟乙烯、全同聚苯乙烯等.但也有许多半晶态高聚物没有发现这种情况,如非晶态的和半晶态聚一氯三氟乙烯有相同的玻璃化温度.又如全同聚丙烯,淬火的试样只比退火的试样有稍低的玻璃化温度,而后者的结晶度是很高的(由它的高密度可见),见表 6.7.

表 6.7　结晶对高聚物玻璃化温度的影响

高聚物	密度(g/mL)	结晶度	$T_g(℃)$
聚四氟乙烯	1.336	2%	81
	1.383	48%	100
	1.391	65%	125
	1.054	0	89
全同聚苯乙烯	1.074	30%	94
全同聚丙烯	0.885	(淬火)	−1.5
	0.890	(淬火)	−3.5
	0.899	(退火)	−4.5

6.4.7　压力

压力增加,高聚物的玻璃化温度也会升高.从自由体积观点来看这是非常合理的,因为压力增加会导致高聚物材料中自由体积变小,为了到达恒定的自由体积 2.5%,就必须使玻璃化温度上升到更高的地方.在常压下,玻璃化温度处的自由体积分数 $f = 0.025 + \beta_f(T -$

T_g),如果记自由体积的压缩系数为 κ_f ,那么任何压力下玻璃化温度处的自由体积分数是

$$f = 0.025 + \beta_f(T - T_g) - \kappa_f p$$

因为在玻璃化温度时 $f = 0.025$,所以

$$\beta_f(T_g(p) - T_g(0)) = \kappa_f p$$

可求得

$$\left(\frac{\partial T_g}{\partial p}\right)_f = \frac{\Delta \kappa_f}{\Delta \alpha_f}$$

从而有玻璃化温度 T_g 随压力 p 变化的表达式为

$$\frac{\mathrm{d}T_g}{\mathrm{d}p} = \frac{TV\Delta\alpha}{\Delta C_p} \tag{6.40}$$

表 6.8 列出了几个常见的高聚物的玻璃化温度随压力变化的实验数据.

表 6.8　部分高聚物玻璃化温度的压力依赖关系

高聚物	T_g(℃)	$\mathrm{d}T_g/\mathrm{d}p$(K/大气压)
天然橡胶	-72	0.024
聚异丁烯	-70	0.024
聚乙酸乙烯酯	25	0.022
聚氯乙烯	87	0.016
聚苯乙烯	100	0.031
聚甲基丙烯酸甲酯	105	0.020~0.023

6.4.8　光对含偶氮苯特殊结构的高聚物玻璃化温度的影响

偶氮苯基团具有热力学稳定的反式(trans)和亚稳的顺式(cis)两种异构体.在紫外光照射下,偶氮苯基团从反式转变为顺式状态(trans→cis);在特定波长的可见光照射下或是在暗室中,热力学亚稳态的顺式结构又能够转变为反式构态(cis→trans);整个异构过程循环可逆.利用这种能力,通过偶氮苯基团的顺反异构转变能实现小分子化合物的固液转变,含有偶氮苯结构的材料有可能在信息储存、光刻蚀、太阳能蓄能等高科技方面找到特殊的应用.与含有偶氮苯结构的小分子材料不同的是,一些含有偶氮苯特殊结构的高聚物会因为显示不同的玻璃化温度 T_g 值,而决定该高聚物是类固态还是类液态.也就是顺式-反式的可逆转化会导致这种高聚物的玻璃化温度 T_g 对光的照射有所响应,表现为其玻璃化温度 T_g 的变化.具有高玻璃化温度 T_g 的高聚物将会呈现出固体的状态,而具有低玻璃化温度 T_g 的高聚物会呈现出液体的状态.

具体是在聚丙烯酸类高聚物侧链中引入偶氮苯基团,制备新型的含偶氮高分子.通过紫外光(365 nm)与可见光(530 nm)的交替照射,可逆控制高聚物的玻璃化转变温度 T_g ,实现了含偶氮高聚物体系的光控可逆固液态转变,具有从固态向各向同性的液态转化的光开关

功能(图 6.27).

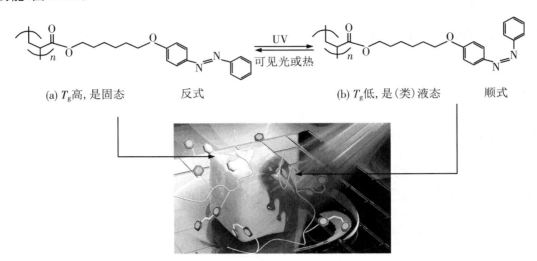

(a) T_g 高,是固态　　反式　　　　　　　(b) T_g 低,是(类)液态　　顺式

图 6.27　含偶氮高聚物体系的光控可逆固液态转变

分子量 M_n 分别为 9.9×10^3 g/mol 和 2.7×10^4 g/mol 的偶氮高聚物 P1 和 P2 在室温下是固体,它们的玻璃化温度 T_g 分别为 48 ℃ 和 68 ℃.当 P1 和 P2 侧链中的偶氮苯基团基本处于热力学稳定的反式构型时,其吸收峰在 330 nm 处(图 6.28(a)),P1 和 P2 呈现出的 T_g(即 48 ℃、68 ℃)高于室温,样品为固体;当对样品进行紫外光照处理后,伴随着 P1 和 P2 中偶氮苯基团从反式到顺式的转变,反式异构体减少,在 450 nm 出现了顺式异构体的吸收峰,高聚物 T_g 显著降低,在室温下样品为液体(图 6.28(b)),呈现出较好的流动性;通过可见光的照射,高聚物的 T_g 又能重新恢复到初始水平,样品由液态转变回固态.

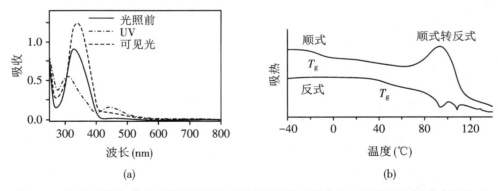

(a)　　　　　　　　　　　　　　　　　(b)

图 6.28　(a) 光照前、紫外光照后再可见光照射后吸收峰的变化;(b) 顺式和反式高聚物玻璃化温度的变化

借助含偶氮高聚物这一光控可逆固液转变特性,该高聚物有望应用于自愈合高硬度涂层、粗糙度表面制备(含偶氮高聚物薄膜的表面粗糙度可降低约 600%)以及光控转移印花技术.此外,引入偶氮苯基团赋予高聚物玻璃化温度可控转变,有望取代高聚物熔融成形加工模式,成为一种新型的环保节能型加工新技术.开发自愈合高聚物,从而延长高聚物材料的

使用寿命,并有可能简化高聚物材料的回收再利用.同时,还可以在高聚物材料的加工过程中,引入清洁、安全、低能耗的光控加工代替目前常用的加热熔融或有机溶剂溶解工艺,减少能耗,避免污染,降低成本.

6.5　高聚物玻璃化转变的几个特殊情况

6.5.1　100%结晶的高聚物宏观单晶体根本就没有玻璃化转变

按本章 6.1 节中的定义,高聚物的玻璃化转变是指非晶态高聚物从玻璃态到高弹态的转变(温度从低到高),或从高弹态到玻璃态的转变(温度从高到低).对于晶态高聚物,是指其中非晶态部分的这种转变,因此玻璃化转变总是与非晶态联系在一起.

多少年来,所制得的高聚物都是非晶态或半晶态的,即使是结构非常简单和排列非常规整的高密度聚乙烯,其结晶程度也只达到百分之九十几.20 世纪 50 年代,Keller 从高聚物的极稀溶液(浓度小于 0.01%)中培养得到了微米级的聚乙烯晶片,这是一个重大的突破.随后几乎所有能结晶的高聚物都得到了类似的晶片,它们具有垂直于晶片的折叠链结构,链的折叠部分破坏了聚合物晶体的三维有序,晶体结构并不完善,加上尺寸太小,因此聚乙烯等微米级的晶片的出现仍然不是高聚物宏观单晶体,甚至由于结晶性高聚物的折叠链结构是如此普遍,在一个时间里竟然认为不存在完整的高聚物单晶.这样,玻璃化转变也就成为高分子科学中必讲的课题内容.

一般来说,高聚物的结晶都是先聚合以后才结晶的,已经聚合成很长的大分子链要产生质量中心的运动并不容易,不可能达到规整的排列,得不到完整的晶体.知道了这一点,我们是否可以来一个逆向思维,如果先不让单体发生聚合,而是先把单体排列整齐后再令它们发生聚合,即先把单体培养成单晶体,再让单体单晶聚合就可得到高聚物单晶,这正是固态晶相聚合.

为了实现这样的想法,就必须找到一种有机化合物单体,它要能结晶,并且在结晶状态还要有反应性(固态晶相聚合).正好,具有共轭三键的化合物在液态和气态时都没有反应性,只有在固态下才具有反应性.由单体单晶直接聚合得到高聚物单晶的实例是聚双(对甲苯磺酸)-2,4-己二炔-1,6-二醇酯(polybis-(p-toluene sulfonate) of 2,4 hexadiyne-1,6-diol,简称 PTS).它的单体双(对甲苯磺酸)-2,4-己双炔-1,6-二醇酯(TS)在丙酮溶液缓慢蒸发可培养得到大晶体,尺寸一般为 10 mm×10 mm×2 mm,极大尺寸可达 26 mm.TS 在高能辐射(^{60}Co)、紫外辐射或在加热情况下均能发生固态聚合反应:

$$n\text{R}—\text{C}\equiv\text{C}—\text{C}\equiv\text{C}—\text{R} \longrightarrow \left[\begin{matrix} & \text{R} \\ & | \\ \text{C}—\text{C}\equiv\text{C}—\text{C} \\ & | \\ & \text{R} \end{matrix} \right]_n$$

这里，R = —CH$_2$—O—SO$_3$—⟨ ⟩—CH$_3$．60 ℃下热聚合 72 h 已足使聚合转化率达 100%，TS 完全聚合成高聚物 PTS．

TS 和 PTS 规整的外形(图 6.29)已经表明它们是单晶体．PTS 的 X 射线衍射花样呈现出典型的晶体衍射点，而不是一般半晶态高聚物的衍射环(弧)．这就表明经过聚合而得的高聚物 PTS 确是一个单晶体．尽管衍射斑点不如金属的那样精确，存在各种缺陷，但仍然可以认为 PTS 是结晶度达 100% 的近乎完整的晶体．PTS 宏观单晶体具有完全伸直链的结构，它平躺在(010)这个平面上，方向是[001]，这又是与传统的高聚物结晶中垂直于晶面的折叠链迥然不同的．

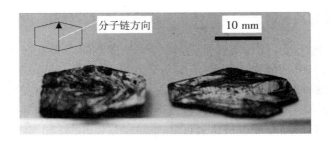

图 6.29 聚双(对甲苯磺酸)-2,4-己二炔-1,6-二醇酯酯(PTS)宏观单晶体. 极大尺寸已达 26 mm，呈紫黑色和有金属光泽，特别是大分子链不是垂直于晶面而是平躺在晶面内

由于 PTS 中完全不存在非晶区，高聚物中的玻璃化转变，结晶度概念都失去了意义，所有有关测定高聚物玻璃化转变的实验也都表明，100% 结晶具有平躺伸直链结构的 PTS 宏观单晶体没有玻璃化转变现象．

6.5.2 单链高分子存在非晶态，也有玻璃化转变

大分子单链单晶是又一个新的高聚物结晶形态．一般来说，分子凝聚态是许多分子由于分子与分子之间的相互作用力而凝聚在一起所形成的状态．对于小分子，一个孤立的分子谈不上什么分子间的相互作用，但是对于一个高分子链，由于它包含成千上万个单体单元，每个单体单元相当于一个小分子，所以即便是孤立的单根高分子链仍然存在链单元间的相互作用，单根分子链就能形成凝聚态，根据制备条件，可以是单链单晶体，也可以是单链玻璃态．

单链单晶体也是 100% 结晶的单晶体，当然也就没有玻璃化转变．单链玻璃态是地地道道的非晶态，微乳液聚合在适当条件下可制得平均直径为 26 nm 的单链 PS 玻璃态纳米球（$M > 4 \times 10^6$）．单链 PS 纳米球升温 DSC 测定，只出现玻璃化转变 T_g 的吸热阶跃．

6.5.3 高聚物表面的玻璃化温度随离表面的距离改变而有较大的变化

现在人们对玻璃化转变的实质还不是十分清楚．虽然有报道称当系统尺寸减小时，高聚物分子的流动性将增加．把聚苯乙烯薄膜铺在氢钝化的硅表面，用椭圆偏光法直接测量了薄膜的 T_g．当 $h \leqslant 40$ nm 时，所测的 T_g 值比体相 T_g 值低，且发现玻璃化转变温度随薄膜厚度

降低而降低，

$$T_{g}(h) = T_{g}(\text{体相})[1 - (a/h)^{\delta}]\tag{6.41}$$

式中，$a = 3.2$ nm，$h = 1.8$. 因为分子量大小对实验结果影响不大，所以排除了受限分子链是导致 T_g 降低的主要因素. 由于这里考虑的是高聚物超薄膜的问题，就必须顾及基片可能对高聚物薄膜 T_g 值的影响.

事实上，基片对 PMMA 薄膜 T_g 的影响很大. 当 PMMA 薄膜处于硅片上时，T_g 随薄膜厚度减少而增加. 但当 PMMA 薄膜处于金片上时实验结果则相反. 为了消除基片对 T_g 的影响，可用布里渊散射方法测量不同厚度的自由悬浮的聚苯乙烯薄膜的 T_g（图 6.30），在薄膜厚度 $h \leqslant 70$ nm 时，玻璃化温度 T_g 随薄膜厚度线性减少，当薄膜厚度为 29 nm 时，T_g 比最初值降低了 70 K. 对实验数据进行拟合得

$$T_{g}(h) = \begin{cases} T_{g}(\text{体相})[1 - (h_0 - h)/\varepsilon], & h < h_0 \\ T_{g}(\text{体相}), & h \geqslant h_0 \end{cases}\tag{6.42}$$

最合适的拟合参数为 $h_0 = 69.1$ nm，$\varepsilon = 213$ nm. 实验结果证明自由表面作用降低了体密度，提高了聚合物链的流动性，降低了高聚物薄膜的玻璃化转变温度. 薄膜厚度越低，这种作用越强，高聚物薄膜的玻璃化转变温度越低. 因此我们可以预见，高聚物单分子膜的玻璃化转变温度会更低，有可能会接近室温，这就为高聚物单分子膜的二维橡胶态的存在提供了理论可能.

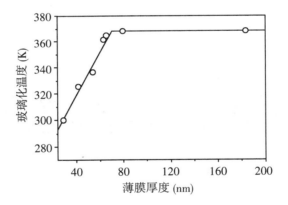

图 6.30　自由悬浮的聚苯乙烯薄膜的玻璃化转变温度与薄膜厚度的关系

6.5.4　二维橡胶态的提出及几个证明它可能存在的实验

具有低玻璃化转变温度的聚合物单分子膜是否在室温存在橡胶态是一个值得探索的问题. 亚油酸单分子膜的聚合对单分子膜动态弹性的影响，初步在实验上证明了二维橡胶态可能的存在. 亚油酸单分子膜紫外聚合后的崩溃压为 22 mN/m，反比单体单分子膜的崩溃压 18 mN/m 还高，和水面上搜集到的痕迹量树脂状固体物都表明亚油酸单分子膜确已发生了聚合. 动态弹性实验发现聚合后的亚油酸单分子膜的动态模量下降到 40.4 mN/m，比辐照前的 96.3 mN/m 低很多（图 6.31）.

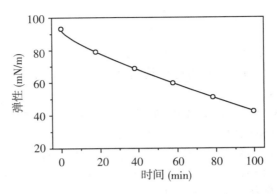

图 6.31　亚油酸单分子膜的弹性随紫外光辐照时间的增加而减少

　　亚油酸分子中有两个双键,树脂状固体物又不溶于溶剂,可认定亚油酸发生了交联.如果聚合反应后的单分子膜的玻璃化温度比室温低,那么它将处于高弹橡胶态,因此单分子膜的弹性反比其聚合前的来得低.这是提出了单分子膜的二维橡胶态概念的又一个理由.

　　二维橡胶态最为直接的证据来自显微镜的观察.膜厚度约为 40 nm 的接有交联蒽侧基团的线形聚异戊二烯橡胶弹性薄膜,蒙在一个 0.3 dm 的小空上,在原子力显微镜下可观察到,用一个轻微的压力从下向上顶薄膜,薄膜中部向上凸起,产生了形变.当松开后形变就完全消失,类似三维状态下橡胶弹性形变行为,且这个过程能被多次重复.这就从实验上直接肯定了高聚物膜的确存在预期的橡胶弹性行为(图 6.32).

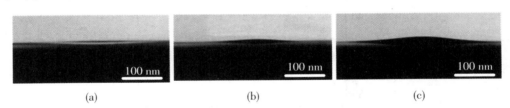

图 6.32　40 nm 超薄改性聚异戊二烯橡胶弹性薄膜在原子力显微镜下表现出来的二维弹性行为

　　在高聚物的玻璃化转变中还有两点需要特别指出的是:

　　(1) 玻璃化转变温度依赖性不服从普适的阿伦尼乌斯方程,而是服从高聚物特有的 WLF 方程.高聚物的玻璃化转变是链段运动被激发.链段是高聚物特有的运动单元,它们的运动对应高聚物特有的力学性能就是高聚物的高弹性,并且它们的温度依赖性不服从普适的阿伦尼乌斯方程,而是服从高聚物特有的 WLF 方程,这已在上章中详细讨论过了.

　　(2) 在结晶高聚物中,特别是结晶度很高的高聚物中,非晶区被晶区所包围,由于高聚物中一根分子链可以同时穿过晶区和非晶区,在非晶区中分子链段的运动应该受到包围它的晶区的影响.这里可以大致分两种情况:一是紧挨着晶区的非晶区,其中的链段运动受晶区影响之大会在玻璃化温度上反映出来;另一是距离晶区较远的非晶区,其中的链段运动几乎不受晶区的影响.这样,结晶高聚物中就有两种不同的非晶区,它们会显示不同的玻璃化温度,从而使得结晶高聚物有所谓的双重玻璃化温度之说(具体实例见本章 6.8 节聚乙烯的玻璃化转变).

6.6　结晶高聚物中的转变

结晶高聚物由于其结晶的不完善性,通常包括晶相和非晶相两部分.这两相都分别发生转变,加上结晶高聚物可能存在的分子运动远比非晶态高聚物的来得复杂.除了上述非晶态高聚物所具有的五种运动外,还可能有如下运动引起的转变:① 结晶熔融,即 T_m 转变.② 一种晶型到另一种晶型的转变(记作 T_{cc}).③ 晶相中小侧基的运动.④ 晶相和非晶相之间的相互作用,包括在界面上的摩擦.⑤ 晶相中晶粒的摩擦损耗引起的次级转变.简介如下.

6.6.1　结晶熔融

非晶相的主转变是玻璃化转变 T_g,晶相中的主转变是结晶熔融,即 T_m.T_m 转变属于一级转变,是一个相变过程.在结晶熔融时有相变发生,即从晶态转变为液态:

$$晶态 \ C \xrightarrow{\ T_m\ } 液态 \ L$$

此时比容突然增大,并吸收一定的热量(图 6.33).

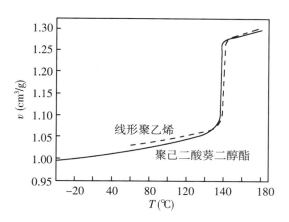

**图 6.33　结晶高聚物聚己二酸葵二醇酯和线形
聚乙烯的比容-温度曲线**

虽然结晶高聚物是在一定温度区域内发生熔融,但是总有这样一个温度,高于此温度时晶体便不再存在,这就是熔点.对于仔细退火的均聚物,大多数晶体约在熔点附近 5 ℃ 以内熔融.

高聚物的熔点 T_m 与玻璃化温度 T_g 虽然属于两个相中不同的转变温度,但是这两种转变所依赖的化学结构因素是相同的($T_m = \Delta H / \Delta S$,即高分子链的柔性和刚性,高分子链间的相互作用和几何立构因数).因而在 T_m 值与 T_g 值之间存在一定关系.当两者以绝对温度表示时,绝大多数高聚物的 T_g / T_m 比值处于 1/2~2/3 的范围内(波伊尔-比门(Boyer-Beamen)定律,图 6.34),这两个数值分别代表对称高分子与不对称高分子的比值.

$$T_g / T_m = 1/2 \quad \text{（对称的）} \tag{6.43}$$

$$T_g / T_m = 2/3 \quad \text{（不对称的）} \tag{6.44}$$

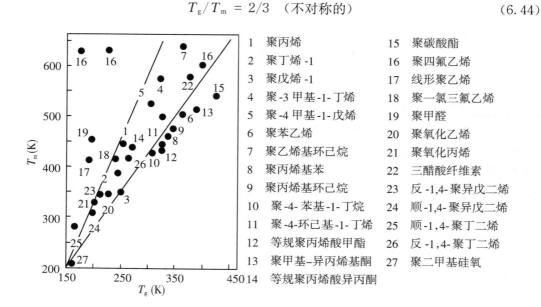

1	聚丙烯	15	聚碳酸酯
2	聚丁烯-1	16	聚四氟乙烯
3	聚戊烯-1	17	线形聚乙烯
4	聚-3甲基-1-丁烯	18	聚一氯三氟乙烯
5	聚-4甲基-1-戊烯	19	聚甲醛
6	聚苯乙烯	20	聚氧化乙烯
7	聚乙烯基环己烷	21	聚氧化丙烯
8	聚丙烯基苯	22	三醋酸纤维素
9	聚丙烯基环己烷	23	反-1,4-聚异戊二烯
10	聚-4-苯基-1-丁烷	24	顺-1,4-聚异戊二烯
11	聚-4-环己基-1-丁烯	25	顺-1,4-聚丁二烯
12	等规聚丙烯酸甲酯	26	反-1,4-聚丁二烯
13	聚甲基-异丙烯基酮	27	聚二甲基硅氧
14	等规聚丙烯酸异丙酮		

图 6.34　高聚物 T_g 与 T_m 的关系

例如,聚对苯二甲酸乙二酯的熔点为 267 ℃,按上式预计的玻璃化温度为 87 ℃,而实验值为 80 ℃. 对称的结晶聚偏二氯二烯,其玻璃化温度为 −17 ℃,预计的熔点是 239 ℃,与测量值 198 ℃ 相接近. 刚性分子链如聚碳酸酯($T_m = 267$ ℃)、聚对二甲苯 $\left(-CH_2- \bigcirc -CH_2- \right)_n$ ($T_m = 375$ ℃)和三醋酸纤维素($T_m = 360$ ℃)这类高聚物的熔点比柔性分子链的聚丁二烯(反式 1-4)($T_m = 92$ ℃)、聚氧化甲烯($-CH_3-O-$)$_n$($T_m = 181$ ℃)和聚乙烯($-CH_2-CH-$)$_n$($T_m = 137$ ℃)高得多,而芳香族高聚物,例如芳族聚酯的熔点要比相应的烷基聚酯的高. 高分子主链上次苯基单元能特别有效地使主链变得僵硬,且使熔点升高.

在高分子链上用柔性的、无极性的侧基,如烷基或乙氧基取代后,能使高聚物的熔点降低. 当侧基长度增加时,熔点会通过一个极小值. 这是由于侧链的结晶作用,随着侧链的加长其熔点也增加;庞大而刚性的侧基也将使熔点增加. 例如,具有刚性苯基全同立构的聚苯乙烯,其熔点为 240 ℃,而侧链为正己基聚辛烯-1 的熔点是 −38 ℃,叔丁基是一个相当大而刚性的单元,它能引起相当大的位阻而使高分子的主链僵硬化. 例如,聚叔丁基醚在 260 ℃ 熔化,聚正丁基醚的熔点仅为 64 ℃. 一般在与正常的直链比较时,烷基链的支化能使熔点升高,因为像叔丁基这类支化的侧基较直链的侧基能使分子变得更接近于球形或使形状更对称,而球形分子具有异常高熔点的趋势. 解释对位芳族高聚物的熔点较相应的间位芳族熔点要高时,对称效应可能也是重要的. 当对位基团围绕其轴旋转 180° 后似乎仍相同,然而间位基团在转动时就有不同的构型. 因此,间位化合物在自由转动时能得到更多的熵,因而其熔融温度更低.

聚醚和聚酯都是低熔点的高聚物,其原因应该是这些基团的柔性非常大,然而也有人认为熔点低是熔化热的缘故,聚酯的熔化热仅约为聚乙烯的一半.一种物质的熔点由它的摩尔熔化热和摩尔熔化熵之比而定,即 $T_m = \Delta H_n / \Delta S_n$,因此,低的熔化热或大的熔化熵都能使熔点降低.全同立构的聚丙烯的熔点特别高(176 ℃),这是由于熔化熵小.聚丙烯链在晶格中呈螺旋状构型,甚至在液体状态也仍保持许多这样的螺旋构型.因此,它的熔化熵比在液态无规构型时所预期的值要小得多.

高聚物的熔点往往和单体的熔点相关.单体的熔点高,高聚物也趋向高熔点.例如,乙烯和聚乙烯分别在 −181 ℃ 和 137 ℃ 熔融,而丙烯腈和聚丙烯腈分别在 −81 ℃ 和 317 ℃ 熔融.高的内聚能及分子间作用力会使熔点提高.某些聚酰胺的高熔点是由于它们具有强的氢键作用.

高聚物的熔点取决于它的分子量,定量关系是

$$\frac{1}{T_m} - \frac{1}{T_m^\circ} = \frac{2R}{\Delta H_u X_n} \tag{6.45}$$

这里,X_n 是数均聚合度,ΔH_u 是每摩尔结晶高聚物重复单元的熔化热.因此对于具有给定分子量的高聚物,其熔点 T_m 低于分子量为无限大的纯均聚物的熔点 T_m°.共聚作用也会降低熔点.对于无规共聚物,熔点的降低可用下式表示:

$$\frac{1}{T_m} - \frac{1}{T_m^\circ} = \frac{-R}{\Delta H_u} \ln X_A \tag{6.46}$$

这里,X_A 是共聚物中共聚单体(能结晶的链节)的摩尔数.

高聚物的熔点也能为溶剂或增塑剂所降低,可用下式表示:

$$\frac{1}{T_m} - \frac{1}{T_m^\circ} = \frac{R}{\Delta H_u} - \frac{V_u}{V_1}(V_1 - \chi_1 V_1^2) \tag{6.47}$$

式中,V_u 是高聚物重复单元的摩尔体积;V_1 为溶剂的摩尔体积分数;χ_1 为近邻相互作用的参数,即哈金斯(Huggins)参数.假使溶剂对高聚物有微弱的吸引作用,即所谓的不良溶剂,则 χ_1 为正值.就降低熔点来说,上式说明良溶剂较不良溶剂更为有效.

一般来说,共聚作用在降低熔点的效应方面较增塑作用更有效.而增塑剂在降低玻璃化温度的效应方面,要比等比共聚物更为有效.

6.6.2　一种晶型到另一种晶型的转变

著名的例子是聚四氟乙烯(PTFE)的晶型转变 T_{cc}(图 6.35):

$$(CF_2)_6 三斜晶 \xrightarrow{19\,℃} 六角晶 \xrightarrow{30\,℃} 消失$$

这一在室温下的转变是聚四氟乙烯的一个严重缺点,消除办法是用共聚的方法破坏六个 CF_2 链节所形成的晶胞.例如在四氟乙烯与六氟丙烯的共聚物中,当后者的含量约占 1/6 时,T_{cc} 晶形转变即明显受到抑制,如图 6.35 中的虚线所示.

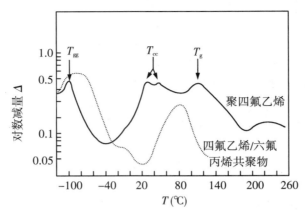

图 6.35　聚四氟乙烯和四氟乙烯/六氟丙烯共聚物的动态力学曲线

6.6.3　晶区中小侧基的运动

像聚丙烯这样的晶态高聚物折叠链晶区中,折叠的 C—C 主链上带有的—CH_3 小侧基的运动会在极低温($-220\ ℃$)处呈现小的损耗峰,它们运动的示意图如图 6.36(a)所示.

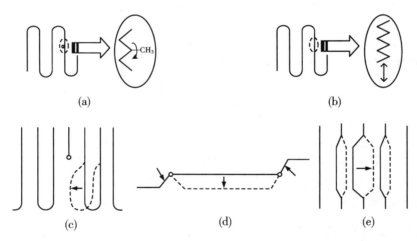

图 6.36　聚丙烯晶格中的运动.(a)甲基的运动;(b)"手风琴式"的运动;(c)可能的缺陷的运动;(d)粗糙面的移位;(e)分子链节的纽绞

6.7　高聚物的次级转变

由于非常复杂的分子结构,在 4.2 K 以上的温度范围内,除玻璃化转变外高聚物还存在好几个转变.虽然这些转变不一定与玻璃化转变具有相同的本质,但是它们总是与某些具有能量吸收的分子运动过程有关.由低温到高温,非晶态高聚物中可能出现的转变是由于下面一些运动被激发:

(1) 侧基或侧链的运动.

(2) 主链中的—C—C—链节以主链为轴的转动,如 C_8 链节的曲柄运动.

(3) 杂链高聚物主链中杂链节的运动,如聚酰胺中的胺基.

(4) 大约有 50～100 个主链碳原子链段的运动,即玻璃化转变.

(5) 整链的运动.

其中,由链段($\sim C_{50-100}$)运动引起的玻璃化转变即 T_g 转变为主转变(α 转变),已如前述.在 $T > T_g$ 时的次级转变则为液态中整链($\sim C_\infty$)运动引起的 T_{ll} 转变.在 $T < T_g$ 时的次级转变,如在玻璃态中由短链节($\sim C_8$)运动引起的 T_{gg} 转变可能是 T_g 转变的先导,在 $T < T_g$,即高聚物处在玻璃态时发生的多个次级转变可统称为 T_{gg} 转变,依次标称为 β 转变、γ 转变、δ 转变.

6.7.1　侧基或侧链的运动

存在高聚物中侧基或侧链的运动比较复杂,与侧基的大小和所处的位置有关.

1. 大侧基

如聚苯乙烯的大侧基—⬡、聚甲基丙烯酸甲酯的 —C—O—CH₃ 在 T_g 以下都会发生运动,呈现次级转变峰.

2. 长支链

会发生如上面已经提过的曲柄运动.

3. α-甲基

与主链相连的 α-甲基的内旋转运动在很低温度的地方会产生次级转变的小峰.

4. 其他甲基

如酯甲基的转动,会在比 α-甲基转变峰更低的温度出现损耗峰.聚甲基丙烯酸甲酯中有 α-甲基和酯甲基,由于发生运动的温度较低,通常用更高频率的介电松弛和 NMR 方法来研究(图 6.37).

6.7.2　曲柄运动

链节运动中最著名的是曲柄运动(crankshaft motion).只要主链上(—CH₂—)ₙ 的 $n \geq 4$,就有可能发生曲柄运动,如图 6.38 所示.由此推算所得的活化能 ΔE_γ 为 52 kJ/mol,与实验值 $\Delta E_\gamma = 42 \sim 84$ kJ/mol 相符.

可能的曲柄运动还有以下两种:图 6.39(a)是中心键为能量不利的顺式构型,实现的可能性不大;图 6.39(b)是一个紧缩的螺旋,能量较低,有可能实现.

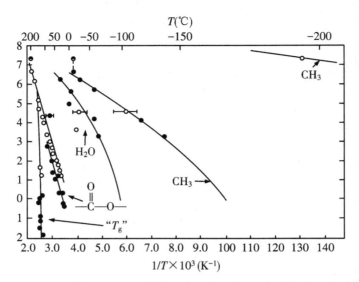

图 6.37　聚甲基丙烯酸甲酯力学松弛峰的频率-温度依赖关系.用力学
　　　　松弛(实心点)、介电松弛(空心点)和 NMR(半实心点)显示酯
　　　　甲基、α-甲基运动呈现的温度

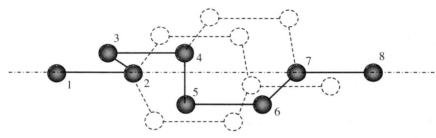

图 6.38　高分子链中比链段还要小的 C_8 链节曲柄运动示意图

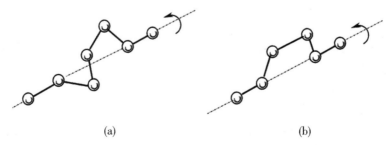

图 6.39　C_8 链节的曲柄运动可能有的另外两种类型

需要说明的是:

(1) 曲柄运动也可能发生在长支链中,只要这个支链符合($—CH_2—$)$_n$ 中的 $n \geqslant 4$.

(2) 即使是带有不大侧基(如$—CH_3$)的链节 $—CH_2—\overset{\overset{\displaystyle CH_3}{|}}{CH_2}—CH_2—CH_2—$ 也能发生曲柄运动.

(3) 发生曲柄运动的温度与玻璃化温度有关.若以绝对温度计算,有 $T_{曲柄} \approx 0.75 T_g$.

6.7.3 杂链高聚物主链中杂链节的运动

在杂链高聚物主链中的杂链节,如聚碳酸酯

$$\left(-\!\!\!\!-\!\!\!\!\bigcirc\!\!\!\!-\overset{\overset{\displaystyle CH_3}{|}}{\underset{\underset{\displaystyle CH_3}{|}}{C}}-\bigcirc\!\!\!\!-\!\!\!\!-O-\overset{\overset{\displaystyle O}{\|}}{C}-O-\!\!\!\!- \right)_n$$

及聚芳砜

$$\left(-\!\!\!\!-\!\!\!\!\bigcirc\!\!\!\!-\!\!\!\!-O-\bigcirc\!\!\!\!-\!\!\!\!-\overset{\overset{\displaystyle O}{\|}}{\underset{\underset{\displaystyle O}{\|}}{S}}-\!\!\!\!- \right)_n$$

中的 $—O—\overset{\overset{\displaystyle O}{\|}}{C}—O—$ 或 $—SO_2$ 基的运动能引起玻璃态时的次级转变.这种玻璃态时的次级转变,能在外力作用时通过杂链节的运动吸收能量,使得这些高聚物(聚碳酸酯、聚芳砜、聚酰胺等工程塑料)在玻璃态具有优良的机械力学性能(抗冲性能),如图 6.40 所示.

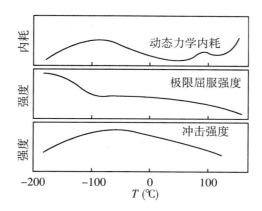

图 6.40 聚碳酸酯的动态力学内耗、极限屈服强度和冲击强度

(-100 ℃附近的损耗峰对应着冲击强度的极大峰)

能引起 β 转变的分子运动就有几种.在碳链高聚物中,由主链旁较大的侧基,如聚苯乙烯的苯基,聚甲基丙烯酸甲酯的酯甲基(不是 α-甲基)的内旋转能引起 β 转变.在杂链高聚物

中,主链的杂链节,如上面刚提及的聚碳酸酯及聚芳砜中与次甲基相结合的 —O—$\overset{\displaystyle O}{\overset{\|}{C}}$—O— 或—$SO_2$ 基的运动能引起 β 转变.

大多数碳链高聚物的 γ 转变温度与玻璃化温度有如下关系:$T_\gamma \approx 0.75 T_g$(K).其分子运动机构就是前面提到的$(CH_2)_4$的曲柄转动,由此估算所得的活化能 ΔE_γ 为 52 kJ/mol,与实验值 $\Delta E_\gamma = 42 \sim 84$ kJ/mol 相符.

杂链高聚物如聚酰胺—$NH(CH_2)_nCO$—的 γ 转变,也可归于 CH_2 的 C_8 链节运动,因此当 $n=2$ 时不出现 γ 峰,只有在 $n \geqslant 3$ 时才开始出现,$n=6 \sim 12$ 时的 T_γ 在 150 $\sim$170 K.这个 γ 峰对聚酰胺的物理性能有特殊的影响.例如,在聚酰胺-6 中加水或它的单体会使 γ 峰的峰高降低并移向较低温度(图 6.41),即在低温时使模量增高,发生"反增塑"作用.

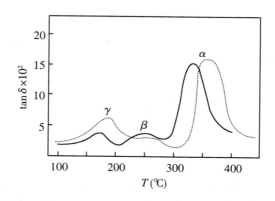

图 6.41 聚酰胺-6 的 α, β, γ 松弛转变受单体的影响.实线为
～10%单体,虚线为～1%单体

δ 转变的特征是不依赖于—C—C—主链上侧基间的距离,也不依赖于结晶度或取向度,也不依赖于分子量,活化能很低.因此 δ 转变与高分子主链本身无关,而是与主链上所带侧基(甲基、苯基)相对于主链的扭转或摇摆有关,在晶相和非晶相中都能发生.

6.8 典型高聚物转变举例

6.8.1 聚苯乙烯(PS)

聚苯乙烯大多是无规非晶态聚合物,公认的玻璃化转变温度约发生在 100 ℃(373 K).它的分子式是

$$(-CH_2-\overset{\displaystyle H}{\underset{\displaystyle \bigcirc}{C}}-)_n$$

实验发现聚苯乙烯在 160 ℃（433 K）处有一转变峰，这是聚苯乙烯高分子整链运动的 T_{ll} 转变：

$$液态 \ l_1 \xrightarrow{\ T_{ll}\ } 液态 \ l_2$$

液态 l_1 的整链运动受到周围高分子链的限制，而 l_2 的则不受这种限制. 例如，溶剂能消除 T_{ll} 转变，因溶剂使大分子链彼此分开而消除了周围的影响. T_{ll} 转变是非晶态高聚物的最高转变温度.

聚苯乙烯的 β 转变的转变点位于（325±4）K，已分别为多种实验所发现：核磁共振的核二级矩测得的为 310 K，动态力学实验（10 mPa·s）为 320 K，X 光衍射得到的值为 320 K. 它是聚苯乙烯侧链苯基的转动的反映.

由 C_8 链节曲柄运动引起的 γ 转变在聚苯乙烯中不是经常能被发现的. 只有在聚合过程中出现"头-头"接、"尾-尾"接的聚苯乙烯能在 130°处发现 γ 转变. 在更低的温度，动态力学实验在 38 K（5.6 mPa·s）到 48 K（6 290 Pa·s）处发现聚苯乙烯的 δ 转变. 它是由苯基的摇摆和颤动引起的. 可以把聚苯乙烯的各个转变列于表 6.9.

表 6.9　聚苯乙烯的各个转变

转变	温　　度		可能的分子运动机构
	（K）	（℃）	
T_{ll}	433	160	整链运动
T_g	373	100	链段运动
T_{gg}：			
β	325±4	50	侧链苯基转动
γ	130	−143	链节曲柄运动
δ	38～48	−235～−245	苯基摇摆或颤动

6.8.2　聚甲基丙烯酸甲酯（PMMA）

PMMA 是无规立构的（含有大量间同立构），$T_g = 105$ ℃，它的分子式是

$$(-CH_2-\overset{\displaystyle CH_3}{\underset{\displaystyle \underset{\displaystyle O}{\overset{\displaystyle \|}{C}}-O-CH_3}{C}}-)_n$$

1. β 转变：羧侧基的转动

图 6.42 是 PMMA、PPMA（聚甲基丙烯酸正丙酯）、PMA（聚甲基丙烯酸酯）在 1 Hz 和

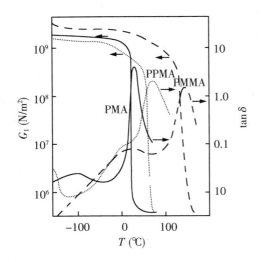

图 6.42　PMMA、PPMA、PMA 在 1 Hz 下的
G_1 和 tan δ

宽广温度范围内的剪切模量 G_1 和 tan δ.三者相比可知,随着烷酯侧基的长度增加,玻璃化温度移向低温,这种现象称为内增塑.

这三种高聚物都有一个显著的 β 峰.一般认为这是由羧侧基的转动而引起的.研究它们的介电行为,发现了这些基团的偶极距在相同的温度和频率处也产生很大的损耗峰.

实验表明,β 转变不受酯烷基的影响,不受增塑剂加入的影响,但是却受到 α-甲基的牵制(图 6.42).在甲基丙烯酸酯同系高聚物中 β 峰发生在 20 ℃ 附近(它的活化能 $\Delta \overset{*}{H}$ 为 84 kJ/mol);而在 PMA 中 β 峰不是发生在 20 ℃,而是在 − 120 ℃ ($\Delta \overset{*}{H} = 29 \sim 42$ kJ/mol).

2. γ 转变:α-甲基的转动

在 − 173 ℃(1 Hz)观察到一个小损耗峰被认为与直接连在主链上的 α-甲基有关.在核磁共振实验中,也发现在兆周范围里 − 110 ℃时共振谱线变窄.这个松弛在介电行为上是不活泼的,因为 CH₃ 旋转并不改变偶极矩的方向.不明白的是为什么这个运动能在力学上反映出来,因为 CH₃ 基对于它旋转轴的对称性也应该在状态前后是不能区分的.因此,在这里可能有比单纯的 CH₃ 基转动更为复杂的机理,譬如可能包含主链的局部扭振.

3. 酯甲基的转动

无论是核磁共振还是力学测量都表明酯甲基的转动发生在极低的温度.在用扭摆法做实验时,对数减量从 20~30 K 的极小值开始增加,至 4.2 K 还没达到极大值(4.2 K 是该实验装置的温度下限).10 Hz 时发现这个峰发生在 6 K.

在聚甲基丙烯酸乙酯中,于 41 K 观察到了乙基贡献的峰.在更长酯烷基的甲基丙烯酸酯中,烷基损耗峰发生在 73 K(图 6.42).一般来说,在(—CH₂—)$_n$ 中的 $n > 4$ 时,不管是在主链上还是在侧链上都会在 70~140 K 产生一个松弛,其机理就是前面说过的"曲柄运动".

4. 与 PMMA 吸水有关的转变

PMMA 最多可吸 2% 的水.这不仅引起了增塑和 T_g 下降,而且也在 100~200 K(1 Hz)内产生了一个新的损耗峰.无论是峰的高度还是它的温度都与吸水量有关.吸水越多,峰的温度越低.除了峰的显著对称性外,它覆盖的温度范围竟达 100 度以上(其他极性高聚物,如聚酯、聚酰胺、聚氯乙烯吸收水后约在 200 K 或稍低的温度产生一个宽的转变).

6.8.3　聚碳酸酯(PC)

聚碳酸酯的分子式是

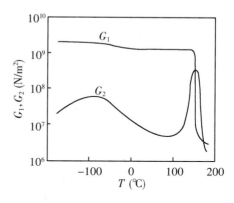

从熔融体淬火得到的聚碳酸酯是一个非常坚韧的非晶性塑料，$T_g = 145\,℃$．如果将它长时间（譬如一星期）退火，在 $190\,℃$ 会缓慢地结晶．极大结晶度为 $20\% \sim 25\%$，熔点为 $250\,℃$．如果把淬火的聚碳酸酯在 $80 \sim 130\,℃$ 温度区域内退火，它的密度会增加 0.1%，但没有结晶的进一步发展．这时，其冲击强度、延性和转变行为都有变化．

1. 从熔体淬火的非晶聚碳酸酯

低于 T_g 温度，聚碳酸酯的动态力学行为最显著的特征是在 $-200 \sim 0\,℃$（$1\,Hz$）之间有一个很宽的损耗峰（图 6.43）．精细地观察，该峰实际上是由 $-40\,℃$，$-100\,℃$ 和 $-150\,℃$ 三个峰覆盖而成的．

图 6.43　聚碳酸酯在 1 Hz 下的 G_1 和 G_2

比较动态力学实验和介电行为及核磁共振数据可知，$-150\,℃$ 是甲基的运动，$-100\,℃$ 是碳酸酯单元的运动，而 $-50\,℃$ 是苯撑碳酸酯的运动（表 6.10）．

表 6.10　聚碳酸酯低温力学损耗峰的成分

力学峰的位置	介电上是否活泼	核磁共振宽线是否变窄	分子运动机理
$-150\,℃$	不	是	甲基
$-100\,℃$	是	不	碳酸酯单元
$-50\,℃$	是	是	苯撑碳酸酯

此外，用扭摆法在 $40\,K$ 还发现一个小峰，它的起因还不甚清楚．

2. 热历史对非晶聚碳酸酯的影响

在模铸应力和应变还来不及松弛时，就把聚碳酸酯熔融体淬火，在力学或介电上都发现 $75 \sim 100\,℃$ 处有一个小损耗峰．这个峰的分子机理还不清楚．

聚碳酸酯在 $80 \sim 130\,℃$（即 T_g 以下 $15 \sim 50\,℃$）的热历史能够引起好几个力学性能的变化，其中最重要的是屈服强度增加和冲击强度降低．值得注意的是，在这个温度处发现聚碳酸酯的密度增加了 0.1%．已有人用这个密度的增加来解释力学性能的这些变化．

3. 反增塑作用

增塑剂加入到玻璃态高聚物中，除了降低它的 T_g 外，也常常引起 T_g 以下松弛行为的某些变化，许多稀释剂小分子在高聚物基体 T_g 以下仍保持有活性，从而在低得多的温度产生新的损耗．

此外，有些有机稀释剂会使高聚物在 T_g 以下比它原先更刚硬，这样的稀释剂一般称为反增塑剂．反增塑剂一般是含有芳环或刚硬脂肪环的小分子，并且除了聚氯乙烯以外，对反增塑作用敏感的一般是主链上含有芳香环的高聚物．60% 氯化的三联苯（$T_g = -55\,℃$）对聚碳酸酯有反增塑作用,图6.44是聚碳酸酯和70%聚碳酸酯及30%氯化三联苯混合物的 G_1 和 $\tan\delta$. 氯化三联苯显著遏住了低温模量的下降,特别是在 $-100\,℃$ 以上的温度. 结果是在这个温度下材料更为刚硬,直到 α 转变开始为止.

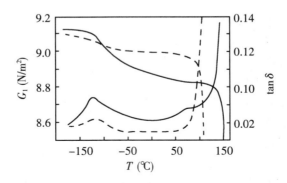

图6.44 聚碳酸酯(实线)和它与氯化三联苯按
70/30 比率混合物(虚线)的 G_1 和 $\tan\delta$

反增塑剂的加入伴随着混合体积的缩小,高聚物主链上的芳香环和反增塑剂的芳香环间强烈的相互作用增加了分子堆积效应,从而降低了局部链活动性. 反增塑作用在材料屈服现象上有重要的实际意义.

6.8.4 聚乙烯(PE)

聚乙烯的分子式是

$$(—CH_2—CH_2—)_n$$

低压下聚乙烯几乎是线形的,结晶度高(75%～90%),密度高($\sim0.96\ \mathrm{g/cm^3}$),高压下聚乙烯是高度支化的,密度较低($\sim0.91\ \mathrm{g/cm^3}$),结晶度低(20%～60%). 它们都存在三个转变峰,即在 $0\sim120\,℃$ 之间所谓的 α 转变,在 $-20\,℃$ 的 β 转变和在 $-110\sim-140\,℃$ 之间的 γ 转变(图6.45). 并且在 γ 转变区还包含两个不同的转变峰,在 α 转变区出现三个或更多彼此相互交叠的转变峰.

1. γ 转变

γ 转变的详细情况是:① 它出现在所有聚乙烯中,结晶的或非结晶的. 它们无论是在主链上还是在侧链上都含有四个以上次甲基. ② 随着聚乙烯密度的增加,也即随着结晶度的增加,损耗峰的强度减弱(图6.46),但是即使是在聚乙烯单晶和高压下形成的伸直链晶体中 γ 峰仍然可见. γ 转变至少是发生在结晶的和非晶态聚乙烯中 $(CH_2)_n$ 链节的运动. 晶

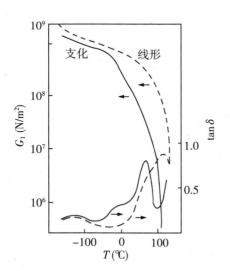

图6.45 支化(低密度)和线形(高密度)
聚乙烯在 1 Hz 下的 G_1 和 $\tan\delta$

相中的 γ 转变记作 γ_c,它是聚乙烯单晶缺陷中的链段
运动,发生在折叠链晶体空隙处的 $(CH_2)_n$ 曲柄运动(在
结晶区域,链构象完全是反式的,不能发生曲柄运动),
图 6.46 非晶相中的 γ 转变计作 γ_a,它完全是前面已说
过的曲柄运动.

2. β 转变

β 转变的详细情况是:① 它是支化聚乙烯中非晶
区域产生的松弛.在氯化聚乙烯、乙烯和乙酸乙烯酯的
共聚物中都有很大的 β 转变.烃基支链、氯原子和共聚
单体侧基对聚乙烯结晶有妨碍,造成聚乙烯结晶中更
多的"缺陷"(图 6.47)而使 β 峰变大.② 大剂量辐射能
使聚乙烯完全避免结晶,辐射交联的非晶态聚乙烯具
有很大的 γ_a 和非常大的 β 峰(图 6.48).在 β 峰以上的
温度,辐射交联聚乙烯的模量为 3×10^7 N/m²,正好对

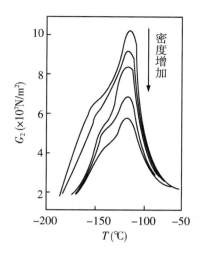

图 6.46 聚乙烯的低温 G_2

应辐射交联橡胶的模量,由橡胶弹性的公式 $M_c = \rho RT / G$(这里 M_c 是交联点之间的分子量,
ρ 是密度,G 是模量),可求得交联之间的 CH_2 单元数均为 6.③ β 转变在高密度聚乙烯中大
大退化或者完全不存在.④ 在支化聚乙烯中,β 转变服从 WLF 方程.

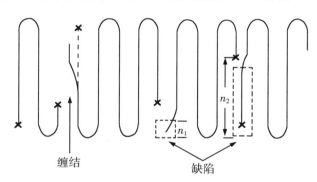

图 6.47 聚乙烯晶体中的缺陷

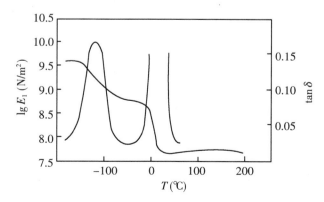

图 6.48 高度交联非晶态聚乙烯的 E_1 和 $\tan \delta$

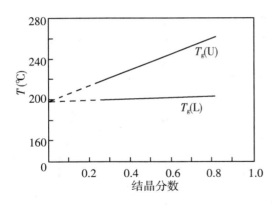

图 6.49 聚乙烯的双重玻璃化温度

根据以上事实,可以认为 β 峰就是支化聚乙烯和交联聚乙烯的玻璃化温度 T_g. 但对于线形聚乙烯,问题就复杂了,众说不一. 最近,有人认为半晶态高聚物的玻璃化温度 T_g 是双重的.像聚乙烯的 T_g 就有两个:一高($T_g(U) = 240\,K(-33\,℃)$),即通常的 β 松弛)、一低($T_g(L) = 195\,K(-78\,℃)$),即通常的 T_g).前者强烈依赖于结晶度,当结晶度为零时,两者合成一个 T_g(图 6.49).

3. α 转变

聚乙烯的 α 转变至少是由两个峰覆盖而成的,一般记作 α 和 α′,α 转变肯定是发生在晶相中的,因为氯化聚乙烯的 α 峰强度减小,直至在 X 衍射上不出现结晶衍射时,α 峰也消失.一般认为 α 峰是聚乙烯晶片中折叠链重排或链节运动,而 α′峰是晶片边界的滑动.

为了便于查找,表 6.11(166～168 页)列出了一些高聚物的松弛转变温度和可能的机理.

思 考 题

1. 什么是高聚物的玻璃化转变? 它的工艺意义什么? 它的学科意义是什么? 你知道有哪些物理力学性能在玻璃化转变时会发生变化?

2. 比容-温度曲线在高聚物的玻璃化转变中有什么重要性?

3. 什么是玻璃化转变的等黏态理论? 为什么它对高聚物的玻璃化转变不太适用?

4. 黏度表示的是分子间的摩擦相互作用,黏度大就是分子间的相互作用大,另一方面,分子的自由体积表示的是分子的活动空间,分子有较大的自由体积就容易活动得开,反之就不易活动,黏度也大.用自由体积这个概念把包括高聚物玻璃化转变的问题很好地解决了,而用黏度这个概念就行不通了,从这里你能体会到什么?

5. 什么是玻璃化转变的等自由体积理论? 试以等自由体积理论来推出增塑高聚物的玻璃化温度与增塑剂含量的关系式.

6. 等自由体积理论也能推导出共聚体系玻璃化温度与共聚组分的关系式——戈登-泰勒方程,但例外也不少,为什么?

7. 根据哪几点理由,玻璃化转变又被认为是热力学的二级相变? 实验观察到的玻璃化温度确实有明显的时间依赖性,为什么仍然有人认为玻璃化转变是具有热力学性质的二级转变?

8. 为什么说大分子链的柔性是决定高聚物玻璃化温度最主要的结构因素? 为什么具

有柔性分子链的聚乙烯在室温下表现出塑料的性质?

9. 影响玻璃化温度的其他结构因素还有哪些? 为什么不同方法测定的玻璃化温度会有所不同?

10. 分子量 M 对高聚物的玻璃化转变温度 T_g 有什么影响? 你能用等自由体积理论推导出 $M \sim T_g$ 关系式吗?

11. 玻璃化转变是一个非常复杂的物理现象,至今还在不断有所发现,你知道哪些这方面的新知识? 你对高聚物宏观单晶体和单链单晶体有什么了解?

12. 你对高聚物表层的玻璃化温度有很大的降低是如何理解的? 是否可能有二维橡胶态?

13. 在玻璃化温度以下,高聚物还有哪些运动单元的运动? 它们对高聚物性能有什么重要的影响? 为什么像聚酰胺、聚碳酸酯等杂链高聚物都是性能优异的工程塑料?

14. 什么是曲柄运动? C_8 链节有三种可能的曲柄运动,哪一种可能性最大? 为什么?

15. 为什么在像聚乙烯那样的晶态高聚物中会出现双重玻璃化转变?

16. 高聚物的玻璃化转变和结晶熔融分属两个不同相区的转变温度,但玻璃化温度 T_m 和熔融温度 T_m 却存在一定的关系,为什么?

17. 聚四氟乙烯在室温有一个晶型转变,它对使用性能有什么影响? 人们是通过什么办法来消除聚四氟乙烯这个缺陷的?

18. 尽管聚乙烯的结构非常简单和规整,但在聚乙烯中的各种转变现象十分丰富,你对此有多少了解?

表 6.11　各种高聚物的松弛转变温度和可能的机理

松弛峰的温度（K）和可能的机理

高聚物和主链的重复单元	600	500	400	300	200	100	0
聚碳酸酯 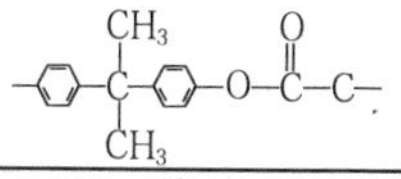 CH_3 $-O-\overset{CH_3}{\underset{CH_3}{C}}-\phi-O-\overset{O}{\overset{\|}{C}}-$	T_m		T_g	与热应变有关	部分交叠 $-O-\overset{O}{\overset{\|}{C}}-O-\phi-\overset{CH_3}{\underset{CH_3}{C}}<$	?	
聚砜 CH_3 ...		T_g			如在聚碳酸酯中那样复杂的峰		
尼龙 6 $N-(CH_2)_5-\overset{O}{\overset{\|}{C}}-$ H		T_m	T_g 晶相片内的链转动	在非晶区中 H-键断裂 $T_g?$	吸水 $-(CH_2)_5-$ 曲柄运动		
聚三氟氯乙烯 $-CF_2-\overset{F}{\underset{Cl}{C}}-$	T_m	T_m	晶相 在晶片内的链转动	非晶相 晶相? 曲柄运动			
聚苯醚 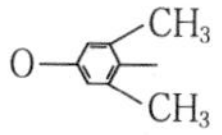 CH_3 $-O-\phi<_{CH_3}$	T_m	T_g		苯撑单元振动?	T_g	其一可能是甲基转动 余者不样	
聚乙烯 $-CH_2-CH_2-$	$T_m?$ α_2晶相 折叠长度链节的滑移	T_m α_1晶相 晶片内链节的转动	非晶 β 层边界的滑移		γ_a 非晶 γ_c 晶相 $-(CH_2)_4-$键转动 在排列空隙的曲柄转动 附近的转动		
聚氧化乙烯 $-CH_2-CH_2-O-$				T_m 结晶区域	T_g 非晶的 或许是曲柄类型的运动		

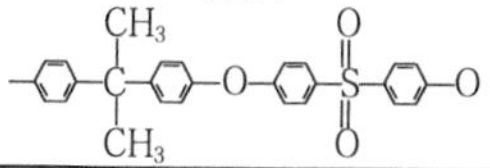

续表

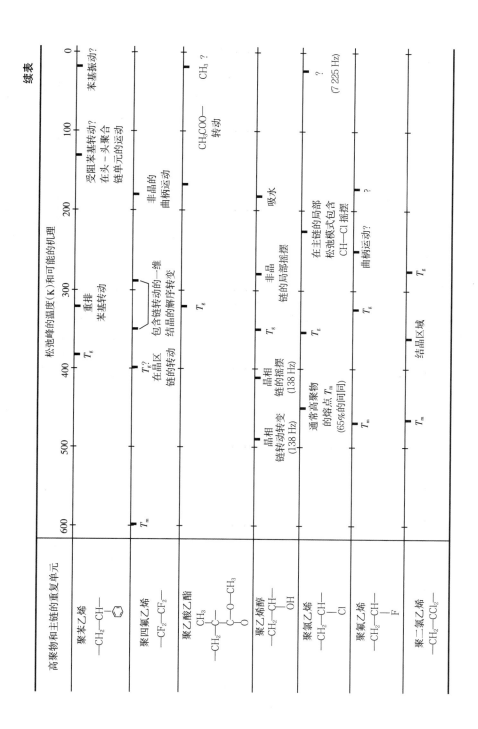

松弛峰的温度（K）和可能的机理

续表

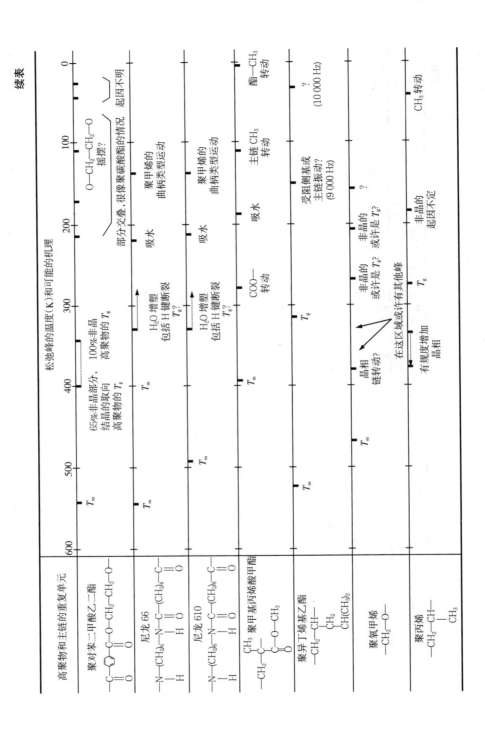

松弛峰的温度（K）和可能的机理

高聚物和主链的重复单元

第7章 橡胶高弹性力学

高聚物在其玻璃化温度以上是橡胶,具有独特的力学状态——高弹态.高聚物在高弹态所呈现的力学性能——高弹性,是高聚物区别于其他材料的一个显著特点,是高聚物材料优异性能的一个方面,有着重要的使用价值.

高聚物在高弹态的物理力学性能是极其特殊的,它兼备了固体、液体和气体的某些性质.橡胶稳定的外形尺寸,在小形变(剪切,<5%)时,其弹性响应符合胡克定律,像个固体.但它的热膨胀系数和等温压缩系数又与液体有相同的数量级,这表明橡胶分子间的相互作用又与液体相似.另外,使橡胶发生形变的应力随温度的增加而增加,又与气体的压力随温度增加而有相似性.如果单就力学性质而言,高弹性具有以下几个特点:

(1)橡胶的可逆弹性形变大,最高可达 $1\,000\%$,即能可逆地拉长10倍.而一般金属材料的可逆弹性形变不超过 1%.

(2)橡胶的弹性模量小,高弹模量为 $10^5\sim10^6$ N/m^2,比一般金属的弹性模量 10^{10} N/m^2 小 $4\sim5$ 个量级.

(3)橡胶的高弹模量随温度的增加而增加,$G(T)\propto T$,而金属材料的弹性模量随温度的增加而减小(图 7.1).

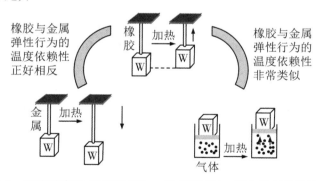

图 7.1 温度升高时,橡胶与气体一样,弹性增加,而金属则是弹性变差

(4)快速拉伸时,橡胶会因放热而温度升高(因为快速,橡胶产生的热来不及与环境交换,是绝热过程),金属材料则会因吸热而温度降低.

(5)橡胶高弹性与橡胶的化学结构无关,也就是任何橡胶都具有相同的储能函数形式,差别仅限于它们的交联程序.

(6)正如下面将要看到的,高弹性本质上是一种熵弹性,而一般材料的普弹性则是能量弹性,因为这种普弹性是与储能相关联的.

7.1 高弹性的热力学分析

对体系进行平衡态热力学分析是一种简单的方法,从中能得到许多物理量之间的关系.高弹性的热力学分析可以了解橡胶对各种变形(剪切、拉伸、压缩等)的响应,以及与诸如温度、压力、体积等外界因素的关系.

把橡胶试样当作热力学体系,环境就是外力、压力、温度等.为简单起见,形变取单向拉伸形式.设有一块橡胶试样,长度为 l_0,一端固定,在另一端沿其长度方向施加一拉力 f,试样被拉长 $\mathrm{d}l$,如图 7.2 所示.按热力学第一定律,体系内能的变化 $\mathrm{d}U$ 为

$$\mathrm{d}U = \mathrm{d}Q - \mathrm{d}W$$

式中,$\mathrm{d}Q$ 为体系得到的热量,$\mathrm{d}W$ 为体系对外做的总功.假设过程是可逆的,由热力学第二定律知

$$\mathrm{d}Q = T\mathrm{d}S$$

在体系对外做的总功中,不仅包括由于试样体积改变做的功 $P\mathrm{d}V$,还有力 f 拉伸试样做的功 $f\mathrm{d}l$,即

$$\mathrm{d}W = P\mathrm{d}V - f\mathrm{d}l$$

则

$$\mathrm{d}U = T\mathrm{d}S + f\mathrm{d}l - P\mathrm{d}V \tag{7.1}$$

这是一个基本公式.

下面分别依等压和等容条件讨论之.

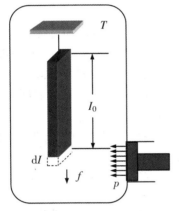

图 7.2 在高弹性热力学分析中,原长 l_0 的橡胶条受拉力 f 的作用,并作为一个热力学体系置于温度 T 和压力 p 的环境中

7.1.1 等压条件下的实验

实验通常是在等压条件下进行的,因为在一个大气压的条件下做实验最方便.p 不变,应该用体系的吉布斯自由能(Gibbs free energy):

$$G = H - TS = U + pV - TS \tag{7.2}$$

式中,H 是焓.

对式(7.2)做全微分,并参见式(7.1),则

$$\begin{aligned} \mathrm{d}G &= \mathrm{d}U + p\mathrm{d}V + V\mathrm{d}p - T\mathrm{d}S - S\mathrm{d}T \\ &= V\mathrm{d}p - S\mathrm{d}T + f\mathrm{d}l \end{aligned}$$

可见 G 是 p,T,l 的函数,即 $G(p,T,l)$,则

$$\left(\frac{\partial G}{\partial p}\right)_{T,l} = V, \quad \left(\frac{\partial G}{\partial T}\right)_{p,l} = -S, \quad \left(\frac{\partial G}{\partial l}\right)_{T,p} = f$$

在等压兼等温($\mathrm{d}p = 0, \mathrm{d}T = 0$)条件下,为

$$\mathrm{d}G = f\mathrm{d}l$$

即外力所做的功等于体系自由能的增加.则熵的改变为

$$\left(\frac{\partial S}{\partial l}\right)_{T,p} = -\frac{\partial}{\partial l}\left(\frac{\partial G}{\partial T}\right)_{p,l} = -\frac{\partial}{\partial T}\left(\frac{\partial G}{\partial l}\right)_{T,p} = -\left(\frac{\partial f}{\partial T}\right)_{p,l}$$

即在 p,l 不变时,外力 f 随温度的变化反映了试样伸长时熵的改变.而焓的变化由式(7.2)可得

$$\left(\frac{\partial H}{\partial l}\right)_{T,p} = \left(\frac{\partial G}{\partial l}\right)_{T,l} + T\left(\frac{\partial S}{\partial L}\right)_{T,p} = f - \left(\frac{\partial f}{\partial T}\right)_{p,l}$$

则

$$f = \left(\frac{\partial H}{\partial l}\right)_{T,p} - T\left(\frac{\partial S}{\partial l}\right)_{T,p} \tag{7.3a}$$

或

$$f = \left(\frac{\partial H}{\partial l}\right)_{T,p} + T\left(\frac{\partial f}{\partial l}\right)_{p,l} \tag{7.3b}$$

式(7.3)表示外力 f 增加了体系的焓和减小了体系的熵,它是橡胶试样在等压条件下的状态方程.

7.1.2 等容条件下的实验

尽管实验在一个大气压的等压条件下容易实现,但是在用分子观点解释橡胶弹性时等容条件更为合宜.体积不变,统计地讲可以说分子间距没有改变,即分子间相互作用没有改变.那么分子间相互作用可以不加考虑,只考虑由于分子构象的改变而引起的能量和熵的改变,使问题简单.

V 不变时,应使用亥而霍姆自由能(Helmholtz free energy):

$$A = U - TS$$

同理可推得在等温、等容条件下外力所做的功等于体系 A 的变化:

$$\mathrm{d}A = f\mathrm{d}l$$

和

$$\left(\frac{\partial A}{\partial V}\right)_{T,l} = p, \quad \left(\frac{\partial A}{\partial T}\right)_{V,l} = -S, \quad \left(\frac{\partial A}{\partial l}\right)_{V,T} = f$$

以及在等容条件下橡胶试样的力学状态方程:

$$f = \left(\frac{\partial U}{\partial l}\right)_{T,V} - T\left(\frac{\partial S}{\partial l}\right)_{V,l} \tag{7.4a}$$

或

$$f = \left(\frac{\partial U}{\partial l}\right)_{T,V} - T\left(\frac{\partial f}{\partial T}\right)_{V,T} \tag{7.4b}$$

有了状态方程(7.4),就可以用拉力 f 的温度依赖关系来推求试样长度改变时内能和熵的变化.

实验尽量接近平衡态条件进行.因为高分子量的橡胶具有很宽的松弛时间,其力学行为与它过去的历史有关,实验前将试样放在实验的最高温度并维持一定的应力,经过相当长时

间的应力松弛,使模量达到恒定值.有时还可以用烃类蒸气使试样溶胀,以使形变尽量接近可逆性.由此作出的天然橡胶的平衡拉力-温度曲线如图 7.3(a)所示.此时对所有的伸长、拉力-温度关系都是线性的,但直线的斜率有正有负.在大于 10%的伸长时,直线的斜率为正,即拉力随温度的增加而增大;在小于 10%的伸长时,即拉力随温度的下降而减小.这个斜率正负的变化称为热弹转变现象.热弹转变现象是由橡胶的热膨胀引起的.热膨胀使固定应力下试样的长度增加,这就相当于固定长度时拉力减小.在伸长不大时,由于热膨胀引起的拉力减小超过了在此伸长时应该需要的拉力增大,致使拉力反随温度增加而稍有减小.如果以 20 ℃下未应变长度为基准来计算伸长,那么 70 ℃的拉力-温度曲线就有一个小的位移.尽管曲线的斜率较高,但起始值较低.两者在约定额的 10%应变处相交(图 7.4).因此,可以用拉

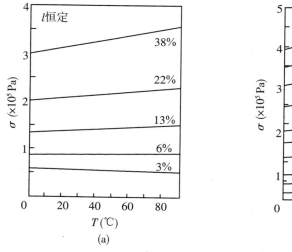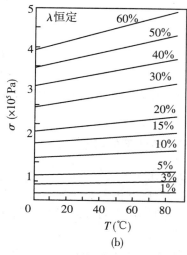

(a)   (b)

图 7.3 **(a)**固定伸长时天然橡胶的拉力-温度关系;**(b)**直线斜率在伸长 **10%**处改变符号.校正到固定拉伸比后,将不再出现负斜率

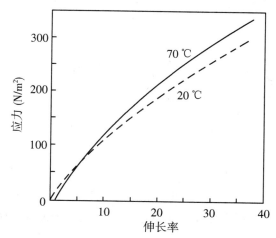

图 7.4 橡胶的热转变.由图 7.3(a)得到的 20 ℃和 70 ℃下的等温应力-伸长曲线

伸比 $\lambda = l/l_0$ 恒定来代替伸长恒定,平衡拉力-温度曲线就不再出现负斜率,且外推至 0 K

时,截距几乎为零(图 7.3(b)).

理想地讲,实验最好是在等容条件下进行.这在原则上是可能的.体积变化可用压力 p 的改变来补偿.但是由于橡胶的压缩性很小,要改变橡胶微小的体积需要很高的压力,因此并不现实.所以总是采用等压、等温条件下的数据来换算成等容、等温条件下的数据.在早期的工作中常引入了如下的假定:

$$\left(\frac{\partial f}{\partial T}\right)_{V,l} = \left(\frac{\partial f}{\partial T}\right)_{p,\lambda} \tag{7.5}$$

代入式(7.4),得

$$f = \left(\frac{\partial U}{\partial l}\right)_{T,V} + T\left(\frac{\partial f}{\partial T}\right)_{p,\lambda} \tag{7.6}$$

按上式来分析图 7.3(a)的数据,截距为零表明:

$$\left(\frac{\partial U}{\partial l}\right)_{T,V} = 0 \tag{7.7}$$

即在拉伸过程中,橡胶的内能不变,高弹性是由于橡胶内部熵的贡献:

$$f = T\left(\frac{\partial f}{\partial T}\right)_{f,\lambda} = -T\left(\frac{\partial S}{\partial T}\right)_{V,l} \tag{7.8}$$

后来的工作表明,除了熵的贡献外,内能对高弹性也是有贡献的.问题出在早期的假定式(7.5)引入了误差.对于天然橡胶,其误差的大小正好和内能给予高弹性的贡献同数量级(约 10%),从而掩盖了内能的贡献(见本章 7.4 节),尽管如此,热力学分析给我们指出的高弹性熵的本质仍然是一个非常重要的概念.

我们把完全符合式(7.7)和式(7.8)条件的弹性体称作理想高弹体.天然橡胶的行为很接近理想高弹体.至于在拉伸比很大($\lambda > 3$)时,由于此时在橡胶中已经产生结晶(结晶总是放出能量,$\left(\frac{\partial U}{\partial l}\right)_{T,V} < 0$),就不再属于热力学可逆过程的范围了.

7.2 孤立链的构象熵

热力学分析指出了高弹性熵的本质,即橡胶在形变过程中主要是熵的变化,内能只有较小的次要的贡献.但是热力学只给出宏观量之间一定的关系,只有借助于统计理论才能通过微观结构参数来求得高分子链熵的定量表达式和形变时它的变化,从而建立宏观物理量(弹性模量等)与微观结构参数的关系.

我们知道,C—C 单键(σ 键)具有轴对称的电子云.因此,C—C 单键可以以单键为轴相对地内旋转,即在保持键角 $\varphi(\varphi = 109°28')$ 不变的情况下,C_3 可处于 C_1—C_2 旋转而成的圆锥的底圆边上的任何位置(自由内旋转),同样 C_4 可处于 C_2—C_3 旋转而成的圆锥的底圆边上的任何位置,以此类推(图 7.5).这种由于围绕单键内旋而产生的空间排布叫做构象.高分子链是由成千上万个 C—C 单键所组成的,每个单键又都可不同程度地内旋转.这样,由于分子的热运动,分子中原子在空间的排布可随之不断变化而取不同的构象,表现出高分子链的柔性.高分子链的柔性是高聚物分子长链结构的产物,是高聚物独特性能——高弹性的依据.

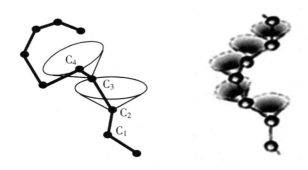

图 7.5　键角固定的高分子链的内旋转

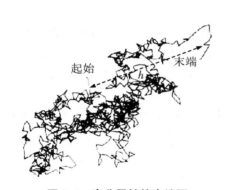

图 7.6　高分子链的末端距

尽管实际高分子链中键角是固定的,内旋转也不是完全自由的,高分子链仍然能够由于内旋转而很大程度地卷曲(图 7.6).分子越卷曲,相应的构象数目越多,构象熵就越大.

由热力学可知,在一定温度下柔性高分子链的形态总是趋于构象熵为最大的最可几状态.分子链的卷曲使得高分子链两个端点之间的直线距离大大缩短.卷曲越厉害,末端间直线距离越短.因此可以用高分子链末端的距离——末端距 h 来表征高分子链的形态.当然,因为分子内旋转经常在改变它们的构象,因此必须用统计平均的方法即所谓的"均方末端距" $\overline{h^2}$ 来表示分子的平均尺寸,它是指高分子链两端间的直线距离 h 平方的平均值.下面我们用无规行走问题来推导均方末端距 $\overline{h^2}$ 的数学表达式.

有 N 个长度为 b 的单元在空间自由排布,求解两个末端距离的问题,在数学上就是有名的三维空间无规行走.一个人在三维空间无目的地盲走(无规行走),如果每走一步的步长为 b,一共走 N 步,问他走了多远? 图 7.7(a)是走了 50 步的情况.

图 7.8 则是二维情况下开头几步可能的情况,$N=3$ 时,可能性已经达到 5 个,而 $N=5$ 时,可能性将升到 13 个.如果步子更多,最后到达的地方是一个统计分布值.

为简单起见,先从一维空间的无规行走着手.假定有一盲人沿一直线无目的地乱走,每走一步的距离为 b.因为是无规行走,因此向前走和向后走的几率相同,均为 1/2,问走了 N 步以后,他走了多少距离(图 7.9)? 显然这距离是不确定的,在多次实验后可得到一个分布.

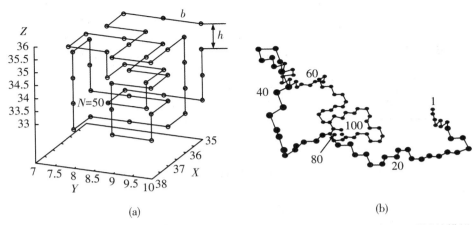

图 7.7　(a) 在三维空间无规行走了 50 步后所走的距离；(b) 100 步的高分子碳链的模拟

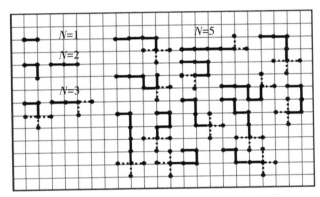

图 7.8　二维空间无规行走时开头几步可能的情况

设盲人在走了 N 步以后到达正向的 M 点，即 $OM = mb(m > 0)$，所以向前走的步数比向后走的步数多，即有 $\dfrac{N+m}{2}$ 步是向前的，$\dfrac{N-m}{2}$ 步是向后的，则到达 m 的几率 $\Omega(m, N)$ 应为它们之间多种可能的组合数，即

$$\Omega(m, N) = \frac{N!}{\left(\dfrac{N+m}{2}\right)! \ \left(\dfrac{N-m}{2}\right)!} \left(\frac{1}{2}\right)^{\frac{N+m}{2}} \left(\frac{1}{2}\right)^{\frac{N-m}{2}}$$

$$= \frac{N!}{\left(\dfrac{N+m}{2}\right)! \ \left(\dfrac{N-m}{2}\right)!} \left(\frac{1}{2}\right)^{N}$$

实际情况总是 $N \gg 1$ 和 $N \gg m$，则可利用阶乘 $n!$ 的 Stirling 近似：

$$\ln n! = n\ln n - n + \ln \sqrt{2\pi n}$$

得

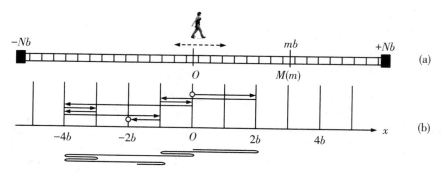

图 7.9 (a) 一维空间的无规行走；(b) 开头 16 步的情况

$$\ln \Omega(m,N) = \ln N! - \ln \left(\frac{N+m}{2}\right)! - \ln \left(\frac{N-m}{2}\right)! + N\ln \frac{1}{2}$$

$$= N\ln N - N + \ln \sqrt{2\pi N} - \frac{N+m}{2}\ln \frac{N+m}{2}$$

$$+ \frac{N+m}{2} - \ln \sqrt{2\pi \cdot \frac{N+m}{2}} - \frac{N-m}{2}\ln \frac{N-m}{2}$$

$$+ \frac{N-m}{2} - \ln \sqrt{2\pi \cdot \frac{N-m}{2}} + N\ln \frac{1}{2}$$

化简，并利用 $N \gg m$ 的条件，把变数写成 m/N，当 N 足够大时，凡 $\left(\dfrac{m}{N}\right)^2$ 项均忽略不计，则上式简化为

$$\ln \Omega(m,N) = -\frac{N+m}{2}\ln \left(1+\frac{m}{N}\right) - \frac{N-m}{2}\ln \left(1+\frac{m}{N}\right) + \ln \sqrt{\frac{2}{\pi N}}$$

再利用近似公式：

$$\ln(1 \pm x) = \pm x - \frac{x^2}{2} + \cdots$$

忽略二次项 $\left(\dfrac{m}{N}\right)^2$，则

$$\ln \Omega(m,N) = -\frac{1}{2}\frac{m^2}{N} + \ln \sqrt{\frac{2}{\pi N}}$$

所以在走了 N 步后，到达 m 的几率 $\Omega(m,N)$ 为

$$\Omega(m,N) = \sqrt{\frac{2}{\pi N}}\mathrm{e}^{-\frac{m^2}{2N}} \qquad (N \gg 1, N \gg m)$$

这是一个高斯分布函数.

若 M 点离原点的距离 $x = mb$，而 $\Delta x_{\min} = 2b\Delta m$（因为向前多走一步就等于向后少走了两步），则在走了 N 步后，行走距离在 $x + \Delta x$ 之间的概率为

$$\Omega(x,N)\Delta m = \sqrt{\frac{2}{\pi N}}\mathrm{e}^{-\frac{m^2}{2N}} \cdot \frac{\Delta x}{2b}$$

$$\Omega(x,N)\mathrm{d}x = \frac{1}{\sqrt{2\pi Nb^2}} \cdot \mathrm{e}^{-\frac{x^2}{2Nb^2}}\mathrm{d}x = \frac{\beta'}{\sqrt{\pi}} \cdot \mathrm{e}^{-\beta'^2 x^2}\mathrm{d}x \qquad (7.9)$$

这里,$\beta'^2 = \dfrac{1}{2Nb^2}$.

可以把这个结果推广到三维空间无规行走.假定每走一步 b 的方向与 x 轴的夹角为 θ,则 b 在 x 轴上的投影 $b_x = b\cos\theta$,它平方的平均值为

$$\overline{b_x^2} = \overline{b\cos^2\theta}$$

但

$$\overline{\cos^2\theta} = \int_0^\pi \cos^2\theta\, \frac{2\pi b^2\sin^2\theta}{4\pi b^2}\mathrm{d}\theta = \frac{1}{3}$$

所以

$$\overline{b_x^2} = \frac{b^2}{3} \quad \text{或} \quad \sqrt{\overline{b_x^2}} = \frac{b}{\sqrt{3}}$$

即在空间每走一步 b,相当于在 x 轴上走了 $\dfrac{b}{\sqrt{3}}$ 步.对 y 轴、z 轴也一样.独立事件的概率相乘,因此在走了 N 步后到达距离原点为 $h \to h + \mathrm{d}h$ 的球壳中的概率为(图 7.10)

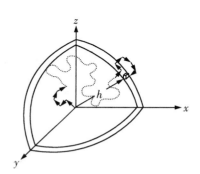

图 7.10　三维空间无规行走

$$\begin{aligned}
\Omega(h,N)\mathrm{d}h &= \Omega(h_x,N)\mathrm{d}h_x \cdot \Omega(h_y,N)\mathrm{d}h_y \cdot \Omega(h_z,N)\mathrm{d}h_z \\
&= \frac{\beta}{\sqrt{\pi}}\mathrm{e}^{-\beta^2 h_x^2}\mathrm{d}h_x \cdot \frac{\beta}{\sqrt{\pi}}\mathrm{e}^{-\beta^2 h_y^2}\mathrm{d}h_y \cdot \frac{\beta}{\sqrt{\pi}}\mathrm{e}^{-\beta^2 h_z^2}\mathrm{d}h_z \\
&= \left(\frac{\beta}{\sqrt{\pi}}\right)^3 \mathrm{e}^{-\beta^2 h^2} \cdot 4\pi h^2\mathrm{d}h
\end{aligned} \qquad (7.10)$$

这里,$h_x = x$,$h_y = y$,$h_z = z$,且

$$h^2 = x^2 + y^2 + z^2$$

$$\beta = \frac{1}{2Nb_x^2} = \frac{1}{2Nb_y^2} = \frac{1}{2Nb_z^2} = \frac{3}{2Nb^2}$$

为了把三维空间无规行走问题引用到高分子链末端距计算上,我们假定:

(1) 高分子链可以分为 N 个统计单元.

(2) 每个统计单元可看作长度为 b 的刚性棍子.

(3) 统计单元之间为自由联结,即每一统计单元在空间可不依赖于前一单元而自由取向.

(4) 高分子链不占有体积.

这样求解高分子链末端距间问题的数学模式就与三维空间无规行走问题完全一样了.

若把高分子链的一端固定在坐标原点,则出现高分子链末端长为 h 的几率即为式(7.10).这样的高分子链通常叫做高斯链(图 7.11).高斯链是真实高分子链的一个很好的近

似. 根据均方末端距 $\overline{h_0^2}$ 的定义可求得

$$\overline{h_0^2} = \int_0^2 h^2 W(h)\mathrm{d}h = \frac{3}{2\beta^2} = Nb^2 \tag{7.11}$$

下限"0"专指高斯链.

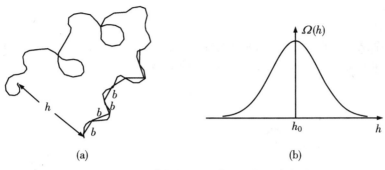

图 7.11 (a) 高斯链;(b) 高斯函数分布曲线

高斯链模型清楚表明,由于高分子链的内旋转,使得末端距离大大缩短,$\overline{h_0^2}$ 正比于链段数 N(或聚合度),即 $\overline{h_0^2} \propto N$.如果高分子链完全伸直,那么其均方末端距 $\overline{h_{伸直}^2}$ 正比于链段数 N 的平方,即 $\overline{h_{伸直}^2} \propto N^2$,因此 $\overline{h_{伸直}^2}/\overline{h_0^2} \propto N$,而 N 是一个很大的数,所以 $\overline{h_{伸直}^2}$ 比起 $\overline{h_0^2}$ 来是很大的.这就是橡胶的拉伸可产生极大形变的原因(从而解释了高弹性的第一个特点).

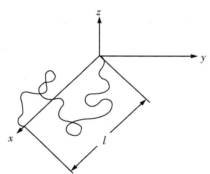

图 7.12 孤立链的拉伸

现在若把这样的高斯链固定在坐标系的 x 轴方向,一个端点在坐标原点,在另一端以力 f 来拉它(图 7.12,力 f 图中未画出).若这时高斯链的长度为 l,则

$$\Omega(l,0,0) = \left(\frac{\beta}{\sqrt{\pi}}\right)^3 \mathrm{e}^{-\beta^2 l^2}$$

熵的玻尔兹曼关系是

$$S = k \ln \Omega$$

这里,k 是玻尔兹曼常数,Ω 是体系的概率.所以单个高斯链的构象熵为

$$S = k \ln \Omega = 常数 - k\beta^2 l^2$$

则

$$\left(\frac{\partial S}{\partial l}\right)_{T,V} = -2k\beta^2 l$$

在等温、等容条件下,拉力 f 为

$$f = -T\left(\frac{\partial S}{\partial l}\right)_{T,V} = 2k\beta^2 lT = \frac{3kT}{zb^2}l \tag{7.12}$$

即拉力 f 与绝对温度成正比.绝对温度升高,所需的拉力也增加.这是高弹性区别于普通弹性的特点之一(从而解释了高弹性的第三个特点).

在某些应用中(如橡胶的大变形和橡胶光弹性),高斯理论是不够的.不受高斯链几个假

定约束的非高斯统计结果的末端距 h 等于

$$h = zbL(\beta)$$

式中，

$$L(\beta) = (\coth\beta - 1/\beta) \tag{7.13}$$

叫做 Langevin 函数，β 是一个参数，其物理意义表示高分子链拉直的程度，若把它写成反函数形式，并展开成级数，则

$$\beta = L^{-1}\left(\frac{h}{zb}\right) = 3\left(\frac{h}{zb}\right) + \frac{9}{5}\left(\frac{h}{zb}\right)^3 + \frac{297}{175}\left(\frac{h}{zb}\right)^5 + \cdots$$

而末端距为 h 的几率密度 $\Omega(h)$ 为

$$\Omega(h) = \mathrm{e}^{-\frac{1}{b}\int\beta\mathrm{d}h} \tag{7.14}$$

或写为

$$\begin{aligned}
\ln\Omega(h) &= -\frac{1}{b}\int\beta\mathrm{d}h + 常数 \\
&= 常数 - \frac{1}{b}\left[\frac{3}{zb}\frac{h^2}{2} + \frac{9}{5}\left(\frac{1}{zb}\right)^3\frac{h^4}{4} + \cdots\right] \\
&= 常数 - z\left[\frac{3}{2}\left(\frac{h}{zb}\right)^2 + \frac{9}{20}\left(\frac{h}{zb}\right)^4 + \cdots\right]
\end{aligned} \tag{7.15}$$

显然，在 $\dfrac{h}{zb}\leqslant 1$ 时，上式即变为

$$\ln\Omega(h) = 常数 - \frac{3}{2}\frac{h^2}{zb^2}$$

即高斯函数.

7.3　交联结构橡胶的高弹性理论

　　线形高分子在受力时会产生链的滑移而形成永久变形，因此实际使用的高弹材料——橡胶总是交联的. 交联链一般是硫桥—S_x—，其中，x 为 2 或 3，比起两交联点间的长链段来说是很短的，可以近似把它看成一个点——交联点. 所以每个交联点上有四条链. 显然，交点数目大于交联前的分子链数目，即每个分子链有多于一处的交联，并且这些交联点在链上的分布是无规的.

　　先交代一下描写交联分子结构的参数.

　　(1) 交联点密度有如下几种表示方法：

　　① 单位体积内交联点的数目 $\upsilon_\mathrm{c}/\mathrm{cm}^3$.

　　② 具有交联键的链结构单元数在总的结构单元数中的分数：

$$\rho_c = \frac{\text{具有交联键的链结构单元数}}{\text{结构单元总数}}$$

③ 两相邻交联点间的数均分子量 $\langle M_c \rangle_n$.

④ 交联结构的链数 N/cm^3（交联点之间的链叫做一个链数）.

在具体应用时, 哪一个方便就用哪一个参数. 如在研究交联反应中用 ρ_c 较方便, 而在力学性能的讨论中一般均用 $\langle M_c \rangle_n$ 或者 N 更方便些.

（2）链末端的数目 υ_t, 即自由端点的数目.

（3）交联点官能度 f_c, 即每个交联点所有的链数. 显然, f_c 总大于 2, 一般以 $f_c = 4$ 为最普遍.

若交联前有 N_0 个高分子链, 每个分子有 2 个末端, 计有 $2N_0$ 个末端. 交联点并不改变总端点数, 所以

$$\upsilon_t = 2N_0$$

高分子链两端要么都是交联点, 要么一端交联另一端仍是自由端. 因此, 交联结构中总的链数为

$$N = \frac{f_c \upsilon_c + \upsilon_c}{2} = \frac{4\upsilon_c + 2N_0}{2} = 2\upsilon_c + 2N_0$$

根据相邻交联点间数均分子量 $\langle M_c \rangle_n$ 的定义, 得

$$\langle M_c \rangle_n = \frac{\text{总重量}}{\text{总链数}/\widetilde{N}}$$

式中, $\widetilde{N}$ 是阿伏伽德罗常数, 总链数 $/\widetilde{N}$ 相当于摩尔数. 如果认为因交联而引起的重量很小, 可忽略不计, 则

$$\text{总重量} = \text{交联前数均分子量} \times \text{分子总链数}$$
$$= \langle M_c \rangle_n \times N_0 / \widetilde{N}$$

代入, 即得

$$\langle M_c \rangle_n = \frac{\langle M \rangle_n \cdot N_0 / \widetilde{N}}{(2\upsilon_c + N_0)/\widetilde{N}} = \frac{\langle M \rangle_n \cdot N_0}{2\upsilon_c + N_0} = \frac{\langle M \rangle_n}{1 + \dfrac{2\upsilon_c}{N_0}} \qquad (7.16)$$

微观理论总是从实际结构出发, 通过一定的假设把复杂的真实结构简化为另一个易于处理的理想结构. 下面根据一定的实验事实, 对交联分子网的高弹性统计理论作如下假定.

1. 交联点固定不动

由于交联点间高分子链是处在不断运动（热运动）的, 交联点在空间的位置也会随之在某一平衡位置附近涨落. 统计理论忽略了这种由于热运动而引起的交联点位置的涨落, 而假定无论在应变状态还是在未应变状态, 交联网络的每个交联点都是固定不动的.

2. 微观和宏观按比例形变

橡胶试样在受到外力作用而发生形变时, 假定它的交联结构中每个链末端长度的形变与整个橡胶试样外形尺寸的变化有相同的比例. 这通常称作"仿射形变"（affine deformation assumption）假定.

这是两个基本的假定, 此外还有:

3. 交联结构中每个链的构象统计仍沿用自由联结链的构象统计——高斯统计

即

$$\Omega(x,y,z)\mathrm{d}x\mathrm{d}y\mathrm{d}z = \left(\frac{\beta}{\sqrt{\pi}}\right)\mathrm{e}^{-\beta^2(x^2+y^2+z^2)}\mathrm{d}x\mathrm{d}y\mathrm{d}z$$

$$\beta = \frac{3}{2h_0^2}$$

考虑试样为一个单位立方体. 在形变前它是各向同性的, 形变后, 由于 3 个方向上的形变不同, 它变成了长方体, 其边长就是主拉伸比 $\lambda_1, \lambda_2, \lambda_3$ (图 7.13). 设这个单位立方体橡胶试样中有 N 个链, 每个链的形态可用参数 β 来表征. 对于任何一个链, 如果形变前的末端矢量为 $h(x,y,z)$, 形变后末端矢量为 $h'(x',y',z')$, 取应变主轴平行于 x, y 和 z 3 个坐标轴. 根据假定 2, x' 和 x, y' 和 y, z 和 z' 有如下关系:

$$x' = \lambda_1 x, \quad y' = \lambda_2 y, \quad z' = \lambda_3 z$$

则形变前的构象熵为

$$S_{形变熵} = 常数 - k\beta^2(x^2 + y^2 + z^2)$$

形变后的构象熵变为

$$S_{形变后} = 常数 - k\beta^2(\lambda_1^2 x^2 + \lambda_2^2 y^2 + \lambda_3^2 z^2)$$

两式相减, 得到形变过程中构象熵的改变为

$$\Delta S_{形变} = -k\beta^2\left[(\lambda_1^2 - 1)x^2 + (\lambda_2^2 - 1)y^2 + (\lambda_3^2 - 1)z^2\right]$$

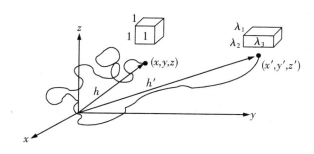

图 7.13　交联橡胶的形变

在这 N 个链中, 它们的形态是不同的, 即有不同的 β. 如果在这中间末端距为 h_j^2 的链有 N_j, 则

$$\sum_j N_j = N$$

它们的末端矢量为 $h'_i(x_i, y_i, z_i)$, 则对于这 N_j 个链, 形变引起的熵变为

$$\Delta S_{形变}^{(j)} = -k\beta_i^2\left[(\lambda_1^2 - 1)\sum_{i=1}^{N_j} x_i^2 + (\lambda_2^2 - 1)\sum_{i=1}^{N_j} y_i^2 + (\lambda_3^2 - 1)\sum_{i=1}^{N_j} z_i^2\right] \tag{7.17}$$

根据假定 3, 得

$$\sum_{i=1}^{N_j} x_i^2 + \sum_{i=1}^{N_j} y_i^2 + \sum_{i=1}^{N_j} z_i^2 = \sum_{i=1}^{N_j}(x_i^2 + y_i^2 + z_i^2) = \sum_{i=1}^{N_j} h_{0i}^2 = N_j h_{0j}^2$$

又因为自由联结的高斯链末端距矢量在空间任何方向上同样可几, 所以它们的分量平均应

相等，即

$$\sum_{i=1}^{N_j} \overline{x_i^2} = \sum_{i=1}^{N_j} \overline{y_i^2} = \sum_{i=1}^{N_j} \overline{z_i^2} = \frac{1}{3} N_j h_{0j}^2 \qquad (7.18)$$

代入式(7.17)，并用 $\beta_0^2 = \dfrac{3}{2 h_{0j}^2}$，得

$$\Delta S_{形变}^{(j)} = -\frac{1}{3} k N_j h_{0j}^2 \cdot \beta_j^2 (\lambda_1^2 + \lambda_2^2 + \lambda_3^2 - 3)$$

$$= -\frac{k}{2} N_j (\lambda_1^2 + \lambda_2^2 + \lambda_3^2 - 3)$$

则该单位立方体橡胶试样由于形变而引起的总熵变为

$$\Delta S_{形变} = \sum \Delta S_{形变}^{(j)} = -\frac{Nk}{2} (\lambda_1^2 + \lambda_2^2 + \lambda_3^2 - 3) \qquad (7.19)$$

在等温、等容下因形变引起的试样自由能改变为

$$\Delta F_{形变} = \Delta U_{形变} - T \Delta S_{形变}$$

作为一级近似，一般取 $\Delta U_{形变} = 0$，则

$$\Delta F_{形变} = -T \Delta S_{形变} = \frac{NkT}{2} (\lambda_1^2 + \lambda_2^2 + \lambda_3^2 - 3)$$

在等温、等容时，体系自由能的变化即是外力对体系做的功 W，即

$$W = \Delta F_{形变}$$

因为是弹性体，外力对体系做的功全部变成弹性体储存的能量，所以

$$W = \frac{NkT}{2} (\lambda_1^2 + \lambda_2^2 + \lambda_3^2 - 3)$$

通常称作储能函数(energy function)。一般是把储能函数写成以下形式：

$$W = \frac{G}{2} (\lambda_1^2 + \lambda_2^2 + \lambda_3^2 - 3) \qquad (7.20)$$

这里

$$G = NKT \qquad (7.21)$$

储能函数是交联结构高弹性统计理论得到的重要结果。结果的简单出人意料，它只是形变参数 λ 和交联结构参数 N 的函数，而与橡胶本身的化学结构没有关系。这意味着用统计理论表示橡胶弹性时可以不考虑组成它们分子的化学结构，只要这些分子链足够长和具有足够的柔性，能满足理论的基本假定。从储能函数可以推导出任何形变类型的应力-应变关系，从而提供了交联橡胶中各种类型的形变行为之间所有关系的基础。这可以说是统计理论最有意义的一个方面。

正如下面将要证明的，式(7.21)中的 G 就是交联橡胶的剪切模量，它正比于交联网的结构参数 N，即交联网中的总链数。显然，N 取决于交联程度。为统一使用两相邻交联点间的数均分子量 $\langle M_c \rangle_n$ 这个结构参数，注意到 $N/\tilde{N}$ 相当于摩尔数，即

$$\frac{N}{\tilde{N}} = \frac{总重量}{\langle M_c \rangle_n} = \frac{1 \times \rho_p}{\langle M_c \rangle_n}$$

这里，ρ_p 是橡胶的密度，$1 \times \rho_p$ 即是单位立方体的重量，则

$$N = \frac{\widetilde{N}\rho_p}{\langle M_c \rangle_n}$$

代入式(7.21)得到交联橡胶的剪切模量 G 为

$$G = \frac{\widetilde{N}\rho_p kT}{\langle M_c \rangle_n} = \frac{\rho_p RT}{\langle M_c \rangle_n} \tag{7.22}$$

除上述的推导外，还有许多理论模型推算过交联结构的高弹性，尽管它们的数学处理深浅不同，但其物理含义和所得出的结论却大致相同. 这些研究曾对式(7.22)作出了某些修正，其中主要有：

1. 交联网缺陷的问题

上面的讨论都是假定交联网中每条链的两端均接在交联点上，因而在形变中所有的链都对弹性力有贡献. 这是理想化了的，实际的交联网中存在各种各样的缺陷，即除了有由于硫化而引入的化学交联外，还有如图 7.14 所示的其他形式的联结. 图中情况：图(a)表示的是由于分子链互相穿插而形成的缠结(chain entanglement)，即物理交联，它对限制交联网构象数的影响与化学交联的影响是一样的，对橡胶弹性会产生额外贡献. 图(b)表示的是同一个分子链上两点键而形成一个封口的圈(intramolecular cross linkage)，这样的圈对于交联网的弹性没有贡献，应该扣除. 图(c)表示的是由于分子链只有一端接在交联点上而形成的末端缺陷(terminal chain). 上面的讨论中认为所有的分子链两端都附在网上，这只有对未交联时无限长的分子链才是对的，而对于实际有限长的分子链，总有两个末端键，它们可以自由变形，对高弹性不贡献抗力.

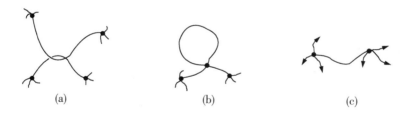

$$\text{(a)} \qquad \text{(b)} \qquad \text{(c)}$$

图 7.14 交联网三种可能的缺陷

对于图(a)这种情况，由于不能确切计算缠结点的数目，一般笼统地引入一个校正因子 a 来表示缠结对拉力的贡献，简单地把它加到模量里去，即

$$G = \frac{\rho_p RT}{\langle M_c \rangle_n} + a$$

对于图(b)这种情况，目前理论上还没有办法加以考虑. 对于图(c)这种情况，可简单考虑如下：具有自由端的链，应该就是总端点数 $2N_0$，对高弹性不贡献拉力，则对高弹性贡献拉力的有效链数当为总链数减去具有自由端的链数：

$$\text{有效链数} = (2\upsilon_c + N_0) - 2N_0 = 2\upsilon_c - N_0$$

因此，应该引入的校正因子为交联后有效链数在总链数中所占的百分数，即

$$有效链数/总链数 = \frac{2\upsilon_c - N_0}{2\upsilon_c + N_0} = 1 - \frac{2N_0}{2\upsilon_c + N_0} = 1 - \frac{2}{1 + \frac{2\upsilon_c}{N_0}} = 1 - \frac{2\langle M_c \rangle_n}{\langle M \rangle_n}$$

这样,在考虑了交联网的缺陷后,弹性模量 G 将为

$$G = \left(\frac{\rho_p RT}{\langle M_c \rangle_n} + a \right) \left(1 - \frac{2\langle M_c \rangle_n}{\langle M \rangle_n} \right) \tag{7.23}$$

可以看出,在 $\langle M \rangle_n \approx \langle M_c \rangle_n$ 时,即交联前试样的分子量很大,末端数较少,后一个括号内的改正项即可忽略不计.

2. 假定 3 的不合理性问题

交联结构高弹性统计理论的 3 个假定是否合理是一个根本性的问题. 经过严格的理论分析,假定 1 和 2 引进的误差不大,可以认为是合理的. 但是假定 3 把交联网点的链看作高斯链,是不甚合理的. 实际上,$\sum (x_i^2 + y_i^2 + z_i^2)$ 并不等于 $N_j \overline{h_{0j}^2}$ 而是等于 $N_j \overline{h_j^2}$. 这样则有

$$\Delta S_{形变} = -\sum_j \frac{1}{3} k N_j \overline{h_j^2} \cdot \beta_j^2 (\lambda_1^2 + \lambda_2^2 + \lambda_3^2 - 3)$$

$$= -\sum_j \frac{1}{3} k N_j \overline{h_{0j}^2} \cdot \beta_j^2 \frac{\overline{h_j^2}}{\overline{h_{0j}^2}} (\lambda_1^2 + \lambda_2^2 + \lambda_3^2 - 3)$$

$$= -\frac{Nk}{2} \cdot \frac{\overline{h_j^2}}{\overline{h_{0j}^2}} (\lambda_1^2 + \lambda_2^2 + \lambda_3^2 - 3)$$

因而在储能函数的式子中多了一项 $\dfrac{\overline{h_j^2}}{\overline{h_{0j}^2}}$,即

$$W = \frac{G}{2} \frac{\overline{h_j^2}}{\overline{h_{0j}^2}} (\lambda_1^2 + \lambda_2^2 + \lambda_3^2 - 3) \tag{7.24}$$

$\dfrac{\overline{h_j^2}}{\overline{h_{0j}^2}} = \varphi$ 也叫做前置因子. 因此储能函数的最终形式为

$$\begin{cases} W = \dfrac{G}{2} \left(\dfrac{\overline{h_j^2}}{\overline{h_{0j}^2}} \right) (\lambda_1^2 + \lambda_2^2 + \lambda_3^2 - 3) = \dfrac{G}{2} \varphi (\lambda_1^2 + \lambda_2^2 + \lambda_3^2 - 3) \\ G = \left(\dfrac{\rho_p RT}{\langle M_c \rangle_n} + a \right) \left(1 - \dfrac{2\langle M_c \rangle_n}{M_n} \right) \end{cases}$$

对储能函数的修正并不影响交联结构高弹性统计理论的基本物理含义及其所得到的基本结论. 作为一级近似,高斯链总是可以使用的. 并且对橡胶来说,未交联前的分子量均较大,因此在一般应用(小应变时)中,仍采用储能函数最简单的公式(7.20)和式(7.21).

7.4 内能对高弹性的贡献

在高弹性热力学分析中,近似假定 $\left(\dfrac{\partial f}{\partial T} \right)_{V,l} = \left(\dfrac{\partial f}{\partial T} \right)_{p,\lambda}$ 条件下,我们得到了橡胶在等温、

等容伸长时内能不变的结论,并且在交联结构高弹性统计理论中也应用了 $\Delta U = 0$ 的假定.但伸长过程中内能是否真的不变,是一个值得讨论的问题.

从分子运动观点来看,伸长是高分子链从最可几的构象转变为末端距较长的构象.因为是在体积不变的情况下考虑问题,也就是说高分子链间的相互作用是不变的,若有内能的改变一定是由构象改变即熵变引起的.现在说是内能不变,那么在什么条件下构象改变才不引起内能的变化呢? 这只有在内旋转位叠 $U(\Phi)$ 为常数,即分子链的左、右、反式位能相同时(自由内旋转)构象改变才不引起内能的变化.实际高分子链当然不符合这些条件,它们左、右、反式位能各不相同.有构象改变就有内能的改变,热力学分析与分子运动的分析有矛盾.因此在橡胶形变时内能的变化是一个必须考虑的问题.下面我们将要看到,正是近似假定 $\left(\dfrac{\partial f}{\partial T}\right)_{V,l} = \left(\dfrac{\partial f}{\partial T}\right)_{p,\lambda}$ 引进了误差,掩盖了拉伸时内能对拉力的贡献.

回到方程式(7.4),即

$$f = \left(\frac{\partial U}{\partial l}\right)_{V,T} - T\left(\frac{\partial S}{\partial l}\right)_{T,V}$$

前者是能量的贡献,记作 $f_e = \left(\dfrac{\partial U}{\partial l}\right)_{V,T}$,后者是熵的贡献,记作 $f_s = -T\left(\dfrac{\partial S}{\partial l}\right)_{T,V}$.因为有 $\left(\dfrac{\partial S}{\partial l}\right)_{T,V} = \left(\dfrac{\partial f}{\partial T}\right)_{V,l}$,所以能量对拉力的贡献为

$$f_e = f - \left(\frac{\partial f}{\partial T}\right)_{V,l} \tag{7.25}$$

正如在热力学分析中已指出过的,要保持等容的条件在实验中是困难的.但是我们现在有了统计理论,可以从储能函数出发.在没有假定 3 的情况下,储能函数为

$$W = \frac{G}{2}\frac{\overline{h_j^2}}{\overline{h_{0j}^2}}(\lambda_1^2 + \lambda_2^2 + \lambda_3^2 - 3)$$

剪切模量 G 是一个材料常数,与是否是等容还是等压的实验条件无关.在单向拉伸时,$\lambda_1 = \lambda$,$\lambda_2 = \lambda_3 = 1/\sqrt{\lambda}$,则

$$W = \frac{G}{2}\frac{\overline{h_j^2}}{\overline{h_{0j}^2}}\left(\lambda^2 + \frac{2}{\lambda} - 3\right)$$

对 λ 微商,则

$$\frac{\mathrm{d}W}{\mathrm{d}\lambda} = G\frac{\overline{h_j^2}}{\overline{h_{0j}^2}}\left(\lambda - \frac{1}{\lambda^2}\right)$$

这是形变前单位截面积上的力.设形变前截面积为 A_0,则 $l_0 A_0 = 1$,故

$$f = \frac{\mathrm{d}W}{\mathrm{d}\lambda}A_0 = G\frac{\overline{h_j^2}}{\overline{h_0^2}}\frac{l}{l_0}\left(\lambda - \frac{1}{\lambda^2}\right) \tag{7.26}$$

因考虑的是 f_e 的贡献,故把式(7.25)改写为

$$\frac{f_e}{f} = 1 - \frac{T}{f}\left(\frac{\partial f}{\partial T}\right)_{V,l} = 1 - \left(\frac{\partial \ln f}{\partial \ln T}\right)_{V,l} \tag{7.27}$$

对式(7.26)取对数,得

$$\ln f = \ln G - \ln l_0 + \ln \overline{h_j^2} - \ln \overline{h_0^2} + \ln \left(\lambda - \frac{1}{\lambda^2} \right)$$

在这里与温度有关的只有 $G(=NkT)$ 和 $\overline{h_0^2}(\propto T)$，并注意到 $\overline{h_j^2} \propto V^{2/3}$，所以

$$\left(\frac{\partial \ln f}{\partial \ln T} \right)_{V,l} = 1 - \frac{\partial \ln \overline{h_0^2}}{\partial \ln T}$$

代入式(7.27)，则

$$\frac{f_e}{f} = \frac{\partial \ln \overline{h_0^2}}{\partial \ln T} \qquad (7.28)$$

可见，由 $\overline{h_0^2}$ 的温度依赖性可以推求内能对拉力的贡献. 在 θ 溶剂时，由于高分子链段的内聚力与溶剂产生的推斥力相互补偿，$\overline{h_0^2}$ 与温度无关，则 f_e 对拉力没有贡献，这与内旋转异构体理论是一致的.

$\overline{h_0^2}$ 对温度的依赖关系可以用光散射法测量，也可以用 Flory 特性黏数理论：

$$[\eta]_\theta = \Phi \frac{(\overline{h_0^2})^{3/2}}{M}$$

这里，$[\eta]_\theta$ 是在 θ 溶剂中的特性黏数，M 是分子量，Φ 为一常数. 则

$$\ln [\eta]_\theta = \frac{3}{2} \ln \overline{h_0^2} + \ln \frac{\Phi}{M}$$

代入式(7.28)，得

$$\frac{f_e}{f} = \frac{2}{3} \frac{\partial \ln [\eta]_\theta}{\partial \ln T}$$

表 7.1 列出了几种橡胶的 f_e/f 值. 我们看到，内能对橡胶弹性的贡献一般不为零.

表 7.1　一些高聚物内能对高弹性的贡献(参考温度为 30 ℃)

高聚物	f_e/f
乙烯丙烯共聚物	0.04
四氟乙烯和六氟丙烯共聚物	0.05
丁二烯-苯乙烯共聚物	-0.12
丁二烯-丙烯腈共聚物	0.03
顺式聚丁二烯	0.10
天然橡胶	0.18

有意思的是 f_e/f 的值有正有负. 正值说明温度升高反式更有利，即反式位能比左、右式高，末端距离增长了，否则反之. 当然，这些数据并不是很精确，仅有定性的意义.

既然内能对拉力有约 10% 的贡献，为什么在天然橡胶实验数据图 7.3(b) 的外推中却得到了 $\Delta U = 0$ 的结果呢？原来在图 7.3(b) 的实验数据处理中使用了近似假定 $\left(\frac{\partial f}{\partial T} \right)_{V,l} = \left(\frac{\partial f}{\partial T} \right)_{p,\lambda}$，引进了与内能贡献同数量级的误差. 因为

$$\left(\frac{\partial \ln f}{\partial \ln T} \right)_{p,\lambda} = 1 - \left(\frac{\partial \ln l_0}{\partial \ln T} \right)_p + \left(\frac{\partial \ln \overline{h_j^2}}{\partial \ln T} \right)_p - \left(\frac{\partial \ln \overline{h_0^2}}{\partial \ln T} \right)$$

$$= 1 - \frac{T_0}{l_0}\left(\frac{\partial l_0}{\partial T}\right)_p + \left(\frac{\partial \ln V}{\partial \ln T}\right)_p - \frac{\partial \ln \overline{h_0^2}}{\partial \ln T}$$

$$= 1 - \beta T + 2\beta T - \frac{\partial \ln \overline{h_0^2}}{\partial \ln T}$$

$$= \left(\frac{\partial f}{\partial T}\right)_{V,l} + \beta T$$

这里,β 为线膨胀系数,$\beta = \frac{l}{l_0}\frac{\partial l_0}{\partial T}$,所以上式又可写为

$$\frac{T}{f}\left(\frac{\partial f}{\partial T}\right)_{p,\lambda} = \frac{T}{f}\left(\frac{\partial f}{\partial T}\right)_{V,l} + \beta T$$

$$\left(\frac{\partial f}{\partial T}\right)_{p,\lambda} = \left(\frac{\partial f}{\partial T}\right)_{V,l} + \beta f$$

它们之间相差一项 βf.为了仍作相对比较,并因有 $f = T\left(\frac{\partial f}{\partial T}\right)_{V,l}$,则上式变为

$$\frac{1}{f}\left(\frac{\partial f}{\partial T}\right)_{p,\lambda} = \frac{1}{T} + \beta$$

以天然橡胶为例,它的 $\beta \approx 2.2 \times 10^{-4}$,如果在 $T = 303$ K(即 $T = 30\ ℃$),$1/T$ 约为 3×10^{-3} K^{-1},那么引进的误差也在 10% 数量级.正好与内能的贡献差不多,所以就得到了天然橡胶内能不变的结果.

总之,高弹性中内能的贡献不能忽略不计,这是肯定的.但是内能贡献的比例不大,因此并不改变高弹性熵的本质.高弹性从本质上来说还是一种熵弹性.

7.5　交联橡胶应力-应变的实验研究

由储能函数可以求得交联橡胶任何形变类型的应力-应变关系,从而为交联结构高聚物高弹性统计理论的实验验证和应用提供了方便.当从储能函数推求应力-应变关系时,进一步假定交联橡胶在形变时体积不变(这也是一个高弹性力学中的基本假定,是符合实验事实的).这样,在单位立方体情况下,有

$$\lambda_1 \lambda_2 \lambda_3 = 1 \tag{7.29}$$

即这 3 个主拉伸比不是彼此独立的.若记 f 为作用在形变前单位面积上的作用力,因为在形变时面积在变,所以再记 σ 为任何形变时单位面积上的应力,则垂直于 λ_1 方向面上的主应力 σ_1 为

$$\sigma_1 = \frac{f_1}{\lambda_2 \lambda_3} = \lambda_1 f_1 \quad 或 \quad f_1 = \frac{\sigma_1}{\lambda_1}$$

同理,有

$$\sigma_2 = \frac{f_2}{\lambda_1 \lambda_3} = \lambda_2 f_2 \quad 或 \quad f_2 = \frac{\sigma_2}{\lambda_2}$$

$$\sigma_3 = \frac{f_3}{\lambda_1 \lambda_2} = \lambda_3 f_3 \quad 或 \quad f_3 = \frac{\sigma_3}{\lambda_3}$$

对于弹性材料,形变时体系增加的能量等于外力做的功,由式(7.20)可得

$$dW = \frac{G}{2}(2\lambda_1 d\lambda_1 + 2\lambda_2 d\lambda_2 + 2\lambda_3 d\lambda_3) \tag{7.30}$$
$$= f_1 d\lambda_1 + f_2 d\lambda_2 + f_3 d\lambda_3$$

移项合并得

$$(G\lambda_1 - f_1)d\lambda_1 + (G\lambda_2 - f_2)d\lambda_2 + (G\lambda_3 - f_3)d\lambda_3 = 0$$

或

$$(G\lambda_1 - \sigma_1/\lambda_1)d\lambda_1 + (G\lambda_2 - \sigma_2/\lambda_2)d\lambda_2 + (G - \sigma_3/\lambda_3)d\lambda_3 = 0$$

对式(7.29)全微分,得

$$\lambda_1 \lambda_2 d\lambda_3 + \lambda_1 \lambda_3 d\lambda_2 + \lambda_2 \lambda_3 d\lambda_1 = 0$$

或

$$\frac{d\lambda_1}{\lambda_1} + \frac{d\lambda_2}{\lambda_2} + \frac{d\lambda_3}{\lambda_3} = 0 \tag{7.31}$$

联立式(7.30)和式(7.31),利用拉格朗日乘数法可得以下三个方程:

$$\begin{cases} G_1\lambda_1 - \dfrac{\sigma_1}{\lambda_1} + \dfrac{P}{\lambda_1} = 0 \\[2mm] G_2\lambda_2 - \dfrac{\sigma_2}{\lambda_2} + \dfrac{P}{\lambda_2} = 0 \\[2mm] G_3\lambda_3 - \dfrac{\sigma_3}{\lambda_3} + \dfrac{P}{\lambda_3} = 0 \end{cases} \quad 或 \quad \begin{cases} \sigma_1 = G_1\lambda_1^2 + P \\[2mm] \sigma_2 = G_2\lambda_2^2 + P \\[2mm] \sigma_3 = G_3\lambda_3^2 + P \end{cases} \tag{7.32}$$

这里,P 为一未定参数.从物理意义来看,P 相当于一个流体静压力.由于有橡胶体积不变的假定,即橡胶不可压缩,不管流体静压 P 有多大,并不影响形变.因此式(7.32)应该就是交联橡胶一般的应力-应变关系.或者写为

$$\begin{cases} \sigma_1 - \sigma_2 = G_1(\lambda_1^2 - \lambda_2^2) \\[2mm] \sigma_2 - \sigma_3 = G_2(\lambda_2^2 - \lambda_3^2) \\[2mm] \sigma_3 - \sigma_1 = G_3(\lambda_3^2 - \lambda_1^2) \end{cases} \tag{7.33}$$

为了评价它的意义和检查理论的正确性,先把它应用于几个简单的形变类型.

1. 单向拉伸

一个本来是立方体的试样变成了一个长方体.如果拉伸比是 $\lambda_1 = \lambda$,那么其横向相应收缩,在体积不变的条件下 $\lambda_2 = \lambda_3 = 1/\sqrt{\lambda}$.因为 $\sigma_2 = \sigma_3 = 0$,所以

$$\sigma_1 - \sigma_2 = f\lambda = G\left(\lambda^2 - \frac{1}{\lambda}\right)$$

$$f = G\left(\lambda - \frac{1}{\lambda^2}\right) \tag{7.34}$$

式(7.34)不是胡克定律的形式,表明交联橡胶在拉伸时并不符合胡克定律,即拉力与形变不成正比.拉伸时的胡克定律应该是

$$\sigma = E(\lambda - 1)$$

其中,$\lambda - 1$ 就是伸长百分比,即

$$f = E(1 - 1/\lambda) \tag{7.35}$$

我们可以看到,只有在伸长极小时,即 $\lambda \to 1$ 时交联橡胶才符合胡克定律.因为若把式(7.34)改写为

$$
\begin{aligned}
f &= G\left(\lambda - \frac{1}{\lambda^2}\right) \\
&= G\left(1 - \frac{1}{\lambda} - 1 + \frac{1}{\lambda} + \lambda - \frac{1}{\lambda^2}\right) \\
&= G\left[1 - \frac{1}{\lambda} + \frac{1}{\lambda} \cdot \left(1 - \frac{1}{\lambda}\right) + \lambda - 1\right] \\
&= G\left(1 - \frac{1}{\lambda}\right)\left[\left(1 + \frac{1}{\lambda}\right) + \frac{\lambda - 1}{1 - \frac{1}{\lambda}}\right] \\
&= G\left(1 - \frac{1}{\lambda}\right)\left(1 + \lambda + \frac{1}{\lambda}\right)
\end{aligned}
$$

则在 $\lambda \to 1$,即伸长很小时,得

$$f = 3G\left(1 - \frac{1}{\lambda}\right) \tag{7.36}$$

这是胡克定律的形式.与式(7.35)相比,得

$$E = 3G \quad (\lambda \to 1 \text{ 时})$$

这正是泊松比 $\mu = 1/2$ 时的情况.

2. 单向压缩

单向拉伸相当于 $\lambda > 1$,显然式(7.34)对 $\lambda < 1$ 的情况也是成立的,即在单向压缩时也可用与单向拉伸相同的表达式,即式(7.34).

3. 双向均匀拉伸

在两个垂直方向上的拉伸比是 $\lambda_1 = \lambda_2 = \lambda$,另一个方向上缩小为 $\lambda_3 = 1/\lambda^2$,则拉应力为

$$\sigma_1 = \sigma_2 = G\left(\lambda^2 - \frac{1}{\lambda^4}\right)$$

单位长度上的拉力为

$$f = \sigma_1 \frac{1}{\lambda^2} = G\left(1 - \frac{1}{\lambda^6}\right) \tag{7.37}$$

在拉伸比超过 2 时,拉力实际上变得不依赖于拉伸比,与液体的表面张力相似.

如前所述,$\sigma_1 = G\lambda_1^2 + P$,$P$ 相当于一个流体静压力.那么我们可以把双向均匀拉伸了的试样放到一油压机液体中,使 1,2 方向的拉力与液体压力抵消,这时 1,2 方向不受力,而 3 方向受液体压力,所以说双向拉伸与单向压缩形变相同.

事实上,在加液压后 $\sigma_1 = \sigma_2 = 0$,$\sigma_3 = f\lambda^2$,于是

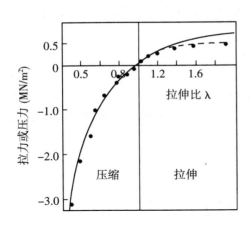

图 7.15　单向拉伸和压缩.实线为理论线,虚线为实验线

$$f_{\text{单向压缩}} = \sigma_3 \lambda^2 = f\lambda^4$$

$$= G\left(1 - \frac{1}{\lambda^6}\right)\lambda^4$$

$$= G\left(\lambda^4 - \frac{1}{\lambda^2}\right)$$

$$= G\left(\frac{1}{\lambda_3^2} - \lambda_3\right) \tag{7.38}$$

与单向拉伸时的式(7.34)有相同形式,仅仅是拉伸与压缩相差一个符号.它们的实验曲线在 $\lambda = 0$ 处是连续的(图 7.15).

4. 剪切

剪切有纯剪切和简单剪切之分.

(1) 纯剪切是指形变过程中主轴方向不变.维持某个方向不发生形变,譬如 $\lambda_2 = 1$(图 7.16),则

$$\lambda_1 = \lambda, \quad \lambda_3 = 1/\lambda$$

这时

$$\sigma_1 = G\left(\lambda^2 - \frac{1}{\lambda^2}\right), \quad \sigma_2 = G\left(1 - \frac{1}{\lambda^2}\right), \quad \sigma_3 = 0 \tag{7.39}$$

或

$$f_1 = G\left(\lambda - \frac{1}{\lambda^3}\right), \quad f_2 = G\left(\frac{1}{\lambda} - \frac{1}{\lambda^3}\right), \quad f_3 = 0$$

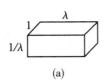

(a)　　　　　　　(b)

图 7.16　(a) 纯剪切;(b) 简单剪切

(2) 简单剪切的形变不在主轴方向,或者说形变主轴方向在变.主轴方向的拉伸比为

$$\lambda_1 = \lambda, \quad \lambda_2 = 1, \quad \lambda_3 = 1/\lambda$$

注意,这里 1,3 方向不是原来的 x, y 方向了.在小形变时,剪切应变 γ 定义为

$$\gamma = \tan\varphi = \lambda - 1/\lambda$$

则

$$W = \frac{G}{2}\left(\lambda^2 + 1 + \frac{1}{\lambda} - 3\right)$$
$$= \frac{G}{2}\left(\lambda - \frac{1}{\lambda}\right)^2 = \frac{G}{2}\gamma^2$$

剪切应力 τ_{yx} 为

$$\tau_{yx} = \frac{\mathrm{d}W}{\mathrm{d}\gamma} = G\gamma \tag{7.40}$$

这是胡克定律形式,表明交联橡胶在剪切时是符合胡克定律的.因此,G 就是剪切模量.

纯剪切实验比简单剪切实验易于实现,因此通常是由纯剪切来计算简单剪切的应力-应变关系.因为在纯剪切中 $f_1 = \dfrac{\mathrm{d}W}{\mathrm{d}\lambda}$,所以

$$\tau_{yx} = \frac{\mathrm{d}W}{\mathrm{d}\gamma} = \frac{\mathrm{d}W}{\mathrm{d}\lambda} \cdot \frac{\mathrm{d}\lambda}{\mathrm{d}\gamma} = \frac{\mathrm{d}W}{\mathrm{d}\lambda} \Big/ \frac{\mathrm{d}\gamma}{\mathrm{d}\lambda} = \frac{f_1}{(1 + 1/\lambda^2)} \tag{7.41}$$

综上所述,由统计理论推得的交联橡胶应力-应变关系有如下几个特点:

(1) 交联橡胶只有在简单剪切时服从胡克定律,在其他形变类型时并不服从胡克定律.

(2) 在任何形变类型的应力-应变关系中,也仅包含一个物理(结构)参数,即储能函数中的 $G = NkT$,且 G 就是橡胶的剪切模量.

(3) 所有橡胶的应力-应变关系形式都相同,区别仅在于由单位体积中链数的(即交联度)不同而引起的尺度因子(即模量)之差.

实验结果如何呢? 图 7.17、图 7.18 和图 7.19 分别是天然橡胶的单向拉伸、双向拉伸和剪切实验的数据图.由图可见,在单向拉伸时实验曲线与由方程(7.34)计算的理论曲线在伸长不大时(伸长 50%或拉伸比 λ 为 1.5)是相符的.伸长增大,实验曲

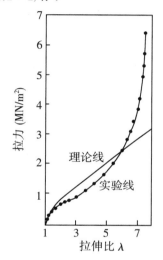

图 7.17　单向拉伸的拉力-伸长曲线

线就与理论曲线有较大偏离.先是随着伸长的增大实验曲线下跌到理论线之下,然后产生一个转折,以后随伸长增大实验曲线越来越比理论线高.剪切的情况与单向拉伸时相似.双向拉伸实验结果比单向拉伸结果好一些,在拉伸比 $\lambda = 3$ 以下,实验曲线与理论曲线符合较好,但在更大拉伸比时,实验值就高于理论值了.

如果把这 3 张图的数据代入式(7.33),以 $(\sigma_1 - \sigma_2)$ 对 $(\lambda_1^2 - \lambda_2^2)$ 作用,则得到如图 7.20 所示的 3 条曲线.这也是与统计理论预期的一条直线(斜率为 G)不相符的.

总之,仅包含一个结构参数的统计理论公式在小形变时可以用来描述真实橡胶的性质.这一方面是受高斯链假定的限制,另一方面,即使用了非高斯统计,在拉伸比特别大时似乎与实验曲线符合较好.但是那时分子链有取向结晶,发生了物态变化,形变已不是可逆的了.至于在实验曲线下跌的这一段(这是个重要的拉伸范围),统计理论无法处理,只能借助于唯象理论了.

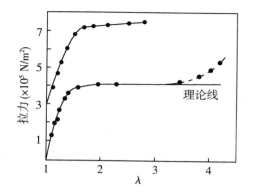

图 7.18 双向拉伸:实验与理论 $\dfrac{f}{d_0}=4.0\left(1-\dfrac{1}{\lambda^6}\right)$ 的比较

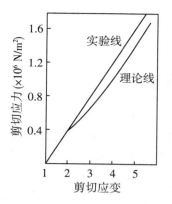

图 7.19 简单剪切的应力-应变关系

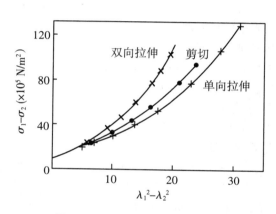

图 7.20 $\sigma_1-\sigma_2$ 对 $\lambda_1^2-\lambda_2^2$ 作图

7.6 弹性大形变的唯象理论

弹性体本身都是能够承受大形变的. 统计理论的结果只在小形变时才符合得比较好. 当然我们不能要求仅包含一个结构参数的简单结果——储能函数能完全解释实际弹性体的应力-应变关系, 然而进一步引入结构参数在理论上是困难的. 目前只有采用唯象理论 (phenomenological theory): 它通过修正储能函数的形式使之能较好地说明实验结果. 与统计理论相比, 它纯属宏观现象的描述, 不涉及高弹性行为的分子机理.

当一个弹性体发生形变时, 外力所做的功一定储存在这个变形的弹性体中. 因此可以用储能函数来描述弹性体的应力-应变行为. 这时参数只有形变 $\lambda_1,\lambda_2,\lambda_3$, 它们均可由实验测定.

唯象理论假定：

1. 弹性体的形变是均匀纯形变

或者说可以把试样分成许多小单元,在这一单元中是均匀纯形变."纯"是指形变主轴不变,但形变旋转不影响储能函数形式.

2. 橡胶是不可压缩的,在形变时体积不变

研究弹性体的一个单位立方,假定外力使此单位立方的橡胶弹性体变形为 $\lambda_1, \lambda_2, \lambda_3$ 的长方体,问储能函数将有什么样的变化(图 7.21)? 若在未形变状态 $W(1,1,1)=0$,则在形变过程中储能函数必从零增加到某一正值,$\lambda_1, \lambda_2, \lambda_3$ 的长方体的储能函数将是什么样的函数形式? 可以从下面几个方面来考虑储能函数的一般形式.

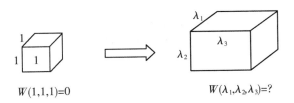

图 7.21　单位立方的橡胶弹性体变形为 $\lambda_1, \lambda_2, \lambda_3$ 的长方体时,储能函数将取何种形式

(1) 储能函数 W 只能是形变 $\lambda_1, \lambda_2, \lambda_3$ 的函数,即 $W(\lambda_1, \lambda_2, \lambda_3)$.

把旋转也看作一种形变,则 λ 可正可负.这里又分成三种情况：

如果 $\lambda_1, \lambda_2, \lambda_3$ 中有两个负的,譬如是 $\lambda_1<0, \lambda_2<0$,那么它是在第Ⅲ象限(图 7.22(a)),这与 $\lambda_1, \lambda_2, \lambda_3$ 都是正的一样,只是以 λ_3 为轴转动了 $180°$,但这对储能函数 W 是没有贡献的,因为已经假定了"形变旋转不影响储能函数形式".

如果 $\lambda_1, \lambda_2, \lambda_3$ 中只有一个是负的,譬如 $\lambda_1<0$,那么它将在第Ⅱ象限(图 7.22(b)),是原样的镜中物.这实际上是不可能发生的,因为没有这样的形变.

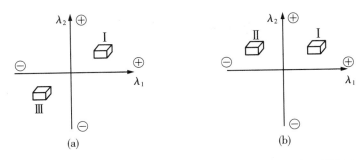

图 7.22　(a) 如果 $\lambda_1<0, \lambda_2<0$,那么在第Ⅲ象限,相当于原样以 λ_3 为轴转动了一个 $180°$；(b) 如果只有 $\lambda_1<0$,那么在第Ⅱ象限,与第Ⅰ象限的原样是镜中物

如果 $\lambda_1, \lambda_2, \lambda_3$ 都是负的,那么就是橡胶体积被压缩变小了,这与我们前面橡胶不可压缩性的假设不符.因此,在 $\lambda_1, \lambda_2, \lambda_3$ 中任意改变其中两个的符号而不引起 W 函数形式改变

的可能结合应是 $\lambda_1^2, \lambda_2^2, \lambda_3^2$ 或 $\lambda_1 \lambda_2 \lambda_3$.

（2）因为储能函数 W 是一个物理上的标量,因此任何坐标变换将不致使 W 的改变,即 W 对坐标变换是不变量的.

（3）交联橡胶在形变前是各向同性的,即 W 对坐标轴 $1,2,3$ 是对称的.

（4）橡胶的不可压缩性又导致如下关系:

$$\lambda_1 \lambda_2 \lambda_3 = 1$$

根据以上考虑,储能函数 W 的一般形式应为

$$W(I_1, I_2, I_3)$$

这里,I 叫做应变不变量,它们是

$$\begin{cases} I_1^2 = \lambda_1^2 + \lambda_2^2 + \lambda_3^2 \\ I_2^2 = \lambda_1^2 \lambda_2^2 + \lambda_2^2 \lambda_3^2 + \lambda_1^2 \lambda_3^2 \\ I_3^2 = \lambda_1^2 \lambda_2^2 \lambda_3^2 \end{cases} \tag{7.42}$$

因有橡胶的不可压缩性,$I_3 = 1$,因此交联橡胶的储能函数应为 $W(I_1, I_2)$,这时,式(7.42)可进一步写为

$$I_1^2 = \lambda_1^2 + \lambda_2^2 + \frac{1}{\lambda_1^2 \lambda_2^2}$$

$$I_2^2 = \frac{1}{\lambda_1^2} + \frac{1}{\lambda_2^2} + \frac{1}{\lambda_3^2} = \frac{1}{\lambda_1^2} + \frac{1}{\lambda_2^2} + \lambda_1^2 \cdot \lambda_2^2$$

考虑到形变前没有能量储存,形变前的储能函数为零,$W(1,1,1) = 0$,则储能函数的一般形式为

$$W = \sum_{i=0, j=0}^{\infty} C_{ij} (I_1 - 3)^i (I_2 - 3)^j$$

在 $i = 1, j = 0$ 时,得

$$W = C_{10} (I_1 - 3) = C_{10} (\lambda_1^2 + \lambda_2^2 + \lambda_3^2 - 3) \tag{7.43}$$

即统计理论推导出储能函数形式.

在 $i = 0, j = 1$ 和 $i = 1, j = 0$ 时,得

$$W = C_{10} (I_1 - 3) + C_{10} (I_2 - 3) \tag{7.44}$$

这就是通常所说的门尼(Mooney)函数,是弹性大形变唯象理论中的主要关系式.

从储能函数的一般表达式推得的应力-应变关系是

$$\sigma_1 - \sigma_3 = \lambda_1 \frac{\partial W}{\partial \lambda_1} - \lambda_3 \frac{\partial W}{\partial \lambda_3}$$

$$\sigma_2 - \sigma_3 = \lambda_2 \frac{\partial W}{\partial \lambda_2} - \lambda_3 \frac{\partial W}{\partial \lambda_3} \tag{7.45}$$

$$\sigma_1 - \sigma_2 = \lambda_1 \frac{\partial W}{\partial \lambda_1} - \lambda_2 \frac{\partial W}{\partial \lambda_2}$$

但是

$$\frac{\partial W}{\partial \lambda_1} = \frac{\partial W}{\partial I_1} \cdot \frac{\partial I_1}{\partial \lambda_1} + \frac{\partial W}{\partial I_2} \frac{\partial I_2}{\partial \lambda_1}$$

$$= 2\lambda_1 \frac{\partial W}{\partial I_1} - \frac{2}{\lambda_1^3} \frac{\partial W}{\partial I_2}$$

同理,得

$$\frac{\partial W}{\partial \lambda_2} = 2\lambda_2 \frac{\partial W}{\partial I_1} - \frac{2}{\lambda_2^3} \frac{\partial W}{\partial I_2}$$

$$\frac{\partial W}{\partial \lambda_3} = 2\lambda_3 \frac{\partial W}{\partial I_1} - \frac{2}{\lambda_3^3} \frac{\partial W}{\partial I_1}$$

即得

$$\begin{cases} \sigma_1 - \sigma_3 = 2(\lambda_1^2 - \lambda_3^2)\left[\frac{\partial W}{\partial I_1} + \lambda_2^2 \frac{\partial W}{\partial I_2}\right] \\[2mm] \sigma_2 - \sigma_3 = 2(\lambda_2^2 - \lambda_3^2)\left[\frac{\partial W}{\partial I_1} + \lambda_1^2 \frac{\partial W}{\partial I_2}\right] \\[2mm] \sigma_1 - \sigma_2 = 2(\lambda_1^2 - \lambda_2^2)\left[\frac{\partial W}{\partial I_1} + \lambda_3^2 \frac{\partial W}{\partial I_2}\right] \end{cases} \tag{7.46}$$

应用于单向拉伸,这时 $\lambda_1 = \lambda$,$\lambda_2 = \lambda_3 = 1/\sqrt{\lambda}$,而 $\sigma_2 = \sigma_3 = 0$,得

$$\sigma_1 = 2\left(\lambda^2 - \frac{1}{\lambda}\right)\left(\frac{\partial W}{\partial I_1} + \frac{1}{\lambda} \frac{\partial W}{\partial I_2}\right)$$

应用于双向均匀拉伸,这时 $\lambda_1 = \lambda_2 = \lambda$,$\lambda_3 = 1/\lambda^2$,而 $\sigma_3 = 0$,得

$$\sigma_1 = 2\left(\lambda^2 - \frac{1}{\lambda^4}\right)\left(\frac{\partial W}{\partial I_1} + \lambda^2 \frac{\partial W}{\partial I_2}\right)$$

应用于纯剪切,这时 $\lambda_1 = \lambda$,$\lambda_2 = 1$,$\lambda_3 = 1/\lambda$,而 $\sigma_3 = 0$,得

$$\sigma_1 = 2\left(\lambda^2 - \frac{1}{\lambda^2}\right)\left(\frac{\partial W}{\partial I_1} + \frac{\partial W}{\partial I_2}\right)$$

如果应用门尼函数,可得到如下关系式,即

单向拉伸:

$$\sigma_1 - \sigma_3 = 2\left(\lambda^2 - \frac{1}{\lambda}\right)\left(C_1 + \frac{C_2}{\lambda}\right)$$

$$= 2C_1(\lambda_1^2 - \lambda_3^2)\left(1 + \frac{C_2}{C_1}\lambda_2^2\right) \tag{7.47}$$

双向拉伸:

$$\sigma_1 - \sigma_3 = 2\left(\lambda^2 - \frac{1}{\lambda^2}\right)(C_1 + C_2)$$

$$= 2C_1(\lambda_1^2 - \lambda_3^2)\left(1 + \frac{C_2}{C_1}\right) \tag{7.48}$$

纯剪切:

$$\sigma_1 - \sigma_3 = 2\left(\lambda^2 - \frac{1}{\lambda^4}\right)(C_1 + \lambda^2 C_2)$$

$$= 2C_1(\lambda_1^2 - \lambda_3^2)\left(1 + \frac{C_2}{C_1}\lambda_1^2\right) \tag{7.49}$$

显然,在一般情况下,3种不同形变类型的 $\sigma_i - \sigma_j$ 对 $\lambda_i^2 - \lambda_j^2$ 作图不是同一条线. 这是与实验事实相符的. 如果调节 C_2/C_1 的比率,使 $2C_1 = 1.0$ 和 $C_2/C_1 = 0.1$ 时理论作图就与上节中介绍的实验数据图极为相似(图7.23). 可见,唯象理论的门尼函数比统计理论更能反映客观实际.

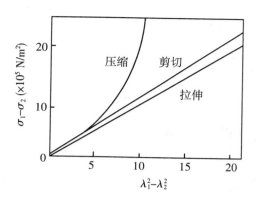

图7.23 取 $2C_2 = 0.1, 2C_1 = 1.0$ ($C_2/C_1 = 0.1$) 时的理论作图

如果把单向拉伸和压缩(双向均匀拉伸)的应力-应变关系

$$f = \frac{\sigma}{\lambda} = 2\left(\lambda - \frac{1}{\lambda^2}\right)\left(\frac{\partial W}{\partial I_1} + \frac{1}{\lambda}\frac{\partial W}{\partial I_2}\right)$$

写为

$$\frac{f}{2\left(\lambda - \frac{1}{\lambda^2}\right)} = \frac{\partial W}{\partial I_1} + \frac{1}{\lambda}\frac{\partial W}{\partial I_2} \quad (7.50)$$

这里,f 为未发生形变时试样单位面积上的力. 则以 $\dfrac{f}{2(\lambda - 1/\lambda^2)}$ 对 $\dfrac{1}{\lambda}$ 作图,对门尼函数应该是一条斜率为 C_2 的直线. 图7.24的实验数据表明天然橡胶在拉伸时实验曲线比较接近门尼函数,而在压缩时实验曲线近似是一根水平线,反而与统计理论 $\left(\text{它的} \dfrac{\partial W}{\partial I_2} = 0\right)$ 相近. 这说明门尼函数还不是真正完全的储能函数表达式.

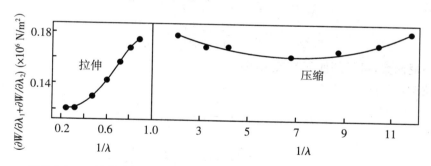

图7.24 天然橡胶在拉伸($\lambda > 1$)和单向压缩($\lambda < 1$)数据的门尼作图

通过精心设计的实验考察了以 I_1 和 I_2 作变数时 $\dfrac{\partial W}{\partial I_1}$ 和 $\dfrac{\partial W}{\partial I_2}$ 的变化. 图7.25表明 I_1 在 $5 \sim 12$ 和 I_2 在 $5 \sim 30$ 范围内,$\dfrac{\partial W}{\partial I_1}$ 不依赖于 I_1 和 I_2,基本是一个常数,而 $\dfrac{\partial W}{\partial I_2}$ 不依赖于 I_1,但随 I_2 的增加而减小,并且 $\dfrac{\partial W}{\partial I_2}$ 比 $\dfrac{\partial W}{\partial I_1}$ 约小一个数量级. 因此,可以把储能函数写为

$$W = C_1(I_1 - 3) + \varphi(I_2 - 3) \quad (7.51)$$

这里,C_1 为一常数,$\varphi(I_2 - 3)$ 是一个函数,其具体形式还未能精确定出,只知道它随 I_2 的增加而减小.

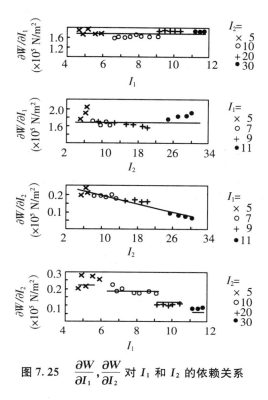

图 7.25　$\dfrac{\partial W}{\partial I_1}$，$\dfrac{\partial W}{\partial I_2}$ 对 I_1 和 I_2 的依赖关系

　　从统计理论来看储能函数，上式的第一项可以把它解释为熵的因素，第二项至今还没有得到满意的解释，有的说是内能的因素，也有的说可能是由形变的非平衡态过程引起的. 第二项的物理含义不清楚，也就是说实际高弹体与理想高弹体的偏差还不完全清楚.

7.7　溶　　胀

　　交联橡胶溶胀（swelling）的研究不仅提供了一个测定交联度的方法，而且溶胀的试样更能接近平衡过程，有利于交联橡胶力学性能的实验研究.

　　高聚物一旦发生交联就不溶不熔了. 这是因为交联高聚物中分子链之间以化学链形式相互键合，形成了三维网状结构. 在溶剂分子逐渐扩散到高聚物中，使其体积膨胀，力图拆开交联网时，交联高聚物因体积膨胀，引起三维结构分子网的伸展，降低了交联点之间分子链的构象熵值，产生弹性收缩力，力图使分子收缩，反过来阻止小分子溶剂的渗透. 这两种作用相反的过程最终会达到一个平衡，也即达到溶胀平衡（图 7.26）.

　　定义溶胀后的体积与溶胀前的体积之比为交联橡胶的平衡溶胀比：

$$Q = \frac{溶胀后的体积}{溶胀前的体积} \tag{7.52}$$

如果认为渗入交联橡胶中溶剂的体积有加和性,即溶胀后的体积为橡胶的体积 V_p 加上渗入的溶剂的体积 V_s,则

$$Q = \frac{V_p + V_s}{V_p} = \frac{1}{V_p} \tag{7.53}$$

这里,V_p 为达溶胀平衡时橡胶在溶胀体系中所占的体积分数.

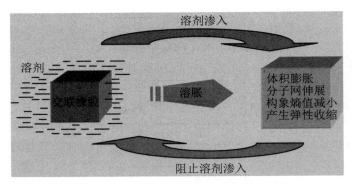

图 7.26 交联橡胶在溶剂中的溶胀过程示意图

设溶胀前橡胶的体积为 $1\ \text{cm}^3$,则

$$\frac{1}{V_p} = 1 + n_s \widetilde{V}_s$$

式中,n_s 为达溶胀体系中溶剂的摩尔数,$\widetilde{V}_s$ 为溶剂的摩尔体积.

溶胀通常是各向同性的,即单位体积的橡胶在溶胀后每边胀大 λ 倍,则

$$\lambda = \left(\frac{1}{V_p}\right)^{1/3} = (1 + n_s \widetilde{V}_s)^{1/3} \tag{7.54}$$

这个过程类似于橡胶的形变,由此而引起的体系自由能的变化,即是储能函数:

$$\Delta G_{形变} = \frac{\rho_p RT}{2M_c}\left[3\left(\frac{1}{V_p}\right)^{-2/3} - 3\right] \tag{7.55}$$

在溶胀过程中,除了橡胶胀大而引起的自由能变化外,还有由溶剂渗入交联结构而引起的自由能变化 $\Delta G_{混合}$(它可由高分子溶液晶格理论求得),则总的自由能改变为

$$\Delta G_{溶胀} = \Delta G_{混合} + \Delta G_{形变}$$

平衡条件是化学势相等.列出溶胀橡胶(凝胶相)的化学势,为

$$\mu_1^{凝胶相} = \mu_1^{溶剂} + \frac{\partial \Delta G_{溶涨}}{\partial n_1} = \mu_1^{溶剂} + \frac{\partial \Delta G_{混合}}{\partial n_1} + \frac{\partial \Delta G_{形变}}{\partial n_1} \tag{7.56}$$

其中,$\dfrac{\partial \Delta G_{形变}}{\partial n_1}$ 即为高分子溶液的偏微摩尔混合自由能 $\Delta \mu_1$,在交联橡胶情况,认为是其聚合度为无穷大,则

$$\Delta \mu_1 = RT\left[\ln(1 - V_p) + V_p + \chi V_p\right]$$

而

$$\frac{\partial \Delta G_{形变}}{\partial n_1} = \frac{\rho_p RT}{\langle M_c \rangle_n}(V_p)^{1/3} \cdot \widetilde{V}_s$$

则

$$\mu_1^{凝胶相} = \mu_1^{溶剂} + RT\big[\ln(1 - V_p) + V_p + \chi_1 V_p\big]\frac{\rho_p RT}{\langle M_c \rangle_n}(V_p)^{1/3} \cdot \widetilde{V}_s$$

由平衡条件 $\mu_1^{凝胶相} = \mu_1^{溶剂}$，得平衡溶胀比满足的关系式为

$$-\big[\ln(1 - V_p) + V_p + \chi_1 V_p^2\big] = \frac{\rho_p}{\langle M_c \rangle_n}(V_p)^{1/3} \cdot \widetilde{V}_s \tag{7.57}$$

这里，χ_1 为高聚物溶剂相互作用参数. 由式(7.55)可见，在 χ_1 已知的情况下，由平衡溶胀比的测定即可求得交联橡胶两交联点之间的平均分子量 $\langle M_c \rangle_n$——交联度.

在良溶剂中，橡胶高度溶胀，$V_p \leqslant 1$. 可将 $\ln(1 - V_p)$ 展开，并忽略 V_p 的二次方以上的项，则

$$\ln(1 - V_p) \approx -V_p - \frac{1}{2}V_p^2 \tag{7.58}$$

可得

$$\left(\frac{1}{2} - \chi_1\right)V_p^{5/3} = \frac{\rho_p}{\langle M_c \rangle_n}\widetilde{V}_s \tag{7.59}$$

高聚物与溶剂相互作用参数 χ_1 是从高分子溶液性质的实验求得的，譬如蒸汽压降低实验. 为了与溶胀实验条件接近，一般应用由蒸汽压降低实验(这时浓度较大)得到的数据.

利用溶胀的橡胶作各种力学性能实验并不需要一定达到平衡溶胀，这就给实验提供了很大方便. 如果把一个交联橡胶的单位立方体(状态 A)放在溶剂中各向同性地溶胀到三边溶胀比均为 λ_s 的状态(状态 B，不一定是溶胀平衡状态)，然后在外力作用下，使它形变到边长为 l_1, l_2, l_3 的状态(状态 C)，如图 7.27 所示，那么拉伸比分别为

$$\lambda_1 = \frac{l_1}{\lambda_s}, \quad \lambda_2 = \frac{l_2}{\lambda_s}, \quad \lambda_3 = \frac{l_3}{\lambda_s}$$

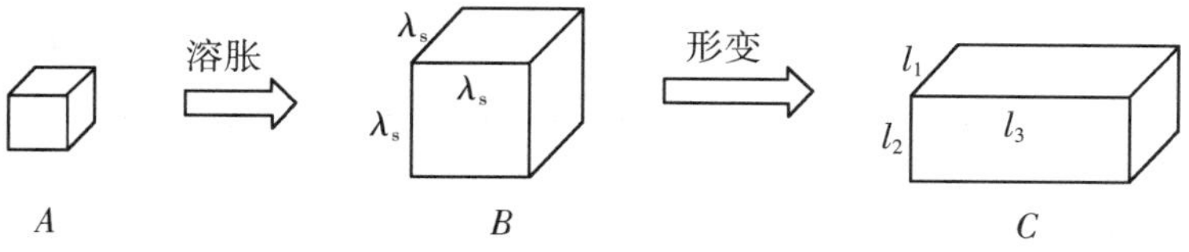

图 7.27 溶胀后再变形

不管是溶胀还是形变，都是把交联网拉开，因此从干试样(状态 A)到试样溶胀 B 再到形变状态 C，交联网总的熵变为

$$\Delta S_{A \to C} = -\frac{1}{2}Nk(l_1^2 + l_2^2 + l_3^2 - 3)$$

但是从状态 A 到状态 B 的熵变为

$$\Delta S_{A \to B} = -\frac{1}{2}Nk(3\lambda_s^2 - 3) = -\frac{1}{2}Nk(3V_p^{-2/3} - 3)$$

如果认为熵是简单加和的，从状态 B 到状态 C，即形变引起的熵变为

$$\Delta S_{B \to C} = \Delta S_{A \to C} - \Delta S_{A \to B}$$

$$= -\frac{1}{2}Nk(l_1^2 + l_2^2 + l_3^2 - 3V_p^{-2/3})$$

$$= -\frac{1}{2}NkV_p^{-2/3}(\lambda_1^2 + \lambda_2^2 + \lambda_3^2 - 3)$$

那么由形变引起的单位体积的储能函数为

$$W = -T\Delta S_{B\to C}/\lambda_s^3$$

$$= -\frac{1}{2}NkTV_p^{1/3}(\lambda_1^2 + \lambda_2^2 + \lambda_3^2 - 3) \tag{7.60}$$

这里,$\lambda_s^3 = \dfrac{1}{V_p}$,即溶胀试样形变前的体积,亦即干试样溶胀后的体积.可见,溶胀橡胶与未溶胀橡胶的储能函数以及应力-应变关系在形式上是相同的,只是在式中多了一个 $V_p^{1/3}$,它是表示溶胀程度的.则

$$\sigma_i - \sigma_j = GV_p^{1/3}(\lambda_i^2 + \lambda_j^2) \tag{7.61}$$

溶胀试样的模量 G' 为

$$G' = GV_p^{1/3} = \frac{\rho_p RT}{\langle M_c \rangle_n}V_p^{1/3}$$

这里,ρ_p 仍是干试样的密度.

在单向拉伸情况下,得

$$f = \frac{\rho_p RT}{\langle M_c \rangle_n}V_p^{1/3}\left(\lambda - \frac{1}{\lambda^2}\right) \tag{7.62}$$

如果维持拉伸比恒定,那么在溶胀程度相同时,f 即为 $\langle M_c \rangle_n$ 的倒数.由于这里 V_p 不一定是平衡溶胀比,这对实验测定 $\langle M_c \rangle_n$ 是一个极大的方便.

实验与溶胀理论相符得很好,至少在良性溶剂中是如此.丁基橡胶在环己烷中溶胀,做溶胀试样的单向拉伸实验(固定 $\lambda = 4$),求出 f,同时做平衡溶胀求出 V_p,以 $\lg f$ 对 $\lg V_p$ 作的图,确实是一条斜率为 5/3 的直线,表明式(7.59)和 $f \sim 1/\langle M_c \rangle_n$ 是正确的.

现在进一步从门尼函数来分析溶胀橡胶的形变.在单向拉伸时,得

$$\frac{fV_p^{-1/3}}{2(\lambda - 1/\lambda^2)} = C_1 + \frac{1}{\lambda}C_2 \tag{7.63}$$

因为这里 f 是指作用在溶胀试样单位面积上的力,如果按作用在干试样单位面积上的力 f' 为

$$f' = f\lambda_s^2 = fV_p^{-2/3}$$

则式(7.63)变为

$$\frac{f'V_p^{-1/3}}{2(\lambda - 1/\lambda^2)} = C_1 + \frac{1}{\lambda}C_2 \tag{7.64}$$

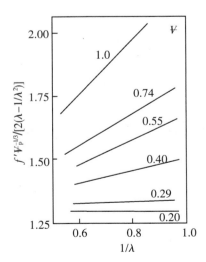

图 7.28 硫化天然橡胶在苯中的溶胀拉伸曲线

图 7.28 是硫化天然橡胶在苯中不同溶胀程度的单向拉伸数据.由图可见,溶胀程度对 C_1 的影响不大,截距大致一样;但对 C_2 的影响很大.溶胀程度高,即 V_p 大,则斜

率小.在 $V_p < 0.25$ 时,C_2 接近于零.C_2 与溶剂性质无关这一事实说明,溶胀橡胶的力学性质对统计理论的偏差与溶剂性质无关.这可能也是由于溶胀程度高时,形变越容易接近平衡.

7.8　交联度和模量的绝对值

交联橡胶的实验研究主要集中在两个方面:一是它们的应力-应变关系的形式,这在 7.5 节中已经讨论过了,另一个就是交联橡胶的剪切模量 G 的绝对值.

显然,剪切模量的理论计算值是否与实验值相符是至关重要的.这里包含两个方面的意义:如果我们知道了橡胶中准确的交联点密度 N(或两相邻交联点之间平均分子量 $\langle M_c \rangle_n$),就可以利用 $G = NkT = \rho RT / \langle M_c \rangle_n$ 来定量检测统计理论;反之,如果认为统计理论是有效的,那么上式又可作为估算交联度的一种方法.

但是这方面的实验工作遇到了相当大的困难,这主要是因为:

(1) 存在交联网的缺陷,包括对弹性没有贡献的自由端和封闭圈,和不属于交联结构但对弹性有贡献的分子链缠结(物理交联).

(2) 很难找到一种交联剂,它与橡胶分子链的交联反应是定量的.

(3) 实验应力-应变曲线与理论曲线只在拉伸比很小时相符.在拉伸较大时,就出现了先是偏低继而偏高的偏离.

对于交联网缺陷的修正,在 7.3 节已经讨论过了.撇开理论上还无法考虑的物理缠结和封闭圈,一般都使用仅考虑自由端修正的式子:

$$G = \frac{\rho_p RT}{\langle M_c \rangle_n} \left(1 - \frac{\langle M_c \rangle_n}{\langle M \rangle_n} \right)$$

定量交联是一个最大的困难.已经知道用硫磺作交联剂的交联反应是复杂的,除了单硫交联外,还包含几个硫原子交联的交硫链和其他结构,因此从硫磺用量是不能估算交联度和模量值的.

曾有研究者用双偶氮二羧酸酯

$$
\begin{array}{c}
O\!-\!CO\!-\!N\!=\!N\!-\!COOCH_3 \\
| \\
CH_2 \\
| \\
O\!-\!CO\!-\!N\!=\!N\!-\!COOCH_3
\end{array}
$$

作为天然橡胶的交联剂,因为偶氮基 —N=N— 与橡胶中的双键 —C=C— 的交联反应是相当定量的.但是它们互溶不好,混合不易均匀.如果仍假定交联率为 100%,这样从交联剂双偶氮二羧酸酯的消耗量可计算出交联度.制备一系列交联度不同的试样先溶胀后作拉力-形变曲线,在拉伸比 $\lambda = 2$ 时,实验曲线与理论曲线的比较如图 7.29

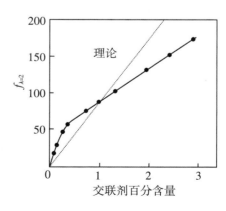

图 7.29　不同交联度理论与实验的比较

所示(这里自由端改正没考虑).理论与实验的偏差约为 25%.

也曾用有机过氧化物作为交联剂.作为一种催化剂,它使橡胶分子链之间直接产生 C—C 链交联,从而避免了外来化学基团的介入.譬如用叔丁基过氧化物来交联天然橡胶,其反应为

$$(CH_3)_3—O—O—C(CH_3)_3 \longrightarrow 2(CH_3)_3—O \cdot$$
$$(CH_3)_3—O \cdot + RH \longrightarrow (CH_3)_3—OH + R \cdot$$
$$(CH_3)_3—O \cdot \longrightarrow (CH_3)_2C = O + CH_3 \cdot$$
$$CH_3 + RH \longrightarrow CH_4 + R \cdot$$
$$2CH_3 \cdot \longrightarrow C_2H_6$$
$$2R \cdot \longrightarrow R—R$$

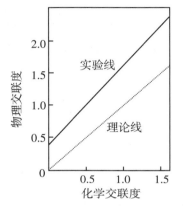

图 7.30 过氧化物硫化橡胶化学交联和物理交联的关系

假定只考虑 R· 的复合,那么硫化胶中交联的数目(化学交联度)就可通过测量硫化过程中 (CH)_3COH(红外光谱)和 CH_4(低温蒸馏)的含量来求得.再从平衡溶胀实验求得实际交联度($\langle M_c \rangle_n$).它们之间的比较如图 7.30 所示.实际交联度大于化学交联度,即使是没有化学交联的存在,仍有可能存在分子链的缠结而引起的物理交联在起作用.

由应力-应变曲线的斜率可求得橡胶试样的模量.但是,由于实验的应力-应变曲线与理论曲线只在拉伸比很小时才相符,由这么一小段相符曲线来求试样的模量就有相当大的任意性:模量随应变程度而不同.这个困难可用橡胶的溶胀试样加以解决,因为溶胀橡胶的应力-应变曲线与理论能够极好的相符.常用的有溶胀拉伸曲线和溶胀压缩,但由于在试样溶胀比很大时进行溶胀拉伸并不容易,故一般均进行溶胀压缩.

溶胀压缩的基本原理如图 7.31 所示,对于溶胀前高为 h_0、底为 A_0 的橡胶试样 $V_0 = h_0A_0$,则溶胀后的体积 $V_0 = h_0A_0(1/V_p) = hA$.假设溶胀是各向同性的,则溶胀后试样的高度和底面积分别为

$$h = \frac{h_0}{V_p^{1/3}}, \quad A = \frac{A_0}{V_p^{2/3}}$$

加上砝码后,溶胀试样的高度就随砝码的重量而改变.因此高度 h 是作用力 f 的函数:

$$h(f) = h(0) + \Delta h$$

则拉伸比为(实为压缩比,差一符号)

$$\lambda = \frac{h(f)}{h(0)} = 1 + \frac{\Delta h}{h(0)} = 1 + \frac{\Delta h}{h(0)} V_p^{1/3} \qquad (7.65)$$

代入式(7.62),并考虑到 $\Delta h/h(0) \leqslant 1$,忽略它的二次项,则

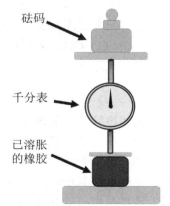

图 7.31 溶胀压缩示意图

砝码

千分表

已溶胀的橡胶

$$f' = \frac{\rho_p RT}{\langle M_c \rangle_n} V_p^{1/3} \left(\lambda - \frac{1}{\lambda^2} \right)$$

$$= \frac{\rho_p RT}{\langle M_c \rangle_n} V_p^{1/3} \left[\left(1 + \frac{\Delta h}{h(0)} \right) - \left(1 + \frac{\Delta h}{h(0)} \right)^{-2} \right]$$

$$= \frac{\rho_p RT}{\langle M_c \rangle_n} V_p^{1/3} \left(\frac{3\Delta h}{h(0)} V_p^{1/3} \right)$$

$$= \frac{3\rho_p RT}{\langle M_c \rangle_n} V_p^{2/3} \frac{\Delta h}{h(0)} \tag{7.66}$$

这是形变前试样单位截面上的力,因此作用于面积为 A 上的力 f 为

$$f = f'A = \frac{3\rho_p RT}{\langle M_c \rangle_n} \frac{A_0}{V_p^{2/3}} V_p^{2/3} \left(\frac{\Delta h}{h(0)} \right) = \frac{3\rho_p RT}{\langle M_c \rangle_n} \frac{A_0}{h_0} \Delta h \tag{7.67}$$

若以 f 对 Δh 作图应是一条直线.实验证明了这一点(图 7.32),并且在式(7.67)中没有与溶胀比有关的量,表示溶胀只是使形变更容易.溶胀压缩的特点是实验简单,只要一个千分表,实验符合程度也很好,比溶胀拉伸更易于推广.

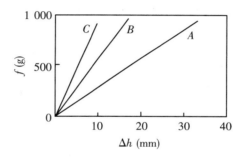

图 7.32　聚亚胺羧酸酯的溶胀压缩曲线

思　考　题

1. 橡胶在高分子科学进程中起了重要的作用,你还知道什么重要的高分子科学理论是以橡胶为对象研究的?我们说橡胶是一种非常特殊的材料,为什么?如果单就力学性能而言,橡胶高弹性的特点是什么?
2. 在对橡胶进行热力学分析时,为什么既要作等压条件下的讨论,又要作等容条件的讨论?
3. 橡胶的热力学分析能够解释高弹性的哪几个特点?
4. 把橡胶热力学分析结果与实验比较时,得到了橡胶高弹形变时内能变化为零的重要结论,如何用高分子链的内旋转来讨论这个结论?
5. 孤立高分子链就具有高弹性,通过孤立链高弹性分析能够解释高弹性的哪几个

特点?

6. 交联橡胶统计理论的要点是什么?这些理论假设是否都合理?理论得到了什么重要结果?在交联橡胶统计理论中曾假定交联点之间的分子链仍然可用高斯统计来处理?这个假定给以后的结果带来什么隐患?

7. 什么是橡胶弹性的储能函数?如何由它来推求橡胶的应力-应变关系?橡胶在单向拉伸和简单剪切的应力-应变行为有什么特点?

8. 试讨论储能函数中参数 G 的理论意义和实际应用.

9. 交联网有哪些缺陷?交联橡胶统计理论是怎样来考虑这些缺陷对储能函数的影响的?

10. 在与实验比较时,发现在应变很大时交联橡胶统计理论与实验有很大偏差,橡胶弹性的唯象理论是如何来处理这个问题的?

11. 为什么在热力学分析中会得到高弹形变时内能变化 $\Delta U \approx 0$ 的结果,它在哪里出的错?内能到底在高弹形变中起多大作用?为什么我们仍然一直说橡胶的高弹性是熵弹性?

12. 溶胀的橡胶试样与橡胶干试样的储能函数有什么不同?用溶胀的橡胶试样做它们力学性能实验有什么好处?

13. 什么是交联橡胶的交联度?交联度有哪几种表示方式?如何用平衡溶胀实验来测定交联度?

14. 什么是化学交联和物理交联?有什么办法来定量研究橡胶的交联?

15. 交联橡胶统计理论的成功之处在哪里?它还有哪些不足之处?

第 8 章 高聚物的屈服行为

在较大外载作用下材料开始塑性变形,就说材料屈服了.屈服致使试样的整体形状发生明显改变.从实用观点来看,产生塑性形变材料就丧失了其使用价值,对于高聚物,这点尤其重要.高聚物本质上是韧性材料,而韧性材料的使用极限一般不是它的极限强度,而是它的屈服强度.

高聚物很多加工过程是与它们的屈服特性有关的,如纤维拉伸和薄膜拉制.刚从喷丝头纺出的纤维其强度并不高,只有经过拉伸使之成颈,强度才能提高.实际使用的合成纤维正是它们拉伸的细颈部分.因此对高聚物材料的屈服行为、成颈机理的深入了解,对纤维、薄膜性能的提高和拉伸及辊压工艺的改进都是很重要的.

此外,高聚物的屈服是与断裂密切相关的.高聚物试样从完好状态到完全断裂,中间大多经过屈服这一过程.高聚物是韧是脆、韧脆之间如何转变乃至断裂机理(银纹等)的研究都需要用到材料屈服行为的知识.

8.1 应力-应变曲线和真应力-应变曲线

高聚物的屈服行为是通过应力-应变实验曲线来进行研究的,应力-应变实验曲线是一种使用极广的力学实验结果.从实验测定的应力-应变曲线(stress-strain curve)可以得到评价材料性能极为有用的诸如杨氏模量、屈服强度、抗拉强度和断裂伸长等指标.在宽广的温度和实验速率范围内测得的数据可以帮助我们判断高聚物材料的强弱、硬软、韧脆,也可以粗略地估计高聚物所处的状态.

测定应力-应变实验曲线一般都取恒速应变的形式,但形变类型却有多种形式,如拉伸、压缩、剪切等.以拉伸实验为例,在拉力实验机上将如图 8.1(a)所示的试样沿纵轴方向以均匀的速率拉伸,直到试样断裂为止.实验过程中要随时测量加于试样上的载荷 P 和相应的标线间长度的改变 $\Delta l = l - l_0$.如果试样起始截面积为 A_0,标距原长为 l_0,按工程应力、应变定义,则它们分别为

$$\sigma = P/A_0 \tag{8.1}$$

$$\varepsilon = \frac{l - l_0}{l_0} = \frac{\Delta l}{l_0} \tag{8.2}$$

以应力 σ 作纵坐标,应变 ε 作横坐标,即得到工程应力-应变曲线.由于这里应力、应变定义中都使用试样的原始尺寸,没有考虑在拉伸实验中试样尺寸的不断变化.因此,有时也以载荷-伸长曲线来代替应力-应变曲线.它们之间只相差一个常数项,曲线的形状不变.

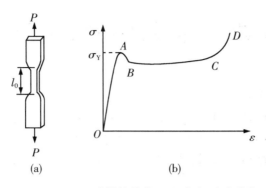

图 8.1　(a) 试样的拉伸;(b) 应力-应变曲线

典型的应力-应变曲线如图 8.1(b) 所示.整根应力-应变曲线以屈服点 A 为界,可以分成两个部分.屈服点以前,材料处在弹性区域(OA 段),卸载后形变能全部回复,不出现任何永久变形.屈服点是材料在卸载后还能完全保持弹性的临界点,相应于屈服点 A 的应力叫做材料的屈服强度或屈服应力 σ_Y.屈服点以后,材料进入塑性区域,具有典型的塑性特征.卸载后形变不可能完全回复,出现永久变形或残余应变.材料在塑性区域内的应力-应变关系呈现复杂情况:先经由一小段应变软化:应变增加、应力反稍有下跌(AB 段);随即试样出现塑性不稳定性——细颈:应变增加、应力基本保持不变(BC 段);又经取向硬化,应力急剧增加(CD 段),最后在 D 点断裂.相应于 D 点的应力称为强度极限,也就是工程上重要的力学性能指标——抗拉强度.而断裂伸长率则是材料在断裂时的相对伸长,即

$$D_f = \frac{l_f - l_0}{l_0} \times 100\% \tag{8.3}$$

这里,l_f 是材料断裂时相应标线间的距离.材料的杨氏弹性模量 E 是工程应力-应变曲线起始部分 OA 段的斜率,为

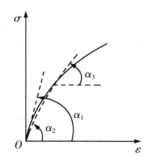

图 8.2　杨氏模量的 3 种表示方法:始切线模量 $E = \tan \alpha_1$,割线模量 $E = \tan \alpha_2$ 和切线模量 $E = \tan \alpha_3$

$$E = \tan \alpha = \frac{\Delta\sigma}{\Delta\varepsilon} \tag{8.4}$$

它表示材料对形变的弹性抵抗,OA 段斜率越大,杨氏模量越大,也就是材料的刚度越大,越不易变形.由于许多高聚物材料的应力-应变曲线的起始部分并不一定是直线,在这种情况下杨氏模量可以用下面 3 种方法中的任意一种来定义(图 8.2):① 起始切线模量 $E = \tan \alpha_1$,为应力-应变曲线在原点的斜率;② 割线模量 $E = \tan \alpha_2$,为应力-应变曲线起始部分上某点到原点连线的斜率;③ 切线模量 $E = \tan \alpha_3$,为应力-应变曲线起始部分某点处的斜率.

高聚物材料的品种繁多,它们的应力-应变曲线呈现出多种多样的形式.若按在拉伸过程中屈服点的表现、伸长率大小及其断裂情况,大致可以分为 5 种类型,分别是:① 硬而脆;② 硬而韧;③ 硬而强;④ 软而韧;⑤ 软而弱.图 8.3 为曲线的这 5 种类型和它们的有关特征.

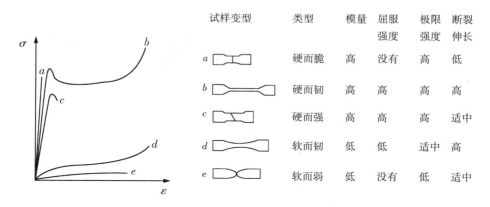

试样变型	类型	模量	屈服强度	极限强度	断裂伸长
a	硬而脆	高	没有	高	低
b	硬而韧	高	高	高	高
c	硬而强	高	高	高	适中
d	软而韧	低	低	适中	高
e	软而弱	低	没有	低	适中

图 8.3　高聚物应力-应变曲线的类型和特征

属于硬而脆一类的有聚苯乙烯、聚甲基丙烯酸甲酯(有机玻璃)和许多酚醛树脂.它们具有高的模量和相当大的抗拉强度,伸长很小就断裂而没有任何屈服点,断裂伸长率一般低于 2%.硬而韧的高聚物有尼龙、聚碳酸酯等,它们的模量高,屈服点高,抗拉强度大,断裂伸长率也较大.这类高聚物在拉伸过程中会产生细颈,是纤维和薄膜拉伸工艺的依据.硬而强的高聚物具有高的杨氏模量、高的抗拉强度,断裂前的伸长约为 5%.一些不同配方的硬聚氯乙烯和聚苯乙烯的共混物属于这一类.橡胶和增塑聚氯乙烯属于软而韧的高聚物,它们的模量低,屈服点低,或者是没有明显的屈服点,只看到曲线上有较大的弯曲部分,伸长很大(20%～1 000%),断裂强度较高.至于软而弱这一类的只有一些柔软的高聚物凝胶,无法用来承受外载,很少用作材料来使用.

由于高聚物材料的黏弹本质,拉伸过程明显受外界条件即实验温度和实验速率等条件的影响.当实验温度和实验速率改变时,应力-应变曲线可以改变它的类型(图 8.4 和图 8.5).因此我们只有了解高聚物材料在拉伸过程中应力-应变曲线随各种因素变化而改变的情况,再根据使用环境的要求,才能选出合适的材料来进行设计和应用.在单一温度和单一速率下测得的应力-应变曲线是不能作为设计依据的.

当研究材料的塑性行为时,由于形变已很大,试样尺寸的改变与原有的尺寸相比已不能忽略.因此应力和应变定义中所包含的试样尺寸需用瞬时尺寸.真应力 $\sigma_{真}$ 也叫做瞬时应力,为单位瞬时面积上的力:

$$\sigma_{真} = P/A \tag{8.5}$$

式中,A 为在载荷 P 时试样截面的瞬时面积.真应力适用于研究材料的内在特性,在下面讨论材料屈服行为中大多使用真应力,而当考虑材料整体性质时,使用工程应力可能更为方便.譬如,以工程应力表示的抗拉强度表明试样能承载的最大载荷等.

同样,以瞬时长度 l 代替原标距长 l_0,真应变定义为 $\Delta l/l$ 这个量的积分:

$$\varepsilon_{真} = \int_0^l \frac{\mathrm{d}l}{l} = \ln\left(\frac{l}{l_0}\right) \tag{8.6}$$

在形变很小时,工程应变和真应变几乎是等同的,但当形变增大时,它们之间的差异就变得很大(表 8.1).

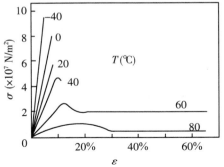

图 8.4　温度对聚甲基丙烯酸甲酯应力-应变曲线的影响,拉伸速度为 5 mm/min

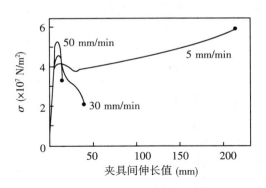

图 8.5　拉伸速度对聚丙烯应力-伸长曲线的影响,实验温度 25 ℃

表 8.1　工程应变和真应变的比较

$\Delta l / l_0$	$\ln(l/l_0)$
0	0
0.010	0.009 95
0.050	0.048
0.100	0.095 3
0.200	0.182 3
0.500	0.405 5
1.000	0.693

实验表明,在塑性形变时,高聚物的体积改变很小,作为近似,可以认为是不变的. 如是,则有

$$Al = A_0 l_0$$

但

$$l = l_0(1 + \varepsilon)$$

则瞬时面积 A 为

$$A = \frac{A_0}{1 + \varepsilon}$$

真应力为

$$\sigma_真 = \frac{P}{A} = \frac{P}{A_0}(1 + \varepsilon) = \sigma(1 + \varepsilon) \tag{8.7}$$

这就是真应力和工程应力之间的关系. 因为在以后讨论中都是使用真应力-应变曲线,所以现在有了式(8.7),就能通过工程应力 σ 与应变 ε 来计算任何形变时的真应力. 这里特别有意义的是工程应力的极大值 σ_{max} 与真应力 $\sigma_真$ 的关系. σ_{max} 的条件是 $\mathrm{d}\sigma/\mathrm{d}\varepsilon = 0$,即

$$\frac{\mathrm{d}\sigma}{\mathrm{d}\varepsilon} = \frac{1}{(1+\varepsilon)^2}\left[\frac{\mathrm{d}\sigma_{真}}{\mathrm{d}\varepsilon}(1+\varepsilon) - \sigma_{真}\right] = 0$$

可见,在工程应力是极大的那点,真应力与应变应具有如下关系:

$$\frac{\mathrm{d}\sigma_{真}}{\mathrm{d}\varepsilon} = \frac{\sigma_{真}}{1+\varepsilon} \tag{8.8}$$

式(8.8)在真应力-应变曲线上表示的是一条从应变轴上 $\varepsilon = -1$ 处向曲线作的切线.这样,工程应力的极大值就和真应力-应变曲线上这条切线的切点具有相同的形变.过了这个切点,形变的任何增加都会引起工程应力的下跌(图 8.6).这通常称作 Considére 作图,在讨论高聚物的细颈时十分有用.

压缩实验也可得到类似的应力-应变曲线.在合适的试样直径高度比(约 0.5)时,一些在拉伸时是脆性的高聚物均可在压缩条件下进行应力-应变测量,这时它们由脆性变为韧性,出现屈服点,从而可以全面研究这些高聚物的屈服和塑性行为.在压缩实验中,平面应变压缩实验(图 8.7)有不少长处,主要是试样制备方便,并且由于在实验过程中试样在压头下面的面积变化极小,故真应力一般可用工程应力来代替.

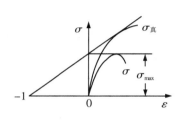

图 8.6　Considére 作图

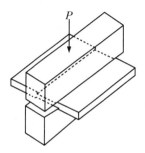

图 8.7　平面应变压缩

8.2　高聚物材料屈服过程特征

既然屈服点是材料开始塑性形变的临界点,屈服点以后,如果继续加载的话,材料将产生不可逆的形变.但是从实验数据求取高聚物屈服点时却存在两种不同的定义,即内在屈服点定义为真应力-应变曲线出现极大的位置;表观屈服点定义为工程应力-应变曲线出现极大的位置.显然这两个定义的屈服点是不一样的,因为从 Considére 作图已经知道,工程应力-应变曲线出现极大的位置正相应于真应力-应变曲线上 $\varepsilon = -1$ 向曲线作的切线的切点.因此表观屈服点的值小于内在屈服点的值,尽管它们之间的差别并不大.

高聚物材料屈服过程的特征有如下几点:

1. 屈服应力的应变速率依赖性

由于高聚物的黏弹性本质,高聚物材料的屈服应力有很大的应变速率依赖性,屈服应力随应变速率的增大而增大.若把它们的屈服应力 σ_Y 与应变速率的对数 $\ln \dot{\varepsilon}$ 作图,近似是一条直线,$\sigma_Y = A + B\lg \dot{\varepsilon}$,其中 A,B 是经验常数.因此可以用该直线的斜率 $\mathrm{d}\sigma_Y/\mathrm{d}(\lg \dot{\varepsilon})$ 表征屈服应力的应变速率依赖性大小,图 8.8 是聚甲基丙烯酸甲酯在单向压缩时的数据,但是聚甲基丙烯酸甲酯(以及聚甲基丙烯酸乙酯,聚氯乙烯)在拉伸时的屈服应力与应变速率的关系比压缩时来得复杂,在高应变速率和低应变速率有各自的斜率(图 8.9).

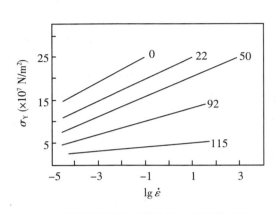

图 8.8　聚甲基丙烯酸甲酯的压缩屈服应力与
　　　　应变速率的关系

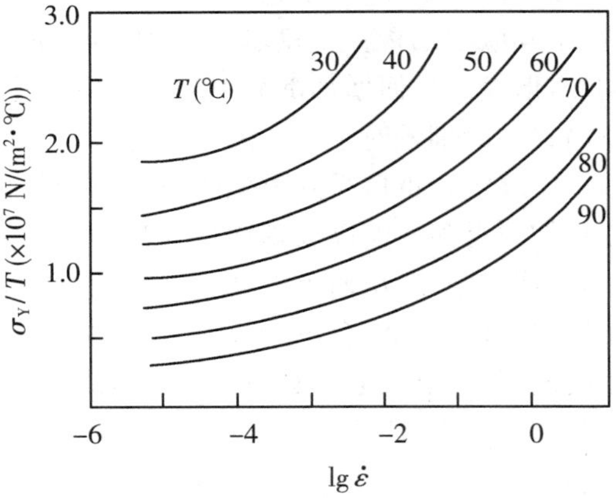

图 8.9　聚甲基丙烯酸甲酯在不同温度下的
　　　　拉伸屈服应力与应变速率的关系

2. 屈服应力和屈服应变的温度依赖性

像高聚物所有的力学性能一样,它们的屈服应力也显著受温度的影响.在低温端,屈服应力低于韧-脆转变温度(见第 9 章).在低于韧-脆转变温度,高聚物已变成脆性,没有屈服点.在高温端,屈服应力受限于高聚物的玻璃化转变温度.在玻璃化转变温度时,高聚物的屈服应力趋向于零.在韧-脆转变温度和玻璃化温度之间时,高聚物的屈服应力与温度的关系近似是一条直线.图 8.10 是聚甲基丙烯酸甲酯在各不同应变速率下屈服应力与温度的关系.由图可见,这几根直线会聚外推到零屈服应力时的温度大约是 110 ℃,与它的玻璃化温度十分接近.聚甲基丙烯酸甲酯的屈服应变(屈服应变是对应屈服点的应变值)较大,从平面应变压缩得到的值为 0.13,如果取泊松比为 0.4,那么它的剪切屈服应变为 0.21,实测为 0.25.尽管聚甲基丙烯酸甲酯的屈服应变比其他高聚物来得大,但一般来说,高聚物的屈服应变比金属(0.01)大得多.与屈服应力相比,屈服应变随温度的改变就小得多(图 8.11 和图 8.4).

3. 各向等应力对屈服应力和屈服应变的影响

各向等应力(围压或流水静水压)对高聚物屈服的影响是非常重要的.实验早已证实,当各向等应力升高到几个千巴(1 千巴 $= 100\ \mathrm{MN/m^2}$)时,非晶态高聚物的屈服应力有明显的增加.如聚苯乙烯通常是脆性的高聚物会在压缩时以韧性形式屈服而不断裂.

6 种不同晶态高聚物和 6 种不同非晶态高聚物的屈服应力随压力的变化分别示于图 8.12 和图 8.13.纵坐标是在不同压力下的屈服应力对大气压下的屈服应力的比率,目的是比较压力的相对影响.

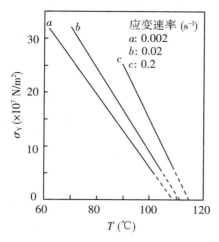

图 8.10　聚甲基丙烯酸甲酯的屈服应力与温度的关系

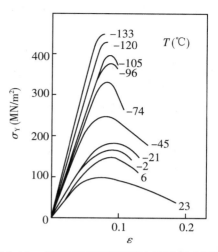

图 8.11　聚甲基丙烯酸甲酯在不同温度下的单向压缩应力-应变曲线,应变速率为 10^{-3} s^{-1}

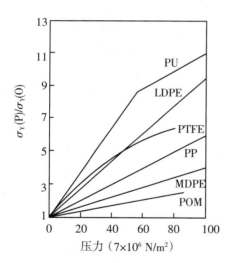

图 8.12　结晶高聚物屈服应力与压力的关系. PU:聚氨基甲酸酯;LDPE:低密度聚乙烯;PTFE:聚四氟乙烯;PP:聚丙烯;MDPE:中密度聚乙烯;POM:聚氧化甲烯(聚甲醛)

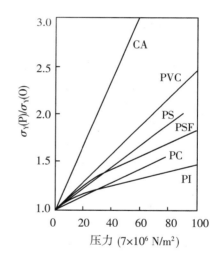

图 8.13　非晶态高聚物屈服应力与压力的关系. CA:乙酸纤维素;PVC:聚氯乙烯;PS:聚苯乙烯;PSF:聚砜;PC:聚碳酸酯;PI:聚酰亚胺

由此可得到如下几个规律性的结论:

(1) 所有的高聚物,晶态的或非晶态的,其屈服应力的压力依赖性都具有近乎线性的关系.随压力的增大,屈服应力增高.

(2) 晶态高聚物的屈服应力的压力依赖性普遍比非晶态来得大.

(3) 低模量的高聚物(如非晶态的乙酸纤维素 CA 和聚氯乙烯 PVC,晶态的低密度聚乙烯 LDPE），其屈服应力受压力的影响变化比高模量高聚物（如非晶态的聚酰亚胺 PI 和晶态的 POM）来得大.

由于各向等应力对高聚物的屈服应力有影响，不同外载所产生的各向等应力分量各不相同，因此高聚物不同变形类型的屈服应力是不相同的.

4. 淬火对屈服应力的影响

屈服应力对高聚物材料的淬火处理很敏感. 一般来说，淬火降低屈服应力. 例如，把 110 ℃ 的聚苯乙烯试样突然投入冰水中淬火，测得的屈服应力比把它从110 ℃ 经 24 h 缓慢冷却到室温测得的屈服应力小 12%，同时发现其密度增加了约 0.2%. 在淬火处理以后的最初几个小时里，淬火材料性能的变化最为明显. 又如退火的聚碳酸酯试样，其拉伸屈服应力增加达 15%，密度增加约 0.2%. 无疑，淬火改变了材料的凝聚态结构.

5. 分子量和分子量分布对屈服应力的影响

对于能用于承载的高聚物，其分子量必须达到一个最低值. 在分子量最低值以上的所有高聚物在合适的应力场下均能呈现屈服，其屈服应力对分子量并不敏感. 但最近有报道，顺丁生胶的屈服应力与其黏均分子量 $\overline{M_\eta}$ 有很好的线性关系，随 $\overline{M_\eta}$ 增大而增大. 至于分子量分布对屈服应力的影响目前还不清楚.

6. 添加剂的影响

少量增塑剂或润滑剂之类的添加剂对屈服应力的影响并不大. 只有大量增塑剂时（其"大量"还受到不使材料移到玻璃化转变区的限制），材料的屈服应力才有较明显的降低. 如环氧树脂的增塑剂含量从16% 增到24%（重量分数），已使其软化温度从75 ℃ 降低到45 ℃，但其屈服应力也仅降低 5%. 相反，高聚物的屈服应力会因添加反增塑剂而提高很多. 如聚碳酸酯的屈服应力由此可提高30%.

7. 屈服时的体积变化

实验表明，非晶态高聚物的屈服无论在拉伸或压缩实验时，都使材料的密度增加约 0.25%. 这个微小的体积收缩确实是发生在屈服过程中，屈服后的塑性流动体积是不变的. 这清楚地表明这些材料屈服应力的压力依赖性不能归因于流动过程中的体积变化，而是高聚材料屈服时的特征行为.

8. 鲍氏效应

鲍氏效应是指材料在压缩时的屈服应力 σ_Y(压) 不等于其在拉伸时的屈服应力 σ_Y(拉)，一般 σ_Y(压) $>$ σ_Y(拉). 鲍氏效应还明显表现为材料在一个方向塑性屈服后，在它反方向上的屈服就比较容易，这个效应被认为是由于在形变物体内部建立了自应力，以使反方向的形变容易些. 对拉伸聚氯乙烯屈服行为的研究表明，在其拉伸方向的内(拉)应力将高达 40 MN/m²，经热取向或冷拉的高聚物都有明显的鲍氏效应.

已经塑性变形的非晶态高聚物在加热到玻璃化转变温度以上时，将会回复到它未变形时的形状，这或许是如同鲍氏效应一样的自应力的结果.

8.3　屈　服　准　则

在拉伸实验时,由于拉伸试样的等截面段比较细长,它的应力状态接近于单向拉应力状态,即 $\sigma_1 = \sigma, \sigma_2 = \sigma_3 = 0$.任何受载物体如果内部各点的应力状态也是或接近于单向拉应力状态,那么各点的应力-应变关系和拉伸应力-应变曲线的关系相同.当单向拉应力数值达到材料拉伸曲线上的屈服应力时,物体内各点的材料即开始屈服.一般来说,假如 $(\sigma_1)_0$,$(\sigma_2)_0$,$(\sigma_3)_0$ 代表材料的任一应力状态,如果在这个应力状态下各主应力再成比例地增加极微小的一点就会产生塑性应变,那么 $(\sigma_1)_0$,$(\sigma_2)_0$,$(\sigma_3)_0$ 就是材料在这种应力状态下的弹性限度.受载物体内部各点处在不同的应力状态,因此在解屈服的问题时需要知道任何应力状态下的确定弹性限度的规则,这种规则称为屈服准则(yield criterion).

可以从下面几个方面来考虑屈服准则的一般形式.因为材料从退火状态开始加力,而到达任何一个屈服的应力状态,它的整个过程,除了终点,都是处在弹性变形状态.在弹性变形区域内,应力和应变有唯一的关系,因此屈服函数如果存在的话,总能用应力的函数来表达,即

$$f(\sigma_x, \sigma_y, \sigma_z, \tau_{yx}, \tau_x, \tau_{zy}) = 0$$

或用主应力:

$$f(\sigma_1, \sigma_2, \sigma_3) = 0 \tag{8.9}$$

(1) 材料是各向同性的,则函数 f 对于主应力 $\sigma_1, \sigma_2, \sigma_3$ 必须是对称的,也就是函数 f 中的 3 个主应力可以互换,因为主轴 1,2,3 的号数是任意给定的.

(2) 对于金属材料,各向等应力对屈服影响很小;对高聚物材料虽不尽如此,但作为一级近似仍假定材料的屈服不受各向等应力的影响.如是,则函数 f 中将不包括各向等应力项,也就是不包括 $(\sigma_1 + \sigma_2 + \sigma_3)/3$ 项.

(3) 同样,作为一级近似,也认为压缩屈服应力与拉伸屈服应力相同,即无鲍氏效应.因此屈服函数 f 的数值将不因各应力符号的同时改变而改变.

根据以上考虑,屈服函数 f 可用应力不变量(它们是应力的函数)来表达:

$$f(I_1, I_2, I_3) = 0 \tag{8.10}$$

应力不变量 (I_1, I_2, I_3) 与主应力的关系是

$$I_1 = \sigma_1 + \sigma_2 + \sigma_3$$
$$I_2 = \sigma_1\sigma_2 + \sigma_2\sigma_3 + \sigma_3\sigma_1 \tag{8.11}$$
$$I_3 = \sigma_1\sigma_2\sigma_3$$

应力不变量 I_1, I_2, I_3 自动满足三个主应力可以互换的条件,因此用 $f(I_1, I_2, I_3) = 0$ 作为屈服函数,自动表达了材料的初始各向同性.

应力第一不变量 I_1 等于平均应力的 3 倍,代表各向等应力.因为各向等应力不影响屈服,屈服函数中将不包括 I_1,式(8.10)变为

$$f(I_2, I_3) = 0 \qquad\qquad (8.12)$$

应力第二不变量 I_2 是两个主应力乘积之和,满足应力符号全部同时改变不影响屈服函数 f 数值的条件.而应力第三不变量 I_3 是 3 个主应力的乘积,因此在屈服函数中,抑或 I_3 等于零,抑或 I_3 的指数是偶数.一般是取 $I_3 = 0$,则屈服函数为

$$f(I_2) = 0 \qquad\qquad (8.13)$$

可以把屈服函数直观地以它们在主应力空间围绕原点的图形来表示,即所谓的屈服面 (图 8.14).当应力从原点(零值)开始增加,在达到屈服面上某点前,材料不会屈服.屈服面的确切形状可根据具体屈服函数形式推出,这里先由材料在塑性变形下的特点来定出屈服面的 12 瓣形状.

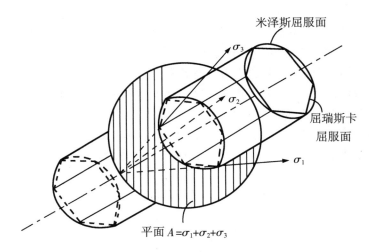

图 8.14　屈服面柱体

因为假定各向等应力不影响屈服,所以屈服面将是一个各向等应力面.在主应力空间,屈服面是一个正柱体,柱体的元线垂直于平均正应力等于零($\sigma_1 + \sigma_2 + \sigma_3 = 0$)的平面,屈服面与平均正应力等于零的平面的交线叫做屈服轨迹.屈服轨迹可以是凸的或是凹的曲线,但是由于屈服面是应力的单值函数,它不能和通过 O 点的直线相交两次.由于考虑各向同性的材料,屈服函数中的 σ_1,σ_2 和 σ_3 可以互换,因此屈服轨迹一定对称于 3 根主应力轴 LL',MM' 和 NN'(图 8.15).对于拉伸屈服应力和压缩屈服应力相等的材料,$OL = OL'$,$OM = OM'$,$ON = ON'$,进而任何一根通过 O 点的直线的两端和屈服轨迹相交的距离相等,所以屈服轨迹不但分别对称于 LL',MM',NN' 三线,也对称于它们之间的分角线(图中的虚线).因此,对于初始各向同性以及正屈服应力和负屈服应力相等的材料,屈服轨迹将会有如图 8.15 所示的大概形状,这就是说屈服轨迹的每一个 12 等分的线段都是一样的.

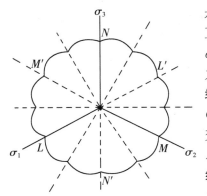

图 8.15　屈服轨迹

下面来讨论具体的屈服准则. 曾被提出的屈服准则很多, 在高聚物中有用的是米泽斯 (Von Mises) 屈服准则、屈瑞斯卡 (Tresca) 屈服准则和库仑 (Coulomb) 屈服准则.

8.3.1　米泽斯屈服准则

在 $f(I_2) = 0$ 中, 最简单的函数形式是 I_2 达到某个临界值 I_0 时材料屈服, 则

$$I_2 - I_0 = 0 \tag{8.14}$$

这就是米泽斯屈服准则. 若用主应力 σ_i, 米泽斯屈服准则可写为

$$(\sigma_1 - \sigma_2)^2 + (\sigma_2 - \sigma_3)^2 + (\sigma_3 - \sigma_1)^2 = I_0 \tag{8.15}$$

因为这是一个普适的屈服准则, 所以也适用于单向拉伸. 如在单向拉伸时屈服应力为 σ_t, 因 $\sigma_2 = \sigma_3 = 0$, 则

$$I_0 = 2\sigma_t^2$$

得

$$(\sigma_1 - \sigma_2)^2 + (\sigma_2 - \sigma_3)^2 + (\sigma_3 - \sigma_1)^2 = 2\sigma_t^2 \tag{8.16}$$

米泽斯屈服准则的物理意义在于它指出了当弹性变形能 (形状改变的能量) 到达一定数值时, 材料开始屈服. 因为各向等应力产生体积的改变, 在弹性总变形能

$$W = \frac{1}{2}(\sigma_1\varepsilon_1 + \sigma_2\varepsilon_2 + \sigma_3\varepsilon_3)$$

$$= \frac{1}{2E}\left[\sigma_1^2 + \sigma_2^2 + \sigma_3^2 - 2\mu(\sigma_1\sigma_2 + \sigma_2\sigma_3 + \sigma_3\sigma_1)\right]$$

中减去体积变能

$$W_u = \frac{1}{2}\left(\frac{\sigma_1 + \sigma_2 + \sigma_3}{3}\right)(\varepsilon_1 + \varepsilon_2 + \varepsilon_3)$$

$$= \frac{1 - 2\mu}{6E}(\sigma_1 + \sigma_2 + \sigma_3)^2$$

得弹性变形能为

$$W_\tau = W - W_u = \frac{1}{12E}\left[(\sigma_1 - \sigma_2)^2 + (\sigma_2 - \sigma_3)^2 + (\sigma_3 - \sigma_1)^2\right] \tag{8.17}$$

与式 (8.16) 一样, 只是乘了不同的常数. 因此米泽斯屈服准则实际上是最大弹性变形能屈服准则.

如果再把式 (8.16) 改写为

$$\left(\frac{\sigma_1 - \sigma_2}{2}\right)^2 + \left(\frac{\sigma_2 - \sigma_3}{2}\right)^2 + \left(\frac{\sigma_3 - \sigma_1}{2}\right)^2 = 2\left(\frac{\sigma_t - 0}{2}\right)^2 \tag{8.18}$$

那么屈服将在极大剪切应力的均方根达到某个临界值时发生. 米泽斯屈服准则的这两种表达式都是有其物理意义的.

8.3.2　屈瑞斯卡屈服准则

作为近似, 可以把米泽斯屈服准则的公式认为是屈服将发生在最大剪切应力达到某个临界值时, 即

$$\frac{\sigma_t}{2} = \frac{\sigma_1 - \sigma_2}{2}, \quad \frac{\sigma_2 - \sigma_2}{3}, \quad \frac{\sigma_3 - \sigma_1}{2}$$

中最大的一个. 这就是屈瑞斯卡屈服准则, 它也叫做最大剪切应力屈服准则.

米泽斯屈服准则和屈瑞斯卡屈服准则在金属材料中得到了很好的验证, 是最基本的屈服准则.

它们是否能用于高聚物呢? 我们来看看由上述准则计算的 $(\sigma_c + \sigma_t)/(2\sigma_s)$ 值与实验值是否相符, 这里, σ_c, σ_t 和 σ_s 分别表示高聚物在压缩、拉伸和剪切时的屈服应力. 对于米泽斯屈服准则, 纯剪切时 $\sigma_1 = -\sigma_2 = \sigma_s$, $\sigma_3 = 0$, 代入式 (8.16), 得

$$4\sigma_s^2 + 2\sigma_s^2 = 2\sigma_t^2$$
$$\sigma_s = \sigma_t/\sqrt{3}$$

又因 $\sigma_c = \sigma_t$, 所以

$$\frac{\sigma_c + \sigma_t}{2\sigma_s} = \frac{2\sqrt{3}\sigma_s}{2\sigma_s} = \sqrt{3}$$

对于屈瑞斯卡屈服准则, 因为 $\sigma_c = \sigma_t = 2\sigma_s$, 所以

$$\frac{\sigma_c + \sigma_t}{2\sigma_s} = 2$$

表 8.2 所示的实验值表明, 对于一些高聚物, 米泽斯屈服准则似乎比屈瑞斯卡屈服准则更接近实验事实, 但符合的情况也不是很好.

表 8.2   米泽斯屈服准则与屈瑞斯卡屈服准则的比较

高聚物	σ_c	σ_t	σ_s	$(\sigma_c + \sigma_t)/(2\sigma_s)$
聚氯乙烯	9.8	8.3	6.0	1.51
聚乙烯	2.1	1.6	1.4	1.32
聚丙烯	6.3	4.7	4.0	1.38
聚四氟乙烯	2.1	1.7	1.6	1.19
尼龙	8.9	9.7	5.9	1.58
ABS	6.2	6.5	3.5	1.81

这是因为高聚物材料的屈服受各向等应力的影响较大. 因此, 它们的屈服准则或者在米泽斯屈服准则和屈瑞斯卡屈服准则上加上各向等应力的修正项, 或者直接用已考虑各向等应力的库仑屈服准则.

8.3.3   库仑屈服准则

库仑屈服准则既考虑了材料屈服平面上的剪应力也考虑了该面上的正应力对屈服应力的影响. 它认为在材料某个发生屈服的面上的临界剪切应力 τ 与这个平面上的剪应力和正应力都有关, 呈一定的线性关系, 即

$$\tau = \tau_0 - \mu\sigma_n \tag{8.19}$$

这里, μ 是一个常数, 仍叫做内摩擦系数, τ_0 是材料的内聚力, 是材料常数, σ_n 是屈服平面上的正应力, 负号是因为应力习惯上以拉伸时为正.

考虑在压缩应力 σ_c 作用下的单向压缩实验. 如果发生屈服的平面, 其法线与 σ_c 的方向成角度 θ(图 8.16), 则剪切应力为

$$\tau = \sigma_c \sin\theta\cos\theta$$

而正应力为

$$\sigma_n = -\sigma_c \cos 2\theta$$

那么屈服准则是

$$\sigma_c \sin\theta\cos\theta = \tau_0 + \sigma_c\mu\cos 2\theta$$

移项得

$$\sigma_c(\sin\theta\cos\theta - \mu\cos 2\theta) = \tau_0 \qquad (8.20)$$

显然, 如果左边括号内取极小值, 那么屈服将在该平面上发生, 这个极值条件给出:

$$\frac{\mathrm{d}(\sin\theta\cos\theta - \mu\cos 2\theta)}{\mathrm{d}\theta} = 0$$

即

$$\tan 2\theta = -\frac{1}{\mu}$$

如果把 μ 改写为 $\tan 2\varphi$, 上式变为

$$\tan 2\varphi \tan 2\theta = -1$$

得到屈服的平面与压应力 σ_c 的交角为

$$\theta = \frac{\pi}{4} + \frac{\varphi}{4}$$

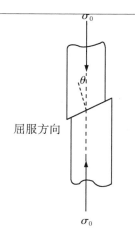

图 8.16　库仑屈服准则

可见, 尽管在成 45° 角平面上剪切应力最大, 但由于受正应力的影响, 材料并不在成 45° 角的平面上首先屈服, 而是在比 45° 稍大的平面上屈服. 这样, 库仑屈服准则不仅给出了屈服时的应力条件, 也指示了屈服平面的方向.

另外, 若将此 θ 值代入式(8.20)可知, 在压应力为

$$\sigma_c \geqslant 2\tau_0/[(\mu^2 + 1)^{1/2} + \mu] \qquad (8.21)$$

时材料屈服. 若是拉伸实验, 设作用拉应力为 σ_t, 则有

$$\sigma_t \sin\theta\cos\theta = \tau_0 - \mu\sigma_t\cos 2\theta$$

给出在拉应力为

$$\sigma_t \geqslant 2\tau_0/[(\mu^2 + 1)^{1/2} - \mu] \qquad (8.22)$$

时材料屈服. 两式相比, 得

$$\frac{\sigma_c}{\sigma_t} = \frac{(\mu^2 + 1)^{1/2} + \mu}{(\mu^2 + 1)^{1/2} - \mu} \geqslant 1 \qquad (8.23)$$

可见, 库仑屈服准则揭示了材料的压缩屈服力比拉伸屈服应力来得大, 也解释了鲍氏效应.

在平面应力时, $\sigma_3 = 0$, 米泽斯屈服准则方程(8.16)变为

$$2\sigma_t^2 = (\sigma_1 - \sigma_2)^2 + \sigma_2^2 + \sigma_1^2$$

整理得

$$\sigma_t^2 = \sigma_1^2 + \sigma_2^2 - \sigma_1\sigma_2$$

这是一个椭圆方程,表明米泽斯屈服准则在 $\sigma_3 = 0$ 的平面上是一个椭圆的屈服轨迹.再把上式改写为

$$1 = \left(\frac{\sigma_1}{\sigma_t}\right)^2 + \left(\frac{\sigma_2}{\sigma_t}\right)^2 - \left(\frac{\sigma_2}{\sigma_t}\right)\left(\frac{\sigma_1}{\sigma_t}\right) \qquad (8.24)$$

并以 $\dfrac{\sigma_1}{\sigma_t}$ 对 $\dfrac{\sigma_2}{\sigma_t}$ 作图,得图 8.17.这是一个对称椭圆,对称轴为 $\dfrac{\sigma_1}{\sigma_t} = \dfrac{\sigma_2}{\sigma_t}$ 的直线.单向拉伸相应于

$\dfrac{\sigma_1}{\sigma_t} = 0$ 和 $\dfrac{\sigma_2}{\sigma_t} = 0$,也就是 $\dfrac{\sigma_1}{\sigma_t} = \pm 1$ 和 $\dfrac{\sigma_2}{\sigma_t} = \pm 1$.

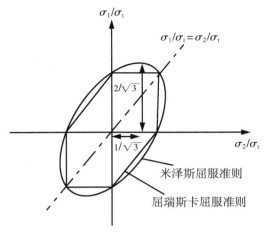

图 8.17 平面应变时的屈服轨迹

另对式(8.24)取微商,可写为

$$\mathrm{d}\left(\frac{\sigma_1}{\sigma_2}\right)\Big/\mathrm{d}\left(\frac{\sigma_2}{\sigma_1}\right) = 0$$

可得

$$\frac{\sigma_1}{\sigma_t} = \pm\frac{2}{\sqrt{3}} \quad \text{和} \quad \frac{\sigma_2}{\sigma_t} = \pm\frac{1}{\sqrt{3}}$$

这就是图 8.17 中所画出的 $\dfrac{\sigma_1}{\sigma_t}$ 为极大的条件.

图 8.17 同时画出了屈瑞斯卡屈服轨迹.事实上,在 σ_1 和 σ_2 同号时,剪切应力为极大的条件是

$$\sigma_1 = \sigma_t \quad \text{或} \quad \sigma_2 = \sigma_t$$

即

$$\frac{\sigma_1}{\sigma_t} = 1 \quad \text{或} \quad \frac{\sigma_2}{\sigma_t} = 1$$

在 σ_1 和 σ_2 同异时,极大剪切应力为

$$\sigma_1 - \sigma_2 = \sigma_t$$

可见屈瑞斯卡屈服轨迹的六边形正好内接于米泽斯的屈服椭圆.

如果在米泽斯屈服准则基础上考虑各向等应力的影响,那么最简单的形式是

$$A(\sigma_1 + \sigma_2 + \sigma_3) + B\left[(\sigma_1 - \sigma_2)^2 + (\sigma_2 - \sigma_3)^2 + (\sigma_3 - \sigma_1)^2\right] = 1 \qquad (8.25)$$

其中,A, B 是常数.借助于单向拉伸和单向压缩时的屈服应力 σ_t 和 σ_c 确定这两个常数的值.在单向拉伸和单向压缩时,上式分别为

$$A\sigma_t + 2B\sigma_t^2 = 1$$
$$-A\sigma_c + 2B\sigma_c^2 = 1$$

解出

$$A = \frac{\sigma_c - \sigma_t}{\sigma_c\sigma_t}, \quad B = \frac{1}{2\sigma_c\sigma_t}$$

因此,考虑了各向等应力影响的米泽斯屈服准则为

$$2(\sigma_c - \sigma_t)(\sigma_1 + \sigma_2 + \sigma_3) + \left[(\sigma_1 - \sigma_2)^2 + (\sigma_2 - \sigma_3)^2 + (\sigma_3 - \sigma_1)^2\right] = 2\sigma_c\sigma_t \qquad (8.26)$$

上式表示的屈服面是一个圆锥(图 8.18),其尖顶是在纯各向应力条件下的屈服条件,即在平面应力条件下($\sigma_3 = 0$),屈服轨迹是一个左下大、右上小的畸变椭圆.

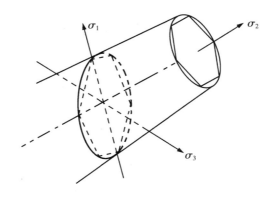

图 8.18　圆锥屈服面

表 8.3 比较了米泽斯、屈瑞斯卡和库仑 3 个屈服准则的优缺点.

表 8.3　3 个屈服准则优缺点的比较

屈服准则	优点	缺点	适用对象
米泽斯准则	1. 考虑了中主应力 σ_2 对屈服和破坏的影响. 2. 简单实用,材料参数少,易于实验测定. 3. 屈服曲面光滑,没有棱角,利于塑性应变增量方向的确定和数值计算.	没有考虑静水压力对屈服的影响,以及屈服与破坏的非线性特征.	金属材料
屈瑞斯卡准则	知道主应力的大小顺序,应用简单方便.	1. 没有考虑正应力和静水压力对屈服的影响. 2. 屈服面有转折点、棱角,不连续.	金属材料
库仑准则	1. 反映了静水压力三向等压的影响. 2. 简单实用,参数简单易测.	1. 没有反映中主应力 σ_2 对屈服和破坏的影响. 2. 没有考虑单纯静水压力引起的材料屈服的特征. 3. 屈服面有转折点、棱角,不连续,不便于塑性应变增量的计算.	高聚物、土和混凝土材料

8.4 屈服的微观解释

任何一种微观解释必须能把观察到的屈服行为与高聚物内部的分子结构联系起来,与发生在屈服时的分子构象的局部变化联系.为此可以追述一下高聚物屈服行为的主要特征:

(1) 屈服点前,高聚物形变是完全可以回复的,从屈服点开始,高聚物将在恒定外力下"塑性流动".

(2) 在屈服点,高聚物的应变相当大,剪切屈服应变为 $0.1 \sim 0.2$.

(3) 屈服点以后,大多数高聚物呈现应变软化,有些还非常迅速.

(4) 屈服应力对应变速率非常敏感.

(5) 在高聚物玻璃化温度时,屈服应力趋向于零,高于玻璃化温度时,屈服应力随温度降低而迅速增高;任何减小分子链活动空间的工艺和处理,如各向等压应力、退火、除去增塑剂等都将导致屈服应力的增高.

(6) 屈服以后有微小的体积减小,但屈服时没有体积增大.

高聚物屈服的微观解释还很不成熟,它还不能解释上面的所有现象.归纳起来,高聚物屈服的微观解释有如下几种.

8.4.1 自由体积的解释

很早就有人认为外加应力会增加高分子链段的活动性,从而降低高聚物的玻璃化转变温度.如果在外应力作用下,高聚物的 T_g 已降低到实验温度,高分子链段变得能完全运动,高聚物就屈服了.从自由体积观点来看,在外应力作用下,试样自由体积应有所增加才能允许链段有较高的活动性,从而导致屈服.事实上,各向等应力确是提高高聚物材料的屈服应力,因为各向等应力迫使试样体积缩小.

目前已经推出 $\dfrac{\mathrm{d}T_g}{\mathrm{d}P} = \dfrac{TV\Delta a}{\Delta C_p}$,如聚乙酸乙烯酯、聚异丁二烯、天然橡胶的 $\mathrm{d}T_g/\mathrm{d}P$ 为 $0.222\,℃/$ 大气压(1 大气压 $= 1.013 \times 10^5$ Pa),聚氯乙烯为 $0.016\,℃/$ 大气压,聚碳酸酯为 $0.044\,℃/$ 大气压,那么 $1\,000$ 大气压的各向等拉应力将降低玻璃化温度 $20\,℃$ 左右.

自由体积理论的困难之处在于,在屈服时高聚物的体积并不是增大的.是否存在这样一种可能,即在外应力作用下,占有体积的变化能允许自由体积的增加而不增大总的体积,还不甚清楚.

8.4.2 缠结破坏

可以把屈服直观地认为是近邻分子间的相互作用——无论是几何缠结还是某种类型的次价键力的破坏.显然这类过程是非常可能存在的.它能很容易解释材料在屈服后迅速产生的应变软化现象,也能解释屈服应力的压力依赖性,因为缠结点的解开需要局部的额外空间,但不清楚的是它们将在决定屈服应力上起多大的作用.

我国科学家研究了单轴拉伸非晶态高聚物——聚对苯二甲酸乙二酯(PET)的屈服,并用钱人元先生提倡的凝聚缠结观点(凝聚缠结的内容已见第 2 章)解释了有关实验.图 8.19(a) 是 PET 从高弹态的 92 ℃ 淬火至 0 ℃ 以及以后在 65 ℃ 热处理(即物理老化) 不同时间的试样在 67 ℃ 拉伸的应力-应变曲线.淬火试样的屈服峰宽而平坦,而经物理老化的试样屈服峰随物理老化时间增加而增强(也就是应变软化越加明显).玻璃态高聚物在拉伸时出现应力屈服峰来源于高聚物变形中使其自身存在的凝聚缠结点解开所吸收的能量,导致高聚物软化.当高聚物从高弹态淬火到玻璃态时,其分子间缠结状态冻结在 T_g 以上的状态,在快速冷却过程中来不及形成新的缠结点.随着物理老化的进行,分子链间生成更多更强的凝聚缠结点,使这些缠结点解缠结所需要的能量也越大,因而老化后,高聚物的屈服应力值升高,应变软化明显.

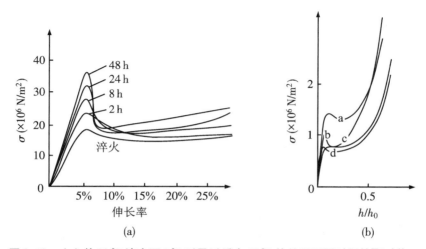

图 8.19　(a) 从 92 ℃ 淬火至 0 ℃ 以及以后在 65 ℃ 热处理不同时间的聚对苯二甲酸乙二醇酯(PET) 在 67 ℃ 拉伸的应力-应变曲线;(b) 四种高聚物的压缩应力-应变曲线(a. 聚甲基丙烯酸甲酯,b. 聚碳酸酯,c. 聚苯乙烯,d. 聚氯乙烯)

8.4.3　埃林理论

黏度的埃林(Eyring) 理论认为,液体分子可考虑为处于其最近邻组成的假晶格上,有外力作用时液体发生流动,其分子就从原来的位置移向邻接的另一个位置.外力有助于液体分子克服由它近邻分子形成的位垒.应用于高聚物的屈服,认为高分子链段是在位垒两边摆动,外加应力将降低向前跃迁的位垒,而增加向后跃迁的位垒,使得向前跃迁比向后跃迁更容易些,并假定试样宏观的应变速率正比于链段净向前跃迁的速率.

利用化学反应中过渡状态理论,在 1 s 时间里分子向前移动的速率为

$$v = v_0 e^{-E_0/(kT)}$$

这里,E_0 是位垒高度.如果加上一个剪切应力,那么向前移动的位垒将降为 $E_0 - \dfrac{1}{2}\tau\lambda A$,其

中，λ 是移动的距离，A 是单位假晶格垂直于剪切应力的截面积，因此 $\frac{1}{2}\tau\lambda A$ 实际上是链段从一个位置移向距离为 λ 的另一个位置所做的功. 同理，向后跃迁的位叠将增加为 $E_0 + \frac{1}{2}\tau\lambda A$，其中，向前和向后跃迁的速率将分别为

$$v_{前} = v_0 e^{\left(-E_0 - \frac{1}{2}\tau\lambda A\right)/(kT)}$$

和

$$v_{后} = v_0 e^{\left(-E_0 + \frac{1}{2}\tau\lambda A\right)/(kT)}$$

如果记 $\lambda A = V$，V 具有体积的量纲，叫做 Eyring 体积，它表示高分子链段在发生塑性形变时作为整体发生运动时的体积，那么向前和向后跃迁的速率之差为

$$v_{前} - v_{后} = v_0 e^{-E_0/(kT)} \left(e^{\tau V/(2lT)} - e^{-\tau V/2(kT)}\right)$$
$$= 2v_0 e^{-E_0/(kT)} \sinh\left(\frac{\tau V}{2kT}\right)$$

这个速率差正比于宏观切变速率，则

$$\dot{\varepsilon} = 2v_0 e^{-E_0/(kT)} \sinh\left(\frac{\tau V}{2kT}\right)$$

可以把上式改写为

$$\tau = \frac{2kT}{V} \text{arcsinh}\left(\frac{\dot{\varepsilon}}{2v_0}\right) e^{E_0/(kT)} \tag{8.27}$$

这就是由埃林理论推出的屈服应力与应变速率的一般关系式，因为

$$\text{arcsinh } x \approx x \quad (x \text{ 较小时})$$
$$\text{arcsinh } x \approx \lg x \quad (x \text{ 较大时})$$

所以在低应变速率和高温时，屈服应力是小的. 此时，式(8.27)表明屈服应力与应变速率呈线性关系：

$$\tau_Y \propto \dot{\varepsilon}$$

即是牛顿流体的行为，物理上表示在位叠两边向前跃迁几乎与向后跃迁一样多.

在高应变速率和低温时，式(8.27)变为

$$\tau_Y \approx \frac{2kT}{V}\left(\lg\frac{\dot{\varepsilon}}{v_0} + \frac{E_0}{kT}\right)$$

屈服应力与应变速率的对数呈线性关系：

$$\tau_Y = A + B\ln\dot{\varepsilon} \tag{8.28}$$

这是很好符合实验事实的(图8.8).

8.4.4 罗伯特松模型

罗伯特松(Robertson)模型吸取了应力致使高聚物玻璃化温度降低的观点和高分子链段跃迁的思想. 它认为外加应力迫使分子取一种新的更类似于橡胶的构象，当构象变得与 T_g 时的构象类似时就发生屈服. 与埃林模型不同的是，在罗伯特松模型中将不是高分子链段的跃迁，而是高分子链段顺式和反式构象的变换. 在那里，罗伯特松模型假定顺式和反式

构象在能量上是不相等的（这与埃林模型中不同），认
为反式状态比顺式状态的能量小一个 ΔE. 因此在 $T >$
T_g 时，高聚物中所具有的顺式和反式构象数目有一个
分布（假定符合玻尔兹曼分布）. 但在 $T < T_g$ 时的顺式
构象将被冻结在玻璃态. 若有一剪切应力作用于这个
高聚物，应力的效应迫使某些链段从反式向顺式构象
转换（图 8.20），到顺式构象增加得足够多时，就发生
屈服.

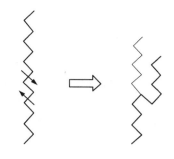

**图 8.20　剪切应力迫使某些链段从
反式向顺式构象转换**

　　理解非晶态高聚物屈服问题的另一条途径是试求
它可能的极大强度. 套用晶体中的弗莱克尔（Frenkel）
模型，认为每个高聚物的链段处在假晶格的某种类型
的平衡位置上（图 8.21(a)），当作用力产生单位剪切应变时，每个链段从一个平衡位置移到
了下一个平衡位置（图 8.21(c)）. 如果作用力只引起 0.5 的剪切应变，那么每个链段将平衡
在一个平衡位置到下一个平衡位置之间一半的地方（图 8.21(b)），此时维持它的剪切应力为
零. 因此极大剪切应力将发生在剪切应变为 0.25 的地方（图 8.21(d)）. 图 8.21(d) 的曲线起
始斜率应该就是 G，如果以最简单的情况——正弦曲线来考虑，那么在剪切应变为 0.25 处的
极大剪切应力 τ_c 为 $G/(2\pi) \approx G/6$.

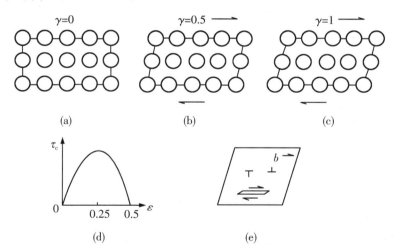

**图 8.21　用晶体的 Frenkel 模型理解高聚物的屈服问题.（a）未变形
的立方格子；（b）和（c）是剪切应变分别为 0.5 和 1 的情况；
（d）剪节应力-应变图；（e）在应力下形成的位错构形**

　　现在考虑局部热骚动的影响. 在晶体中，由于应力的存在可以生成位错（图 8.21(e)），当
这个位错扩展时，与其相关的弹性能先是增加，然后超过某临界半径后又下降，扩展位错的
位叠高度随应力的增加而降低. 由材料的剪切模量和位错的原子间距（伯格斯矢量）可以计
算这个位叠高度. 屈服将发生在施加的应力有效地降低了位叠高度以使热能能够与之相比
较的时候. 把这个分析用于高聚物的屈服：如果高聚物材料有一个扁平状的小体积受剪切作

用(图 8.21(e) 下半部),其弹性应变与晶体中位错的弹性应变类似,剪切位移的值相当于伯格斯矢量,那么位错相当于受剪切和未受剪切区域之间边界的弹性不连续.聚甲基丙烯酸甲酯在室温时的剪切模量 G 为 $1.5\,GN/m^2$,屈服应力为 $50\,MN/m^2$(纯剪切时),约为 $G/30$.因此,热活化运动可以把理论强度从绝对零度时的 $G/6$ 降低到室温时的 $G/30$.

根据上面的模型,屈服应力随温度和应变速率的变化,部分是由于弹性模量随温度而变化,部分是因为该过程是一个热活化的速率过程.上面的模型也能解释应变软化现象,因为在屈服点,"位错"的产生将使以后的形变更容易些.

8.5   应变软化现象

已经说过,几乎所有的高聚物在适宜的应力场下都能呈现屈服现象.当材料开始屈服以后,如继续施加载荷,则继续产生塑性变形,称为继续屈服.继续屈服问题比初始屈服问题更为复杂,因为初始屈服是从弹性变形状态到达初始塑性状态.整个加载过程,除了终点以外,都在弹性区域内,加载过程不影响最终结果.同时应力-应变关系仍然是弹性的应力-应变关系.而在塑性区域内,表达应力-应变关系曲线的一些参数,都是随应力(或应变)的数值大小而改变.常用的弹簧和黏壶模型是不能用来描述继续屈服形变的.因此,塑性应力-应变关系比弹性的复杂.不少问题仅能就现象本身作定性的描述.

单就现象而言,高聚物的继续屈服将包括如下五个可能的现象:

(1) 屈服后,应变增加,应力反而有不大的下跌,出现至今尚不甚清楚的"应变软化"(strain soft)现象.

(2) 呈现各种不同类型的塑性不稳定性,其中最为熟知的是细颈现象.

(3) 塑性变形产生热量.如果不马上除去,试样温度将增加,继而变软,塑性不稳定性增强.特别是在高应变速率时.

(4) 当形变继续增大时,发生"取向硬化"现象,应力急剧增加.

(5) 试样断裂.

下面将详细讨论其中的(1)、(2)、(3)和(4)过程中的现象,而断裂问题(5)将放在第 9 章中专门讨论.

所谓应变软化现象是指在材料屈服以后,为使材料能继续形变的真应力将有一个不大的下跌.相应于图 8.1 上应力-应变曲线的 AB 段.几乎所有的塑料,无论取哪种形变类型,都呈现出某种形式的应变软化.只是它们真应力下跌的值因高聚物品种不同而有较大的差别.就实验类型而言,拉伸实验由于试样几何因素会促使细颈产生,它的应变软化现象与压缩和剪切相比较不明显.在压缩和剪切实验时,较低应变速率下,只要出现加载荷重的下跌,就可以说是出现了真正的应变软化.

图 8.22 是 4 种高聚物的压缩应力-应变曲线.由图可见,聚苯乙烯和聚甲基丙烯酸甲酯的应变软化效应相当明显.相比之下,聚氯乙烯和聚碳酸酯就小得多.实验也表明硝酸纤维

素的应变软化效应也不明显,如果比较一下这些高聚物的韧性就会发现,聚碳酸酯和硝酸纤维素是比聚苯乙烯和聚甲基丙烯酸甲酯韧得多的材料.是否可以说韧性材料的应变软化效应比脆性材料小得多?

如果在实验过程中突然卸载至零,然后再加载继续实验,应变软化现象仍然继续.图 8.23 是聚甲基丙烯酸甲酯试样在平面应变压缩实验时的应力-应变曲线,在整个实验过程中曾连续 5 次突然卸载至零后再加载继续实验,仍然继续出现应变软化现象.可见,应变软化是材料的一个内在特性.由此也可推想,材料一旦发生屈服和开始塑性变形,就有某种内部的结构变化产生,这种结构变化将允许塑性变形能够在较低的应力水平下继续进行.

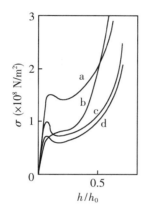

图 8.22　4 种高聚物的压缩应力-应变曲线. a. 聚甲基丙烯酸甲酯; b. 聚碳酸酯; c. 聚苯乙烯; d. 聚氯乙烯

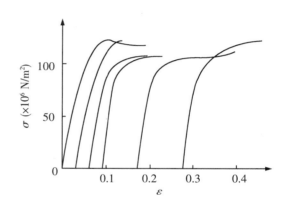

图 8.23　聚甲基丙烯酸甲酯的压缩应力-应变曲线

在聚苯乙烯和聚对苯二甲酸乙二酯实验时曾发现,在突然卸载后再加载,不再呈现应变软化的例子(图 8.24),这似乎与上面的情况相矛盾.但对它们微结构的研究表明,这些材料的变形是非均匀的(见下节),有微切变线的形成.它们的应变软化与这些切变线的动态成核的难易程度有关.但是,形成非均匀形变的原因本身正是这些材料内在的应力-应变曲线表现出如此大的应变软化的结果,以至于均匀的应变软化是不稳定的.

如果在材料的应力-应变实验过程中,不是突然全部卸载,而是仍保持一定的载荷,那么在再加载时,某些具有应变软化效应的高聚物会呈现出所谓的应力硬化现象.图 8.25 是聚氯乙烯的载荷-伸长曲线.在 D 点实验中断,但仍在样品上维持一个较低的应力(至 E 点),当重新开始实验时,载荷-伸长曲线上出现了一个新的峰(F 点),其值仅次于 B 点的值.聚乙烯醇缩甲醛也发现有这种现象.目前尚不清楚的是,除了这两种材料外,其他的高聚物是否也有这种应力硬化现象.

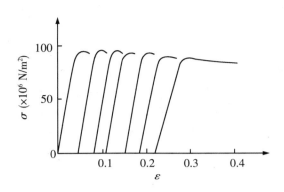

图 8.24　聚苯乙烯的压缩
应力-应变曲线

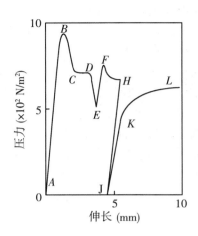

图 8.25　聚氯乙烯的载荷-伸长
曲线(中断了两次)

8.6　塑性不稳定性——成颈

许多高聚物材料在塑性形变时往往会出现不稳定的均匀形变,在试样某个局部的应变比试样整体的应变增加得更为迅速,使得本来是均匀的形变变成不均匀的形变,呈现出各种塑性不稳定性.其中最为人们熟悉也是最重要的是拉伸实验中细颈的形成.成颈(necking)是纤维和薄膜拉伸工艺的基础,实用的纤维就是拉伸试样的细颈部分.产生塑性不稳定性的原因可能有两个:一个是几何上的,另一个是结构上的.这两个原因也可以同时产生作用.几何原因指的是材料试片尺寸在各处的微小差别.几何不稳定性的例子是单向拉伸实验时细颈的形成.如果试样的某部分有效截面积比试样的其他部分稍稍小一点,譬如微微薄一点,那么它受到的真应力应比其他部分微微高一点,这将导致这部分试样在较低的拉伸应力时先于其他部分达到屈服点.当这特殊的部分达到屈服点后,这部分试样的有效刚性就比其周围材料要低,在这部分试样内的继续形变就较容易.如此循环,直到材料的取向硬化得以发展从而阻止这种不稳定性.

塑性不稳定性的另一个原因是材料在屈服点以后的应变软化.如果在某局部的应变稍稍高于其他地方(譬如是由于存在应力集中物),那么材料在那里将局部软化,进而使塑性不稳定性更易发展.这个过程也只能被材料有效的取向硬化所阻止.

重要的是在这个试样局部区域的不均匀形变的最初形成并不需要比使试样的其他部分得以形变更大的应力.在最初时刻,即在与试样的其他部分得以形变所需的应力几乎是相同的应力条件下,试样的局部区域就能形成不均匀形变.的确,不均匀形变的形成是需要局部区域的应力增高或这个局部的试样稍变软,并且在不均匀形变的发展和生长过程中这种差别会变大.但是在开始的时候,这种差别是极其微小的,这叫做极大塑性阻力原理.

以不均匀形变区域被其周围物质受阻的程度,可把塑性不稳定性分为三类.如果周围物质对不均匀形变在各个方向的阻力均可忽略,那么试样在拉伸时呈现对称的细颈区域(图 8.26(a)),压缩时则生成局部的鼓腰.如果在一个方向受阻,那么在单向拉伸时试样形成局部变薄的带,叫做倾斜细颈(图 8.26(b)).对这样的带来说,受阻在沿带的长度方向上.最后,在两个方向上均受阻,且体积不变时,那么能够发生的形变只是简单剪切——剪切带(图 8.26(c)).的确,在高聚物中,这三种塑性不稳定性都已被实验观察到.就重要性而言,这里主要讨论拉伸时成颈这一种情况.

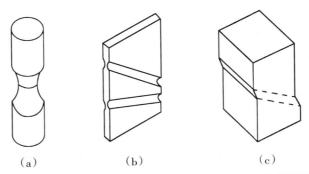

图 8.26　塑性不稳定性. (a) 细颈;(b) 倾斜细颈;(c) 剪切带

高聚物在拉伸时的成颈也叫做冷拉(cold drawing).在适宜的条件下,不管是晶态高聚物还是非晶态高聚物,都能在拉伸时成颈.具体如下:

(1) 结晶度为 35%～75% 的晶态高聚物,其玻璃化温度在拉伸温度以下.

(2) 非晶态高聚物的拉伸温度不比玻璃化温度低很多.

(3) 非晶态高聚物具有明显的次级松弛,冷拉是在 T_g 和次级松弛温度之间进行的.

(4) 非晶态高聚物在正常情况下很脆,但材料在玻璃化温度以上被拉伸而使分子部分取向.

如果先不管高聚物拉伸过程的内在机理,仅就唯象角度看,Considére 作图能够作为一个判据,以决定高聚物是否能形成稳定的细颈.已经知道,在真应力 $\sigma_{真}$ 与应变 ε 具有关系 $\dfrac{\mathrm{d}\sigma_{真}}{\mathrm{d}\varepsilon} = \dfrac{\sigma_{真}}{1+\varepsilon}$ 时,工程应力达极大值,也就是材料开始屈服,因此有可能形成细颈.这里又分两种情况:如果在真应力-应变曲线上只有一个点 A 满足上式的条件,那么高聚物在均匀伸长到达 A 点后虽然有可能形成细颈,但这刚形成的细颈会继续不断地变细,载荷随之不断降低以至断裂,不能得到稳定的细颈(图 8.27(b));但是如果真应力-应变曲线上有两个点 A 和 B 满足上式的条件(图 8.27(c)),也就是从 $\varepsilon=-1$ 处可以向真应力-应变曲线画出第二条切线,或者是说工程应力-应变曲线具有第二个极值——极小值.这个极小值一直使细颈保持恒定直至全部试样都变成细颈,只有这时才能得到稳定的细颈.至于

$$\frac{\mathrm{d}\varepsilon_{真}}{\mathrm{d}\varepsilon} > \frac{\varepsilon_{真}}{1+\varepsilon}$$

的情况,不能从 $\varepsilon=-1$ 处向真应力-应变曲线作出切线(图 8.27(a)),因此也没有细颈的形

成,材料随载荷增大一直均匀地伸长.通常的硫化橡胶就是这种类型的例子.

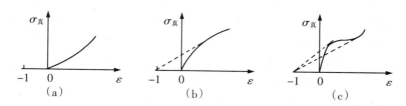

图 8.27　由 Considére 作图判定是否成颈的 3 种类型

这里需要说明的是,屈服应力对应变速率是相当敏感的.因此当细颈在某个局部形成时,在这个地方的应变速率将有一个较大的增高,从而提高了材料在这个局部的屈服应力值.如果某材料的应力-应变关系恰好满足上面的判据,亦即 $\sigma_{真}$ 对 ε 的作图只出现很平坦的极大值,那么在试样局部出现细颈而引起的应变速率增大将把试样整体的屈服应力提高,甚至超过这个极大值,从而使细颈不能得以发展.硝化纤维素就是这样的一个例子,它那扁平的极值 $\sigma_{真}$ 不足以保证稳定细颈的形成,凡纤维素衍生物大多呈现均匀的形变.

从拉伸机理来解释拉伸时试样出现细颈的理论目前还不是很成熟.一种理论从热效应(见下节)着手,认为在拉伸时拉力所做的功在细颈部分转换成热量,升高了细颈部分的温度,从而使这部分试样的屈服应力降低.特别是在纤维、薄膜拉伸工艺上使用的拉伸速度(约 10^{-2} m/s)条件下,拉伸几乎是一个绝热过程,温度的升高用手摸一下细颈都能感觉到.在高应变速率时,无论是产生的热量还是产生热量的速率都大,因此更有利于细颈形成.许多高聚物都能通过提高应变速率来实现从均匀形变到不均匀形变——细颈的转化.

但是也有实验表明,在极慢的拉伸速率(10^{-6} m/s)条件下,拉伸基本上是一个等温过程,聚乙烯和聚氯乙烯仍然能出现细颈.这是热效应所不能解释的.

8.7　高聚物大形变的热效应

当一个高的应力作用于高聚物使之产生大形变时,除了通常的焦耳效应外,施加于试样上的能量将以以下几种方式被吸收:

(1) 由于反抗黏性而做功,生成不可回复的摩擦热.

(2) 由于反抗分子链取向的构象改变而释放的熵热.

(3) 由于改变材料内能的储存和释放.

(4) 由于分子链断裂生成自由基.

(5) 由于生成裂纹或空洞而增加新表面.

因此高聚物在其大形变时肯定会有热量生成而使试样温度升高.

曾经把温度升高与拉伸时细颈的形成联系了起来,以此来解释细颈的成因.聚对苯二甲酸乙二酯(涤纶)单丝的屈服强度很高,又有很大的拉伸比,在拉伸时会产生大量的热.图

8.28 中的各线是聚对苯二甲酸乙二酯在不同温度下的等温载荷-伸长曲线. 如果不考虑拉伸时弹性位能升高和可能的结晶所消耗的热能, 并假定拉伸时的能量全部转化成热, 那么可以计算并得到该高聚物的绝热载荷-伸长曲线, 如图 8.28 中的 A 线所示. 由图可见, 绝热拉伸时温度几乎升高了 60 ℃. 但这是一个不稳定的情况. 因此在用它解释细颈形成时, 还假定实际拉伸不是在拉力随温度升高而不断变化的绝热条件下进行的, 而是通过细颈把所产生的热量传给未成颈部分, 以保持为形成细颈所必需的温度差的恒拉力条件下进

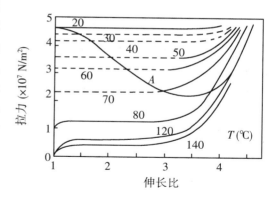

图 8.28　聚对苯二甲酸乙二酯的等温和绝热拉抻曲线

行的, 即沿着图 8.29 中恒拉力线 lm 进行的(图 8.29(a)), 拉力 σ_1 低于屈服应力 σ_Y. 这个恒拉力线 lm 与绝热线 A 相交于 R_1, R_2, R_3, 因此在 C 和 D 两部分的面积应该是相等的(图 8.29(b)).

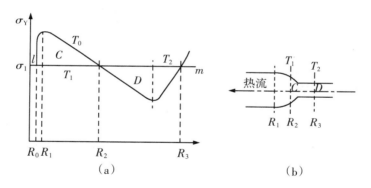

图 8.29　(a) 聚对苯二甲酸乙二酯冷拉成颈中的热流;
　　　　　　(b) 颈部的绝热载荷-伸长曲线

根据热平衡方程, 得

$$VAs\rho(T_1 - T_0) = \frac{kA}{x}(T_1 - T_2)$$

这里, k 是导热系数, A 是面积, T_0 是绝热温度, V 是材料达到细颈时的速度, s 是比热, ρ 是密度, x 是细颈肩部的长度. 若取

$$k = 0.001\,19\,\text{J/(m·deg)}$$
$$s\rho = 0.095\,2 \times 10^6\,\text{J/m}^3$$
$$V = 0.01\,\text{m/s}$$
$$T_1 - T_2 = 40\,℃$$
$$T_1 - T_0 = 20\,℃$$

则细颈肩部的长度 $x = 2.5 \times 10^{-5}$ m, 与以 10^{-1} m/s 速率拉伸后实测的细颈肩部长度 4×10^{-5} m

相当一致.

已经说过,若以 10^{-6} m/s 速率去拉伸聚乙烯和聚氯乙烯,此时已接近等温拉伸,计算得到的温升仅为 0.75 ℃(聚乙烯)和 6 ℃(聚氯乙烯),也能冷拉成颈.因此为了避免大形变时的热效应,一般在研究高聚物的屈服行为时都使用小试片和低应变速率,以使实验尽量接近等温条件.但是在进行一些时间间隔必须很短的实验,如高聚物受冲击或敲碎玻璃态高聚物时,能量是以裂纹的生长来耗散的,所有的形变都是绝热的,这时会有非常大的温度效应.因此不管热效应是否是冷拉成颈的真正原因,高聚物在大形变乃至断裂时的热效应总是一个必须加以考虑的问题.

8.8 取 向 硬 化

在高聚物材料发生屈服以后,经过应变软化,出现塑性不稳定性,如果形变得以继续而不发生断裂的话,那么高聚物的真应力都会有一个较陡的增高.在拉伸情况下,发生在大应变的真应力增高促使了细颈的稳定发展.此时拉伸的高聚物因取向而呈现明显的各向异性,因此叫做取向硬化.

发生取向硬化的应变显著依赖于高聚物的品种,因此有人认为高聚物存在一个拉伸极限,在这个极限点材料不断裂,而应力将变得很大.譬如在纤维学科中已发现成纤高聚物具有一个特征拉伸比,这个拉伸比主要因高聚物品种不同而不同,与拉伸条件关系不大.由 Considére 作图以求得工程应力在高伸长时开始增高的那一点,即从 $\varepsilon = -1$ 向真应力-应变曲线作的第二条切线的切点.如果把这个切点的应变称作细颈应变的话,那么不同高聚物的细颈应变见表 8.4.

表 8.4 不同高聚物的细颈应变

聚氯乙烯	$0.4 \sim 1.5$
聚碳酸酯	2.24
聚酰胺	$2.8 \sim 3.5$
聚苯乙烯(100 ℃)	3.5
线形聚乙烯	$8 \sim 10$

可见各高聚物的值相差很大,远远超过同种高聚物因实验条件不同而引起的偏离.因此取向硬化可能是与高聚物的某种结构形式有关的现象.

显然,即使是在应力-应变曲线上测量得到的最高应变(如高密度聚乙烯的 10 倍),也不对应于高聚物分子被完全拆开.最早的非晶态高聚物的"毛毡"结构,继而的高分子链"缠结"的概念都表明取向仅仅是发生在一些固定点之间的,高分子链缠结点之间的长度比高分子链本身小,缠结点之间链段的伸长正好落在观察到的高聚物大形变范围内.这样,高聚物在玻璃态时的大形变就与橡胶弹性相似.橡胶弹性理论表明,橡胶的应变依赖于它们交联点之间的分子量.因而玻璃态高聚物的取向应变应与高分子链缠结点之间的分子量有关.实验证实了这一点,图 8.30 是不同分子量聚乙烯的应力-应变曲线,分子量大小由熔体指数表示,熔体指数越小,分子量越大.由图可见,随着聚乙烯分子量的增大,也就是聚乙烯长链分子缠结的增加,应力硬化急剧增大.

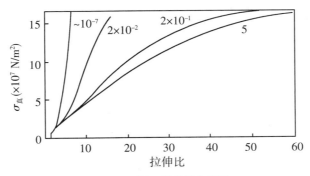

图 8.30　聚乙烯的取向硬化

近年有关超高取向高聚物的研究表明,像超高分子量聚乙烯(分子量高达 $10^6 \sim 10^7$)在非常特殊条件下(非常接近熔点的温度和非常缓慢的拉伸速率),用熔体挤出多段拉伸法、固态基础法、熔体挤拉法等方法拉伸聚乙烯,拉伸比可达 180 倍,从而可制备得到一类超高模量高聚物,拉伸强度高达 $1 \sim 1.5\,GPa$,拉伸模量达 $40 \sim 70\,GPa$.

良好的拉伸性是高聚物应用于柔性电子器件、驱动器以及能量存储等领域所必需的.这时可考虑构筑动态高聚物网络,它们的动态交联点可有效防止高聚物材料发生不可逆破坏,从而获得高拉伸性能.用较弱的离子型氢键和较强的亚胺键交联聚丁二烯(PB)就是这种强、弱动态键高聚物的具体实例(图 8.31).弱的离子型氢键在拉伸过程中会被破坏而耗散能

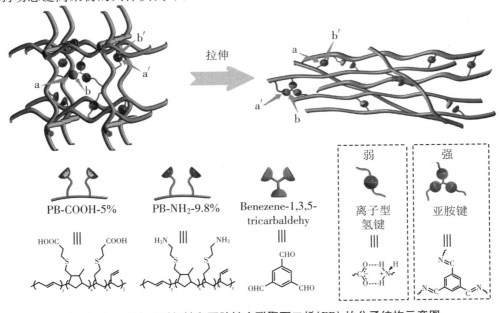

图 8.31　由离子型氢键和亚胺键交联聚丁二烯(PB)的分子结构示意图

量,而强的亚胺键维持着 PB 的基本网络结构,这两种机制的协同作用使交联 PB 的最大拉伸倍数竟高达 13 000 倍.

思 考 题

1. 高聚物应力-应变曲线在屈服点以前的弹性部分有什么特征?从中可以定义什么弹性参数?屈服点以后的应力-应变曲线又有什么特征?

2. 高聚物应力-应变曲线的基本类型有哪几种?各自有什么特征?为什么单一温度和单一速率下测得的应力-应变曲线是不能作为设计依据的?

3. 在研究高聚物的塑性屈服时,为什么要启用所谓的真应力、真应变和真应力-应变曲线?它们与传统的概念有什么不同?

4. 高聚物的屈服过程有什么特点?它与哪些因素有关?

5. 在米泽斯、屈瑞斯卡和库仑 3 个屈服准则中,哪个屈服准则对高聚物更适用?

6. 如何用自由体积和缠结破坏来解释高聚物的屈服?

7. 高聚物屈服的 Eyring 理论要点是什么?Eyring 理论能解释高聚物屈服过程的哪几个特征?

8. 什么是塑性不稳定性?起因是什么?它们分为哪几类?如何判定高聚物能否成颈?

9. 高聚物在屈服后的塑性行为有哪些?如何理解高聚物的"应变软化"现象?

10. 在高聚物的大形变时,有哪些形式的能量吸收?为什么在研究高聚物屈服行为时要使用尺寸小的试样和应用低的应变速率?

11. 你对超高分子量高聚物有多少了解?通过特殊的加工条件,可以把高分子量高聚物制备成超高模量聚合物,强度、耐磨性等力学性能大幅提高.从高聚物塑性变形的取向硬化观点出发,你是如何理解的?

第9章　高聚物的断裂和强度

近年来,随着高分子合成技术的进步,加工工艺的合理化和一系列改性、增强等措施的实现,高聚物的物理力学性能得到了很大提高.高聚物材料已开始大量用作结构材料,特别是性能优异的工程塑料和用各种纤维增强的增强塑料已在机械制造、建筑、航空、造船等工业部门广泛用来代替钢铁、铜等黑色和有色金属及其他传统材料.这促使人们越来越重视研究高聚物材料的强度和断裂性能:断裂的裂纹扩展规律和机理、断裂准则以及高聚物材料的强度,以解决结构的疲劳、寿命估计和强度能够提高到什么程度等问题(图9.1).

能吃得消吗?

高聚物材料

图 9.1　高聚物材料的强度到底能提高到什么程度

对裂纹在断裂中的作用尚未认识以前,人们常用一些平均应力或应变来描述材料的强度.譬如材料力学中的最大拉应力强度理论、最大剪应力强度理论、最大形变比能强度理论等,这些断裂判据一般可写为

$$F(\sigma_1, \sigma_2, \sigma_3) \geqslant \sigma_c \tag{9.1}$$

它表示平均主应力的某个函数达到某临界值时材料发生断裂.的确,在材料中固有裂纹尺寸较小时,这样的判据是工程上一直沿用的,在σ_c上除以适当安全系数就是材料强度计算的依据.但是根据材料力学强度理论设计的构件已不止一次地出现了意外事故,人们才逐渐认识到材料内部一定大小的裂纹在致使材料断裂方面具有重要影响.当材料内部裂纹达某一临界值时,σ_c将不再与裂纹无关,而是随裂纹的尺寸增大而下降,这已不再与上面的断裂判据相符合了,而需要建立新的断裂判据(图9.2).断裂力学就是在这个客观需要上建立起来的.

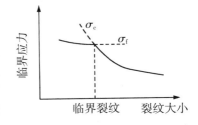

图 9.2　含有裂纹材料的断裂判据

断裂力学是以全部断裂的各种现象为研究对象的,即

关于韧性断裂、脆性断裂、疲劳断裂以及其他全部断裂,都与裂纹的发生、合并和成长扩展过程有关.所以我们关心的主要是裂纹的行为.

9.1　高聚物材料的脆性断裂和韧性断裂

从实用的观点看,高聚物材料的最大优点之一是它们内在的韧性,即其在断裂前能吸收大量的机械能.在这一点上,高聚物材料在所有非金属材料中是无双的.但是高聚物材料内在的韧性不是总能表现出来的.由于加载方式改变,或温度、应变速率、试样形状和大小的改变都会使高聚物材料的韧性变差,甚至竟以脆性形式断裂.而材料的脆性断裂在工程上总是必须尽力避免的.为此我们必须了解高聚物材料的两类断裂过程——脆性断裂和韧性断裂,掌握脆韧转变的规律,使高聚物材料总是处于韧性状态下工作.

对于脆性和韧性,还没有一个很确切的定义.一般可以从应力-应变曲线出发作这样的区分:脆性在本质上总与材料的弹性响应相关.在断裂点前试样的形变是均匀的,致使试样断裂的裂缝迅速贯穿垂直于应力方向的平面.脆性断口的宏观特征为断口上无明显的宏观塑形变形,断口相对齐平,断裂试样不显示明显的推迟形变(图 9.3),相应的应力-应变关系是线性的(或者微微有些曲线形),断裂的应变值低于 5%,断裂所需的能量不大.而所谓韧性通常有大得多的形变,形变在沿着试样长度方向上可以是不均匀的.如果发生断裂,试样断面常常显示有外延的形变,这个形变不立即回复.韧性断口宏观特征一般分为杯锥状、凿峰状、纯剪切断口等,断口通常分为三个区域:纤维区、放射区和剪切唇区,即断口特征的三要素.其应力-应变关系是非线性的,在断裂点前其斜率可以变为零,甚至是负的.消耗的断裂能很大.在这些特征中,断裂表面形状和断裂能是区别脆性和韧性断裂最主要的指标.有时,由经验看出的断面形态往往胜过现有的理论判断.

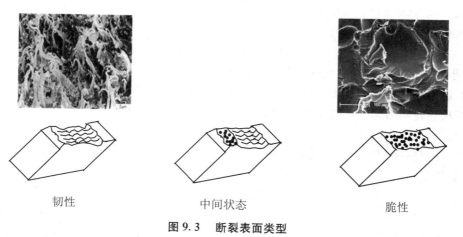

韧性　　　　　　　中间状态　　　　　　　脆性

图 9.3　断裂表面类型

脆性断裂是由所加应力的拉伸分量引起的,韧性断裂是由剪切分量引起的.因为脆性断面垂直于拉伸应力方向,而切变线通常是在以韧性形式屈服的高聚物中观察到的.所加的应力体系和试样的几何形状将决定试样中拉伸分量和剪切分量的相对值,从而影响材料的断裂形式.例如,各向等应力的效应通常是使断裂由脆性变为韧性.大而薄的材料通常较脆,而它们的小块却是韧的.尖锐的缺口在改变断裂由韧变脆方面具有特别的效果.

对于高聚物材料,脆和韧还极大地依赖于实验条件,主要是温度和实验速率(应变速率).温度由低到高,材料由脆变韧,超过 T_g,就是橡胶弹性了,应变速率的影响与温度相反.有关因素对高聚物脆韧转变的影响详细讨论如下.

1. 温度

一般认为脆性断裂和塑性屈服是两个各自独立的过程.它们与温度的关系是分别的两条曲线,这就是 Ludwik-Davidenkov-Orowan 假设,如图 9.4(a)所示.在一定的温度(和应变速率)下,当外加应力达到它们两个中较低的那个时,就会发生断裂或屈服.显然,σ_B-T 和 σ_Y-T 曲线的交点应该就是脆韧转变点.在高于这点的温度时,材料总是韧性的.

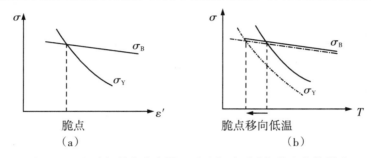

图9.4　(a) 脆韧转变定义图示;(b) 温度对脆韧转变点的影响

断裂应力受温度的影响不大,譬如,温度从 $-180\,^\circ\!C$ 改变到 $+20\,^\circ\!C$,断裂应力约改变 2 倍,而温度对屈服应力的影响很大,同样,温度从 $-180\,^\circ\!C$ 改变到 $+20\,^\circ\!C$,屈服应力将改变 10 倍.这样,随着温度的增加,脆韧转变点向低温移动(图 9.4(b)),材料变韧,这是我们熟知的事实.

2. 应变速率

应变速率对屈服应力和断裂应力都有影响,它们应变速率依赖性曲线的交点也是脆点(图 9.5(a)).应变速率对断裂应力的影响不大,而对屈服应力的影响很大.因此脆韧转变将

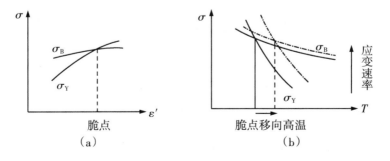

**图9.5　(a) 断裂应力与屈服应力的应变速率依赖性;(b) 脆韧转变的
应变速率依赖性(——低应变速率,-·-·-高应变速率)**

随应变速率的增加而移向高的温度(图9.5(b)),材料变脆.在低应变速率时是韧性的高聚物在高应变速率时会发生脆性断裂.这是与已知的事实相符的.

应变速率对脆韧转变的影响比较复杂,那就是它还有一个热效应问题.如果应变速率过高,将由等温过程变为绝热过程,积聚的热量会阻止应变软化,使断裂能显著降低.这在冲击实验中需要特别注意.

3. 分子量

前文已经说过,分子量对屈服应力没有直接影响,但是它将减小断裂应力,所以分子量变大会增加高聚物的脆性(图9.6(a)).高聚物的拉伸强度与数均分子量有以下近似关系:

$$拉伸强度 = A - \frac{B}{M_n} \tag{9.2}$$

如图9.6(b)所示.

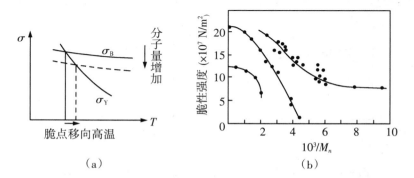

图9.6　(a) 分子量对脆点的影响;(b) 数均分子量对脆性强度的影响

4. 支化

因为支化影响结晶性,而不同聚乙烯的屈服应力可以随着支化度而有明显的不同,所以脆韧转变温度至少是分子量和支化度的复杂函数.

5. 侧基

刚性侧基增加屈服应力和断裂应力,而柔性侧基减小屈服应力和断裂应力.因此,侧基对脆韧转变没有一般规律可言.

6. 交联

交联增加屈服应力,但是对断裂应力的增加并不大,因此脆韧转变移向较高的温度,材料变脆(图9.7(a)).

7. 增塑

增塑剂可以降低脆性断裂的机会.因此它对屈服应力的降低比对断裂应力的降低来得大,脆韧转变移向低温(图9.7(b)).增塑的高聚物肯定是韧性的材料.

8. 分子取向

分子取向是一个与其他因素有很大差别的基本变数.取向的结果导致了材料力学性能的各向异性.一般来说,断裂应力和屈服应力都依赖于所加应力的方向,但断裂应力比屈服应力更依赖于各向异性.因此,一个单轴取向高聚物的断裂行为比未取向的高聚物更像是受

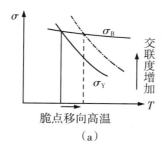 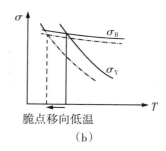

图 9.7　**(a) 交联度对脆韧转变的影响；(b) 增塑对脆韧转变的影响**
(———增塑剂量多，-·-·-增塑剂量少)

对称轴向应力作用的高聚物. 因此，取向的高聚物材料在垂直于取向方向上特别容易发生断裂，现在市场上最常用的聚丙烯包扎带绳就是高度拉伸的聚丙烯薄膜卷曲而成的(图 9.8)，在拉伸方向上强度很高，而在垂直于拉伸方向上就非常容易开裂，可以方便地分劈成更细的小股，这有时叫做"裂膜纤维".

图 9.8　**由聚丙烯"裂膜纤维"制得的包扎带绳**

9．与力学松弛的关系

一般认为脆韧转变与玻璃化转变有关，这肯定是对的，如对天然橡胶、聚苯乙烯和聚异丁烯. 进一步又认为脆韧转变与玻璃态时的低温松弛(次级转变)有关(见第 6 章)，但这不是普遍有效的，因为脆韧转变发生在很高应变的情况，与裂纹有关；而动态力学松弛是在线性低应变下测量的，与裂纹无关.

10．缺口

尖锐的缺口可以使高聚物的断裂从韧性变为脆性，在无限大固体中尖锐的深缺口所引起的塑性约束力可把屈服应力提高大约 3 倍. 因此，可以把材料的脆韧行为作如下分类：

(1) $\sigma_B < \sigma_Y$，材料是脆性的.

(2) $\sigma_Y < \sigma_B < 3\sigma_Y$，材料在没有缺口的拉伸实验中是韧性的，但若有尖锐缺口就变为脆性.

(3) $\sigma_B > 3\sigma_Y$，材料总是韧性的，也就是在包括存在缺口的所有实验中材料总表现为韧性. 某些高聚物的实测关系如图 9.9 所示. σ_Y 取速率为每分钟 50% 时的拉伸屈服应力(如果该高聚物在拉伸时呈脆性，则 σ_Y 取为单向压缩时的屈服应力)，σ_B 取 $-180\,^{\circ}\mathrm{C}$ 下应变速率为 $18\ \mathrm{min}^{-1}$ 时弯曲的断裂强度.

屈服应力的测定温度是 $+20\,^{\circ}\mathrm{C}$ 和 $-20\,^{\circ}\mathrm{C}$. 温度降低 $40\,^{\circ}\mathrm{C}$，认为约相当于应变速率提高了 10^5 倍，这样，在 $-20\,^{\circ}\mathrm{C}$ 测定的屈服应力能够对 $+20\,^{\circ}\mathrm{C}$ 时的冲击行为有个粗略的指示. 图中以小圆圈表示 σ_B 和 $+20\,^{\circ}\mathrm{C}$ 时的 σ_Y，小三角表示 σ_B 和 $-20\,^{\circ}\mathrm{C}$ 时的 σ_Y.

由图 9.9 可知，对于图示的 13 种高聚物可被两条特征线 A 和 B 划分为 3 种类型：线 A 右侧是脆性材料，线 A 和线 B 之间是有缺口时呈脆性、无缺口时呈韧性的材料，其左侧是即使有缺口也是韧性的材料.

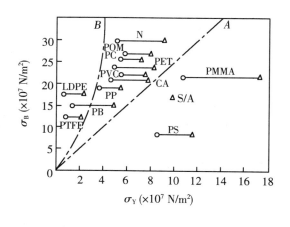

PMMA 聚甲基丙烯酸甲酯

PVC 聚氯乙烯

PS 聚苯乙烯

PET 聚对苯二甲酸乙二酯

S/A 苯乙烯和丙烯共聚物

PP 聚丙烯

N 尼龙 66

LDPE 低密度聚乙烯

POM 聚氧甲烯

PB 聚丁烯

PC 聚碳酸酯

PTFE 聚四氟乙烯

CA 醋酯纤维

图 9.9　各高聚物的脆性应力（ - 180 ℃）和屈服应力（ - 20 ℃ 为 △，+ 20 ℃ 为 ○）的关系

需要指出的是，由于 σ_B 是低温下由弯曲实验测得的断裂强度，其值比拉伸实验的测定值高，因此线 A 的斜率不是 $\dfrac{\sigma_B}{\sigma_Y} = 1$，而是 $\dfrac{\sigma_B}{\sigma_Y} = 2$；而线 B 的斜率 $\dfrac{\sigma_B}{\sigma_Y} = 6$，其相对比率仍为 3，符合上面所述的脆韧行为的分类.

9.2　高聚物的理论强度

高聚物材料的破坏无非是高分子主链上化学键的断裂，抑或是高分子链间相互作用力的破坏. 因此从构成高分子主链的化学键的强度和高分子链间相互作用力的强度可以估算高聚物材料的理论强度. 这种估算是很粗糙的，并且其中还作了一些人为的假定，采取不同假定的计算结果可使结果相差好几倍. 但就是这样的准确度已经使实验者十分满意了. 从这些粗略的估算中，人们已经对如何提高材料的强度以及能提高到怎样的程度作出了初步的回答.

9.2.1　化学键的强度

构成分子的两个原子之间的位能曲线如图 9.10(a) 所示，它的数学表达式（Mouse 方程式）为

$$W = De^{-2b(r-r_0)} - 2D^{-b(r-r_0)} \tag{9.3}$$

这里，D 为化学键的离解能，b 为常数，r 为原子间距离，r_0 为两原子处于平衡状态时的距离. 这个半经验公式适合任何类型的键.

因为作用力是位能 W 对距离 r 的微商：

$$\sigma = \frac{\mathrm{d}W}{\mathrm{d}r} = -2bDe^{-2b(r-r_0)} - 2bD^{-b(r-r_0)} \tag{9.4}$$

它与原子间距离 r 的关系示于图 9.10(b). 当两个原子之间的距离为 r_0 时, 原子间的作用力为零, 分子处在平衡状态. 当 $r < r_0$ 时, 两个原子之间的作用力表现为斥力, 且随 r 的减小而增加. 当 $r > r_0$ 时, 两个原子之间的作用力为吸引力, 且在一定范围内随 r 的增加而增加. 当 $r = r_{max}$ 时, 吸力达到极值. 以后, r 再增加, 作用力反而减弱了. 在正常状态下, 没有外力作用, 原子在其平衡位置附近做微弱的谐振动. 平均来说, 其吸力与斥力是相等的, 相互作用力 $\sigma = 0$. 如果有一拉力作用于它, 使两个原子间的距离 r 增大, 于是吸力增加, $\sigma > 0$, 直到 σ 与这个拉力平衡为止. 在 $r \leqslant r_{max}$ 时, 吸力与外界拉力之间一直保持平衡. 在这个范围内, 拉力使物体产生伸长变形, 吸力则力图使物体回复到平衡状态. 如果拉力继续增加, 使 $r > r_{max}$, 这时 σ 随着 r 的增加反而减小了, σ 与拉力的平衡即被破坏, 物体也就被破坏了. 所以在 $r = r_{max}$ 时的 σ 应该就是化学键的理论拉伸强度, 并记作 σ_{max}. 为求 σ_{max}, 可以求 σ 对 r 的一级微商, 并令其等于零, 即

$$\frac{\mathrm{d}\sigma}{\mathrm{d}r} = 4b^2 D \mathrm{e}^{-2b(r_{max}-r_0)} - 2b^2 D \mathrm{e}^{-2b(r_{max}-r_0)} = 0$$

$$2\mathrm{e}^{-2b(r_{max}-r_0)} = \mathrm{e}^{-b(r_{max}-r_0)}$$

$$\ln 2 - 2b(r_{max} - r_0) = -b(r_{max} - r_0)$$

求得

$$r_{max} = \frac{br_0 + \ln 2}{b} = r_0 + \frac{\ln 2}{b} \tag{9.5}$$

代入式(9.4), 即得

$$\sigma_{max} = 2bD(\mathrm{e}^{-\ln 2} - \mathrm{e}^{-2\ln 2}) = \frac{bD}{2} \tag{9.6}$$

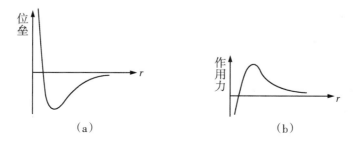

图 9.10　(a) 位能曲线; (b) 作用力与距离关系曲线

知道键的离解能 D 和常数 b, 就能计算出化学键的强度 σ_{max}. 离解能 D 可以从燃烧热中算出, 而常数 b 可以从光学数据得到. 其中, 特别是 C—C, C=C, C≡C 型键的 b 值有以下经验公式:

$$b = \frac{3.22}{r_0} \tag{9.7}$$

下面我们试以聚乙烯为例来计算它的理论强度. 可以认为聚乙烯中 C—C 键的情况与乙烷中的相似, 乙烷的离解能 $D = 8.4 \times 10^4$ J/mol, $r_0 = 0.156$ nm. 先求 b:

$$b = \frac{3.22}{0.156 \text{ nm}} = \frac{3.22}{1.56 \times 10^{-8} \text{ cm}} = 2.06 \times 10^8 \text{ cm}^{-1}$$

把 D 的单位化为尔格/键（1 卡 $= 4.185 \times 10^7$ 尔格 $= 4.185$ 焦耳(J)）：

$$D = \frac{8.4 \times 10^4 \times 4.185 \times 10^7}{6.02 \times 10^{23}} = 5.8 \times 10^{-12} （尔格/键）$$

则乙烷中 C—C 键的强度为

$$\sigma_{max} = \frac{bD}{2} = \frac{2.06 \times 10^8 \times 5.8 \times 10^{-12}}{2}$$

$$\approx 6 \times 10^{-4} （dyn/键）\approx 6 \times 10^{-9} （N/键）$$

这也可以认为就是聚乙烯中的 C—C 键的强度.要计算本体聚乙烯的强度,还需要求出单位面积中所含 C—C 键的数目.根据 X 射线的数据,聚乙烯晶体顺着链方向的晶格距离为 0.253 nm,另外两个与链垂直的晶格距离各为 0.74 nm 和 0.493 nm.因此在与 C—C 键垂直方向的 1 mm² 截面中的空间结构数可认为是

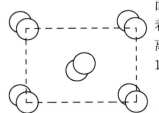

图 9.11 聚乙烯晶胞

$$\frac{1}{7.4 \times 4.93 \times 10^{16}} \approx 2.7 \times 10^{14}$$

在聚乙烯中,每一单位空间结构里含有两个链节单位(图 9.11),所以总的链节数目为

$$2 \times 2.7 \times 10^{14} = 5.4 \times 10^{14}$$

因此聚乙烯的理论强度为

$$\sigma_{PE} = 6 \times 10^{-4} \times 5.4 \times 10^{14}$$

$$= 3.2 \times 10^{11} （dyn/mm^2）$$

$$\approx 3 \times 10^{10} （N/m^2）$$

9.2.2　分子间力-色散力的强度

色散力强度可以利用以下经验公式计算：

$$\sigma = 4.8 \times 10^{-9} \sqrt{m\omega^3} \qquad (9.8)$$

这里, m 是折合质量, ω 是分子间振动的自然频率.

再以聚乙烯为例,聚乙烯的振动自然频率约为 80 cm⁻¹,于是

$$\sigma = 4.8 \times 10^{-9} \sqrt{14 \times 80^3}$$

$$\approx 10^{-5} （dyn/键）$$

$$\approx 10^{-5} \times 5.4 \times 10^{14} （dyn/mm^2）$$

$$\approx 6 \times 10^8 （N/m^2）$$

对于一个具体的高聚物材料,其强度到底是由化学键强度还是由色散力强度来贡献的,事先并不知道.下面是一个估算理论强度的经验公式,它把理论强度与材料的模量联系了起来,因此可以从实验测定的模量值来估算某种材料的理论强度.

9.2.3　估算理论强度的经验公式

仔细研究两个原子间的相互作用力 σ 与其间的距离 r 的关系曲线,可以发现在 $r > r_0$ 的部分能够以一个波长为 λ 的正弦曲线来近似它(图 9.12).则作用一个拉力使原子间的距离

增加到 $r(r > r_0)$ 产生的吸力为

$$\sigma = \sigma_{\max}\sin\left(\frac{2\pi\Delta r}{\lambda}\right)$$

这里，Δr 是偏离平衡位置 r_0 的位移. 如果位移很小，可以近似为

$$\sigma \approx \sigma_{\max}\frac{2\pi\Delta r}{\lambda}$$

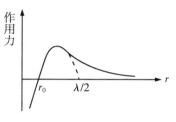

图 9.12　正弦曲线近似

现在对微观的事物运用宏观的定律，即利用应力-应变关系的胡克定律 $\sigma = E\dfrac{\Delta r}{r_0}$，则

$$\sigma_{\max} = \frac{\lambda}{2\pi}\cdot\frac{E}{r_0}$$

但是

$$\lambda = 4(r_{\max} - r_0) = 4\left[\left(r_0 + \frac{\ln 2}{b}\right) - r_0\right]$$

$$= \frac{4\ln 2}{b} = \frac{4r_0\ln 2}{3.22}$$

所以

$$\sigma_{\max} = \frac{4\ln 2}{2\pi \times 3.22}E = \frac{\ln 2}{1.61\pi}E \approx 0.13E \tag{9.9}$$

一般可以认为

$$\sigma_{\max} \approx 0.1E \tag{9.10}$$

或者对于剪切应力，则为

$$\tau_{\max} \approx 0.1G \tag{9.11}$$

这样我们可以用一个容易由实验测定的材料特征参数——模量 E 或 G 来估算高聚物的理论强度. 譬如，聚乙烯杨氏模量的测定值 $E \approx 6 \times 10^9\ \mathrm{N/m^2}$，由此估算的理论强度约为 $6 \times 10^8\ \mathrm{N/m^2}$，与由色散力的强度估算相符. 可见聚乙烯的强度主要由分子间的相互作用力决定.

由上面的计算可知，不管高聚物材料的断裂是化学键断裂还是分子间相互作用力被破坏，由此计算的理论强度都是很大的，一般来说，比现有高聚物实际具有的强度大 $100 \sim 1\,000$ 倍，因此在提高高聚物材料强度方面是大有潜力可挖的.

9.3　应力集中

为什么高聚物的实际强度与理论强度差得如此多呢? 一般认为是由材料内局部的应力集中(stress concentration)形成的. 应力集中的部分有:

（1）几何的不连续：裂纹、空洞，按使用要求人为开凿的孔、缺口、沟槽等．

（2）材料的不连续：杂质的小粒，为改性或加工方便而加入的各种添加剂颗粒等．

（3）载荷的不连续：集中力、不连续的分布载荷，由于不连续的温度分布产生的热应力，由于不连续的约束产生的应力集中等．

当存在局部的应力集中时，在材料的小体积中，作用的应力比材料平均所受的应力大得多．这样，在材料内的平均应力还没有达到它的理论强度以前，存在应力集中的小体积内的应力首先达到断裂强度值，材料便在那里开始破坏，从而引起宏观的断裂．

应力集中的概念是人们在长期的生产实践中认识的．因为如果在外力作用下材料中的应力是均匀的，那么在力线上的所有原子间的键都将受到相同的应力．在外力达到材料极限强度这个临界值时，所有这样的键均将在同一瞬间一起断裂，材料将崩碎成细粒．或者说得更确切一些，每种理想的均一性物体，在外加拉力作用下，似应分裂成基本组成的单元——随物质的结构不同或是分子或是原子，如同液体在一个热力学温度（沸点）完全被离散一样．但是这样的现象是很少见的，只有某些近乎完整的晶体和细玻璃纤维有可能在断裂时碎成许多块．绝大部分固体在断裂时只是分成两块或几块，这表明断裂通常是一个发生在材料里面有所选择的那些地方的不均匀过程．由此人们提出了应力集中的概念．

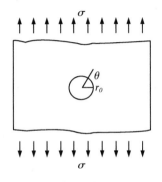

图 9.13　无限平板中小圆孔

应力集中的概念可以从计算大而薄平板中小圆孔周围的应力分布而得到加强．如图 9.13 所示，在平板中心有一半径为 r_0 的小孔．如果在两侧作用一个拉力 σ，应用弹性力学理论可求出小孔周围总的应力状态是

$$
\begin{cases}
\sigma_{rr} = \dfrac{\sigma}{2}\left[1 - \dfrac{r_0^2}{r^2} + \left(1 + \dfrac{3r_0^4}{r^4} - \dfrac{4r_0^2}{r^2}\right)\cos 2\theta\right] \\[2mm]
\sigma_{r\theta} = -\dfrac{\sigma}{2} + \left(1 - \dfrac{3r_0^4}{r^4} + \dfrac{2r_0^2}{r^2}\right)\sin 2\theta \\[2mm]
\sigma_{\theta\theta} = \dfrac{\sigma}{2}\left[1 + \dfrac{r_0^2}{r^2} - \left(1 + \dfrac{3r_0^4}{r^4}\right)\cos 2\theta\right]
\end{cases}
\tag{9.12}
$$

这里取了极坐标 (r,θ)．当 $r = r_0$ 时，即在小孔的边缘上，$\sigma_{rr} = \sigma_{r\theta} = 0$，只剩下剪切应力，为

$$
\sigma_{\theta\theta} = \sigma(1 - 2\cos 2\theta)
\tag{9.13}
$$

此式告诉我们，在和应力 σ 平行的方向上，即 $\theta = 0$ 或 π，$\cos 2\theta = 1$，$\sigma_{\theta\theta} = -\sigma$，小孔边缘上的应力是压缩性的．而在和应力 σ 垂直的方向，即 $\theta = \pm\pi/2$，$\cos 2\theta = -1$，$\sigma_{\theta\theta} = 3\sigma$，应力是拉伸性的，且比原来的应力大了 3 倍．可见，这个小圆孔把应力集中了 3 倍．

应力集中是一个局部现象，因为应力分布是随 r^{-2} 而变化的，当 $r = 2r_0$，$\sigma_{\theta\theta} = 1.22\sigma$（$\theta = \pm\pi/2$）时，在离孔超过 $3r_0$ 的距离时，它的影响就很小了．如果在 $\theta = \pi$ 处有一个非常小的孔紧挨着一个大孔，那么这个小孔边缘上的极大应力将近似为 $3^2\sigma$．我们可以把这种情况推广到近邻的 n 个依次减小的孔，它们每一个的极大应力都是前一个的 3^2 倍，则在最小一个孔的边缘上将有 $3^n\sigma$．如果它们的半径依次减小 10 倍，其最大一个记作 c，最小一个记作 ρ，则 $c = 10^n\rho$．在最小一个孔边缘上的应力集中了 $\sigma_c = 3^n\sigma$．因为

$$\lg\left(\frac{\sigma_c}{\sigma}\right) = n\lg 3 \approx \frac{n}{2} \approx \frac{1}{2}\lg\left(\frac{c}{\rho}\right)$$

所以

$$\sigma_c \approx \sigma\sqrt{\frac{c}{\rho}} \tag{9.14}$$

这是一个极为粗糙的估计,但是它已告诉我们在缺口的尖头或方孔的角尖上将有多么大的应力集中.

上面紧挨的小孔实际上已经模拟出裂纹的一种可能的实际形状(图 9.14).作为最常见的应力集中的裂纹,可以用一个长半轴为 a、短半轴为 b 的椭圆孔来近似描写它(图 9.15).

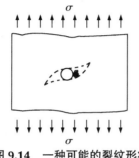

图 9.14　一种可能的裂纹形状

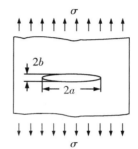

图 9.15　无限平板中的椭圆孔

平板中椭圆孔长轴边缘上的极大应力为

$$\sigma_m = \sigma\left(1 + \frac{2a}{b}\right)$$

若引入裂纹尖端的曲率半径 ρ,即

$$\rho = \frac{b^2}{a}$$

则

$$\sigma_m = \sigma\left(1 + 2\sqrt{\frac{a}{\rho}}\right) \approx 2\sqrt{\frac{a}{\rho}} \tag{9.15}$$

可见,随着椭圆孔扁平程度的增大,a/ρ 也增大,应力集中也越大.作为极限情况,椭圆孔退化为扁平的裂纹,应力将在裂纹尖端有很大的集中.

平板中小圆孔或椭圆孔边缘应力的计算对我们理解应力集中的概念以深刻的印象.但是将式(9.15)应用到具体情况时,问题就立即出现了.首先,在材料内部裂纹的尖端 ρ 是很难知道的;另外从式(9.15)推论,当 $\rho \to 0$ 时,$\sigma_m \to \infty$.也就是说,具有尖锐裂纹的材料,其强度就小到可以忽略的程度,这显然是不真实的.克服这个困难的办法有两种:一种是另起炉灶重新推导椭圆孔边缘应力分布的新表达式,另一种是撇开裂纹上的应力,从能量的角度来考虑材料的断裂问题.下面将表明这两种办法实际上是相当的.

9.4　格里菲思理论

格里菲思(Griffith)首先从能量的角度来考虑材料的断裂问题.他认为断裂产生的裂纹增加了材料的表面,从而增加了材料所具有的表面能,表面能的增加将由物体中弹性储能的减小来提供.为了使断裂能够继续下去,弹性储能的减少量必须大于增大材料表面所需要增加的表面能.对于理论强度与实际强度之间的极大差距,理论认为弹性储能在材料内部的分布不是均匀的,而是在诸如小裂纹附近有很大的能量集中.这是与应力集中的概念相类似的.另外,为了提供产生新表面所需要的能量,需要做功,但只有这个力移动了一定的距离时才能做功,因此,不管材料内部的裂纹有多小,或者是多么尖锐,只要材料本身不具备内部产生的应力时,它只有在一个有限的外应力作用下才会发生断裂.

为了估算裂纹的弹性储能 $\mathscr{E}$,仍然考虑无限平板中一个垂直于拉伸应力 σ 方向上的、长度为 $2a$ 的裂纹.作用的拉伸应力在非常接近裂纹的地方已被松弛为零,而在远离裂纹处几乎不发生变化.因此,可以把裂缝周围以 a 为半径的区域所释放的弹性储能粗略地认为是 $\dfrac{\sigma^2}{E}\pi a^2$,这里,$E$ 是杨氏模量.这个裂纹在应力 σ 作用下能够继续发展下去,弹性储能的降低必须大于或等于表面能的增加,即

$$\frac{\mathrm{d}}{\mathrm{d}a}\left(\frac{\pi\sigma^2 a^2}{E}\right) \geqslant \frac{\mathrm{d}}{\mathrm{d}a}(4\gamma a) \tag{9.16}$$

这里,γ 是单位面积的表面能,系数 4 的出现是因为内部裂纹相对于其中心对应地扩展,形成了长度为 $2a$ 的两个表面.这样,材料的拉伸强度为

$$\sigma_{\mathrm{c}} = \sigma\sqrt{\frac{2\gamma E}{\pi a}} \tag{9.17}$$

这就是格里菲思最早推出的为使裂纹生长所需的应力,也就是材料发生断裂的一个判据,叫做格里菲思判据.

在这个式子中,不出现裂纹尖端的曲率半径,而裂纹长度 $2a$ 却作为重要的参数出现.若比较此式与理论强度的近似式 $\sigma_{\mathrm{t}} = \sigma\sqrt{\dfrac{E\gamma}{r_0}}$,可以发现,对于像原子大小的一个裂纹长度(即 $a\sim r_0$),强度就接近极限值($\sigma\to\sigma_{\mathrm{t}}$),如再把式(9.17)代入式(9.15),则

$$\sigma_{\mathrm{m}} \sim 2\sqrt{\frac{2\gamma E}{\pi a}}\cdot\sqrt{\frac{a}{\rho}} \sim 2\sqrt{\frac{2\gamma E}{\pi\rho}} \tag{9.18}$$

当裂纹传播发生在 $\sigma_{\mathrm{m}}\sim\sigma_{\mathrm{t}}$ 时,则由 $\sigma_{\mathrm{t}}\sim\sqrt{\dfrac{E\gamma}{r_0}}$ 可以导出断裂点的条件为

$$2\sqrt{\frac{2\gamma E}{\pi\rho}} \sim \sqrt{\frac{E\gamma}{r_0}} \tag{9.19}$$

由此可推出：

$$\rho \sim 3r_0 \tag{9.20}$$

即当裂纹尖端的曲率半径小于几倍原子间距时,从能量因素考虑断裂的格里菲思判据与任何裂纹的有效锐度无关.

因为材料的断裂不但取决于该材料承载的外应力的大小,而且也依赖于材料所含有的裂纹长度,如果把式(9.17)右边的分母乘到左边来,那么从格里菲思判据可得到一个含有锐裂纹的材料断裂的简单判据,即对于任何给定材料,产生断裂的条件是 $\sigma^2\pi a$ 应当超过一个特定的值.这里,a 是有效半裂纹长度的测量值,σ 是为使裂纹扩展所需的外应力.只要 a 小于某种已知值,就对安全应力有了某个保证.参数 $\sigma^2\pi a$ 非常重要,当它的值大时,断裂韧性就有可靠的保证,也就是说材料就不容易发生断裂.这个参数的平方根通常也称为应力强度因子,即

$$K_\mathrm{I} = \sigma \sqrt{\pi a} \tag{9.21}$$

当 K_I 的值超过材料的某临界值时,裂纹就变得不稳定,这个材料裂纹开始不稳定扩展的临界应力强度因子记作 K_IC,此时材料就断裂破坏了.

如果已知材料的临界应力强度因子,同时又知道该材料所承受的应力值,便能计算出材料不发生断裂允许的裂纹长度.反过来,如果已知材料中裂纹的长度,那么又可以计算它能允许承受的应力 σ.例如,不定向有机玻璃室温下慢裂纹开始增长的 $K_\mathrm{IC} = 900\ \mathrm{N/cm^{3/2}}$,刚要发生快断裂时的 $K_\mathrm{IC} = 1\,800\ \mathrm{N/cm^{3/2}}$,如果材料上所承受的应力 $\sigma = 500\ \mathrm{N/cm^2}$,那么由式可计算出发生慢断裂和快断裂的临界半裂纹长分别为 9.8 mm 和 39.2 mm. K 值实验可作为脆性塑料(如有机玻璃)质量控制指标.

真正的应力强度因子理论是由欧文(Irwin)用线弹性断裂力学发展的.以后又有多人为此作出了贡献,见表 9.1.理论 1～3 是线弹性理论,4 和 5 是非线弹性理论,但它们都没有考虑黏弹性的材料,也即没有考虑裂纹发展时应力场卸载时可能发生的情况,因此不适用高聚物材料.此外,除了格里菲思理论外,所有理论的临界参数都是纯粹经验的,不能与材料的基本物理量有明确的关系.

表 9.1　弹性断裂力学的几个代表性理论

理论	物理量	临界值	变数
1. Griffith	$-\mathrm{d}\mathscr{E}/\mathrm{d}A$	γ	温度
2. Irwin	应力强度因子 K	K_C	温度、速率、应变状态
3. Orowan	$-\mathrm{d}\mathscr{E}/\mathrm{d}A$ 或 $G/2$	$G_\mathrm{C}/2$	温度、速率、应变状态
4. Rivlin & Thomas	$-\mathrm{d}\mathscr{E}/\mathrm{d}A$	$T/2$	温度、速率
5. Rice	路径积分 J	$J_\mathrm{C}/2$	温度、速率、应变状态

为此,安德鲁斯(Andrews)发展了一个普适断裂力学理论(generalized fracture mechanical theory)：

$$\begin{cases} - \mathrm{d}\mathscr{E}/\mathrm{d}A \equiv J = J_0 \Phi(\dot{c}, T, \varepsilon_0) \\ \Phi = k_1(\varepsilon_0)/\left[k_1(\varepsilon_0) - \sum_{PU} \beta g \delta v\right] \\ k_1 = \left(-\frac{P}{1-P}\right) \sum_p g \delta v \end{cases} \tag{9.22}$$

这里,J 为创造新表面所需要的能量;J_0 为在创造新表面时,纯粹为断裂分子间化学键所需要的能量;Φ 为能量损耗因子;p 为与材料应力-应变曲线的曲率半径有关的一个因子;g 为试样中能量密度 W 的分布函数;δv 为归一化体积单元,即实际体积单元除以 l^3;β 为滞后比,即在一个应力循环中能量损耗的分数,对于弹性材料,$\beta = 0$,对于全塑性材料,$\beta = 1$;P 为整个应力场的加和;PU 为在某点附近的加和,这点在裂纹发展中卸载了,即那里 $\mathrm{d}W/\mathrm{d}a$ 是负的.

这个理论使我们估算断裂原子间的结合能成为可能.特别是当应用于黏接时,可以用来估算黏接界面中原子间的结合情况.若黏接结合是界面破坏,则

$$\theta = \theta_0 \Phi \tag{9.23}$$

这里,θ 为破坏黏接界面(即产生新表面)所需要的能量,θ_0 为在黏接界面中创造新表面时,纯粹为断裂分子间化学键所需要的能量.若是内聚破坏,则

$$J = J_0 \Phi \tag{9.24}$$

分别取对数,有

$$\lg(J/\theta) = \lg(J_0/\theta_0) \tag{9.25}$$

此式的左边是实验曲线的垂直位移,所以知道了 J_0 就可以求得 θ_0,而 J_0 是可以由其他实验求得的.

应用于环氧树脂与玻璃的黏接,求得树脂-玻璃黏接界面的 $\theta_0 = 7.25$ J/m²,比范德华相互作用能约高 24 倍.由此可知,环氧树脂与玻璃界面的键合不完全是范德华相互作用,其中至少部分是主价键合.进一步推算知道,约有 30% 是主价键合.

9.5 断裂的分子动力学理论——茹柯夫理论

高聚物的宏观断裂本质上是高分子原子间键合力的破坏,这里面包括高聚物分子链共价键的断裂和高分子间范得瓦尔键的破坏.因此可以假设一定的分子模型来预示宏观断裂,建立断裂的动力学理论——茹柯夫(Жирков)理论.特别是用电子顺磁共振(ESR)技术已能直接观察固体高聚物共价键断裂产生的自由基,断裂的动力学理论得到了最直接的验证.断裂的动力学理论把原子键的断裂看作一个热活化过程,即

完整的键(A) → 断裂的键(B)

断裂的键(B) → 完整的键(A)

的转变必须克服一定的位叠,如图 9.16 所示.根据反应速度理论,它们的转变频率分别为

$$\nu_{AB} = \nu_0 \exp(-U_{AB}/kT)$$
$$\nu_{BA} = \nu_0 \exp(-U_{BA}/kT) \tag{9.26}$$

这里,ν_0 是原子热振动频率,为 $10^{12} \sim 10^{13}$ s^{-1};U 是位叠高度,即活化能;k 是玻尔兹曼常数;T 是绝对温度.

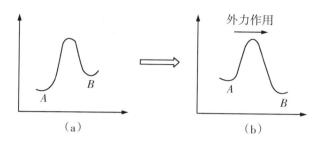

图 9.16　化学键的位叠

显然,在未应变状态,完整的键比破裂的键的位能来得低,它们之间的差值表示破坏键超额的能量,在宏观上也就是表面能.因此,没有断键发生,材料保持凝聚的状态,即图 9.16(a) 中的状态 A.但是,这个位叠能够为外加应力所降低.如果应力施加于样品,每个分子储藏的弹性位能有利于过程 $A \rightarrow B$,因为此时弹性位能将由键的断裂而释放.由外加应力的作用所降低的位叠可以表示为 $f(\sigma)$,则有

$$U_{AB}^* = U_{AB} - f(\sigma) \tag{9.27}$$

这里,U_{AB}^* 是由于应力作用而降低的位叠,$f(\sigma)$ 应是外加应力 σ 的某个函数.根据实验的实测结果,$f(\sigma)$ 可选最简单的函数形式 $\beta\sigma$,则式(9.27)为

$$U_{AB}^* = U_{AB} - \beta\sigma \tag{9.28}$$

这里,β 是一个具有体积量纲的常数,叫做活化体积.

当应力增加时,总可以达到这样一个值,在这个应力作用下,使 U_{AB}^* 和 U_{BA}^* 相等.这个应力(或它对应的位能值)就是为增加新的表面所必须克服的能量,这是与断裂的格里菲思判据密切对应的.

当应力进一步增大时,$U_{AB}^* \approx 2U_{BA}^*$,逆过程 $B \rightarrow A$ 已可忽略,则由式(9.26)得

$$\nu^* \approx \nu_0 e^{-\left(\frac{U_{AB}-\beta\sigma}{kT}\right)} \tag{9.29}$$

如果我们现在作一个粗略的规定:必须有 N 个键断掉才能使余下完整的键不再能承受负荷,这样从上面方程可得到断裂时间:

$$t_f = \frac{N}{\nu^*} = \frac{N}{\nu_0} e^{-\left(\frac{U_{AB}-\beta\sigma}{kT}\right)} \tag{9.30}$$

或

$$\ln t_f = C + \left(\frac{U_{AB} - \beta\sigma}{kT}\right) \tag{9.31}$$

这里,C 是一常数.

如果以 $\ln t_f$ 对 σ 作图,那么式(9.31)表明应是一条直线.好几种高聚物的实验结果确是直线(图 9.17),证实了以上理论的正确性.由这些实验求得的 U_{AB} 与由热降解中化学键断裂

得到的值几乎完全相符,见表9.2.

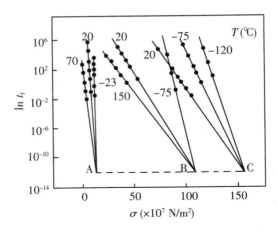

**图 9.17　寿命与拉伸应力的关系.A. 没取向的
PMMA;B. 黏胶纤维;C. 尼龙 6 丝**

表 9.2　实验求得的 U_{AB} 与由热降解得到的 U 值的比较

高聚物	U_{AB}(kCal/mol)*	U(kCal/mol,热降解数据)
聚氧乙烯	35	32
聚苯乙烯	54	55
有机玻璃	54	52～53
聚丙烯	56	52～58
四氟乙烯和六氟丙烯的共聚物	75	76～80
尼龙 6	45	43

* 1 kCal = 4.187×10^3 J.

$\beta\sigma$ 是外力在把材料扯断时所做的功.假定原子间的距离增加一倍时化学键就断了,那么外力扯断两个原子间的化学键所做的功是

$$\beta_\sigma = f_a l \tag{9.32}$$

这里,f_a 是作用于原子上的力.如果外载在断面上的分布是均匀的,那么每个原子上的力应为 $f_a = \sigma l^2$,则

$$\beta \approx l^3 \approx V_a \tag{9.33}$$

这里,V_a 是原子体积,等于 10^{-23} cm^2.实验结果是活化体积 β 要比原子体积 V_a 大几十到几百倍,这表明外载在材料中的分布是不均匀的.显然,在断裂发生的那点上实际载荷比材料内的平均载荷大得多.

材料强度:

$$\sigma = \frac{U_{AB}}{\beta}\left(1 - \frac{kT}{U_{AB}}\ln\frac{t_f}{t_0}\right) \tag{9.34}$$

或

$$\beta_\sigma = U_{AB} - kT\ln\frac{t_f}{t_0} \tag{9.35}$$

断裂的茹柯夫动力学理论对许多高聚物都是对的,但仍然有如下不足之处:① 在高温和小应力时,$\ln t_{\mathrm{f}}$-σ 图就不是直线了而是向上弯曲.② 按式(9.31)在 $\sigma = 0$ 时,t_{f} 也是一个有限的数,也就是说即使没有外应力,材料的寿命也是有限的,这显然是不对的.③ 理论只适用于脆性断裂,对橡胶材料一般也是不适用的.

9.6　宏观理论与微观理论的结合

已经说过断裂的茹柯夫动力学理论没有考虑材料刚断裂时能量的损耗,而安德鲁斯理论中有一个与化学键断裂有关的参数 J_0.动力学理论中的 $U_{AB} - kT\ln(t_{\mathrm{f}}/t_0)$ 应该就是安德鲁斯理论中的 J_0.而外应力做的功,即 $J_0(J_0 = \beta\sigma)$ 不但使化学键断裂,也耗散于不可逆的能量损耗.若再按安德鲁斯理论的 $J = J_0\Phi$,则有

$$\beta\sigma = \left[U_{AB} - kT\ln(t_{\mathrm{f}}/t_0)\right]\Phi$$

材料强度为

$$\sigma = \left[U_{AB} - kT\ln(t_{\mathrm{f}}/t_0)\right]\Phi/\beta \tag{9.36}$$

这个方程有两层温度和速率依赖性,一层包含在 $U_{AB} - kT\ln(t_{\mathrm{f}}/t_0)$ 中,另一层包含在安德鲁斯理论中引入的能量损耗因子 $\Phi(\dot{c}, T, \varepsilon_0)$.若再写成 $\ln t_{\mathrm{f}}$,则

$$\ln t_{\mathrm{f}} = \ln t_0 + \left(U_{AB} - \frac{\beta\sigma}{\Phi}\right)/(kT) \tag{9.37}$$

这可以解释为什么在高温和小应变时 $\ln t_{\mathrm{f}}$-σ 图中直线变弯的实验事实.

9.7　玻璃态高聚物的银纹和开裂现象

银纹(craze)是与断裂密切相关的现象.许多高聚物材料,特别是热塑性塑料,其制品在储存和使用过程中,由于应力及环境的影响,往往会因出现银纹而影响其使用性能.银纹的生成是玻璃态高聚物脆性断裂的先兆.银纹中物质的破裂往往造成裂纹的引发和生成,以至于最后发生断裂现象.

引起高聚物产生银纹的基本因素是应力和环境.高聚物在受到拉伸应力(纯压缩力不会产生银纹)或同时受到环境影响(同某种化学物质接触)时,就会发生银纹现象.银纹一般出现在样品的表面或接近表面的地方.银纹与真正由空隙造成的裂纹不同,它不是"空"的,银纹内部的质量并不为零,而是包含有高聚物(40%~60% 的高聚物).这在光学显微镜下用肉眼就能观察到(图 9.18(a)).因此银纹并不一定引起断裂.例如,已有银纹的聚苯乙烯可承担没有银纹的聚苯乙烯样品一半以上的拉伸强度.

银纹的平面垂直于外加应力,其内部的高聚物呈塑性变形,分子链沿产生银纹的拉伸应力方向而高度取向.在试样表面看到的银纹总可见到一凹槽.这个凹槽是由银纹体高聚物塑性伸长而引起的横向收缩产生的.这个凹槽的体积比应该的体积增加(开裂体面积乘上50%的塑性伸长)小很多,这表明表面凹入部分只补偿了伸长的微不足道的部分.伸长的直接结果是密度大大下降.

银纹形成时的塑性形变及同时产生的空化作用,不仅使其中的高聚物取向,也使其密度大大下降,银纹体强烈折光(图9.18(b)).银纹体就像一层很薄的折光指数很低的液体夹在两层折光指数很高的玻璃层之间.利用这个性质,测定银纹体与本体高聚物界面全反射的临界角,算出银纹体折射指数后,即可由下式计算银纹体密度以及空穴含量:

$$P = \frac{n_c^2 - 1}{n_c^2 - 2} \cdot \frac{1}{\rho_c} \tag{9.38}$$

式中,ρ_c 为银纹体密度,P 为比折射(一个物质常数,可由本体高聚物折射系数及密度算出).实验表明,在新产生的无应力的银纹体中,高聚物的体积分数为40%～60%.用电子显微镜可以观察到银纹中的空穴和塑性高度变形了的纤维状结构.

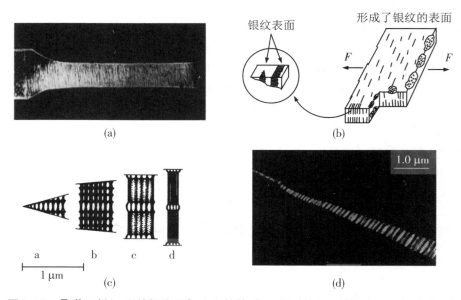

图9.18 聚苯乙烯(PS)的银纹现象.(a) 拉伸时 PS 断裂前呈现的银纹;(b) 银纹微结构示意图;(c) 银纹微结构随银纹宽度的变化,当然尺寸被大大夸大了;(d) 银纹尖端结构的电镜照片

银纹还与裂缝不同,它有可逆性.在压力下或在玻璃化温度以上退火时,银纹就会回缩以至消失.例如,应力银纹的聚苯乙烯、聚甲基丙烯酸甲酯以及聚碳酸酯在加热到各自软化点以上时,可回复到未开裂时的光学均一状态.聚碳酸酯(T_g 约为150 ℃)在160 ℃ 加热几分钟,银纹就消失了.

应力银纹一般发生在高聚物的薄弱环节,即应力集中的地方,表面擦伤、尘埃小颗粒都有助于它的产生.但是即使是最清洁、最认真处理的样品也会产生应力银纹.在仔细退火的样品中,银纹在表面引发,在银纹平面内增长,沿着表面向样品内部深入.如果样品具有拉伸内应力或不利的应变,银纹也可在内部引发,在达到试样表面以前就生成了大面积银纹.在高的外加应力下,银纹产生得相当迅速,在低的应力下则相当缓慢,并存在一个临界值.低于这个临界值,银纹将不再产生.

引发银纹所必需的临界应力随温度降低而线性增大,在 T_g 时其值近似为零.不同的高聚物在形成银纹难易方面区别很大,其原因尚不清楚.但分子取向肯定对银纹的引发有影响.当产生银纹的应力作用在高聚物的取向方向时,引发很困难,然而在垂直于高聚物取向方向时,形成银纹就容易得多.

银纹与裂纹生长的动力学是不同的.在不变的单轴力作用下,长形试样边缘沿垂直于应力方向的裂缝生长时,会造成顶端应力的增高.结果是裂缝生长速度随裂缝长度增加而增加,即随时间的增加而增加.然而银纹生长情况与裂纹不同.由于银纹中的物质能够承担相当的负荷,在恒拉伸负荷下,银纹从样品边沿产生时,其增长速度或者是不变的,或者是随银纹的长度及时间的增加而减慢.譬如,对聚甲基丙烯酸甲酯(温度范围为 24~40 ℃)、聚碳酸酯(温度范围为 95~115 ℃)的研究表明,在引发后,银纹生长速度为

$$\frac{\mathrm{d}l}{\mathrm{d}t} = \frac{a_c}{t} \tag{9.39}$$

式中,a_c 为一个与应力和温度有关的数.由式可见,对于任一银纹,在施加负荷后,对一给定的时间,增长速度是一样的,与银纹的尺寸无关,即与银纹引发的时间或"年龄"无关.

对于聚甲基丙烯酯甲酯及聚碳酸酯,银纹是否易于生长,主要取决于转变为银纹体的物质的状态,以及这一状态如何在外载荷作用下随时间的变化.在室温下,聚甲基丙烯酸甲酯中使银纹生长所需的应力是足够大的,以至于可以产生缓慢的但速度可测的均匀蠕变,聚碳酸酯在 100 ℃ 时也有这种情况.因此,生长银纹的基体随着时间的继续越来越不易生长银纹.由于在基体内这种抵抗银纹生长的能力或多或少地变得均匀了,因此所有银纹的顶端(新的或老的)在继续增长的过程中遇到同样的困难.因而银纹生长仅取决于负荷总时间.相反,在室温下,聚苯乙烯中银纹的生长在低至均匀蠕变可以忽略的应力下也能发生,结果均匀蠕变不能干扰银纹的形成.因此,若均匀蠕变可以同时产生,则无论银纹的引发还是生长都变得更困难.

银纹在玻璃态高聚物的脆性断裂中起着重要作用.一般认为银纹的生成是玻璃态高聚物断裂的先兆.尽管尘埃、表面擦伤都有助于银纹的引发,但即使是最清洁、最仔细处理的样品也会产生银纹.因此,银纹作为一种缺陷,将导致高聚物断裂强度的下降.当玻璃态高聚物生成裂缝时,银纹区域是领先出现在裂缝尖端之前;在裂缝尖端应力作用下,能够产生局部的塑性变形,并形成银纹,银纹在裂缝尖端连续不断地生长,继而又为裂缝所劈开.在许多玻璃态高聚物新鲜断面上观察到的交替色彩是一个很好的例证,它是由很薄的银纹体薄层折射引起的.这说明断裂的产生很可能是分两步进行的:第一步是形成银纹,第二步是银纹的破裂.高聚物的结构因素(如分子量、分子量分布、支化、取向、结晶度等)和外界条件(如热历史、温度应力、环境等)对应力银纹和应力开裂都有影响,继而影响高聚物的力学性能.

环境应力银纹是高聚物材料在应力和溶剂或溶剂蒸气联合作用下产生银纹的过程.除了外力作用,高聚物材料中的内应力,例如加工时在制品中引起的残余应力,是引起环境应

力银纹的主要因素. 当溶剂或溶剂蒸气接触有内应力的高聚物制品时, 材料表面极易引发银纹, 使内应力得以释放. 这时的银纹是杂乱取向的.

受溶剂作用时, 银纹中的取向分子易于滑动和解缠结. 因此环境应力银纹更容易转变成裂纹. 这种裂纹称为环境应力开裂. 由内应力引起的环境应力开裂在制品表面上是无规取向的, 外观上类似龟背图纹, 因此通常称为龟裂.

高聚物材料环境应力银纹和环境应力开裂的特性在工业上可用来检查制品的内应力. 只要在一定温度范围内, 在规定的溶剂中浸泡一定时间, 制品上不出现银纹即为合格, 相当简单.

不同的溶剂引发高聚物环境应力银纹的能力各不相同. 对于不同的溶剂, 存在一个临界银纹引发应力. 低于该应力值时, 高聚物材料将不再引发银纹. 溶剂对高聚物材料的增塑作用是引发银纹的应力下降的主要原因. 溶剂分子进入高聚物中, 降低了高分子的 T_g, 增加了分子的运动能力, 使分子易于转变为银纹质.

9.8　高聚物的冲击强度

冲击实验是用来量度材料在高速状态下的韧性, 或对动态断裂的抵抗能力的一种实验方法. 对研究高聚物材料在经受冲击载荷时的力学行为有重要的实际意义. 在一般拉伸实验条件下, 韧性的材料在冲击载荷下很可能是脆性的. 而对于塑料制品, 总希望落到地上或与别的东西相碰时不致破裂. 冲击实验作为一项标准测试已形成了规范, 且已为生产部门普遍采用来作为产品的质量标准. 冲击强度的研究, 对了解它们的断裂特性是很有价值的, 特别是冲击实验也是观察材料断裂现象的一种方法. 在宽广温度和不同缺口尺寸条件下材料对断裂表面形状、能量吸收形式和裂纹增长速度的细微研究, 都有助于深入了解材料在冲击载荷下裂纹的发生和发展过程.

材料的冲击强度与材料其他极限性能不同, 它是指某一标准试样在破断的单位面积上所需要的能量, 而不是通常所指的断裂应力. 冲击强度不是材料的基本参数, 而是一定几何形状的试样在特定实验条件下韧性的一个指标. 因此只有在试样形状和大小相同, 又在相同实验条件下测得的冲击强度数据, 才具有工程使用意义上的可比性, 才能用以确定不同的高聚物材料哪些是属于韧性的, 哪些是属于脆性的. 对于像玻璃钢一类的增强塑料, 即使是以脆性形式断裂, 其冲击强度值仍然是很高的.

测定冲击强度的实验方法有数十种, 其中高速拉伸冲击实验被认为是衡量材料韧性较好的方法. 中国科学技术大学研制的旋转盘冲击拉伸实验机的原理(图 9.19)是: 一个直径达 2 m 的大质量圆盘飞速旋转, 达到一定的高速度后电磁销卡松开, 放出撞块, 高速冲击一头固定的高聚物试样. 多点粘贴分布的电阻应变片把瞬间得到的有关应力、应变等数据传至瞬态储存器, 实验后再把数据调出分析和作图. 实验得到的是高速拉伸的应力-应变曲线, 应变率高达 10^3 s^{-1}.

高速拉伸冲击实验由于其设备复杂,国内还没有商品化.目前生产部门中经常使用的还是简便易行的摆锤式冲击弯曲实验.在我国尤以简支梁式摆锤冲击实验最为普遍.对于板状材料和薄膜材料也可使用落球式冲击实验.

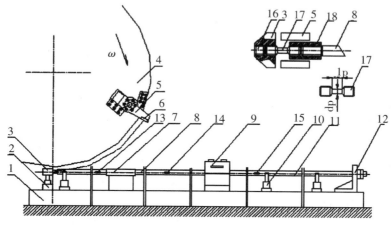

1 基座　2 冲击块支架　3 冲击块　4 旋转盘　5 冲击锤　6 刀口
7 节气闸　8 输入杆　9 高低温电炉　10 杆支架　11 输出杆
12 固定支加架　13 应变片G_1　14 应变片G_2　15 应变片G_3
16 拉栓螺钉　17 预固定杆　18 连接器

图 9.19　旋转盘冲击拉伸实验机原理示意图

简支梁式摆锤冲击实验的基本原理是把摆锤从垂直位置抬到机架的扬臂上以后(此时扬角为 α,图 9.20),它便获得了一定的位能.若任其自由落下,则此位能转化为动能,而将试样冲断.冲断试样后,摆锤即以剩余能量升到某一高度,升角为 β.则按能量守恒关系可写出下式:

$$Wl(1 - \cos \alpha) = Wl(1 - \cos \beta) + A + A_{\alpha} + A_{\beta} + \frac{1}{2}mv^2 \qquad (9.40)$$

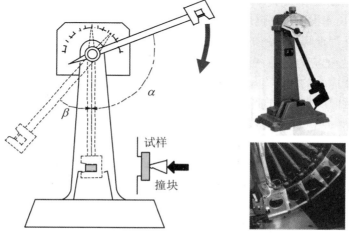

图 9.20　摆锤冲击实验机及其摆锤的运动

式中, W 为冲击锤之重量; l 为冲击锤之摆长; α 为冲击锤冲击前之扬角; β 为冲击锤冲断试样后的升角; A 为冲断试样所消耗的功; A_α 为摆锤在 α 角内克服空气阻力所消耗的功; A_β 为摆锤在 β 角内克服阻力所消耗的功; 而 $mv^2/2$ 为试样断裂后飞出时所具有的动能.

通常式(9.40)等式右边的后三项都可忽略不计,则冲断试样时所消耗的功为

$$A = Wl(\cos \beta - \cos \alpha) \tag{9.41}$$

在上式中,除 β 角外均为已知数,故根据摆锤冲断试样后的升角 β 的大小,即可求得冲断试样时所消耗的功的数值,再除以试样在冲断处的截面积即得材料的冲击强度,单位是 J/m^2.

摆锤式冲击实验本是用来评价金属材料延展性的,现在借用来做高聚物材料的冲击实验.因此它的缺点在黏弹性高聚物材料冲击实验中变得更明显了.其中最主要的是不同厚度的试样所得到的冲击强度不能比较,这是由于"飞出功"没有考虑进去.因为一般冲击实验机的读数盘是按式(9.40)刻度的,但是从读数盘上所读出的冲断试样的消耗功,不仅包括使试样产生裂纹和裂纹在试样中发展的能量以及使试样断裂产生永久变形的能量,还包括使试样断裂后飞出的能量,这部分能量就是"飞出功".它与试样的韧性毫无关系,可有时它竟占相当大的部分.例如,聚甲基丙烯酸甲酯的标准试样,其"飞出功"竟占由读数读出的冲断试样所消耗功的50%左右;酚醛塑料标准试样的"飞出功"占读数盘读出的冲断试样所消耗功的40%左右.

为克服"飞出功"的不良影响,可采用落球式冲击实验.它是把一个重球从已知高度落下,测出试样刚好形成裂纹而不把试样完全打断的能量(即球的重量和它落下高度的乘积).从这点上来说,落球法比摆锤法能够更好地与实际实验相符合.因为在许多实际应用中,塑料物体开始有裂纹时就可以认为是无用的了.落球法的缺点仍然是必须用相同的标准试样,装置复杂,方法本身也不太方便,只适用于板材和薄膜.

弯曲形变时应力在试样中的分布是不均匀的,因此摆锤法测得的材料冲击强度数据只有相对比较的意义,理论价值不大.但应力在拉伸试样中的分布却是均匀的,并且拉伸应力-应变曲线下的面积是和材料断裂时所需的能量成正比,只要实验的速度足够高,曲线下的面积应和材料的冲击强度相等.高速拉伸冲击实验是评价材料冲击强度最好的方法.在高速拉伸实验中,可以单独测量出高速拉伸时的断裂强度与断裂伸长率,这样就可以把断裂伸长率低而破断强度大与断裂伸长率大而破断强度较低的两种材料区分开来.在断裂所需能量接近时,只有断裂伸长率大而断裂强度又较高的材料,才是在高速冲击状态下韧性较好的材料.试样上有缺口会强烈地降低材料的冲击强度,使材料变脆.缺口对试样内的应力分布产生两种影响,一种是缺口会把应力集中在很小的区域内.缺口底部的曲率半径越小,应力集中越厉害.因为在缺口附近受应力的速率有增加,缺口的效应和增加测试速率相似.另一种是缺口的存在增加了应力场中法向应力对切向应力的比率,促使材料呈现变脆的趋向.总之,缺口对材料的抗冲性能影响极大,如缺口能使脆性的有机玻璃冲击强度降低到1/7.其中对韧性材料的表现影响比对脆性的大.另外,试样上的缺口会减少随机断裂的几率,使实验数据不致太分散.

对不同大小的缺口试样冲击强度的研究,还可以帮助我们更好地理解材料的冲击行为,如图9.21所示的是不同缺口直径的ABS树脂和聚碳酸酯试样在20 ℃时的简支梁式摆锤冲击强度.数据表明,钝缺口时,ABS树脂比聚酸酯更易于为冲击所损坏;而尖缺口时,聚碳酸酯传播裂缝又比ABS树脂传播得快.由此可见,冲击强度至少包括两个力学过程的能量吸收,即裂缝的引发(钝缺口时)和裂缝的传播(尖缺口可认为是人为引入的裂缝).

高聚物材料的冲击强度和其他力学性能一样,也明显受温度的影响.特别是热塑性塑料的冲击强度对温度有很大的依赖性,接近玻璃化温度时冲击强度随温度有剧烈的增加.如聚氯乙烯板材的冲击强度在 $10 \sim 25\,℃$ 时数值比较小,而在 $30 \sim 60\,℃$ 时其数值急骤增大(图 9.22).相比之下,热固性塑料的冲击强度随温度的变化就较小,在 $-80 \sim 200\,℃$ 之间冲击强度几乎不变.在温度远低于玻璃化温度时,两种硬性高聚物的冲击强度有很大差别,这种差别主要应归于高聚物中的次级松弛转变.高聚物的松弛性能以及它们的极限力学性能关系的研究近年来日益增多.前者是在小形变(线性形变范围内)和相当低的形变速率下测得的力学性能,后者是在大形变(非线性形变

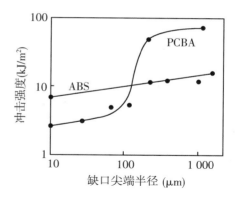

图 9.21 不同缺口尖端直径对 ABS 和双酚-A 聚碳酸酯(PCBA)在室温时的冲击强度的影响

范围内)和可变形变速率下测得的力学性能.实验表明,可以把力学松弛中的分子运动和能量吸收机理同宏观拉冲性能联系起来,并用前者对其中某些宏观性能给予说明.

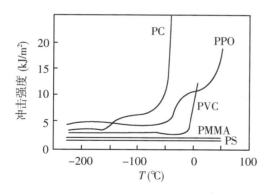

PC 聚碳酸酯
PPO 聚苯醚
PVC 未增塑聚氯乙烯
PS 聚苯乙烯
PMMA 聚甲基丙烯酸甲酯

图 9.22 实验温度对五种非晶态高聚物冲击强度的影响

小侧基运动所引起的 δ 转变,同宏观冲击强度没有明显关系.例如,聚苯乙烯和聚甲基丙烯酸甲酯尽管都有低温的 δ 转变,但都是脆性玻璃.主链的链节曲柄运动所引起的 γ 转变,能使高聚物的主链有一定程度的活动性,从而能呈现出延性和韧性.如聚乙烯、聚丁烯、聚四氟乙烯和聚酰胺都有低温 γ 转变,都是韧性很好的高聚物.又如聚碳酸酯和聚芳砜具有特殊链节很大的 β 转变峰,并且 T_β/T_g 的比值较小,使得 T_g 时的自由体积增大,便于链节运动且易吸收能量,致使这两种高聚物在低温转变区内,形变伸长有显著增大,冲击强度亦有提高,在低温下不脆.这些事实的发现打破了高聚物在低于 T_g 时即变脆的传统概念,为寻找低温抗冲击工程塑料提供了理论依据.

考虑到上面的情况,也可在脆性材料中加入一种橡胶,使材料除通常的玻璃化转变外还有低温转变,增加其冲击强度.这方面的实例有聚苯乙烯(脆性高聚物)和聚丁二烯或丁苯橡胶的共聚或共混.这种共混或共聚物较之聚苯乙烯有更好的抗冲性能(图 9.23),再如丙烯腈-

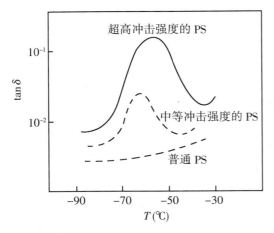

**图 9.23　3 种不同抗冲击性能的聚苯乙烯
(PS) 动态力学性能曲线**

丁二烯-苯乙烯的三元共聚物 ABS 树脂,其 β 转变峰和转变温度取决于橡胶相的含量,不同聚丁二烯对 ABS 树脂冲击强度的影响如图 9.24 所示.调节聚丁二烯加入量,可使 ABS 树脂具有不同的抗冲击性能,即使在低温仍保持这一优良性能.

如果结晶态高聚物的玻璃化温度比实验温度低得多,那么它们就具有高的冲击强度,冲击强度随结晶度的增加或球晶的增大而降低.如高密度聚乙烯(结晶度为 70%~80%)的冲击强度只为低密度聚乙烯(结晶度约为 50%)冲击强度的 1/5.假如玻璃化温度高于实验温度,只要材料没有取向,结晶度也会降低冲击强度,可能是微晶体起着应力集中

的作用.一些热塑性塑料在不同温度下的冲击强度比较见表 9.3,可作为选择材料时的参考.

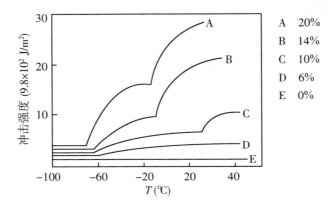

A　20%
B　14%
C　10%
D　6%
E　0%

图 9.24　具有不同聚丁二烯含量的 ABS 树脂的冲击强度

表 9.3　某些热塑性塑料的冲击韧性

材料	温度(℃)							
	−20	−10	0	10	20	30	40	50
聚苯乙烯	A	A	A	A	A	A	A	A
聚甲基丙烯酸甲酯	A	A	A	A	A	A	A	A
玻璃填料尼龙(干)	A	A	A	A	A	A	A	B
甲基戊烯聚合物	A	A	A	A	A	A	A	AB
聚丙烯	A	A	A	A	B	B	B	B
抗裂纹的丙烯酯树脂	A	A	A	A	B	B	B	B
聚对苯二甲酸乙二酯	A	A	A	A	B	B	B	B
聚缩醛(类)	B	B	B	B	B	B	C	C
未增塑取氯乙烯	B	B	C	C	C	C	D	D

材料	温度(℃)							
	− 20	− 10	0	10	20	30	40	50
CAB	B	B	B	C	C	C	C	C
尼龙(干)	C	C	C	C	C	C	C	C
聚砜	C	C	C	C	C	C	C	C
高密度聚乙烯	C	C	C	C	C	C	C	C
PPO	C	C	C	C	C	CD	D	D
乙丙共聚物	B	B	B	C	D	D	D	D
ABS	B	D	D	CD	CD	CD	CD	D
聚碳酸酯	C	C	C	C	D	D	D	D
尼龙(湿)	C	C	C	D	D	D	D	D
聚四氟乙烯	BC	D	D	D	D	D	D	D
低密度聚乙烯	D	D	D	D	D	D	D	D

A(脆性):即使在没有缺口情况下试样也断裂.

B(缺口脆性):试样在有钝缺口时是脆的,但在没有缺口时不断裂.

C(缺口脆性):试样在有尖缺口时是脆的.

D(韧性):试样即使在有尖锐缺口情况下也不断裂.

9.9　马克三角形原理

克服高聚物材料性能上的缺点,提高高聚物的强度,目前主要从两个方面着手:一个途径是从化学结构上改进,即合成新型的高分子化合物(包括共聚);另一个途径是发展复合材料(包括共混).

充任结构材料的高聚物,性能方面的要求可以概括为三点,即更高的强度、更高的耐热性和更高的对化学药品的抗蚀力.这些要求反映在高分子结构上是比较一致的,无非是加强高分子间的相互作用力或强化高分子链本身.一般认为借助于下面三个主要原则从结构上可改进高聚物材料的性能,这三个原则是结晶、交联和增加高分子链的刚性.

1. 结晶

结晶是增加高分子键间相互作用的有效方法,像聚乙烯那样本性柔顺的分子键,键间只有微弱的范德华相互作用力,但由于结晶作用使分子键排列整齐,它仍是坚硬强韧、耐磨的材料.同样,有规立构的聚丙烯在晶态时也是坚硬的.

高分子链的一个特性是自身能排列成晶态结构,当一种有规立构的高聚物受到使分子链取向的力学处理时,这些分子链强烈地倾向于平行排列,结晶形成了微晶,分子链之间的单个作用力并不强,但是它们数量很多,结构规整,这就使这种结构具有相当大的刚性,使高聚物变得坚硬、难溶、受热时难以软化.高分子要能结晶,分子链就要规整一些,定向聚合的意义就在于此.

应用结晶原理已制得大量热塑性塑料,特别是纤维和薄膜,其中包括聚乙烯、聚丙烯、聚甲醛、聚乙烯醇及聚酰胺(如尼龙 6 及尼龙 66)等.

2. 交联

分子链的化学交联限制了链的运动,早已被用来提高高聚物的强度和抗性.在橡胶一类的高聚物中加入像硫这样的物质,使分子链间生成较强的化学键.因为分子链是用很强的且无规排列的链连接起来的,所以硫化橡胶具有足够好的强度和弹性.交联是化学反应,当温度升高时交联过程显著加速,随着交联键数目的增加,可使橡胶逐渐变硬,最后成为硬度和软化点很高、完全不溶解也不溶胀的材料.

同样,交联本就是热固性塑料的共同特点,而热固性塑料一般要比热塑性塑料耐高温,这是大家都知道的.增加分子链的极性吸引和离子吸引也可以归入这个范畴.

应用交联原理,已得到硬质橡胶、热固性树脂、不饱和聚酯、交联环氧树脂、聚氨基甲酸酯以及由甲醛与尿素、三聚氰胺或苯酚反应所得到的树脂与塑料.

3. 增加分子链的刚性

考察结晶和交联都是把柔顺易曲的分子链集中在一起,使分子链强化成为坚固的集合.可以推想,如果将本来就是刚性的分子链集合在一起,更可以提高材料的坚硬度.要使分子链刚性,可以通过在分子链上带上庞大的侧基,但是更有效的办法是把环状结构引入高分子主链,近年来芳环杂环高分子之所以这么受重视,原因就在这里.

在分子链上"挂"一些大体积的基团以限制分子链的弯曲,可使分子链变成刚性链.如聚苯乙烯的分子链即使在没有交联也不是结晶排列的情况下,由于苯环连接在碳主链上而使主链成为刚性链,这样就使聚苯乙烯成为硬塑料.但是,把大基团接在主链上使分子链成为刚性所得到的材料很容易溶解和溶胀,这是一个弱点,因此现在主要是使主链本身成为刚性链.尤其是一系列杂环高分子的出现,在提高高聚物强度和耐热性方面取得了显著成绩,更引人注意.

杂环高聚物是在高分子的主链里引进许多杂环结构而形成的.把环状结构(芳环或杂环)引进高分子主链产生两种影响:一是增加分子链的刚性,使得分子的振动和转动都增加难度;二是增加分子链之间的相互作用,使分子链间的相互移动也增加了困难.这些影响不但可以提高高聚物的强度,也提高了它们的耐热性和耐化学试剂能力.目前有价值的杂环高聚物有聚酰亚胺、聚咪唑、聚氧二唑、聚噻唑、聚哑唑、聚对二嗪等.

值得提出的是"梯形高聚物".所谓"梯形"结构,是指高分子的主链不是像一条线而像梯子那样.这样的高分子就不易被打断,一个键断了不会降低分子量,几个键断了,只要不在一个梯格里也不会降低分子量.只有当一个梯格里的两个键同时断裂,分子量才会降低.这样的机会显然要小得多,因此梯形高聚物的耐热和机械性能都较好.

根据分子链刚性原理得到的一类高聚物中有聚苯乙烯、聚苯乙烯衍生物、线型聚酚氧、聚甲基丙烯酸甲酯、聚碳酸酯、聚酯、聚醚以及上面提及的杂环高分子.同时应用这些使分子链强化的技术将会得到更理想的效果.如结晶与交联原理能同时起作用得到许多结晶性橡胶:天然橡胶、顺丁橡胶、异戊橡胶和氯丁橡胶等.对于不易结晶的橡胶,为提高其硬度,经常加入一些固体填料如炭黑、二氧化碳或氧化铝颗粒,它们利用吸附而紧密地连在分子链上,阻止链运动而使分子链成为刚性链,结果就产生了另一类型的结晶体系.

结晶原理及刚性链原理同时起作用的例子是涤纶,其分子链只有中等刚性,因为没有氢键,分子链之间只靠极微弱的分子间作用力相联结.但是,由于这两个原理同时起作用而使涤纶纤维和薄膜具有高强度和高熔点.

刚性链与交联原理同时起作用的例子是环氧树脂.将刚性链的环氧树脂进行"固化",使分子链之间形成许多交联键,可提高其硬度及抗软化性能.

由于这三个原理中的两个同时起作用时有效地改进了高聚物的性能,人们自然希望这三个原理同时起作用,以便得到更好的结果.已经有成果的例子是对棉花及人造丝进行化学试剂处理,以引进交联键,可大大改进这些纤维织物的回弹能力及耐皱性而又不影响其他性能.可以用一个三角形来形象表述上面三个原理.以三角形的每一个角代表使高聚物坚硬耐高温的三个基本原理中的一个原理,每边代表这些原理两两起作用时的情况.要设计这一结构,使三条原则都起作用,就一定是落在这三角形的正中间,如图 9.25 所示,这就是所谓的马克(Mark)三角形原理.

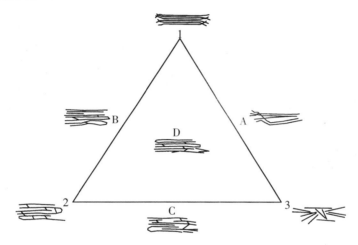

图 9.25　马克三角形原理

区域	高聚物的特点	示例	用途
		聚乙烯	容器,管道,薄膜
1	可结晶的柔性链	聚丙烯	容器,管道,薄膜
		聚氯乙烯	塑料管道,板壁
		尼龙	袜子,衬衫,上衣,外套
2	柔性链交联形成	酚醛树脂	电视机外壳,电话听筒
	非晶态网状结构	硫化橡胶	轮船,运输带,皮带管
		苯乙烯交联的树脂	汽车及器械的装饰
3	刚性链	聚酰亚胺	高温绝缘材料
		梯形高分子	防护用品
A	刚性链,部分结晶	涤纶	纤维及薄膜
		醋酸纤维素	纤维及薄膜
B	适度交联,有一定	氯丁橡胶	耐油橡胶制品
	结晶性	异戊橡胶	回弹性特别好的橡胶制品
C	刚性链,部分交联	耐高温材料	喷气发动机,火箭发动机及等离子技术
D	刚性链,结晶,有交联	高强度耐高温材料	建筑及交通工具用材料

中国科学技术大学的俞书宏用一种冰晶诱导自组装和热固化相结合的新技术,以交联型热固性酚醛树脂和密胺树脂为基体材料,成功研制了具有类似天然木材取向孔道结构的新型仿生人工木材(图9.26),这也是上述三个原理同时起作用的最新实例.这种人工木材具有与天然木材非常类似的取向孔道结构,壁厚和孔尺寸可很好地调控.再复合上多种纳米材料使得人工木材具有突出的力学性能(特别是压缩屈服强度高达45 MPa),与天然木材性能相当.其耐腐蚀性、隔热和防火阻燃性能都很突出.与石墨烯复合的人工木材更是有很好的径向(垂直于孔道方向)隔热效果,最低热导率可达21 mW/(m·K).作为一种新型仿生工程材料,仿生人工木材的多功能性优于传统的工程材料,这类人工木材有望代替天然木材,实现在苛刻或极端条件下的应用.更重要的是,这种新的仿生制备策略为制备和加工一系列高性能仿生工程材料提供了新的思路.

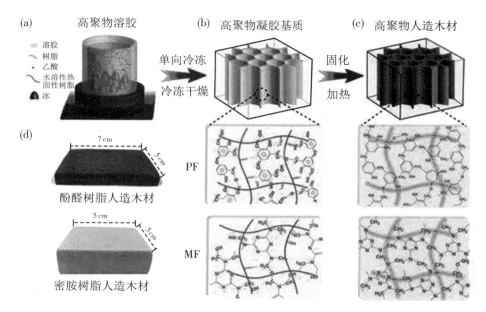

图9.26 基于取向冷冻技术的交联型热固性酚醛树脂(PF)和密胺树脂(MF)基仿生人工木材的制备、结构示意图.(a)树脂高聚物的混合溶胶;(b)取向冷冻和干燥后具有取向孔道结构的高聚物干胶;(c)固化后的树脂基仿生木材;(d)酚醛树脂基(上)和密胺树脂基(下)仿生木材实物照片

马克三角形原理是经验规律,是从实践中提炼出来的,比较可靠,可以作为我们今后探索新型高聚物材料的参考.但是它还很不完善,譬如对塑料、纤维考虑得多,对弹性体就欠适用.弹性体要求有弹性,高分子链就不能结晶和刚性,但又要求有强度和耐高温,这在结构上该如何反映,还缺少一致的看法.补充几条:① 分子量低的低聚体往往使性能变坏,应避免其生成或设法除去.② 分子链中的反常接头和链端的不稳定结构往往是破坏的根源,应设法免除.③ 高分子中氢原子往往是氧化断键开端的地方,应尽量减少或全以氟原子代之.总而言之,总的趋向是致力于生成结构更整齐、有秩序的高聚物.

9.10　复合作用原理和复合材料

提高高聚物材料的强度不仅可以从改进高聚物结构、合成新的品种着手,而且可以从多种组分的复合方面来改进.近年来,为了满足超音速飞行、空间探索和深海勘探事业对高强度、耐冲击高聚物材料的苛刻要求,越来越多地发展复合材料(composites),如采用共混、纤维共纺及增强塑料.一般地,这种材料具有高强度、高弹性模量、低比重、设计灵活性强和良好的耐高温特性,在很多方面成功地代替了许多传统材料.可以这样说,增强塑料中的增强纤维与树脂也是一种混合物.但是过去人们对元素和化合物的研究比较重视,而对混合物的研究比较漠视.这是因为过去的研究对象大部分是低分子,而低分子的混合物中各个组分的相互影响不大.高聚物混合物就不同了.高聚物混合物是许多长链分子互相捏合渗透在一起的,其中有千百个基团发生相互作用,影响着整个体系的物理化学性能.从宏观上看,虽然多成分彼此作用成一个整体,但是它们互不溶解,也没有以其他方式相互完全融合,通常各成分在其交界面上可以物理地区分出来.界面的性能通常对复合材料的性能起着决定性作用.尽管这类材料已经长期和大量地予以利用,但是对它们的基本认识还尚处于相当初级阶段.直到最近,复合材料仍被认为仅仅是两种材料的结合,即两种或多种材料的结合是为了改进其主要组分的某种不足.但是在现代技术中,它含有更广泛的意义:复合材料具有它自己独特的性能,就其强度、耐热性或其他一些合乎要求的性能来说,复合材料胜于它的任一单个组分,或与它们都有本质的差别.

复合材料新概念的一个粗浅例子是恒温器一类装置中的双金属片,它是由一片黄铜和一片同样形状的铁片组成的.如果这两个金属片是分开的,将它们同时加热,那么黄铜片的膨胀比铁片来得大;如果把它们焊在一起再加热,那么黄铜片较大的伸长将迫使铁片弯曲,而铁片的弯曲又迫使黄铜片弯曲.这个弯曲能用来指示温度或启动开关.这个例子说明了现代复合材料的两个特点:一是两种材料的任何一个在单独使用时所不具备的性能,其复合体却有了全新的性能;二是两种组分协同作用使它们不同的应变归于相等,这个称为复合作用原理的行为,在设计复合材料中是非常重要的.在现代应用中,刚度和轻质以及强度与轻质都是要满足的,因此必须经常考虑单位重量的刚度(比刚度)和单位重量的强度(比强度).重量轻、刚度大的高强度材料是陶瓷类材料,如玻璃、石墨、蓝宝石、金刚砂和硼,但是它们的高强度仅仅在相当特殊的条件下才能得以实现.最重要的条件是试样没有内裂纹并有一个光滑的表面,陶瓷类材料的断裂功很小,因此只要有裂纹就十分脆弱.

为了在复合材料中使用陶瓷,必须把它们分成小块,以使任何已有的裂纹不能再继续在材料内部扩展,然后把这些小块结合在一个基体中,陶瓷通常以纤维的形式加入.这里,基体材料的性质是极其重要的:第一,它必须不损伤纤维,以免引进裂纹.第二,它必须起到介质的作用,把应力递给纤维;当然要求它是塑性的和黏性的,这样它能将纤维黏住,就像一个人踏进了又深又软的泥浆中,想把被黏住的腿拔出来.第三,基体必须能对复合物本身的裂纹起着致偏和控制的作用.上述基体所必备的这些力学性能都可为高聚物所满足.

强度最高的复合材料都是由排列成行的纤维组成的.如果这种复合材料受到平行纤维方面的拉伸,复合作用原理开始起作用,因此纤维的应变和基体的应变实际相等.选择这样一种基体,它以塑性形式屈服或流动,因而当纤维和基体处在相同应变时,纤维中的应力比基体中的应力大很多.差别如此显著,以致基体对复合材料断裂强度的贡献可以忽略不计.

控制裂纹的第二个效应是靠调节纤维和基体之间的黏合程度来达到的.如果黏性低,材料在与纤维垂直的方向就脆弱了.但也有有利的一面,如果裂纹起始于纤维的垂直方向,裂纹就沿着弱界面而偏斜,而无损于平行于纤维方向所要求的性能.

当玻璃一类极脆材料的纤维用于复合材料时,通常都带有一些裂纹.当这样的复合材料受载时,有一些纤维就先断裂.显然断纤维紧靠断头的这部分将不再承受载荷.然而,这根纤维在稍离断头的未断部分仍然与其周围未断纤维一样承受相同的负荷.其原因是当纤维断裂时,它们两端力图相互拉开,但受到黏结着纤维的基体的阻碍,基体中平行于应力方向上的流动阻止了纤维松弛的趋势.这时剪切应力开始起作用,并逐渐在断纤维中重新建立应力(图9.27).在复合材料中基体于断纤维中产生应力的事实表明,即使纤维全部都断裂,复合作用原理也还是在起作用.这样的效果可用大量短切纤维来获得.有的复合材料就是用短纤维来制造的,而不用贯串整个材料的长纤维同样也可起到一定的增强作用,但在工艺上却得到了极大的简化.

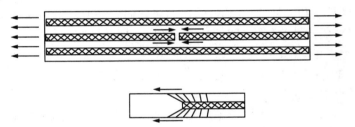

图9.27 在纤维增强复合材料中,断纤维仅引起微小的损伤.其原因描画在顶图中,它代表基体中一根断纤维和两根未断纤维,当中间那根纤维因应力而断裂时,该纤维的两端力图相互拉开,但被黏性基体的剪切力阻止,底图详细描述了纤维断头的力

这个事实为纤维增强作用原理的应用提供了两个可靠的优点:第一个优点是因为能用短纤维,所以板料可以用由基体和短纤维组成的叠层(以提供多方向的强度)来制得.第二个优点是已知最强的材料是统称为"晶须"的短单晶丝.因为纤维增强复合材料不要求用连续的长纤维,则可利用晶须,晶须增强的复合材料在许多实验室中已经制得,且已证明有极其良好的力学性能.

思　考　题

1. 什么是脆性断裂?什么是韧性断裂?最能反映材料脆韧性的特征是什么?

2. 试讨论温度、应变速率、分子量、交联、增塑和试样尺寸等因素对高聚物材料脆韧转变的影响.

3. 缺口对高聚物的脆韧性有重大影响,在存在缺口的情况下,如何将材料的脆韧性分类?

4. 高聚物的理论强度约为它们模量的十分之一.你知道是怎么近似估算出来的吗?

5. 高聚物的实际强度比理论强度要小几百倍是因为有应力集中.你是如何理解应力集中的?应力集中物有哪几类?为什么沿着裂纹尖端处的应力这条路走下去,得不到成功的断裂力学理论?

6. 格里菲思理论是如何考虑高聚物断裂的?该理论的成功之处在哪里?为什么说"材料不是一有裂纹就不能再用了"?

7. 你对断裂力学理论,特别是安德鲁斯的普适断裂力学理论有多少了解?

8. 描述高聚物断裂的分子动力学理论——茹柯夫理论的要点是什么?有哪些实验表明茹柯夫理论是对的?该理论的不足之处在哪里?

9. 什么是银纹?它是如何产生的?它与一般的裂纹有什么不同?你在日常生活中观察到过塑料的银纹吗?

10. 材料的冲击强度与材料一般的极限强度(屈服强度、拉伸强度等)有什么不同?如何在摆锤式冲击实验机测定高聚物冲击强度时考虑"飞出功"?

11. 复合材料的新概念是什么?在玻璃纤维增强复合材料中复合作用原理表现在什么地方?

12. 在树脂基玻璃纤维增强复合材料中对树脂有什么要求?为什么在树脂基玻璃纤维增强复合材料中可以使用断纤维?

13. 什么是提高高聚物材料强度的马克三角形原理?在提高高聚物强度方面还要注意些什么?

第 10 章 高聚物熔体的流变力学行为

流变学(rheology)是研究流体流动和变形的学科.

高聚物材料的另一个重要转变是它们的流动转变.当温度超过流动转变温度 T_f,线形高聚物就开始熔融,变为流动态.流动转变是高聚物材料的另一个重要转变.当温度超过流动转变温度 T_f 时,线形高聚物就开始熔融,变为流动态(黏流态).在流动态下,高聚物熔体除有不可逆的流动成分外,还有部分可逆的弹性形变成分——黏弹性,并且是非线性的黏弹性.由于高聚物熔体不但有正常的黏性流动,并且呈现出相当明显的弹性行为,因此高聚物的这种流动一般就称为流变性——流动和变形共存.流动态是高聚物主要的加工成形[①]状态.尽管塑料制品的加工技术很多,可以机械加工,热焊或粘接,然后对塑料制品设计人员更有意义的还是那些经一次加工就能制得形状复杂、部件交错的制品,而无需(或很少需要)后加工的各种模塑法.热塑性塑料的成形如挤塑、注塑、吹塑、压延以及合成纤维的纺丝无一不是在流动态下实现的.

高聚物熔体在外力作用下的流动有一些不寻常的特性.这些特性甚至在简单的实验中就能观察到.例如,当用一根棒高速搅拌高聚物熔体(或高聚物浓溶液)时,熔体会围绕搅拌棒向上爬起(爬杆现象);挤塑时挤出物的尺寸会比膜口尺寸来得大(挤出物胀大).这些都是由高聚物熔体的黏弹性本质(非牛顿性)引起的.外力作用时,高聚物熔体不但如小分子液体那样表现出黏性流动,并且呈现出相当明显的弹性行为.除许多其他因素外,这些流变性能还与高聚物的分子结构、分子量和分子量分布等结构因素密切相关,也取决于加工条件,如熔体温度、压力和流速等.因此,较好地理解流变性能和分子特性之间,以及流变性能与加工条件之间的相互关系,对评定高聚物材料的可加工性很是重要,对选择高聚物熔体合适的加工设备也是很有帮助的.

当然,交联的高聚物不具有流动态,如硫化橡胶及酚醛树脂、环氧树脂、聚酯等热固性树脂.另外,某些刚性特别高的高分子链或高分子链间有非常强相互作用的高聚物,如纤维素酯类,聚四氟乙烯、聚丙烯腈、聚乙烯醇等,其分解温度 T_d 低于流动温度 T_f,因而也不存在流动态.

常见的塑料加工方法有注塑、挤塑、吹塑和迴转熔塑等,简介如下:

(1)注塑时物料通过加热的料筒而熔融软化,然后迅速用高压活塞把定量的物料完全充满模具.最简单的模具由阴模和阳模两部分组成,它们闭合时留有一个模槽.注塑能以重

---

① 通过不同模塑法把高聚物加工成各种形状的制品是"成形",而不是"成型".

复的精度模塑出形状和大小完全一样的制品.约有 25 %以上的热塑性塑料能用注塑法加工成各种形状复杂的制品,

（2）挤塑是用螺杆（单螺杆或双螺杆）把物料经加热的料筒送到模头,物料在机筒里受螺杆的压塑和混合以及因剪切摩擦热和外部加热的联合作用而软化成流动态,软化物料顺取模头的形状.挤塑法生产截面恒定的长形制品,差不多 60%的热塑性塑料都可用挤塑来加工,制品包括管材、型材、电线绝缘层、包装薄膜等.

（3）吹塑是生产各种空心制品的方法,将一个已软化的塑料竖管状物（型坯）挤出到开启的模具中,闭合,充气膨胀贴附在模具内表面.最简单的模具由两瓣阴模组合而成,在它们闭合时留有一个模槽.模具通常位于挤出机的下方,"型坯"充气膨胀贴附在模具的内表面.

（4）迴转熔塑也是生产空心三维制品的.冷的模腔里充以预先称量好的粉料,然后绕两根相互垂直的轴缓慢在炉子里转动,当所有的物料均已熔化,并与模具的形状一致时,把模子从炉子中移到冷框架上,并继续转动直至温度降到制品形状稳定能从模具中取出为止.

从工程设计角度来看,能满足特定功能的材料很少,这是单纯依据其力学性能来选择的.如果一种塑料加工成形不易,费用又高,那么即使物理力学性能很好,也不会成为大品种塑料.

从温度的角度来看,流动态是高聚物在流动转变温度 T_f 以上的一种凝聚态（上限为高聚物的热分解温度 T_d）.对于非晶态高聚物,温度高于 T_f 即进入流动态,对于晶态高聚物,分子量低时,温度高于熔点 T_m 即进入流动态;分子量高时,熔融后可能存在高弹态,需继续升温,高于 T_f 才进入流动态.表 10.1 是部分高聚物的流动温度.

表 10.1　部分高聚物的流动温度

高聚物	流动温度 T_f（℃）	高聚物	流动温度 T_f（℃）
天然橡胶	126～160	聚丙烯	200～220
低压聚乙烯	170～200	聚甲基丙烯酸甲酯	190～250
聚氯乙烯	165～190	尼龙 66	250～270
聚苯乙烯	～170	聚甲醛	170～190

10.1　高聚物熔体流动的非牛顿性

10.1.1　牛顿流体

已经说过,符合牛顿流动定律的流体是牛顿流体.流体在剪切应力 f_x 作用下产生稳定的层状流动（图 10.1）,牛顿流动定律是

$$f_x = \eta \, dv/dy$$

从应力-应变的角度来看,f_x 是应力 σ,dv/dy 就是剪切速率 $\dot{\gamma} = d\gamma/dt$,所以

$$\sigma = \eta \dot{\gamma}$$

在流变学中通常把 σ-$\dot{\gamma}$ 关系曲线叫做流动曲线,牛顿流体的流动曲线是一条直钱(图 10.1(b)).牛顿流体是最典型、最基本的流体,小分子化合物大都属于这种类型.

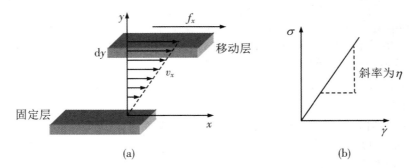

图 10.1 (a) 液体的剪切流动;(b) 牛顿流体的流动曲线

10.1.2 非牛顿流体

对于包括高聚物熔体(或高分子浓溶液)在内的许多液体,在剪切应力下的流动,应力与应变速率并不一定呈线性关系,这种流动规律不符合牛顿流动定律的流体,通常称为非牛顿流体.高聚物熔体除非在切变速率远远低于实用中的值时才显示有牛顿性,一般均属于非牛顿流体.

由于非牛顿流体流动时应力与切变速率之间较难找到简易的数学解析表达式,不同类型的非牛顿流体就用它们的流动曲线来表征.按流动曲线的不同,非牛顿流体可分为如下 3 种类型:

1. 宾厄姆流动和宾厄姆体

宾厄姆(Bingham)流动也叫塑性流动,它的特点是在剪切应力 σ 小于某定值时根本不流动,$\dot{\gamma}=0$.当 σ 大于临界值时,产生牛顿流动(图 10.2(a)),这是最简单的一种非牛顿流

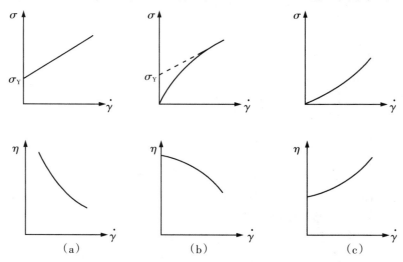

图 10.2 非牛顿流体的流动曲线.(a) 宾厄姆流动;(b) 假塑性流动;(c) 剪切增稠的流动

动,对它尚有数学表达式,可以表示为

$$(\sigma - \sigma_Y) = \eta \dot{\gamma} \tag{10.1}$$

这个临界的 σ_Y 有时也叫屈服应力.符合宾厄姆流动的流动体系就叫宾厄姆体.

2. 假塑性流动和假塑性体

如图 10.2(b) 所示,随着切变速率的增加,黏度的增加变慢,曲线向下弯曲.其流动曲线偏离起始牛顿流动阶段的部分可以看作有类似塑性流动的特性.尽管流动没有实在的屈服应力,但曲线的切线不通过原点,交纵轴于某一个 σ 值,又好像有一屈服值,所以称为假塑性体.

如果仍定义剪切应力与切变速率的比值为黏度,因为这里的流动曲线不是直线,所以剪切应力与切变速率的比值——黏度不再是一个常数.这时某一切变速率下的黏度可用如图 10.3 所示的两种方法来定义.表观剪切黏度 η_a 是连接原点和给定切变速率在切线上对应点 A 所作割线的斜率,即

$$\eta_a = \sigma / \dot{\gamma} \tag{10.2}$$

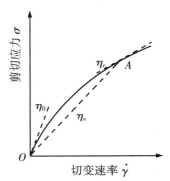

图 10.3　由应力-切变速率流动曲线定义黏度

如果选定在曲线上 $\dot{\gamma}$ 的对应点 A 对该曲线所作切线的斜率,那么定义了另一种黏度,叫做稠度 η_c:

$$\eta_c = \mathrm{d}\sigma / \mathrm{d}\dot{\gamma} \tag{10.3}$$

显然表观黏度大于稠度.需要特别指出的是,在切变速率很低时,非牛顿流体可以表现出牛顿性,在流动曲线上则是由 σ-$\dot{\gamma}$ 曲线的起始斜率可以得到所谓的零切变速率黏度 η_0.

假塑性体的剪切黏度随切变速率的增大而减小,即剪切变稀,这主要是由于流动过程中流动体系在剪切力作用下结构发生了某种改变.这种具有切变速率依赖性的黏度有时也称为结构黏度.$0.5\,\mu m$ 的 PVC 颗粒混在 $0.14\,\mu m$ 以下的小颗粒乳液聚合的 PVC 乳液就是假塑性体,用于人造革涂布工艺,可以有效改进人造革的表面外观.油漆也希望是假塑性体类型的,静止时油漆黏度大,一旦漆在物件表面刷动,黏度变小,不但有利于漆膜的平整光滑,也省力不少.

3. 剪切增稠流动

如图 10.2(c) 所示,随着切变速率的增加,黏度的增加变快,流动曲线向上翘曲,没有屈服应力.一般悬浮体系具有这一特性,高聚物分散体系如胶乳、高聚物熔体-填料体系以及油漆颜料体系的流变特性都具有这种剪切增稠现象.譬如,乳液聚合的 PVC(颗粒直径 $0.5\,\mu m$) 的增塑剂糊状体系,当树脂浓度在 50% 以上时就是剪切增稠类型.

10.1.3　高聚物熔体的流动

除分子量很小外,高聚物熔体、溶液(极稀溶液除外)、分散体系都是非牛顿流体.其流动行为接近假塑性体,若以双对数坐标作它们的流动曲线,则 210 ℃ 和一个大气压下低密度聚乙烯的这种曲线如图 10.4 所示.一般来说,高聚物在宽广切变速率范围内的整根流动曲线可以分成三个区域:在很低切变速率区,高聚物的流动符合牛顿流动定律,这时的黏度就是零切变速率黏度 η_0;在很高的切变速率区,高聚物的流动也符合牛顿流动定律,这时的黏度

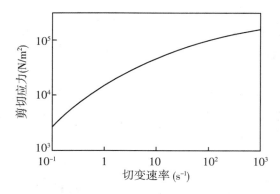

图 10.4 聚乙烯的典型流动曲线

称为极限黏度 η_∞；在这两个区域之间适中的切变速率区，高聚物的流动不符合牛顿流动定律，但正是在这个切变速率区内进行着高聚物熔体的各种加工成形. 挤塑、注塑、吹塑等主要模塑方法的切变速率正好落在这个非牛顿流动区内(挤出机模头处的切变速率通常在 $10\sim10^3\ s^{-1}$ 的范围内，注塑中的切变速率比它高，常常在 $10^3\sim10^5\ s^{-1}$ 范围内)，见表 10.2.

显然，高聚物熔体的极限黏度小于零切变速率黏度，$\eta_\infty < \eta_0$，分子量越大，其差值越大. 并且 η_∞ 是很难达到的，因为在很高的切变速率 $\dot{\gamma}$，高聚物熔体会出现不稳定流动 (见 10.4 节). 因此可以说零切变速率黏度 η_0 是高聚物熔体流变性能的一个基本物理量，它比目前工业生产中通常采用的熔体指数能更好地表征高聚物的加工性能. 譬如，聚丙烯纺丝大量的实验表明零切变速率黏度 η_0 是标志卷绕丝结构和均匀性的重要因素.

表 10.2　各种加工方法对应的剪切速率范围

加工方法	剪切速率(s^{-1})	加工方法	剪切速率(s^{-1})
压制	$10^0\sim10^1$	压延	$5\times10^1\sim5\times10^2$
开炼	$5\times10^1\sim5\times10^2$	纺丝	$10^2\sim10^5$
密炼	$5\times10^2\sim5\times10^3$	注塑	$10^3\sim10^5$
挤塑	$10^1\sim10^3$		

在非牛顿流动区内，流动规律可以较好地用所谓的指数方程来描述：

$$\tau = C\dot{\gamma}^n \tag{10.4}$$

从表观黏度的定义可得

$$\eta_a = C'\dot{\gamma}^{n-1} \tag{10.5}$$

对于高聚物熔体，$\lg \eta_a / \lg \dot{\gamma}$ 的曲线常常可用范围达 1~2 个数量级切变速率区间内的直线来近似，直线的斜率即 $n-1$，n 是表征高聚物熔体流动非牛顿性的参数，叫做非牛顿指数. 对于牛顿流体，$n=1$；对于高聚物熔体，n 值越低，熔体越呈假塑性. 6 种热塑性塑料熔体的非牛顿指数 n 值由表 10.3 给出.

在流动场中大分子链段的取向是引起高聚物熔体非牛顿性的根本原因. 在切变速率或剪切应力极低时，大分子的构象分布并不为流动力场所改变，流动对结构没有影响 (图 10.5(a))，这时的高聚物熔体是牛顿流体，剪切黏度为常数. 当切变速率或剪切应力较大时，在流动力场作用下，大分子构象发生变化，长链分子偏离平衡构象而沿链段方向取向，使高聚物解缠结并使分子链彼此分离(图 10.5(b))，结果使大分子的相对运动更加容易，这时剪切黏度随剪切应力或切变速率的增加而下降. 在很高的切变速率时，大分子的取向达到极限状态(图 10.5(c))，取向程度不再随应力和切变速率而改变，缠结实际上也不再存在，高聚物熔体的流动行为将再一次呈现牛顿性. 当然，在实际上，由于黏性发热和流动的不稳定性,通常达不到很高切变速率的这个后期牛顿区.

表 10.3　6 种高聚物熔体非牛顿指数 n 的值

切变速率	聚甲基丙烯酸甲酯	缩聚共聚物	尼龙 66 类	丙烯/乙烯共聚物	低密度聚乙烯	未增塑聚氯乙烯
(s^{-1})	$(230℃)$	$(200℃)$	$(285℃)$	$(230℃)$	$(170℃)$	$(150℃)$
10^{-1}	—	—	—	0.93	0.7	—
1	1.00	1.00	—	0.66	0.44	—
10	0.82	1.00	0.96	0.46	0.32	0.62
10^2	0.46	0.80	0.91	0.34	0.26	0.55
10^3	0.22	0.42	0.71	0.19	—	0.47
10^4	0.18	0.40	0.15	0.15	—	—
10^5	—	—	0.28	—	—	—

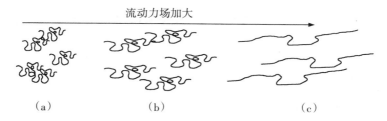

图 10.5　高聚物熔体在流动场作用下高分子链沿流场的取向和解缠结

10.2　剪切黏度的测定及其影响因素

10.2.1　剪切黏度测定方法

　　高聚物熔体的黏度为 $10\sim10^7\ \mathrm{Ns/m^2}(\mathrm{Pa\cdot s},$ 下同),而在挤塑和注塑常见的切变速率时的表观剪切黏度值为 $10\sim10^4\ \mathrm{Ns/m^2}$,正处在这个范围内.测定这样高的熔体剪切黏度的方法有以下几种,多数仪器往往可以同时测定黏度的温度依赖性和切变速率依赖性.

　　1. 毛细管挤出流变仪

　　毛细管挤出流变仪是一种最通用、最为合适的测试方法,它采用活塞或加压的方法,迫使料筒中的高聚物熔体通过毛细管挤出(图 10.6(a)).

　　毛细管挤出流变仪的优点是:

　　(1) 它是一种最接近高聚物熔体加工条件的测试方法,因为高聚物的成形加工大多包括一个在压力下的挤出过程,并且流动时流线的几何形状与挤塑、注塑时的实际条件相似,

切变速率为 $10\sim10^6\ \mathrm{s}^{-1}$,剪切应力为 $10^4\sim10^6\ \mathrm{N/m}^2$.

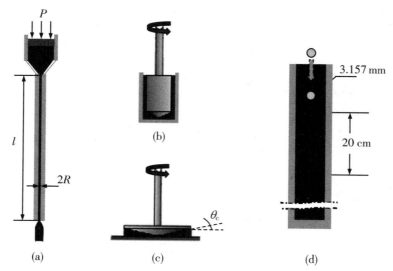

图 10.6 四种常用黏度测定方法的示意图.(a) 毛细管挤出流变仪;
(b) 锥板黏度计;(c) 同轴圆筒黏度计;(d) 落球黏度计

(2) 毛细管挤出流变仪的装料比较容易.因为大多数高聚物熔体都非常黏稠,甚至在高温时也很难装料,所以这一优点很重要.

(3) 除了可以测量黏度外,还可以观察挤出物胀大和熔体的不稳定流动(包括熔体破裂)等熔体的弹性现象,测定加工过程中可能发生的密度和熔体结构的变化.

(4) 测试的温度和切变速率也容易调节.

毛细管挤出流变仪的缺点是:

(1) 剪切速率不是很均一,在沿毛细管的径向会有所变化.

(2) 在低剪切速率下,会有试样因自重流出,因此它不适合测定低剪切速率和低黏度试样的黏度.

(3) 熔体在挤压流动的同时也得到了动能,这部分能量消耗必须予于改正(动能改正),特别是毛细管的长径比 L/R 不大时.

按泊肃叶(Poiscuille)方程,高聚物熔体在毛细管内的平均体积流速应为

$$Q = \frac{\pi R^4 \Delta P}{8\eta L} \tag{10.6}$$

式中,ΔP 是推动熔体流动的压力差,R 是毛细管半径.由于高聚物熔体的非牛顿性,泊肃叶方程还必须考虑流动的非牛顿改正,即表观剪切黏度 $\eta_a = \sigma_R/\dot{\gamma}_{R改正}$,和

$$\dot{\gamma}_{R改正} = \frac{(3n+1)}{4n}\dot{\gamma}_{R未改正} \tag{10.7}$$

式中,n 即是上节中提到的熔体流动的非牛顿指数.

在工业部门,高聚物熔体流动性的好坏常常采用一个类似于毛细管挤出流变仪的熔体

指数测定仪来做相对比较.熔体指数[①](MI)是指固定载荷下,在固定直径、固定长度的毛细管中,10 min 内挤出的高聚物熔体的重量(g).因此熔体指数实际上是在给定剪切应力下的流度(黏度的倒数 $1/\eta$).由于规定的载荷为 2.16 kg,剪切应力为 10^4 N/m²,所以熔体指数测定仪的切变速率在 $10^{-2}\sim10$ s^{-1} 范围内.不同用途和不同加工方法,对高聚物熔体黏度或熔体指数的要求也不同.注塑要求熔体容易流动,即熔体指数要较高,挤塑用的高聚物熔体指数要较低,吹塑中空容器则介于两者之间.举例来说,压塑是一项速率很低的加工工艺,在这种条件下尼龙 66 的黏度最低,因而比低密度聚乙烯更容易模塑,然而在吹塑中,熔体必须造型稳定,以使型坯的垂伸减为最小,这时,具有较高黏度的聚乙烯就更好一些.简单挤塑工艺的切变速率通常处在 $10\sim100$ s^{-1} 之间,在这个范围里尼龙最容易加工,但成形稳定性最差,而丙烯酸类聚合物最难加工.再说注塑,它的切变速率非常高,超过 10 s^{-1},尼龙和丙烯酸最容易生产,聚丙烯在切变速率大于 2 000 s^{-1} 时最容易模塑(图 10.7).

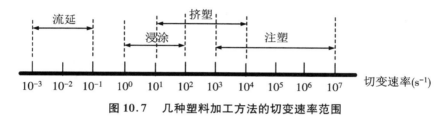

图 10.7　几种塑料加工方法的切变速率范围

2. 同轴圆筒黏度计

在这类仪器中,熔体被装填到两个圆筒的环形间隙内(图 10.6(b)),由于高聚物熔体黏度很高,装料显得比较困难,因此这类黏度计适用于低黏度高聚物熔体的黏度测定,当同轴圆筒的间隙很小时,熔体中的切变速率接近均一,这对受切变速率影响很大的高聚物熔体来说是很重要的一个优点.切变速率值在 $10\sim10^3$ s^{-1} 范围内,比实际加工过程中遇到的切变速率来得小.此外,这种转动黏度计还会因熔体弹性表现出的法向应力而有爬杆现象(见 10.4 节).

3. 锥板黏度计

锥板黏度计是一块平圆板与一个线性同心锥作相对旋转.熔体充填在平板和锥体之间(图 10.6(c)).它的主要优点是熔体中的切变速率均一,试样用量少,因此特别适合实验室的少量样品测定,也可避免熔体在高切变速率下发热,试样装填也很方便.仪器经改装还能测定法向应力.但锥板黏度计也只限于相对低的切变速率,在切变速率较高时,高聚物熔体中有产生次级流动的倾向,同时熔体还可能从仪器中溢出.此外,锥板的间距要求比较精确,所以使用锥板黏度计要求更熟练的实验技巧.

4. 落球黏度计

在实验室尚不具备上述各种黏度计时,有时可用小球在高聚物熔体的自由落下来测定

---

①　熔体指数也有人称为熔融指数,但作者认为该参数反映的是高聚物熔体的特性,是一个与个别高聚物熔体黏度有关的量,是熔体的性质,而不是"熔融指数"所包含的高聚物熔融过程的特性,因此叫做熔体指数更为合宜.

熔体黏度.实验可在一个长试管中进行,加热载体可用盐浴,小球就可用市售自行车用的小钢珠或密度梯度管用的玻璃小球(图 10.6(d).求黏度的公式是

$$\eta = \frac{2}{9}\frac{(\rho_s - \rho)}{v}gd^2\left[1 - 2.104\frac{d}{D} + 2.09\left(\frac{d}{D}\right)^3 - 0.95\left(\frac{d}{D}\right)^5\right] \quad (10.8)$$

和

$$\eta = \frac{2}{9}\frac{(\rho_s - \rho)}{v}gd^2\left[\frac{1 - (d/D)}{1 - 0.475(d/D)}\right]^4 \quad (10.9)$$

这里,ρ 和 ρ_s 分别是熔体和落球的密度;v 为落球速度;g 为重力加速度;d 为落球半径;D 为黏度管半径.

实验表明,当 d/D 较小时,用式(10.8)和式(10.9)都可以,但当 $d/D > 0.2$ 时,用式(10.9)更好.用落球黏度计测定聚丙烯熔体黏度表明其黏度没有很大的切变速率依赖性,所以落球黏度计测得的黏度可以看作它们的零切变速率黏度.当然在落球运动时熔体的切变速率并不均一,因此对非牛顿流体数据处理困难.

5.混炼型转矩流变仪

转矩流变仪是基于测力计原理测定转矩的流变仪.由于它与实际生产设备结构类似(图 10.8),测量过程与实际加工(塑炼、混炼、挤出、吹膜等)过程中螺杆挤压高聚物熔体相仿,测量结果更具有工程意义,特别适宜于生产配方和工艺条件的优选.

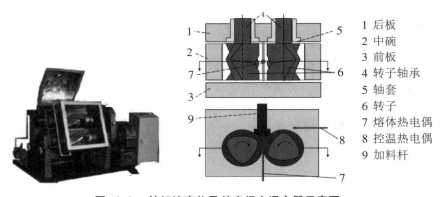

1 后板
2 中碗
3 前板
4 转子轴承
5 轴套
6 转子
7 熔体热电偶
8 控温热电偶
9 加料杆

图 10.8　转矩流变仪及其密闭室混合器示意图

典型转矩流变仪的转矩随时间变化的关系曲线如图 10.9 所示.刚加入高聚物时,本是自由旋转的转子受到高聚物粒料(或粉料)的阻力,转矩迅速升高至 A 点,但很快下降达到 B 点,而当粒料表面开始熔融聚集,转矩再次升高至 C 点,在热的作用下,粒料的内核慢慢熔融,转矩随之下降,在粒料完全熔融后(D 点),高聚物粒料变成易于流动的流体,转矩达到稳态(DE 段),不再随时间而变化,经过 $t_3 - t_4$ 的一段时间后(E 点),在热和力的作用下,随高聚物可能发生的交联或降解,转矩或升高或降低.显然,转矩的大小反映物料的本质及其表观黏度的大小.

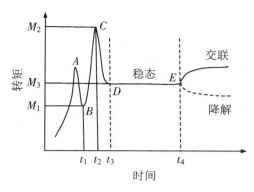

M₁ 最小转矩
M₂ 最大转矩
M₃ 平衡转矩
t_1 物料受热压实时间
t_2 塑化时间（熔融软化）
t_3 达到平衡转矩时间（物料动态热稳定）
t_4 物料分解时间

图 10.9　转矩流变仪转矩随时间的典型关系曲线

10.2.2　影响高聚物熔体黏度的各种因素

高聚物熔体的剪切黏度受多种因素影响,包括能降低剪切黏度的温度、增塑剂和润滑剂,以及能增加剪切黏度的分子量、压力和填料等等(图 10.10),详解如下.

1. 高聚物熔体黏度的温度依赖性

高聚物熔体黏度的温度依赖性都很大,温度增加,黏度降低.在流动温度以上到分解温度的区间里,熔体黏度近似符合阿伦尼乌斯方程方程,即

$$\eta = A\exp(\Delta E_\eta / RT) \qquad (10.10)$$

式中,ΔE_η 是流动活化能,表征熔体黏度的温度依赖性.流动活化能为流动过程中流动单元(即链段)克服位垒,由原位置跃迁到附近"空穴"所需的最小能量.ΔE_η 也表征熔体黏度的温度依赖性,既反映了材料流动的难易程度,更重要的是也反映了材料黏度变化的温度敏感性. 由于高聚物液体的流动单元是链

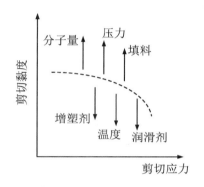

图 10.10　高聚物熔体的剪切黏度和剪切应力的关系曲线. 其中分子量、压力和填料会增加黏度,而温度、增塑剂和润滑剂则降低高聚物熔体黏度

段,因此黏流活化能的大小与分子链结构有关,而与分子量关系不大.一些高聚物熔体的流动活化能值见表 10.4.

从低聚物和高聚物的流动活化能 ΔE_η 测定值可以发现,在分子量很小时,流动活化能随分子量的增大而增大,$\Delta E_\eta \propto M$,但在分子量达到几千以上时,流动活化能 ΔE_η 即趋于恒定,不再依赖于分子量. 由此可以推断,流动时高分子链是分段移动而不是整个高分子链移动,整个高分子链质量中心的移动是通过这种分段运动的方式实现的,如同蚯蚓的运动一样.流动时高分子链运动单元的分子量值一般比临界分子量 M_c 小.在非牛顿流动区,ΔE_η 有很大的切变速率依赖性.切变速率增大时,ΔE_η 值减小.例如,聚丙烯的切变速率增大 10 倍时,ΔE_η 值约减小14.2 kJ/mol. 所以在高切变速率下,高聚物熔体流动的温度敏感性比在低切变速率下小得多.一个实用的办法是在给定切变速率 $\dot{\gamma}$ 下,用相差 40 ℃ 的两个温度的剪

切黏度 η 的比值来作为高聚物熔体剪切黏度温度敏感性的表征,在恒定切应力下,从黏度的温度依赖性计算流动活化能 ΔE_η.

表 10.4　　一些高聚物熔体的流动活化能

高聚物	ΔE_η(kJ/mol)
聚二甲基硅氧烷	16.7
低密度聚乙烯	48.8
高密度聚乙烯	$26.3 \sim 29.2$
聚丙烯	$37.5 \sim 41.7$
含 20% 橡胶的 ABS 树脂	108.3
含 30% 橡胶的 ABS 树脂	100
含 40% 橡胶的 ABS 树脂	87.5
天然橡胶	$33.3 \sim 39.7$
聚苯乙烯	$94.6 \sim 104.2$
聚对二甲苯酸乙二酯	79.2
聚碳酸酯	$108.3 \sim 125$
未增塑聚氯乙烯	$147 \sim 168$
增塑聚氯乙烯	$210 \sim 315$
聚乙酸乙烯酯	250
纤维素	293.3

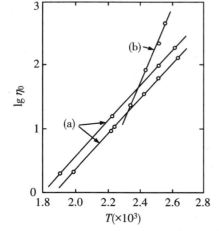

图 10.11　两个聚乙烯(a) 和聚乙烯缩丁醛 (b) 熔体黏度温度依赖性的阿伦尼乌斯方程曲线

对式(10.10) 取对数,有
$$\ln \eta = \ln A + \Delta E_\eta / RT$$
以 $\ln \eta$ 对 $1/T$ 作图,一般在 $50 \sim 60\ ^{\circ}\text{C}$ 范围内可得到一条直线,由直线的斜率可以求出流动活化能 ΔE_η(图 10.11).高聚物在不同温度下的表观剪切黏度与剪切应力关系曲线(图 10.12)可以通过黏度轴垂直移动而叠加到某一参考温度的曲线上组成一条主曲线,其垂直移动因子 $a_{\text{T}}(\eta) = \eta(T) / \eta(T_{\text{参考}})$.其中,$\eta(T)$,$\eta(T_{\text{参考}})$ 分别为同一应力时相应温度的表观剪切黏度,通过 $\lg a_{\text{T}}(\eta)$ 对 $1/T$ 作图也能求得流动活化能 ΔE_η.

一般来说,刚性链高聚物的 ΔE_η 值大,所以黏度对温度比较敏感,如聚碳酸酯,而柔性高聚物的 ΔE_η 较小,黏度对温度不甚敏感.高聚物熔体黏度的温度敏感性与它们的加工行为密切相关.黏度随温度敏感性大的高聚物熔体,温度升高,黏度急剧下降,宜采取升温的办法降低黏度,如树脂、纤维素等.从另一方面看,由于高聚物熔体黏度的温敏性大,加工时必须严格控制温度.

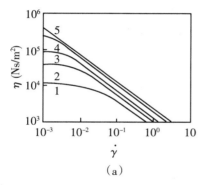

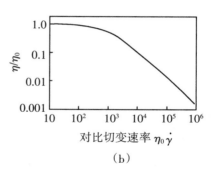

（a）　　　　　　　　　　　　（b）

图 10.12　不同温度下黏度对切变速率典型的双对数作图,图(b) 是由图(a) 数据
通过垂直移动而得的主曲线,线 1 的温度最高,1～5 依次相差 10 ℃

2. 高聚物熔体黏度的压力依赖性

已经说过(见第 5 章),流体的黏度与其自由体积
密切相关. 自由体积越大,流体越容易流动. 因此增加
流体静水压,将会减小自由体积,从而引起流体黏度的
增加. 如图 10.13 所示,流体静水压从 100 kN/m²(一个
大气压)增加到 100 MN/m²(这是常见的注塑压力),
缩醛共聚物的黏度约增加 2.5 倍.

对高聚物熔体流动来说,液压增大相当于温度降
低. 几种高聚物熔体黏度的温度和压力等效关系如图
10.14 所示. 在挤塑机、注塑机和毛细管挤出黏度计中
压力能达到相当高的数值,但是它可以被料筒中高聚
物的黏性发热所抵消. 对于毛细管中的黏性流动,平均
温升近似为

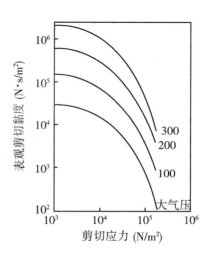

图 10.13　聚乙烯表观黏度的压力
依赖性

$$\Delta T = \frac{\Delta p}{\rho C_p} + \Delta p \left(\frac{T}{p}\right)_s \qquad (10.11)$$

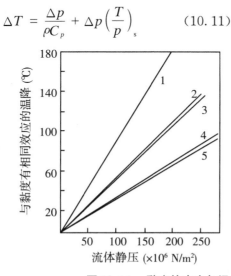

1　聚丙聚
2　低密度聚乙烯
3　缩醛共聚物
4　丙烯酸类聚合物
5　尼龙 66

图 10.14　黏度的应力与温度等效图

这里,p 是毛细管中的压降,ρ 是熔体密度,C_p 是恒压比热.由温度引起的黏度下降量和由压力引起的黏度增加量大致相当,从而掩盖了压力对黏度的影响.

3. 高聚物熔体黏度的切变速率依赖性

作为非牛顿流体的高聚物熔体黏度有非常明显的切变速率依赖性,随切变速率的增加而减少,高切变速率下的黏度比低切变速率下的黏度小好几个数量级,因此高聚物熔体黏度的切变速率依赖性对加工成形极为重要.在低切变速率下测得的零切变速率黏度 η_0 是不能用作加工成形工艺参数的,因为它比实际加工条件下的熔体黏度值来得高.

5 个高聚物熔体在 200 ℃ 的黏度与剪切速率的双对数作图(即流动曲线)如图 10.15 所示.由图可见:① 高聚物熔体的零剪切黏度高低不同;对同一类材料而言,主要反映了它们分子量大小的差别.② 高聚物熔体流动性由牛顿型流体转入非牛顿型流体的临界剪切速率不同;曲线斜率不同,即流动指数 n 不同,反映了高聚物熔体黏度剪切速率依赖性的大小.这 5 个高聚物熔体流动曲线的差异归根结底反映了它们高分子链结构及流动机理的差别.一般来讲,分子量较大的柔性分子链,在剪切流场中易发生解缠结和取向,黏度的剪切速率依赖性较大.当然,如果剪切力场太强,高分子链在这样强的剪切应力作用下可能发生断裂,高聚物的分子量下降,也会导致高聚物熔体黏度的降低.

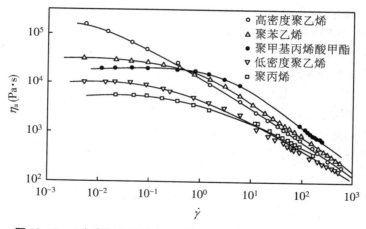

图 10.15　5 个高聚物熔体在 200 ℃ 的黏度与切变速率的关系图

值得指出的是,在很低的切变速率下,高聚物熔体有很高的牛顿黏度,随切变速率增加,黏度几乎随 $\dot{\gamma}$ 直线下降,在这个线性范围内黏度与切变速率符合前面提到过的指数方程.当高聚物熔体的切变速率增加得更高时,会出现流动的不稳定,乃至熔体断裂,直接影响高聚物制品的外观质量和生产效率.在这样高的切变速率下,人们就不能只考虑高聚物熔体的黏性流动了(见 10.4 节).

只要高聚物的分子量足够大,在某个临界分子量 M_c 下,分子链间就可能产生缠结作用,起着暂时交联点的作用.在低切变速率下,缠结有足够的时间滑脱,因此在应力还没有到达能使分子取向的值时,缠结已经被解开了.在切变速率较高时,缠结点间的链段在解缠结以前就先取向了,当承载的缠结点被解开时,在熔体的某个地方便会产生另一种不承受任何载荷的缠结点,因此刚经历过较高剪切流动的高聚物比放置较长时间、没有流动的高聚物具有较低的黏度(和较小的弹性).在切变速率很高时,缠结实际上已不可能存在,这时黏度达到较小的数值,且与切变速率无关,高聚物熔体又呈现出牛顿流动,已经说过,由于黏性发热和不稳定流动,这个后期牛顿流动很难到达.在实际成形过程中,工艺条件的选择必须综合黏度和温度及剪切力两方面的影响加以考虑.例如,在聚甲醛长流程薄壁制品成形时,物料没有充满模腔,但是不知道应该首先变更哪个工艺条件才能提高熔体的流动性.如果考虑到聚甲醛熔体黏度对温度敏感性小,对剪切应力敏感大,那么可以首先加大柱塞压力或螺杆转速,以增加流动性,得到合格产品.反之,在聚碳酸酯的成形过程中,首先考虑的是提高温度,如果温度不够就开始,或者盲目地增大螺杆转速,那么就可能绞断螺杆或损坏机器.

4. 高聚物熔体黏度的分子量依赖性

在诸多影响高聚物熔体黏度的结构因素中,高聚物的分子量是最重要的.分子量大,流动性差,黏度高,熔体指数小,高聚物熔体的零切变速率黏度 η_0 与重均分子量 M_W 之间的定量关系是

$$\eta_0 \propto \begin{cases} \overline{M}_W^{3.4}, & \overline{M}_W \geqslant M_c \\ \overline{M}_W, & \overline{M}_W \leqslant M_c \end{cases} \quad (10.12)$$

如图10.16左上角所示,这里,M_c 是出现分子链缠结的临界分子量.

布希(Bueche)以重均主链原子数 $\overline{Z}_W$ 计算,分子量在 $\overline{M}_c$ 或在临界主链原子数 $\overline{Z}_c$ 以上时,零剪切黏度 $\eta_0 \propto \overline{Z}_W^{3.4}$.引入另一组参数 $X_W = \dfrac{\langle S^2 \rangle_0 Z_W}{\langle M \rangle_W v_2}$ 和 $X_c = \dfrac{\langle S^2 \rangle_0 Z_0}{\langle M \rangle_W v_2}$(这里 $\langle S^2 \rangle_0$ 是分子链均方回转半径,v_2 为比容),则计算表明各种高聚物的 X_c 相差不大,都为 10^{-5} 量级,因此以 $\lg \eta_0$ 对 $\lg X_W$ 作图,不同高聚物的斜率转变点大致相近(图10.16).只要高聚物的分子量足够大(大于 M_c),分子量对黏性流动影响极大,一旦高聚物分子链长得足以产生缠结,流动就变得困难得多.缠结是高聚物长链状分子的突出结构特征,因此可以把 M_c 视为一个材料常数,即是高聚物熔体呈现非牛顿流动的分子量下限.不同高聚物大分子链的临界缠结分子量差别很大,线形高聚物大分子链如聚乙烯、1,4-聚丁二烯的缠结分子量在 10^3 的量级;而带大侧基的分子链如聚苯乙烯、聚甲基丙烯酸甲酯的缠结分子量在 10^4 的数量级.只要高聚物的分子量足够大(大于 M_c),分子量对黏性流动影响就极大.一旦链长到足以产生缠结,流动就变

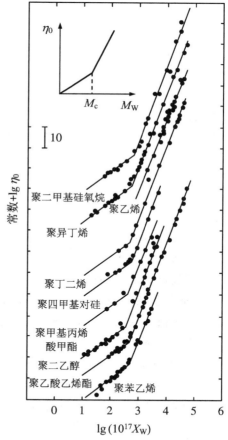

图 10.16 几个高聚物熔体黏度的
分子量依赖性

得困难得多.因此可以把 M_c 视为一个材料常数,即高聚物熔体呈现非牛顿流动的分子量下限.一般 M_c 在 $4\,000 \sim 40\,000$ 之间,一些典型数据列于表10.5.

表 10.5　高聚物熔体呈现非牛顿流动(链缠结)的临界分子量 M_c

高聚物	链缠结的临界相对分子质量 M_c
聚乙烯	3 500
聚丙烯	7 000
聚氯乙烯	6 200
聚苯乙烯	3 500
尼龙 6	5 000
尼龙 66	7 000
天然橡胶	5 000
聚异丁烯	17 000
聚乙酸乙烯酯	25 000
聚二甲基硅氧烷	30 000
聚乙烯醇	7 500

进一步的研究表明,熔体黏度在低切变速率下依赖于重均分子量 $\overline{M}_w$,但在高切变速率下却与数均分子量 $\overline{M}_n$ 有关.从成形加工的角度来看,为了使成形加工设备简单,并使高聚物能够在熔融状态成形,且与众多的添加剂容易混合均匀,以及制品表面光滑等,总是希望它们的流动性适当地好一些.降低分子量可以降低流动性,改善加工性能,但分子量小会影响制品的力学强度和橡胶的弹性,所以在三大合成材料的生产中要适当地调节分子量的大小以适应加工工艺的不同要求.

不同用途和不同成形加工方法对分子量有不同的要求.合成橡胶一般控制在几十万左右,合成纤维的分子量则要低一些,否则高聚物剪切黏度太高,在通过 $0.15\sim0.45$ mm 的喷丝孔时会发生很大困难.塑料的分子量通常控制在橡胶和纤维之间.一般来说,注塑成形用的分子量较低,挤出成形用的分子量较高,吹塑成形(中空容器)用的分子量介于两者之间,这是与熔体指数的要求相一致的.

分子量增大,除了使材料黏度迅速升高外,还会使材料开始发生剪切变稀的临界剪切速率变小,非牛顿流动性突出.因为高聚物的分子量大了,形变的松弛时间就长,流动中发生取向的高分子链不易恢复原形,所以较早地出现流动阻力减少的现象.图 10.17 是几种不同分子量的聚苯乙烯的表观剪切黏度与剪切速率的关系.

5. 高聚物熔体分子量分布的影响

当分子量分布变宽时,高聚物熔体流动温度 T_f 下降,流动性及加工行为改善.这是因为此时分子链发生相对位移的温度范围变宽,尤其低分子量组分起到了内增塑的作用,使高聚物熔体开始发生流动的温度下降.分子量分布宽的试样,其非牛顿流变性较为显著.主要表现为,在低剪切速率下,宽分布试样的黏度尤其零剪切黏度 η_0 往往较高;但随着剪切速率的增大,宽分布试样与窄分布试样相比(设两者重均分子量相当),其发生剪切变稀的临界剪切速率 $\dot{\gamma}_c$ 偏低,黏度的剪切速率敏感性较大.在高剪切速率范围内,宽分布试样的黏度可能反而比相当的窄分布试样低.也就是在分子量一定时,分子量分布宽的熔体出现非牛顿流动的剪切速率要低得多.分子量分布宽的高聚物熔体,在低应力时比分布窄的更呈假塑性

(图 10.18).但在高应力时,分子量分布宽的高聚物假塑性反而不明显,分子量分布对黏度的影响很敏感.所以用荷重为 100 N 测定的和 21.6 N 测定的熔体指数的比值来粗略地表征试样的分子量分布,并指示流动性能,不失为一个简易可行的办法.

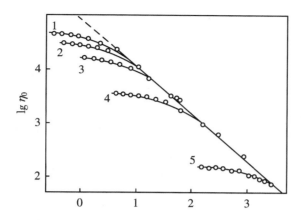

图 10.17　183 ℃ 时几种不同分子量的聚苯乙烯的黏度与剪切速率的关系
曲线 1,2,3,4,5 对应的分子量分别是 242 000,217 000,179 000,117 000,48 500.

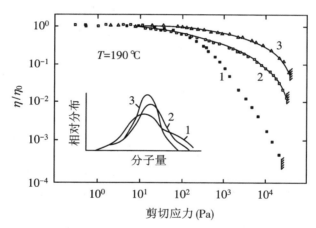

图 10.18　高密度聚乙烯分子量分布对熔体黏度的影响 (190 ℃)
分子量分布按 1,2,3 依次变窄.

　　塑料和橡胶由于其加工状态和制品性能的要求不同,对分子量分布的要求也不同.橡胶加工中要求大量混入炭黑和其他添加剂,分子量分布可以宽一些,其中低分子量部分,不但使本身流动性好,对高分子量部分还能起到增塑剂作用.另一方面,在平均分子量相同的情况下,分布宽也表明有相当数量的高分子量部分存在,在其流动性能得到改善的同时又可以保证所需的物理力学性能.与此相反,对塑料来说,分子量分布太宽并不太有利,因为塑料的分子量一般都不高,而且成形加工过程中加入的配合剂也比橡胶制品的少,所以混料的矛盾并不突出.分子量分布宽虽有利于成形加工条件的控制,但分子量太宽对其他性能也将带来不良影响,如聚碳酸酯,低分子量尾端和单体杂质含量越多,应力开裂越严重,如果在聚合后处理时,用丙酮把低分子量部分和单体杂质抽提出来,会减轻制品的应力开裂.目前防止塑料制品开裂的一个重要途径就是减少低分子量部分,提高其分子量.而对于聚丙烯,高分子量尾端对它的流动性能不利,影响了它的纺丝性.

6. 支化的影响

支化是又一个影响高聚物熔体黏度的结构因素.这里,对高聚物熔体黏度影响大的是长支链,而短支链则影响不大.长支链对高聚物熔体黏度的影响还比较复杂,既要考虑支链的长度,又要考虑支链对分子结构的影响.只要支链的长度还不足以产生缠结,那么支化分子就比分子量相同的线性分子结构更为紧凑,支化分子间相互作用较小,黏度反而有所降低,若支链长到本身就能产生缠结,低切变速率下黏度一般就会有所增加.但也有例外,有时即使支链已能缠结,仍比相同分子量的线性高聚物黏度低.这一方面可能是支化分子结构较紧凑,因而产生缠结的分子量 M_c 比线性分子高得多,另一方面也可能是因为支化高聚物的黏度比线性的更易受切变速率的影响,致使在高切变下,支化高聚物的黏度几乎都比分子量相当的线性高聚物低.

分子量相当时,支化高聚物的黏度 η_b 与线性高聚物的黏度 η_l 关系可以用下式表示:

$$\eta_b / \eta_l = gE(g) \tag{10.13}$$

和

$$E(g) = \begin{cases} g^{5/2}, & \text{有链缠结} \\ 1, & \text{无链缠结} \end{cases} \tag{10.14}$$

这里,g 是支化和线性高聚物的均方半径比,$E(g)$ 是考虑高聚物分子间相互作用的一个因子.g 可用支化高聚物特性黏数 $[\eta]_b$ 之比与 g 的关系式 $[\eta]_b / [\eta]_l = g^{1/2}$ 求得.

由于短支链的高聚物分子能够明显降低熔体的黏度,在橡胶工业时常掺入一些支化的或已降解的低交联度的再生胶来改善它们的加工性能.

7. 高聚物熔体结构的影响

在加工成形过程中,高聚物会由于应力作用而发生熔体结构的变化,如应力下的结晶.这样高聚物就不能回复到流动态了.譬如,乳液聚合的 PVC 乳液中,如果仍有颗粒结构,黏度会下降;又如乳液聚合的 PS,分子链的螺旋构象也会使黏度降低.

8. 共混的影响

这方面了解还不太多.目前知道把 PVC 和少量的丙烯酸树脂共混可降低熔体的黏度,另外 PVC 和乙酸乙烯酯的共聚物与 10% 低分子量 PVC 共混可降低黏度很多,是制作唱片的物料.

9. 添加剂的影响

很少会用纯高聚物材料,实用的高聚物材料都添有不同用途的添加剂.对高聚物熔体流动性较显著的添加剂有两大类:一类是起填充补强作用的碳酸钙、赤泥、陶土、高岭土、碳黑、短纤维等,它们使高聚物熔体的黏度增加,弹性下降,硬度和模量增大,流动性变差;另一类是起软化增塑高聚物的添加剂,各种矿物油(润滑剂)、一些低聚物等,它们将减弱高聚物熔体内高分子链间的相互牵制,使体系黏度下降,非牛顿性减弱,流动性得以改善.

10.3　高聚物熔体的拉伸黏度

在拉伸应力作用下,高聚物熔体也会产生流动.因此,与剪切流动一样,也有一个拉伸黏度问题,不同的是速度梯度在形变方向.拉伸应力还分单轴拉伸和双轴拉伸(图10.19),因此有单轴拉伸黏度和双轴拉伸黏度之分.

(a)　　　　　　　　　　　　　　　(b)

图 10.19　**(a)** 单轴拉伸流动;**(b)** 双轴拉伸流动

单轴拉伸时应力、应变、应变速率之间的关系是

拉力:

$$f \propto \frac{\mathrm{d}\upsilon}{\mathrm{d}x}$$

拉伸应力:

$$\sigma_{拉} = \overline{\eta_{拉}}\dot{\epsilon} \tag{10.15}$$

由于是流动,形变很大,拉伸应变应该用如下的公式定义:

$$\epsilon = \int_{l_0}^{l} \frac{\mathrm{d}l}{l} = \ln\left(\frac{l}{l_0}\right) = \ln\lambda$$

拉伸应变速率:

$$\dot{\epsilon} = \frac{1}{l}\frac{\mathrm{d}l}{\mathrm{d}t}$$

式中,l_0 是起始长度,λ 是拉伸比,则式(10.15)中的比例系数 $\overline{\eta_{拉}}$ 即是单轴拉伸黏度.

双轴均匀拉伸时(x,y 方向伸长,z 方向缩短),材料变大变薄,则对于各向同性材料,有

$$\begin{cases} \dot{\epsilon}_x = \dot{\epsilon}_y = \dot{\epsilon} \\ \sigma_{xx} = \sigma_{yy} = \overline{\overline{\eta_{拉}}}\dot{\epsilon} \end{cases} \tag{10.16}$$

式中,$\overline{\overline{\eta_{拉}}}$ 是双轴拉伸黏度.

拉伸黏度和剪切黏度的关系,与杨氏模量和剪切模量的关系极为相似.对于牛顿流体,有

$$\overline{\eta_{拉}} = 3\eta_{剪切}$$
$$\overline{\overline{\eta_{拉}}} = 6\eta_{剪切}$$

小分子液体和低切变速率下高聚物熔体的拉伸黏度就是这种情况,与应力无关.但高聚物熔体拉伸黏度与应力(应变速率)的关系与剪切黏度的很不相同,呈现下述复杂的情况.

高聚物熔体拉伸黏度与应力的关系大致可分为三种类型:第一种材料是即使到很高的

应力,拉伸黏度仍与应力无关,如图10.20所示,丙烯酸类高聚物、尼龙66和线形缩醛共聚物等的拉伸黏度直到应力为 10^6 N/m² 时仍与应力无关.第二种材料像聚丙烯,其拉伸黏度随应力的增加而降低直至一个平台(拉伸变稀).聚丙烯在应力为 10^6 N/m² 时的拉伸黏度只有它在 10^3 N/m² 时的1/5.第三类材料是拉伸变稠型,拉伸黏度随应力的增加而增加至一个平台.如低密度聚乙烯,应力为 10^6 N/m² 时的拉伸黏度是 10^3 N/m² 时的2倍.甚至由于支化的原因,其拉伸黏度有数量级的增加.其他高聚物材料如聚丁烯、聚苯乙烯的拉伸黏度都随应力的增加而增大,高密度聚乙烯的拉伸黏度随应力的增加而减小,有机玻璃、ABS树脂、聚酰胺、聚甲醛的拉伸黏度则与应力无关.总之,在高应力时拉伸黏度与剪切黏度之间可以相差几百倍.

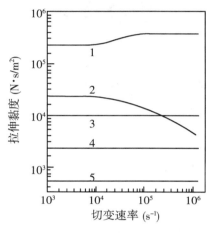

1	低密度聚乙烯
2	乙丙共聚物
3	丙烯酸类聚合物
4	缩醛共聚物
5	尼龙66

图 10.20 5种高聚物拉伸黏度与应力的关系

剪切黏度随剪切应力有很大的下降,可达 $2\sim3$ 个量级,而拉伸黏度随拉伸应力只有小幅度下降,甚至会有所上升,因此在高的应力下拉伸黏度要比剪切黏度大一个量级或更多,而不再是上面说的3倍关系.

对于拉伸黏度这样复杂的变化规律,目前还没有一种理论可以来解释.拉伸黏度的种种变化应与高聚物熔体的非牛顿性及分子链段在拉伸方向上的取向有关.虽然拉伸黏度也随温度的增加而减小,但分子量、链缠结和高聚物结构等因素对拉伸黏度影响的规律还不清楚.由于缺乏一种有效的理论,因此一种高聚物的单轴拉伸黏度和双轴拉伸黏度都必须由实验来确定.

拉伸黏度在高聚物加工工艺,如纤维纺丝、混炼、薄膜压延、注塑、瓶子和薄膜的吹塑等中具有重要的意义.纺丝过程中,在接近毛细管或喷丝板的入口区以及出毛细管后的纤维卷绕过程中,都会产生单轴拉伸形变.在进入混炼机滚筒或压延机滚筒间隙的入口区也会产生较大的拉伸形变.在注塑机和挤塑机中,当高聚物熔体流经截面积有变化的料道时,都会引起拉伸流动.在吹塑中产生的则是双轴拉伸.

拉伸流动因在实验方法和实验结果的分析上都还存在许多困难,故目前研究尚不多.图10.21是纤维素 NMMO(N-甲基吗啉-N-氧化物,亦称 N-甲基氧化吗啉,$C_5H_{11}NO_2$)溶液吹塑薄膜的拉伸黏度数据. 膜泡半径和膜厚随空气隙距离(加工方向)的变化用拍照和测厚仪测得.

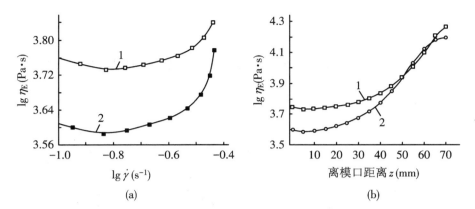

图 10.21　(a) 纤维素 NMMO(N-甲基吗啉 -N-氧化物 $C_5H_{11}NO_2$) 溶液吹塑薄膜成膜过程中拉伸黏度与拉伸速率的关系;(b) 拉伸黏度沿加工方向的变化

曲线 1:901 木浆溶液,p 为 25 Pa,牵引速度为 5.4 cm/s. 曲线 2:保定棉浆溶液,p 为 25 Pa,牵引速度为 2.9 cm/s.

由于拉伸速率随轴向距离先增大后减小,在整个吹膜过程中不是一个定值,而有一个峰值. 在吹膜过程中,当纤维素质量不变时,表观拉伸黏度的变化是拉伸速率和温度综合影响的结果,呈现先微降再渐升的趋势. 随着牵引速度和 Δp 的增加,膜泡的厚度变小,拉伸速率变大,表观拉伸黏度变小.

不同高聚物熔体在高应力时拉伸行为质的差异直接与工艺过程和尺寸稳定性有关. 如果拉伸黏度随应力增加而增加,那么纤维的纺丝和薄膜的拉制过程变得比较容易和稳定. 因为如果纺丝过程中,纤维中产生一个薄弱点,它就会导致该点截面积的减小和拉伸速率的增加,而拉伸速率的增加又会引起拉伸黏度的增加,这就阻碍了对薄弱部位的进一步拉伸. 任何局部的缺陷或应力集中都将"大"化"小","小"化"了",最终可使形变是均匀的. 相反,如果拉伸黏度随应力增加而减小,那么局部的细小疵点和应力集中将促使拉伸黏度降低,材料可能完全破裂.

填料会影响高聚物熔体及其溶液的拉伸黏度. 如果在聚丙烯酰胺稀溶液中加入玻璃珠作为填料,该体系的拉伸黏度就会随拉伸速率的增加而下降. 该体系的剪切黏度也会出现相同的变化. 相反,若用长纤维作为填料,即使纤维含量很低,也会使该体系产生很高的拉伸黏度. 体积浓度仅为 1% 的长纤维即可使体系的拉伸黏度比剪切黏度大几百倍.

单轴拉伸黏度的实验测定方法有在给定应力下测形变速率的,则外加拉力须随拉伸时断面积的减小而自动减小,也有在给定形变速率下测拉力的,还有从等温纺丝以及毛细管挤出的入口效应等实验推算的. 双轴拉伸黏度可用双轴拉伸机或类似于爆破测试的原孔吹胀法测定. 作为例子,下面介绍稳态拉伸流动(恒定应变速率)的迈斯纳(Meissner)法拉伸流变仪.

图 10.22 是迈斯纳法拉伸流变仪示意图. 高聚物熔体浸飘在密度相同的热油上,一端由一对反向转动的驱动滚轮夹紧并拉伸,从应变片可得知试样所受拉力 $F(t)$ 或驱动力矩. 试

样另一端的夹紧滚轮提供了拉伸的平衡力.成对的剪断力是用在拉伸结束后将试样剪断,以测定最终的回复长度.由迈斯纳法拉伸流变仪测得的拉伸黏度为

$$\bar{\eta} = \frac{tF(t)}{A_0 \mathrm{e}^{-t} \ln \left[\dfrac{L(t)}{L_0} \right]} \tag{10.17}$$

式中,A_0 是试样起始截面,L_0 是试样起始长度,$F(t)$ 是时刻 t 时试样拉至长度 $L(t)$ 所需的拉力.

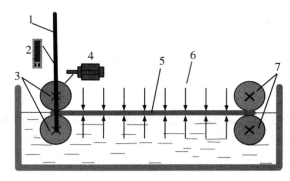

1	金属簧片
2	应变片
3	驱动滚轮
4	驱动马达
5	高聚物试样
6	剪断刀
7	阻尼夹紧滚轮

图 10.22　迈斯纳法拉伸流变仪示意图

对于高聚物熔体在液压下体积缩小过程的流动(当然,在这个液压下弹性压缩形变是主要的),也可定义一个体积黏度 $\eta_{体积}$:

$$\eta_{体积} = \sigma / (\dot{\varepsilon}v) \tag{10.18}$$

式中,$\dot{\varepsilon}v$ 是体积形变速率 $\mathrm{d}V/(V\mathrm{d}t)$.对此目前研究得更少,并且体积黏度对加工工艺的重要性也不大.

10.4　高聚物熔体的弹性

高聚物熔体像本体高聚物一样,也是黏弹性的.受剪切力作用,不但产生流动,消耗能量,而且也储存能量,表现出弹性来.一旦应力去除,储存的能量就会产生可回复的形变.特别是在分子量大、外加剪切应力作用时间较短、温度在流动转变温度 T_f 以上不多时,这种弹性可回复性的形变可以表现得特别显著.产生弹性的基本原因是流动过程中分子链段的取向.主要表现为前面已经提到过的法向应力、挤出胀大等.它与高聚物制品的外观、尺寸稳定性、内应力有着密切的关系,也与高聚物加工机械的设计密切相关.

10.4.1　弹性剪切模量

在剪切应力作用下,高聚物熔体将连续不断地形变.但应力除去时,某些形变可以弹性回复,高聚物熔体弹性模量定义为去除应力后,应力对可回复弹性形变之比,即

弹性剪切模量为

$$G = \tau / \gamma_R \tag{10.19}$$

弹性拉伸模量为

$$E = \sigma / \varepsilon_R \tag{10.20}$$

式中,γ_R 是可回复剪切应变,ε_R 是可回复拉伸应变.需要特别强调的是,在这里"模量"是指应力移去后的弹性行为,相当于线性黏弹性串联模型中弹簧的行为,而在线弹性力学中模量是应力与由它产生的应变之比 $G = \sigma / \varepsilon$.

低应力($\sigma < 10^4$ N/m^2)时,高聚物熔体的剪切模量在 $10^3 \sim 10^5$ N/m^2 的范围内,以后随应力的增加而增大;高应力时,可回复剪切应变的上限一般达 6,可回复拉伸应变的上限约为 2.6 种高聚物熔体弹性剪切模量与剪切应力的关系如图 10.23 所示.同样的数据也可表示为 lg γ_R-lg σ 的曲线(图 10.24),这样的曲线将使靠手工选取数据来做挤出胀大比那样的计算变得更为方便.

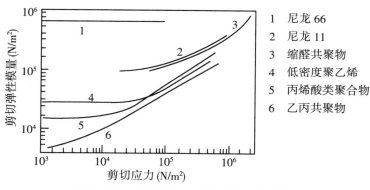

1	尼龙 66
2	尼龙 11
3	缩醛共聚物
4	低密度聚乙烯
5	丙烯酸类聚合物
6	乙丙共聚物

图 10.23　6 种高聚物典型的剪切弹性数据

与黏度相比,弹性剪切模量对温度、流体静水压和分子量的改变并不敏感.然而弹性行为强烈依赖于高聚物的分子量分布.分子量分布宽度是高聚物熔体弹性表现的主要控制因素,分子量分布宽的高聚物熔体具有相对低的模量,呈现出较小但相当快的回复.

在加工过程中,形变的时间尺度将决定对外加应力的响应主要是黏性的还是弹性的.高聚物熔体的时间尺度也就是前几章已详细讨论过的松弛时间 τ.如果形变的实验时间尺度比 τ 值大很多,那么形变主要反映黏性流动,因为此时弹性形变在这段时间内几乎都松弛了.反之,如果形变的时间尺度比高聚物熔体的 τ 值小很多,那么形变主要反映弹性.例如,如果在230 ℃ 模塑丙烯酸类高聚物的过程中,若极大切变速率 10^5 s^{-1} 相当于注塑时间

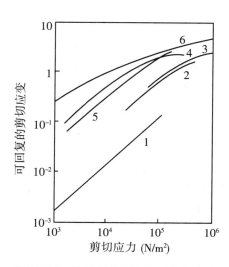

图10.24　可回复剪切应变对剪切应力的曲线.图中数字所表示的高聚物同图10.23

为 2 s,那么由图 10.25 可知极大应力是 $0.9 \times 10^6 \text{ N/m}^2$,则在这个应力作用下的表观剪切黏度是 $9 \text{ N} \cdot \text{s/m}^2$(图 10.25),剪切模量是 $0.21 \times 10^6 \text{ N/m}^2$,松弛时间为 $43 \times 10^{-6} \text{ s}$,比注射时间小得多.因此形变的弹性成分极小.对于 230 ℃ 下以 10 s^{-1} 的切变速率挤塑的聚丙烯大口径管,剪切应力是 $27 \times 10^3 \text{ N/m}^2$,对应的松弛时间约为 0.45 s.这样,如果熔体通过模头的时间为 20 s,弹性分量仍将不支配形变,不过它占的比例已比在注塑中的大很多.这两个实例在热塑性塑料加工中是很典型的,即在剪切流动中形变的弹性分量相对于黏性分量来说通常可以忽略不计,但必须记住,就是这么一点弹性形变的影响已能引起严重的流动缺陷.

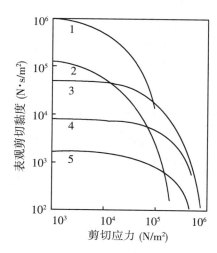

1 低密度聚乙烯
2 乙丙共聚物
3 丙烯酸类聚合物
4 缩醛共聚物
5 尼龙

图 10.25 高聚物剪切黏度对剪切应力的典型曲线

10.4.2 拉伸弹性

应力到达 $1 \times 10^6 \text{ N/m}^2$ 时,拉伸模量的值可取 3 倍剪切模量的值.若以真应变为单位,观察到的极限拉伸弹性应变约为 2,相应于拉伸比 10:1.

当圆槽中流动的高聚物熔体在进入模头时,圆槽直径突然收缩,引起形变的拉伸分量.当熔体接近截面变化处,这个拉伸分量迅速增大.如果模头很长,熔体通过这个模头时流动的拉伸分量将逐步松弛掉,在模头出口处没有可回复的应变,从而没有相应于拉伸形变的胀大比.对于非常短的模头(有时称为零长度模头),流动的拉伸分量在抵达模头出口前不能松弛掉,就有可回复的拉伸应变产生.例如,对于无弹力的尼龙 66,285 ℃ 和 1 kN/m^2 拉伸应力下拉伸松弛时间仅为 100 kN/m^2 下剪切形变松弛时间的 2 倍,弹性在延伸流动中的作用并不太大.但对于另一些材料,在 $100 \sim 1\,000 \text{ kN/m}^2$ 应力范围内拉伸松弛时间能比剪切形变松弛时间大好几个数量级.在这种情况下,弹性在延伸流动中所起的作用将比同样应力下的简单剪切流体中起的作用大得多.

10.4.3 法向应力

法向应力是高聚物熔体弹性的主要表现,当高聚物熔体受剪切时,通常在与力 F 成 45° 的方向上产生法向应力(图 10.26).法向应力的定义和关系式如下:

第一法向应力差 $= \sigma_{11} - \sigma_{22}$,有使剪切平板分离的倾向.

第二法向应力差 $= \sigma_{22} - \sigma_{33}$,有使平板边缘处的高聚物产生突起的倾向,且

$$\sigma_{11} + \sigma_{22} + \sigma_{33} = 0 \tag{10.21}$$

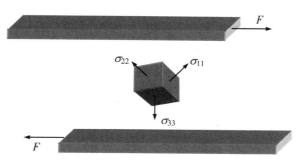

图 10.26 剪切场中法向应力标记方法示意图

法向应力引起的高聚物熔体反常现象包括挤出物胀大和爬杆现象(图 10.27(b)).在锥板黏度计或几何形状类似的其他转动体系中,法向应力有使锥、板分离的倾向,如果在这些仪器的板上钻一些与旋转轴平行的小孔,那么法向应力将迫使液体向上涌入小孔(图 10.27(c)).转速一定时,测定液体沿管上升的高度就是计算法向应力的一种基本方法,第一法向应力差 $\sigma_{11} - \sigma_{22}$ 与液体在管中的高度成正比,在旋转中心处,管中的液面最高.离旋转中心越远,管中的液面越低,法向应力和剪切应力的平方成正比,因此转速增加 1 倍,法向应力约增加 3 倍.

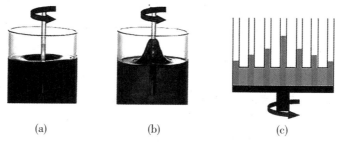

(a)   (b)   (c)

图 10.27 (a) 小分子化合物液体在高速搅拌时液面向下凹陷;(b) 高聚物熔体向上爬起,即呈现爬杆现象;(c) 法向应力的实验演示(中间管中的高聚物熔体上升最高)

假如流体受剪切,流体内的力有使两板分离的倾向,则把第一法向应力差 $\sigma_{11} - \sigma_{22}$ 定义为正值,第二法向应力差 $\sigma_{22} - \sigma_{33}$ 一般为负值,其绝对值也很小,通常约为第一法向应力差的 1/10.高聚物熔体的法向应力差随切变速率变化的一般规律如图 10.28 所示.

法向应力在加工成形中起重要作用的一个实例是导线的塑料涂层工艺.在发生熔体破裂以前,

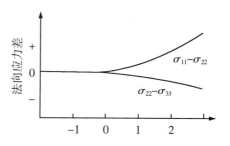

图 10.28 法向应力差随切变速率的变化

法向应力有助于得到厚度均匀的光滑涂层,如果第二法向应力差为负,则法向应力还能使导线保持在正中心的位置.

10.4.4 爬杆效应

在一只盛有高聚物熔体的烧杯里,旋转搅拌棒,对于牛顿流体,由于离心力的作用,液面将呈凹形;而对于高聚物熔体,却向杯中心流动,并沿杆向上爬,液面变成凸形,甚至在搅拌棒旋转速度很低时,也可以观察到这一现象.

爬杆效应也称魏森贝格(Weissenberg)效应.在设计混合器时,必须考虑爬杆效应的影响.同样,在设计高聚物熔体的输运泵时,也应考虑和利用这一效应.

10.4.5 无管虹吸效应

对于牛顿流体,当虹吸管提高到离开液面时,虹吸现象立即终止.对于高聚物熔体,当虹吸管升离液面一段距离,杯中液体仍能源源不断地从虹吸管流出,这种现象称为无管虹吸效应(图10.29).该现象也与高聚物熔体的弹性行为有关.高聚物熔体的这种弹性使之容易产生拉伸流动,拉伸液流的自由表面相当稳定,因而具有良好的纺丝和成膜能力.高聚物熔体甚至还有侧吸效应,它的表现是将装满高聚物熔体的烧杯微倾,使液体流下,该过程一旦开始,就不会中止,直到杯中液体都流光.这种侧吸效应的特性也是合成纤维具备可纺性的基础.

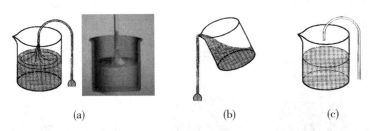

  (a)   (b)   (c)

图 10.29 对于高聚物熔体,即使虹吸管已经提升超过了液面,虹吸现象仍然继续,高聚物熔体会继续不断地从虹吸管中流出(a),此外高聚物熔体还有侧吸效应(b),与此相比的是小分子化合物液体的虹吸现象在虹吸管提升至液面后,虹吸立即停止(c)

10.4.6 末端压力降

末端压力降 $\Delta P_{末端}$ 包括高聚物熔体在流道入口区和出口区的压力损失总和:

$$\Delta P_{末端} = \Delta P_{入口} + \Delta P_{出口}$$

其中,以入口区的压力损失为主.

当熔体从大截面流道进入小截面流道时,熔体的黏弹性和流道截面的突然收缩,使得熔体的流线不平行而形成入口收敛流动(图10.30),其边界流线的切线与流道中心线的夹角叫做熔体自然收敛半角 α_0.如果 α_0 小于流道的入口半角 θ,那么在流道入口前区形成一个环流区,熔体在这个环流区内做湍流运动,导致额外的能量消耗.在入口收敛流动中,高分子链产生很大的拉伸形变和剪切形变,引起高分子链的构象重排,以及相应弹性应变能的存储以及黏性损耗,导致明显的入口压力损失 $\Delta P_{入口}$.

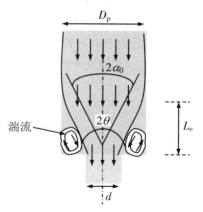

图 10.30　入口收敛流动示意图

显然入口压力损失 $\Delta P_{入口}$ 与入口前区长度、入口弹性应变储能、流体非牛顿指数和流道的自然收敛半角 α_0 密切相关.如混炼胶的入口前区长度 L_e 为流道内径的 $0.14 \sim 0.32$ 倍,而入口发展区长度 L_d 则为流道内径的 $1.7 \sim 3.0$ 倍.

10.4.7　挤出物胀大

挤塑机挤出的高聚物熔体其直径比挤出膜口的直径大,如挤出管子时,管径和管壁厚度都胀大,是十分常见的事情,也是高聚物熔体弹性的表现.熔体在被迫穿过狭窄的模口时变形,一出膜口就要回复到它进膜口前的形状(图 10.31).可以设想至少需要两种因素才能产生挤出胀大:① 膜口入口处流线收敛,在流动方向产生速度梯度,因而高聚物熔体处于拉力下,产生拉伸弹性形变,这个弹性形变如果在经过膜口的时间内(这时间正比于 $L/R\dot{\gamma}$)尚未完全松弛,到出口后就要回复,因而直径胀大,好比它还记忆入口前的形状.② 在膜口内流动时由于剪切应力、法向应力差所产生的弹性形变在出口后的回复,当膜口的直径比 L/R 小时,前者是主要的,当 L/R 比很大时($L/R > 16$),后者是主要的,挤出物胀大以直径比 $B = D_{x\rightarrow\infty}/D_0$ 表示,$D_0 = 2R$ 是膜口直径.低分子量的高聚物熔体(无法向应力差)在牛顿流动区且 $L/R \geqslant 1$ 时,$B = 1.135$,与黏度、膜口尺寸、切变速率无关.一般高聚物熔体的 B 值可达 $3 \sim 4$,并且随切变速率值的增大而增大,在低切变速率值时趋向于 1.135.

图 10.31　挤出胀大示意图

聚丙烯、聚己内酰胺挤出物胀大的研究表明:① B 值随切变速率 $\dot{\gamma}$ 显著增大.显然,切变速率增大,前述两个原因都引起更大的弹性能储存.图 10.32 是 3 种典型试样挤出物胀大的切变速率依赖性.② 温度升高,高聚物熔体弹性减小,使 B 值下降,如图 10.33 所示.③ 从图 10.34 可见,在同一切变速率下随 L/D 的增大而减小,逐渐趋于恒定值.④ 一般来说,分子量增大,分布变宽都使 B 值增大,但主要是分子量分布变宽影响挤出物胀大,对于聚己内酰胺(图 10.32),在 $L/D = 40$ 时,B 值接近于 1,弹性很小,这也是因为分子量较小,松弛时间较短.另外,支化严重影响挤出物胀大,长支链支化使 B 值大大增大.

加入填料能减小高聚物的挤出物胀大,刚性填料的效果最为显著,甚至像耐冲击 ABS 材料中的橡胶或微粒凝胶颗粒也能使挤出物胀大减小.

显然,挤出物胀大的大小对纤维的纺丝有重要的实际意义,然而挤出物胀大在控制挤出板的厚度、吹塑制瓶等其他加工工艺中也很重要.挤出物表面的粗糙程度有时也与挤出物胀大有关.当挤出物胀大较小,而且切变速率不足以产生熔体破裂时,挤出物表面一般比较光滑,膜塑制品的各向异性和双折射往往也随挤出物胀大的减小而减小.

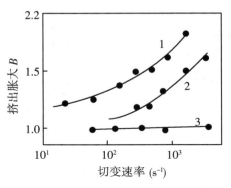

1 聚丙烯,分子量为 29.3 万
2 聚乙内酰胺,相对黏度为 2.38
3 聚丙烯,分子量为 11.8 万

图 10.32　挤出物胀大的切变速率依赖性

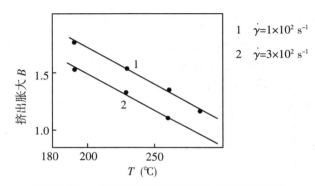

1 $\dot{\gamma}=1\times10^2\ \text{s}^{-1}$
2 $\dot{\gamma}=3\times10^2\ \text{s}^{-1}$

图 10.33　聚丙烯试样挤出物胀大的温度依赖性

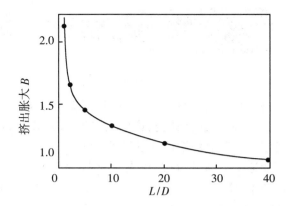

图 10.34　聚丙烯试样挤出物胀大的直径比依赖性

（$T = 190\ ℃$；$\dot{\gamma} = 1 \times 10^2\ \text{s}^{-1}$）

10.4.8　不稳定流动

1. 不稳定流动

高聚物熔体的不稳定流动有拉伸共振现象和管壁滑移现象.其中拉伸共振就与高聚物熔体的弹性密切相关.拉伸共振是指在熔体纺丝或平模挤出成形过程中,当拉伸比超过某一临界拉伸比时,熔体丝条直径(或平模宽度)发生准周期性变化的现象.拉伸比越大,波动周期越短,波动程度越剧烈.当拉伸比超过最大极限拉伸比时,熔体丝条断裂(或膜带宽度出现脉动).事实上,当拉伸比超出一定范围时,熔体内一部分高度取向的分子链在高拉伸应力下会发生类似橡皮筋断裂状的断裂,使已经取向的高分子链解取向,释放出部分能量,从而使丝条变粗.然后在拉伸流场中,再重新建立高分子链取向 — 断裂 — 再解取向的重复过程,导致丝条直径发生脉动变化.

2. 熔体破裂

高聚物熔体挤塑时,当剪切应力大于 10^5 N/m^2 左右,或剪切速率超过临界剪切速率时,往往出现挤出物外表不光滑,呈波浪形、鲨鱼皮形、竹节形、螺旋形畸变等,最后导致不规则的挤出物破裂(图 10.35).这些挤出物外形畸变都是周期形重复的,对制件外观极为重要,也是挤塑工艺生产速度的限制因素.而相同黏度的小分子液体挤出时,不会出现

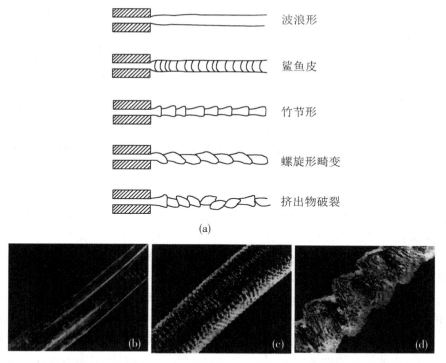

图 10.35　不稳定流动的挤出物外观示意图(a);以及聚二甲基硅氧烷以不同速率被挤出时的实际表面性状:挤出速率为 2.5 s^{-1} 时,为稳定流动,挤出物表面平滑(b);挤出速率为 69 s^{-1} 时,出现不稳定流动,挤出物表面呈现鲨鱼皮外观(c);挤出速率为 123 s^{-1} 时,流动更不稳定,呈现挤出物破裂现象(d)

不稳定流动的现象. 开始出现不稳定流动的各种高聚物, 临界剪切应力值变化不大, 在 $(0.4 \sim 3) \times 10^5 \text{ N/m}^2$. 但各种高聚物因熔体黏度不同, 因此开始出现不稳定流动速率值变化范围很大, 分子量大的临界剪切速率值小, 可差几个数量级, 随着分子量分布的变宽, 此临界剪切速率值变大.

根据破裂的特征, 可以把熔体破裂大致分为两大类. 第一类破裂的特征是先呈现粗糙表面, 然后呈现无规破裂状. 如带支链或大侧基的低密度聚乙烯、聚苯乙烯、丁苯橡胶等, 它们的流动曲线先是光滑的曲线, 当达到临界剪切速率时, 流变曲线出现波动, 但基本上还是连续的曲线(图 10.36(a)). 第二类破裂的特征是出现粗糙表面后, 随着剪切速率的增加, 逐步出现有规则的畸变(如竹节形、螺旋形畸变等), 剪切速率很高时出现无规破裂. 属于这一类的多为线形高聚物, 如高密度聚乙烯、聚丁二烯、聚四氟乙烯和乙丙共聚物等. 它们的流动曲线在达第一临界剪切速率出现明显的压力振荡后, 会有一个流变曲线跌落, 然后继续平稳发展, 挤出物表面又变得光滑(第二光滑挤出区), 最后才会熔体破裂(图 10.36(b)).

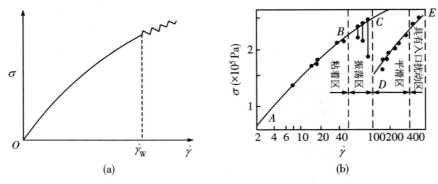

图 10.36　低密度聚乙烯的流动曲线(a), 在临界剪切速率 $\dot{\gamma}_{临界}$ 以后出现波动, 曲线基本上是连续的; 高密度聚乙烯的流动曲线(b), 在高剪切速率下开始出现压力振荡(BC 段), 继而曲线跌落(CD 段), 之后又呈现平稳流线(DE 段), 最后熔体才破裂

如果热塑性塑料以稳态流线型的形式流过毛细管模头, 在模头周围交界部分的熔体将产生回复, 均匀地胀大得到具有光滑表面的挤出物, 但当热塑性塑料熔体在圆槽流动遇有圆槽直径突然缩小时, 物料与流线流动的自然角相符, 这个收敛流动特征意味着存在不受欢迎的死区——模头里的一个区域, 在那里物料被阻滞, 由层流变成了湍流, 改变了物料的热历史, 但更为重要的是叠合在剪切流动上的收敛流动产生了一个延伸分量, 当流体接近截面变化处, 这个分量迅速增大, 如果延伸应力达到某个临界值, 熔体将会破裂, 熔体的"碎片"将回复某些延伸形变. 这种局部延伸破裂出现的次数与高聚物熔体本身、流动条件、截面积的相对变化以及其他一些因素有关, 结果是使膜头出口处的材料具有交变的应力历史, 挤出后具有交变的回复, 致使挤出物产生畸变, 在外表上就出现从表面的粗糙到肉眼能见的螺旋状不规则.

允许的入口半角, 或进入膜头狭窄部分自由收敛的极大半角 α_0 与剪切和拉伸黏度的关系可近似用下面的方程来表示:

$$\alpha_0 = \arctan \sqrt{2\eta/\lambda} \qquad (10.22)$$

低应力时 $\lambda = 3\eta$,入口半角约为 $40°$,只是在高应力时,入口角才依赖于流过膜头材料的性质.相对来说,符合牛顿定律的材料如尼龙,和拉伸变稀且具有明显假塑性的材料如聚丙烯,入口角较大,但拉伸变稠且具有强烈假塑性的材料如低密度聚乙烯,入口角则小得多.

对鲨鱼皮斑的产生可以这样分析,在通过膜头的流动过程中,邻近膜头壁的材料几乎是静止的,但一旦离开膜头,这些材料就必须迅速地被加速到与挤出物表面一样的速度,这个加速会产生很高的局部应力.如果这个应力太大,会引起挤出物表面材料的破裂而产生表面层的畸变,这就是鲨鱼皮斑.它的形貌多种多样,从表面缺乏光泽到垂直于非层状流动,基本不受模头线度(如膜头入口角度)的影响,它依赖于挤出的线速度,而不是延伸速率.肉眼能见的缺陷是垂直于流动方向的而不是螺旋式或不规则的、分子量低(即低黏度,应力积累缓慢)的、分子量分布宽(即低的弹性模量,应力松弛迅速)的材料在高温和低挤出速率下挤出,很少能观察到鲨鱼皮斑,在膜头端部加热能降低熔体表面的黏度,对减少鲨鱼皮斑很有效.

10.5　加工成形工艺中典型流动分析

热塑料的加工工艺主要是一些模塑法,它能把形状复杂、部件交错的制品一次加工成形而无需(或很少需要)进一步加工.主要的是挤塑(包括纤维的纺丝)、吹塑和注塑.

下面提供的流动分析表明,根据我们已掌握的高聚物熔体性能的知识已有可能找到解决设计问题的简易方法.当然,热塑性塑料的加工装置里有许多复杂的流动形式,这里的方法主要限于原理的讨论,只是提供一个流动分析的入门.一些重要的方程,包括这里没有提及的方程列于表 10.6.

10.5.1　挤塑

作为实例,试考察 170 ℃ 下以线速度 26 mm/s 挤塑的外径为 50 mm、壁厚1 mm 的低密度聚乙烯管.如果要求模头长为 40 mm,并在外径40 mm,内径25 mm 的顶端镶嵌一个环状开口,模头的成型段长为 5 mm,又只允许有两个锥度,试求合适的模头尺寸并估算所有的压降(低密度聚乙烯的流动数据如图 10.37 所示).

模头出口尺寸的计算使用逐步逼近法,即调整模头开口和模头出口速度的值,使其与挤出胀大比相匹配.假定聚乙烯在模头出口处的胀大完全由简单剪切的回复所引起,并假定作为一级近似,环状开口可用长度等于周长 T、模头开口为 H 的长方孔来处理,则邻近模头壁周上任

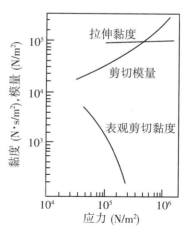

图 10.37　吹塑级低密度聚乙烯的典型流动数据

表 10.6　一些重要的流变学方程

流动类型	压降		模头入口	胀大比
	剪切	延伸		
(1) 恒截面模头				
圆截面：长的	$2Lx/R$	0	$\dfrac{4\sqrt{2}}{3(n+1)}\dot{\gamma}(\eta\lambda)^{1/2}$	$B_{\mathrm{SR}}=\left\{\dfrac{2}{3}\gamma_{\mathrm{R}}\left[\left(1+\dfrac{1}{\gamma_{\mathrm{R}}^{2}}\right)^{3/2}-\dfrac{1}{\gamma_{\mathrm{R}}^{3}}\right]\right\}^{1/2}$
圆截面：零长度	0	0	$\dfrac{4\sqrt{2}}{3(n+1)}\dot{\gamma}(\eta\lambda)^{1/2}$	$B_{\mathrm{ER}}=(\exp\epsilon_{\mathrm{R}})^{1/2}$
长方形截面：长的	$2Lx/H$	0	$\dfrac{4}{3(n+1)}\dot{\gamma}(\eta\lambda)^{1/2}$	$B_{\mathrm{ST}}=\left\{\dfrac{1}{2}\left[(1+\gamma_{\mathrm{R}}^{2})^{1/2}+\dfrac{1}{\gamma_{\mathrm{R}}}\ln\left[\gamma_{\mathrm{R}}+(1+\gamma_{\mathrm{R}}^{2})^{1/2}\right]\right]\right\}^{1/3}$ $\quad B_{\mathrm{SH}}=B_{\mathrm{ST}}^{2}$
长方形截面：零长度	0	0	$\dfrac{4}{3(n+1)}\dot{\gamma}(\eta\lambda)^{1/2}$	$B_{\mathrm{ER}}=(\exp\epsilon_{\mathrm{R}})^{1/4}$ $\quad B_{\mathrm{EH}}=B_{\mathrm{ET}}^{2}$
(2) 锥形截面模头				
圆筒形截面	$\dfrac{2\tau}{3n\tan\theta}\left[1-\left(\dfrac{R_{1}}{R_{0}}\right)^{3n}\right]$	$\dfrac{1}{3}\lambda\gamma\tan\theta\left[1-\dfrac{R_{1}^{2}}{R_{0}^{3}}\right]$ $\left(\dot{\epsilon}=\dfrac{1}{2}\dfrac{(3n+1)}{n+1}\gamma\tan\theta\right)$	$\dfrac{4\sqrt{2}}{3(n+1)}\dot{\gamma}_{0}(\eta\lambda)^{1/2}$ $\left(\dot{\sigma}=\dfrac{3}{8}(3n+1)P_{0}\right)$	$B_{\mathrm{SR}}=\left\{\dfrac{2}{3}\gamma_{\mathrm{R}}\left[\left(1+\dfrac{1}{\gamma_{\mathrm{R}}^{2}}\right)^{3/2}-\dfrac{11}{\gamma_{\mathrm{R}}^{3}}\right]\right\}^{1/2}$ $\quad B_{\mathrm{ER}}=(\exp\epsilon_{\mathrm{R}})^{1/2}$

续表

流动类型	压降			胀大比
	剪切	延伸	模头入口	
具有双流式的				
环形截面	$\dfrac{2\tau}{H_1(U-V)}\ln\left(\dfrac{1+UL}{1+VL}\right)$	$\dfrac{1}{2}\lambda\epsilon\left[1-\dfrac{R_1H_1^2}{R_0H_0^2}\right]$	$\dfrac{4}{3(n+1)}\dot{\gamma}_0(\eta\lambda)^{1/2}$	$B_{ST}=\left\{\dfrac{1}{2}\left[(1+\gamma_R^2)^{1/2}+\dfrac{1}{\gamma_R^2}\ln\left[\gamma_R+(1+\gamma_R^2)^{1/2}\right]\right]\right\}^{1/2}$
				$B_{SR}=B_{ST}$
楔形截面	$\dfrac{\tau}{2n\tan\theta}\left[1-\left(\dfrac{H_1}{H_0}\right)^{2n}\right]$	$\dfrac{1}{2}\delta_{\Psi均}\left[1-\dfrac{H_1^2}{H_0^2}\right]$	$\dfrac{4}{3(n+1)}\dot{\gamma}(\eta\lambda)^{1/2}$	$B_{ET}=(\exp\epsilon_R)^{1/4}$
		$\left(\hat{\epsilon}=\dfrac{1}{3}\gamma\tan\theta\right)$		$B_{EH}=B_{ET}^2$
(3) 扩展圆盘流动(圆形盘，中心浇口)				
等温的	$\dfrac{2CQ^nR^{1-n}}{(1-n)}x^{1+2n}$	$\dfrac{\lambda Q}{4\pi xR^2}$		
非等温的	$\dfrac{2CQ^nR^{1-2n}}{(1-n)}(xZ)^{1+2n}$	$\dfrac{\lambda Q}{4\pi xR^2Z}$		

注：$U=(\tan\alpha\sec\beta)/2H_1$；$V=n\left(\dfrac{\tan\beta}{R_1}+2U\right)$；$Z=1-2Y(A/Qx^2)^{1/3}$.

一点,体积流速 Q 引起的切变速率 $\dot{\gamma}$ 为

$$\dot{\gamma} = 6Q/TH^2 \qquad (10.23)$$

在模头出口处高聚物熔体的平均线速度为

$$v = Q/TH \qquad (10.24)$$

因此

$$\dot{\gamma} = 6v/H \qquad (10.25)$$

开始计算假定胀大比为 1,即全然没有胀大(这当然是不真实的),以此为基础,模头出口的速度 $v = 26 \times 10^{-3}\,\mathrm{m/s}$,模头开口 $H = 1 \times 10^{-3}\,\mathrm{m}$,则

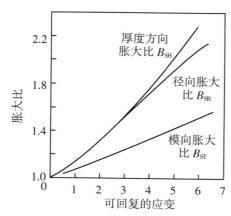

图 10.38　长毛细管和长方形模头的胀大比与可回复剪切应变的关系

$$\dot{\gamma} = 6v/H = 6 \times 26 \times 10^{-3}/(1 \times 10^{-3})$$
$$= 156\,(\mathrm{s}^{-1})$$

相应的应力 $\tau = 1.32 \times 10^{-5}\,\mathrm{N/m^2}$,可回复的剪切应变 $\dot{\gamma}_R = 3.4$,因此由图 10.38 计算的厚度胀大比 $B_H = 1.62$,横向胀大比 $B_T = 1.27$.

现在来调整模头开口和模头出口速度的值,这样,作为第二次尝试,原来的模头开口除以新的胀大比 1.62,原来的模头出口速度乘上两个胀大比的积(保持恒定的体积),因此

$$H' = 1 \times 10^{-3}/1.62 = 0.618 \times 10^{-3}\,(\mathrm{m})$$
$$v' = 26 \times 10^{-3} \times 1.62 \times 1.27$$
$$= 53.5 \times 10^{-3}\,(\mathrm{m/s})$$
$$\dot{\gamma}' = 6 \times 53.5 \times 10^{-3}/0.618 \times 10^{-3}$$
$$= 518\,(\mathrm{s}^{-1})$$

由此而得 $\tau' = 2 \times 10^5\,\mathrm{N/m^2}$,$\dot{\gamma}'_R = 4.05$;$B'_H = 1.76$,$B'_T = 1.33$(图 10.38).

重复这个步骤直到接连计算的胀大比有相符的为止.这里我们试作第三次尝试:

$$H'' = 1 \times 10^{-3}/1.76$$
$$= 0.568 \times 10^{-3}\,(\mathrm{m})$$
$$v'' = 26 \times 10^{-3} \times 1.76 \times 1.33$$
$$= 60.8 \times 10^{-3}\,(\mathrm{m/s})$$
$$\dot{\gamma}'' = 6 \times 60.8 \times 10^{-3}/0.568 \times 10^{-3}$$
$$= 643\,(\mathrm{s}^{-1})$$

由此而得 $\tau'' = 2.1 \times 10^5\,\mathrm{N/m^2}$,$\dot{\gamma}'' = 4.1$(图 10.37);$B''_H = 1.77$,$B''_T = 1.33$(图 10.38),这表明符合情况已经出现了.这样,模头开口为 0.568 mm,平均直径为 $50/1.33 = 37.5$ mm.

因为模头出口处的切变速率为 643 s^{-1},比建立非层状流动的切变速率(约150 s^{-1})大很多,因此必须使用锥形模头.为了避免在模头收敛截面出口处的湍流,必须保证牵伸速率不超过 18 s^{-1},把收敛截面处理作为简单的楔,收敛半角 α 的上限为

$$\alpha = \arctan(3\varepsilon/\dot{\gamma}) = \arctan(3 \times 15/643) = 4°$$

这样,收敛的整角一定不超过 8°.

8° 锥体截面的长度由这个截面入口处的切变速率决定,这个速率应不超过建立非层状

流动的临界速率为 150 s^{-1}，在锥体入口和出口处的模头开口与体积流速有关，从而也与切变速率有关，这样在 8° 锥体的出口处的模头开口为

$$Q = \dot{\gamma} T H^2 / 6 = 24.5 \times 10^6 \text{ s}^{-1}$$

因此进入 8° 锥体入口处的模头开口为

$$H^2 = 6Q/\dot{\gamma} T = 8.32 \times 10^{-6} \text{ m}^2$$

所以

$$H = 2.89 \times 10^{-3} \text{ m}$$

这样，锥体长 L 为

$$L = \frac{H_0 - H_1}{2\tan\alpha} = 16.6 \times 10^{-3} \text{ m}$$

因此，模头成型段和 8° 锥体的总长度为 21.6 mm，留出 18.4 mm 的长为模头端部，开一个 37.5 mm 的模头入口开口(图 10.39). 第三个部分的作用颇像一个槽，虽然可以把它考虑为一个双流式的环形开口(利用表 10.6 中的方程)，但一个合适的近似方法是用相当于 8° 锥体模头入口的压降来估算这个部分的压降. 在这个基础上，现在已有可能来计算模头里这两端的总压降：① 模头成型段的剪切压降；② 8° 锥体中剪切、延伸和模头入口的压降.

(1) 模头成型段的压降：

$$p_{s1} = 2L\tau/H \qquad (10.26)$$

这里，L 是成型段长，为 5×10^{-3} m，τ 为出口的剪切应力，等于 2.1×10^5 N/m^2(在 643 s^{-1} 处的值，图 10.33)，H 为模头开口，等于 0.568×10^{-3} m，则

$$p_{s1} = 3.7 \times 10^6 \text{ N/m}^2$$

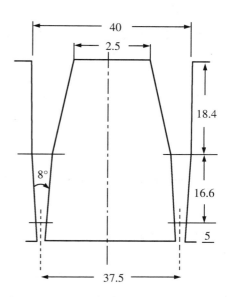

图 10.39　本节中讨论的模头主要尺寸示意（单位为 mm，但不成比例）

(2) 8° 锥体中的压降：

$$p_{s2} = \frac{\tau}{2n\tan\alpha}\left[1 - \left(\frac{H_1}{H_0}\right)^{2n}\right] \qquad (10.27)$$

这里，τ 是出口处的剪切应力，为 2.1×10^5 N/m^2(在 643 s^{-1} 处的值)；n 等于 0.3(在 643 s^{-1} 处的值，利用式(10.20)，由图 10.37 估算)，α 是锥体的半角，为 4°，则 $\tan\alpha = 0.07$；H_0 为入口模头开口，为 2.89×10^{-3} m；H_1 为入口模头开口，等于 0.568×10^{-3} m，则

$$p_{s2} = 3.1 \times 10^6 \text{ N/m}^2$$

另外

$$p_E = \frac{1}{2}\sigma_{AV}\left[1 - \left(\frac{H_1}{H_0}\right)^2\right] \qquad (10.28)$$

这里，σ_{AV} 是出口处的拉伸应力，为 1.45×10^6 N/m^2(在 18 s^{-1} 处的值，图 10.37)，所以

$$p_E = 0.7 \times 10^6 \text{ N/m}^2$$

和

$$p_0 = \frac{4\dot{\gamma}}{3(n+1)}(\eta\lambda)^{\frac{1}{2}} \tag{10.29}$$

这里，$\dot{\gamma} = 150\ \text{s}^{-1}$，$\eta = 9 \times 10^2\ \text{N}\cdot\text{s/m}^2$（在 $150\ \text{s}^{-1}$ 处的值）和 $\lambda = 8 \times 10^4\ \text{N/m}^2$，则

$$p_0 = 1.3 \times 10^6\ \text{N/m}^2$$

因此在模头里总的压降 p 为

$$p = p_{s1} + p_{s2} + p_E + p_0 = 8.8 \times 10^6\ \text{N/m}^2$$

10.5.2　吹塑

在吹塑中不仅需要考虑挤出型坯的形成，而且还要考虑由于垂伸和吹胀引起的型坯的形变.大多数吹塑机是垂直朝下挤出的，这样在自重载荷下型坯将变长，应变既有弹性部分也有黏性部分.如果型坯形成和在吹胀前停留的时间小于松弛时间，那么形变将主要是弹性的；如果大于松弛时间，那么黏性形变将是第一重要的.从实用的观点来看，吹胀过程中的稳定性判据可定性地表示为

$$\frac{1}{t'} < \frac{4I}{3\pi R^2 L} \tag{10.30}$$

式中，t' 是松弛时间，R 是型坯半径，L 是型坯长度.而加工过程的松弛时间可以把

$$\frac{1}{t'} = \frac{8\dot{\varepsilon}}{3} \tag{10.31}$$

与高聚物熔体本身的松弛时间 t'' 相比：如果 $t''/t' < 1$，那么型坯的吹胀将是不稳定的，因而必须加大吹胀速度；如果 $t''/t' < 1$，且吹胀速率的增加引起了一个大于材料所能承受的应力，那么应使用具有较高黏度的材料，因此好的吹塑高聚物代表一个在互相矛盾的需求中的材料，为了尽量减小在高挤出速率下的鲨鱼斑，材料应该具有低的弹性模量和低的黏度；为了稳定的吹胀，材料又应是低模量和高黏度的；为了型坯在低应力下的垂伸，材料又应该有高的拉伸模量和高的拉伸黏度.

10.6　电磁场作用下塑料的全新加工方法 ——高聚物电磁动态塑化挤出方法

尽管世界科技在日新月异地快速发展，但各国塑料生产工艺仍然遵遁上面所述的基本原理和结构.我国高分子材料科学家经过深入研究，创立了一种全新的塑料加工方法——高聚物电磁动态塑化挤出方法.我们知道挤塑是高聚物，特别是热塑性塑料成形的主要加工方法之一.其主要设备是螺杆挤出机，挤出机的性能不但对制品质量有直接影响，而且还直接关系到成形生产效率、成本以及环境等一系列问题.长期以来，人们对其原理和结构进行了深入的研究，出现了各种新型螺杆机和多螺杆挤出机.然而各种传统挤出设备都是采用电机

和外加热元件间接换能方式.采用外加热源与机械剪切联合作用的稳态塑化挤出机理,以及采用多系统分立的结构形式,一直存在能量利用率低、能耗大、噪声大、体积重量大、制造成本高、挤出制品质量提高困难等缺点.我国科学家为解决传统设备存在的问题而研究的塑料电磁动态塑化的挤出方法及设备,提出了高聚物动态塑化挤出、直接电磁换能、机电磁一体化等全新的概念和原理,达到了世界先进水平,具有很大的现实意义.

新方法从换能方式入手,将电磁振动场引入高聚物塑化挤出全过程.高聚物电磁动态塑化方法使高聚物固体输送、熔融塑化和熔体输送在周期性振动状态下进行,达到减小高聚物成形加工所需的热机械历程、降低熔融塑化温度,以及提高能量利用率的目的,实现利用振动力场调控物料塑化混炼效果、控制制品的加工性能,将机械、电子、电磁技术有机融合,实现结构的集成化.

图 10.40 是典型的高聚物单螺杆振动塑化挤出设备——塑料电磁动态塑化挤出机的原理机构示意图.由图可见,塑料的塑化挤压部分被全部置入驱动电机转子内腔中,让转子直接参与高聚物的塑化挤出过程.并利用转子的转动、谐波振动和强制振动,直接将电磁功率转化成热能、压力能及动能,完成物料的输送,塑化挤出成形.将电磁振动场引入高聚物塑化挤出全过程,实现了物料动态塑化挤出,直接电磁换能及结构的机电磁一体化.

整个挤出机由定子(机座)、转子、轴向电磁支撑、螺杆、料筒和料斗组成.从定子侧面看,相当于一个铁磁体实心转子异步电动机,气隙中谐波磁场将不可避免地对塑化挤出过程产生影响,甚至完全改变塑化挤出过程,在适当的绕组布置及参数,以及适当的转子材料和结构参数下,可在气隙中产生脉振磁场和旋转磁场,引起转矩的脉动和转子的轴向振动.转子带动螺杆座脉动旋转和轴向振动,实现了将电磁场引起的机械振动力场引入高聚物塑化挤出全过程.

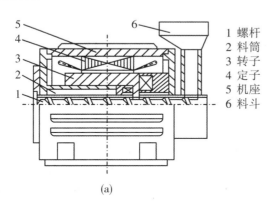
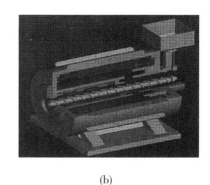

1 螺杆
2 料筒
3 转子
4 定子
5 机座
6 料斗

(a)　　　　　　　　　　　　　　(b)

图 10.40　塑料电磁动态塑化挤出机的原理结构示意图

与传统的单螺杆塑料挤出机相比,新设备具有如下显著的特点:① 能耗降低 30% ～ 50%.由于新设备利用先进高效的换能方式,完全不用传统设备的能量传递环节,从而使能量的有效利用大大提高.② 设备体积和质量减少 60%.新设备采用了新的机构,集机、电、磁于一体,使整体结构紧凑,从而使体积和质量大大减少.③ 机械制造成本降低 50%.新设备结构简单,既无大长径比的螺杆、料筒,也没有复杂的传动系统,因而制造成本大为降低.④ 噪声降低至 77 dB 以下.新设备采用先进的换能方式及先进的机械结构,因而噪声大大降低.⑤ 塑化混炼效果好,挤出制品质量高.新设备采用行星悬浮运动体和振动场,强化塑料的混炼和塑化,将振动场引入整个挤压系统,各种不稳定的干扰因素被调制,大大改善了塑化质量,提高了挤出过程的稳定性,同时使高聚物得到自增强,挤出制品质量显著提高.⑥ 对塑料的适应性广,无需更换机器的部件就能适应大多数不同种类热塑性塑料的加工.传统螺杆挤出机在加工晶态和非晶态塑料或加工性能差异较大的不同种类塑料时,必须更换螺杆以适应加工的需要,从而保证制品质量和生产率.而新设备由于采用高效的混炼和塑化元件,强化了振动场对塑化挤出的作用,因而对塑料的适应性大大提高.只要适当改变其工作频率、振幅,调整混炼元件,就能适应多数塑料的加工.

作为例子,下面介绍几个新设备的功能.

对低密度聚乙烯、聚丙烯和高密度聚乙烯的实验表明,在 50 Hz 振动频率范围内,以较大的振幅施加机械振动后,在相同的挤出工艺条件下高聚物的挤出流率增大,挤出压力下降,熔体的黏度明显下降.图 10.41 是低密度聚乙烯动态表观黏度和挤出胀大与振动频率的关系.

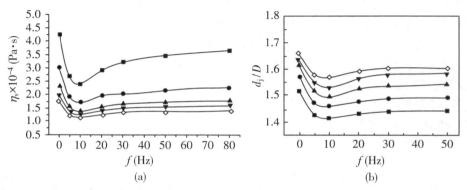

(a)　　　　　　　　　　(b)

图 10.41　**(a) 低密度聚乙烯动态黏度与振动频率的关系;(b) 低密度聚乙烯挤出胀大与振动频率的关系**

在图(a)中,■ $A = 0.2$ mm,$p = 2.0$ MPa;● $A = 0.2$ mm,$p = 3.0$ MPa;▲$A = 0.2$ mm,$p = 4.0$ MPa;▼ $A = 0.2$ mm,$p = 5.0$ MPa;◇ $A = 0.2$ mm,$p = 6.0$ MPa.

在图(b)中,■ $A = 0$ mm,$Q = 2$ mm³/s;● $A = 0.2$ mm,$Q = 3$ mm³/s;▲$A = 0.2$ mm,$Q = 4$ mm³/s;▼ $A = 0.2$ mm,$Q = 5$ mm³/s;◇ $A = 0.2$ mm,$Q = 6$ mm³/s.

图 10.42 是用塑料电磁动态塑化挤出机与传统挤出机挤出条料时的挤出胀大量与挤出量之间的关系.由图可见,塑料电磁动态塑化挤出机挤出胀大量较小,说明振动力场的作用使熔体的弹性减小,这对提高挤出制品的尺寸精度和时效特性均具有重要意义.熔体弹性减小的主要原因在于,振动力场的作用使由于流道收缩在熔体中留下的内应力快速释放,减小了熔体的记忆效应,表现出挤出胀大的减小.

比较电磁动态塑化挤出机生产低密度聚乙烯吹塑薄膜与传统设备生产的薄膜的力学性能发现,不但新型挤出机生产的薄膜各项性能优于传统设备生产的制品,而且新型设备的吹塑薄膜制品的纵、横向力学性能基本一致,这说明电磁动态塑化挤出方法及原理有使挤出制品性能各向同性化的趋势及可能.

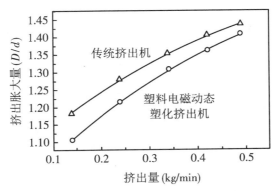

图 10.42　用塑料电磁动态塑化挤出机与传统挤出机,低密
度聚乙烯挤出胀大量与挤出量之间的关系

振动场的作用使高聚物制品在成形加工过程中形成的凝聚态结构不同于传统挤出制品.振动场的作用加强了高聚物在塑化挤出过程中的混炼与混合作用,加强了各组分之间的相互扩散作用.如果有填料如 $CaCO_3$,新型挤出机能使填料颗粒均匀分散在制品中,没有发现 $CaCO_3$.这种良好的混炼和混合作用对提高制品质量起着关键的作用.

总之,根据电-磁能量转换原理创制的机-电-磁一体式塑料成形新机械革除了加工精度要求很高的螺杆体系和电热丝加热系统.它不但省能、省空间、加工效率高,而且在塑化操作中引入了振动场,体现出独特的塑化能力,可将用螺杆式挤出机难以成形的低品级的高聚物料塑化,挤出性能优良的高聚物制品.高聚物电磁动态塑化挤出方法是我国科学家对高聚物加工工艺的一大贡献,具有重大的经济意义.

10.7　高聚物力学性能与制品设计的关系

高聚物材料总是被制成各种各样的制品来使用.要把高聚物材料的优良物理力学性能充分体现在塑料制品上,必须通过对材料性能与制品设计关系的深切认识才能达到.前面各章在阐述与制品设计有关的高聚物力学性能时已部分涉及制品设计原理,即如何充分考虑高聚物材料力学性能的温度和时间依赖性,使材料总是处在它的最优状态.这里,强调将给予结构设计的方法,尽量在类似使用的条件下比较高聚物材料的性能.

塑料制品设计中要考虑的因素是很实际的,它们分别是:

1. **构件所受载荷**

不仅需要规定载荷大小,而且还要说明载荷性质(拉伸、压缩、剪切)以及估计载荷作用的时间.若是周期性载荷,则需要估计周期大小,每周期内载荷作用所占比例及制品必须经受住的受载周期数.在实验时,是否会用高载荷或高温条件下的短期实验代替在中等载荷或较低温度下的长期使用条件.

2. 使用中的环境因素

塑料性能与温度关系极大,要慎重确定制品的静态使用温度和在该温度下的持续时间;制品在现实使用中可能遇到的最低和最高温度,以及在这些温度下的持续时间;其他如自然气候、太阳光辐射下的暴露、是否接触化学药品、有无腐蚀性介质等.

3. 时间

一个制品所要求的使用时间和在使用期内制品的受载持续时间是不同的两个概念.对于一个竖立在室外的大型塑料标语牌,只要固定得很好,自重可以忽略,但要考虑刮风引起的间歇性载荷.而横向安装的路灯必须计算整个使用期间灯的自重,以及偶然下雪引起的间歇载荷.在汽车发动机上的叶轮,必须计算把叶轮固定在轴上的压缩力,使得在汽车部件总寿命内压缩力正好松弛掉.如果是储存热的液体而随后任其自然冷却的大型储罐,物料在冷却期内该储罐逐渐被放空,计算所需的壁厚就更困难了.

4. 应力集中

制品上可能出现的应力集中都应尽量降低到最小程度.制品的内角和外角应尽可能设计成圆弧,避免尖锐的螺旋线以及焊缝表面的不规整性,甚至模塑品的浇口切除不当或溢料面留下的残痕都能造成应力集中.

5. 加工时的料筒温度

这一方面涉及生产的经济性,另一方面又涉及制品中的冻结剩余应力.在最低熔融温度下制造制品,生产周期短、便宜,但制品冲击强度不好.制造最佳聚丙烯冲击强度制品的料筒温度为 $260\sim290\,^{\circ}\mathrm{C}$,比熔点高 $90\sim120\,^{\circ}\mathrm{C}$.熔体温度高能使物料迅速注满模腔,只引起物料小的温度降,因而制品中冻结应力较小,耐久性好.

就力学而言,冲击强度和长期力学性能(蠕变和动态疲劳)是比较和预测材料性能的主要方面,将破坏应力(屈服应力或断裂应力)除以安全系数而得到设计应力,这是工程上采用的传统方法.而现在有更多人支持用极大应力进行设计,选择所设计的材料应变值,经验表明在正常工艺条件下,注塑模制件的拉伸应变极限为:聚丙烯 3%(焊接聚丙烯只取 1%),缩聚共聚物 2%,玻璃纤维填充尼龙 1%.在规定了极大应变并估算了载荷持续时间和极大作用温度以后,可用标准的蠕变数据直接得到设计应力,而不再需要涉及材料性质的安全系数了.

下面是几个制品设计的实例.

【例 10.1】 下水管道.

下水管道通常是用注射成形聚丙烯接头的,接头内环向应力产生的收缩作用阻止了接头处的漏水;但由于应力松弛特性,因此长期使用以后(例如松弛 20 年以后),接头内环向应力仍能保证接头不漏水.在这里可用短期水压实验确定接头漏水的临界条件:假定在一个大气压($0.1\times10^{6}\,\mathrm{N/m^2}$)的水压下实验时接头刚开始有漏水,则 $0.1\times10^{6}\,\mathrm{N/m^2}$ 的压力便是接头锥面配合效应的临界度量值.这样,设计问题便变成计算当将水管用力拧入接头时在接头壁所产生的应变值,它能保证松弛的环向应力永远不低于相应于一个大气压在接头内产生的环向应力值.

壁厚 t 为 $10\,\mathrm{mm}$、直径 D 为 $150\,\mathrm{mm}$ 的聚丙烯接头,在 p 为 $0.1\times10^{6}\,\mathrm{N/m^2}$ 内压力条件下的临界环向压力 σ_{H} 为

$$\sigma_{\mathrm{H}} = \frac{pD}{2t} = \frac{0.1 \times 10^6 \times 150 \times 10^{-3}}{2 \times 10 \times 10^{-3}} = 0.75 \times 10^6 (\mathrm{N/m^2})$$

聚丙烯在 20 ℃ 时 20 年以后的模量为 300×10^6 N/m. 这样, 上述尺寸聚丙烯接头保证 20 年有效密封的极小环向压变是 0.25%. 由于聚丙烯的允许设计应变是 3%, 因此上面的计算结果表明, 在考虑了实际应用中的一些其他因素以后, 设计上采用较薄壁的接头仍然能保证必要的安全系数, 同时又能节省材料.

【例 10.2】 单块板条.

由浇铸丙烯酸酯类塑料板制成的悬臂梁宽 b 为 6 mm, 厚 h 为 15 mm, 长 120 mm, 在 20 ℃ 时自由端承受 5 N 载荷, 求一年后自由端的挠度.

梁的惯性矩 I 为

$$\begin{aligned} I &= \frac{bh^3}{12} = \frac{6 \times 10^{-3} \times (15 \times 10^{-3})^3}{12} \\ &= 1.7 \times 10^{-9} (\mathrm{m^4}) \end{aligned}$$

梁内的最大张应力 σ 为

$$\begin{aligned} \sigma &= \frac{6pL}{bh^2} = \frac{6 \times 5 \times 120 \times 10^{-3}}{6 \times 10^{-3} \times (15 \times 10^{-3})^2} \\ &= 2.67 \times 10^6 (\mathrm{N/m^2}) \end{aligned}$$

在 20 ℃ 加载一年后该应力引起的应变值远小于 0.5%, 而相应于 0.5% 应变时的等时应力-应变曲线的线性是明显的, 这样, 可用 20 ℃ 条件下一年时的 0.5% 应变拉伸蠕变模量来估计梁的挠度, 由图 10.43 可见, 对应于上述条件时的拉伸蠕变模量为 $1\,540 \times 10^6$ N/m², 因此梁自由端的挠度 y 为

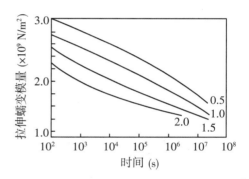

图 10.43 浇铸丙烯酸酯类塑料板拉伸蠕变模量对时间的曲线图. 图中数字为应变值

$$\begin{aligned} y &= \frac{pL^3}{3EI} \\ &= \frac{5 \times (120 \times 10^{-3})^3}{3 \times 1.54 \times 10^9 \times 1.7 \times 10^{-9}} \\ &= 1.1 (\mathrm{mm}) \end{aligned}$$

【例 10.3】 板条箱.

有一种类型的板条箱, 侧面上纵向隔板的高度约为 75 mm, 侧边和底的厚约为 2.5 mm, 在靠近面板的开口处有至少 9 mm 厚的加固肋. 由丙烯/乙烯共聚物制成的这种类型板条箱在 20 ℃、2.8×10^6/m² 压缩应力实验过程中, 1 500 h 后就被破坏了. 堆垛的瓶装板条箱通常都在箱底压折. 和板条箱一样, 压折两端固支简单长方形支柱的临界应力值为

$$\sigma_{\mathrm{c}} = \frac{\pi^2 E}{6(L/H)^2} \tag{10.32}$$

聚丙烯在 20 ℃、1 500 h, 1% 应变时的拉伸蠕变模量为 300×10^6 N/m²(图 10.44), 并且在 1% 应变时的压缩应力比拉伸应力大 10%(图 10.45), 这样计算中所用聚丙烯的压缩蠕变模量约为 330×10^6 N/m², 因此对通常 2.5 mm 厚的侧边, 压折应力约为 0.6×10^6 N/m², 但在

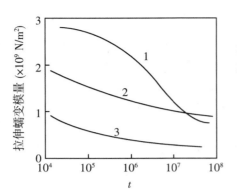

图 10.44　三种高聚物拉伸蠕变模量对时间的曲线图

1　尼龙 66（干）
2　缩醛共聚物
3　聚丙烯（密度为 907 kg/m³）

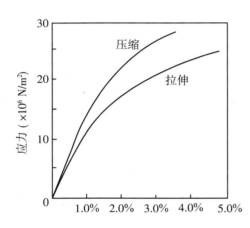

图 10.45　聚丙烯的等时间应力-应变曲线

加固肋处局部地方的压折应力至少可达 7.85×10^6 N/m². 因为加固肋自身亦是参加承载，并且大约占总承载的 1/4，因此总的压折临界应力大约为 2.4×10^6 N/m². 实验结果和这一计算值相符合，正常使用中的平均压缩载荷大约为 0.6×10^6 N/m²，因此板条箱在使用中的安全系数约为 1.7. 考虑到载荷分布的不均匀性和温度变化等因素，安全系数 1.7 是合理的.

【例 10.4】　塑料弹簧.

在一个小的机械装置上有一个由缩醛共聚物模制的弹簧，弹簧一端以插入形式固定，梁截面均匀，宽 6 mm，厚 3 mm，梁的中心线是半径为 30 mm 的四分之一圆弧. 如果弹簧的工作温度是 20 ℃，而且自由端向内挠曲 3 mm，试问一年以后此弹簧的作用力是多少？

自由端受到集中载荷 P 作用的曲率为 R 的梁，其自由端挠度 $\hat{y}$ 为

$$\hat{y} = \frac{\pi P R^3}{4EI} \tag{10.33}$$

这里，

I（截面惯性矩）$= 13.5 \times 10^{-12}$ m⁴

E（20 ℃ 下 1% 应变一年以后的拉伸蠕变（或松弛）模量）$= 900 \times 10^6$ N/m²

$$P = \frac{4EI\hat{y}}{\pi R^3} = \frac{4 \times 900 \times 10^6 \times 13.5 \times 10^{-12} \times 3 \times 10^{-3}}{\pi (30 \times 10^{-3})^3} = 1.72 \, (\text{N}) \tag{10.34}$$

【例 10.5】　半球状容器.

一个外径 120 mm，有一半球端部的吹塑模制聚丙烯容器，在 20 ℃ 时必须承受 0.6×10^6 N/m². 如果估计的使用期限为一年，允许的极大应变为 1.75%，那么

（1）恒定压力；

（2）每天加压 0.6×10^6 N/m²，时间为 6 h，其余 18 h 无压力.

在以上两种条件下,安全使用所需的最小壁厚分别是多少?

(1) 在恒定载荷下聚丙烯在 1.75% 应变、20 ℃ 条件一年以后的设计应力约为 6×10^6 N/m²(图 10.46).因此恒压条件下最小壁厚为

$$d = \frac{pD}{2\sigma} = \frac{0.6 \times 10^6 \times 120 \times 10^{-3}}{2 \times 6 \times 10^6}$$
$$= 6 \times 10^{-3} (\text{m})$$

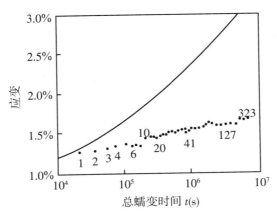

图 10.46 聚丙烯在 1×10^7 N/m² 应力下的拉伸蠕变(实线是恒定应力下的)

(2) 从周期加载下的蠕变数据,可知在每天加载 1×10^7 N/m² 的应力条件下,365 个周期后的应变值约为 1.75%(图 10.47).这样,设计应力为 1×10^7 N/m².因此,在所规定的周期压力条件下最小壁厚为

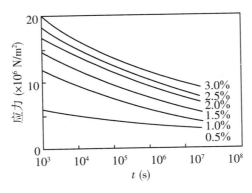

图 10.47 聚丙烯的等应变应力对时间的曲线.图中数字为应变值

$$d = \frac{pD}{2\sigma} = \frac{0.6 \times 10^6 \times 120 \times 10^{-3}}{2 \times 6 \times 10^6}$$
$$= 3.6 \times 10^{-3} (\text{m})$$

这个例子表明,承受周期载荷作用的制品器壁较薄,不仅可以节约大约 40% 的材料,生

产周期亦可以缩短.

与金属材料相比,高聚物的模量毕竟低很多.这时,有经验的设计人员就要充分利用不同制品形状的抗形变性能有极大差异这个特性来有效克服高聚物低模量的不足.例如采用加固肋(酒瓶箱),又如采用空心的、有凹槽的或 T 型和 I 型截面梁,带肋条的嵌板,以及带有整体实心皮层的夹心泡沫结构,用曲面代替平面(顶棚波纹瓦楞板,马鞍型壳体)等,这些都是常见的例子,但它们都已超出本书的范畴.

思　考　题

1. 为什么要用流动曲线来表征高聚物的流动行为?按流动曲线类型,非牛顿流动可以分为哪几种类型?

2. 高聚物熔体的流动行为有什么特点?在不同切变速率下高聚物熔体的流动行为有什么变化?

3. 测定高聚物剪切黏度的方法有哪几种?它们各自的优缺点是什么?为什么说毛细管挤出流变仪是最通用、最合适的测试方法?

4. 什么是熔体指数?塑料加工中不同用途和不同加工方法对熔体指数有什么不同的要求?

5. 温度和压力都对高聚物剪切黏度有影响,在加工过程中如何综合考虑它们的影响?

6. 分子量和分子量分布对高聚物黏度有什么影响?不同的使用目的(塑料、纤维、橡胶)和不同的加工方法对分子量的要求有什么不同?

7. 什么是拉伸黏度?它在高聚物加工工艺中有什么重要意义?它与剪切黏度有什么关系?

8. 高聚物熔体的弹性表现在哪些方面?它对高聚物制品性能有什么影响?

9. 什么是高聚物熔体的法向应力,它有哪些表现形式?什么是挤出胀大?如何能尽量减小挤出胀大?

10. 高聚物熔体在高应变速率时的不稳定流动有哪些具体表现?如何区分由拉伸分量和鲨鱼皮斑引起的不稳定流动?

11. 你对我国科学家发明的电磁动态塑化挤出法有多少了解?它给了你什么样的启示?

12. 从挤塑和吹塑的流动分析,你是否能由已掌握的高聚物熔体流变性能的知识来简单解决设计问题?

13. 我们说高聚物的结构与性能关系有三个层次,即通过分子运动联系"化学结构与材料性能"关系;通过产品设计联系"凝聚态结构与制品性能"关系;通过凝聚态物理知识来联系"电子态结构与材料功能"关系.学完本章后,你对通过产品设计联系"凝聚态结构与制品性能"关系有什么新的理解?